国家职业技能等级认定培训教材
国家基本职业培训包教材资源

装配钳工

（高级）

本书编审人员

主　　编　洪耿松
副主编　宋小春　王　旭
编　　者　叶　熹　何勉鹏　史郁光　郑新明　施国秀
　　　　　张　扬　薛　翰　符式贵　殷建胜
主　　审　陈海舟
审　　稿　姚文才

中国人力资源和社会保障出版集团

中国劳动社会保障出版社　中国人事出版社

图书在版编目（CIP）数据

装配钳工：高级 / 人力资源社会保障部教材办公室组织编写. -- 北京：中国劳动社会保障出版社：中国人事出版社，2020

国家职业技能等级认定培训教材

ISBN 978-7-5167-4274-7

Ⅰ.①装… Ⅱ.①人… Ⅲ.①安装钳工-职业技能-鉴定-教材 Ⅳ.①TG946

中国版本图书馆 CIP 数据核字（2020）第 151762 号

中国劳动社会保障出版社
中国人事出版社 出版发行

（北京市惠新东街 1 号 邮政编码：100029）

*

三河市华骏印务包装有限公司印刷装订 新华书店经销

787 毫米 ×1092 毫米 16 开本 22.5 印张 399 千字
2020 年 12 月第 1 版 2020 年 12 月第 1 次印刷

定价：55.00 元

读者服务部电话：（010）64929211/84209101/64921644

营销中心电话：（010）64962347

出版社网址：http://www.class.com.cn

版权专有 侵权必究

如有印装差错，请与本社联系调换：（010）81211666

我社将与版权执法机关配合，大力打击盗印、销售和使用盗版图书活动，敬请广大读者协助举报，经查实将给予举报者奖励。

举报电话：（010）64954652

前　　言

　　为加快建立劳动者终身职业技能培训制度，大力实施职业技能提升行动，全面推行职业技能等级制度，推进技能人才评价制度改革，促进国家基本职业培训包制度与职业技能等级认定制度的有效衔接，进一步规范培训管理，提高培训质量，人力资源社会保障部教材办公室组织有关专家在《装配钳工国家职业技能标准》（以下简称《标准》）和国家基本职业培训包（以下简称培训包）制定工作基础上，编写了装配钳工国家职业技能等级认定培训系列教材（以下简称等级教材）。

　　装配钳工等级教材紧贴《标准》和培训包要求编写，内容上突出职业能力优先的编写原则，结构上按照职业功能模块分级别编写。该等级教材共包括《装配钳工（基础知识）》《装配钳工（初级）》《装配钳工（中级）》《装配钳工（高级）》4本。《装配钳工（基础知识）》是各级别装配钳工均需掌握的基础知识，其他各级别教材内容分别包括各级别装配钳工应掌握的理论知识和操作技能。

　　本书是装配钳工等级教材中的一本，是职业技能等级认定推荐教材，也是职业技能等级认定题库开发的重要依据，已纳入国家基本职业培训包教材资源，适用于职业技能等级认定培训和中短期职业技能培训。

　　本书在编写过程中得到徐州机电技师学院、蚌埠技师学院及华南理工大学宋小春副教授的大力支持与协助，在此一并表示衷心感谢。

人力资源社会保障部教材办公室

Contents
目录 | 装配钳工（高级）

模块 1

装配零件加工

课程 1-1　划线操作 …… 002
　学习单元 1　复杂畸形工件的划线 …… 003
　学习单元 2　大型工件的立体划线 …… 012

课程 1-2　锯削、锉削加工 …… 025
　学习单元 1　钢件锯削加工 …… 026
　学习单元 2　平面锉削加工 …… 032
　学习单元 3　圆弧面锉削加工 …… 038

课程 1-3　孔系加工 …… 043
　学习单元 1　高精度孔系加工 …… 044
　学习单元 2　标准群钻刃磨 …… 051
　学习单元 3　其他群钻刃磨 …… 056

课程 1-4　刮削和研磨 …… 061
　学习单元 1　刮削加工 …… 062
　学习单元 2　圆弧面研磨加工 …… 071

模块 2

机械装配

课程 2-1　固定连接装配 …… 080
　学习单元 1　热胀法过盈连接装配 …… 081
　学习单元 2　冷缩法过盈连接装配 …… 092
　学习单元 3　液压套合法过盈连接装配 …… 100

课程 2-2　传动机构装配 …… 104

学习单元 1	齿形链装配	104
学习单元 2	同步带装配	114

课程 2-3　轴承和轴组装配　　126
　　学习单元 1　轴承与轴组的装配　　126
　　学习单元 2　静压轴承装配　　135

课程 2-4　液压传动装配　　142
　　学习单元 1　常用液压阀装配与调整　　143
　　学习单元 2　液压系统的整体连接安装与调试　　162

课程 2-5　部件和整机装配　　182
　　学习单元 1　旋转体动平衡　　183
　　学习单元 2　机床主轴部件装配　　200
　　学习单元 3　精密机械设备部件装配　　210
　　学习单元 4　精密机械设备整机装配　　241

设备检验与调试

模块 3

课程 3-1　装配质量检验　　254
　　学习单元 1　机床导轨精度检验　　255
　　学习单元 2　激光干涉仪的使用　　266
　　学习单元 3　磨床整机精度检验　　274

课程 3-2　设备调试　　288
　　学习单元 1　机械设备负荷试验中常见故障
　　　　　　　　的分析与排除　　289
　　学习单元 2　导轨和工作台的调试　　309
　　学习单元 3　精密机械设备精度超差的原因分析　　317
　　学习单元 4　精密机械设备精度调试　　332

模块 1　装配零件加工

- ✓ 课程 1-1　划线操作
- ✓ 课程 1-2　锯削、锉削加工
- ✓ 课程 1-3　孔系加工
- ✓ 课程 1-4　刮削和研磨

课程设置

课程	学习单元	课堂学时
1-1 划线操作	（1）复杂畸形工件的划线	16
	（2）大型工件的立体划线	12
1-2 锯削、锉削加工	（1）钢件锯削加工	2
	（2）平面锉削加工	4
	（3）圆弧面锉削加工	4
1-3 孔系加工	（1）高精度孔系加工	12
	（2）标准群钻刃磨	4
	（3）其他群钻刃磨	4
1-4 刮削和研磨	（1）刮削加工	12
	（2）圆弧面研磨加工	6

课程 1-1 划线操作

学习内容

学习单元	课程内容	培训建议	课堂学时
（1）复杂畸形工件的划线	1）畸形工件的划线要点 2）发动机曲轴划线 3）曲柄连杆划线 4）机架划线	（1）方法：讲授法、演示法、练习法 （2）重点与难点：划线尺寸的计算，复杂畸形工件的定位	16
（2）大型工件的立体划线	1）大型工件的划线方法 2）机床床身的立体划线 3）机床齿轮箱的立体划线	（1）方法：讲授法 （2）重点与难点：确定划线基准	12

学习单元1 复杂畸形工件的划线

所谓畸形工件，就是指形状奇特的工件。在生产中畸形工件很少，形状复杂奇特的毛坯一般都是经铸造或锻造方法生产出来的。畸形工件由不同的曲线组成，在工件上没有可供支承的平面，使划线中的找正、借料和翻转都比其他类型的工件困难。

一、畸形工件的划线要点

1. 基准的选择

畸形工件由于形状奇特，在划线前，要特别注意应根据工件的装配位置、加工特点及与其他工件的配合关系来确定合理的划线基准，以保证加工后能满足装配要求。一般情况下，以其设计时的中心线或主要表面作为划线时的基准。

2. 安放位置

由于畸形工件表面不规则也不平整，故直接采用千斤顶三点支承或安放在平台上一般都不太方便，适应不了畸形工件的特殊情况。为保证划线顺利进行，可以利用一些辅助工具，例如将带孔的工件穿在心轴上，带圆弧面的工件支承在V形块上，某些畸形工件固定在方箱、角铁或三爪自定心卡盘等工具上。

3. 划线工艺要点

（1）划线的尺寸基准应与设计基准一致，否则会增加划线的尺寸误差和尺寸几何计算的复杂性，影响划线质量和效率。

（2）工件的安置基面应与设计基面一致，同时考虑到畸形工件的特点，划线时往往要借助于某些夹具或辅助工具来进行校正。

二、发动机曲轴划线

1. 发动机曲轴简介

曲轴在发动机内是一个高速旋转的长轴,它将活塞的直线往复运动转变为旋转运动,进而通过飞轮把扭矩输送给底盘的传动系,同时还驱动配气机构及其他辅助装置,所以其受力条件相当复杂,除了旋转质量的离心力外,还承受周期性变化的气体压力和往复惯性力的共同作用,使曲轴承受弯曲与扭转载荷。为保证工作可靠,曲轴必须要有足够的强度和刚度,各工作表面要耐磨,而且润滑良好。曲轴结构如图 1-1-1 所示,主要由主轴颈、连杆轴颈、曲柄臂和轴身等部分组成。

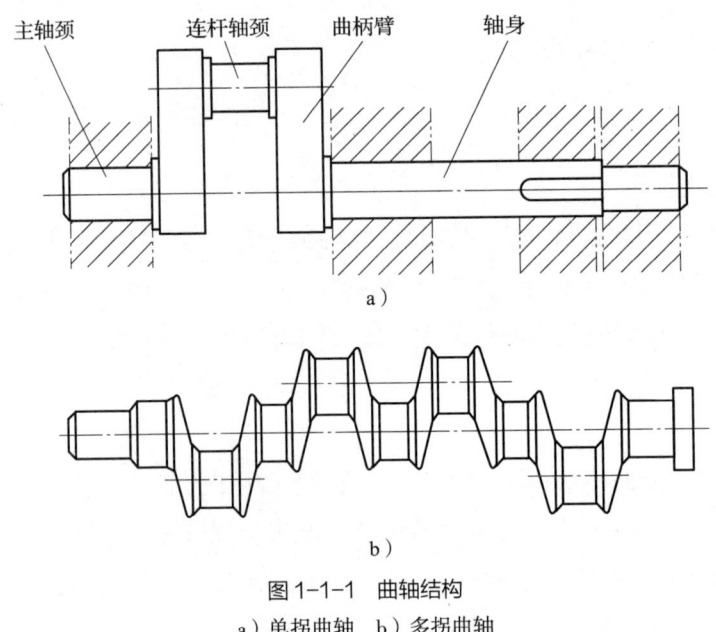

图 1-1-1 曲轴结构
a)单拐曲轴 b)多拐曲轴

主轴颈在固定于机座的轴承中旋转,为曲轴支承部分。连杆轴颈在连杆大端的轴承中旋转,是曲轴与连杆的铰接部分。曲柄臂是主轴颈与连杆轴颈或两相邻连杆轴颈的连接部分。曲柄臂和连杆轴颈合称曲拐。单缸发动机和冲床多采用单拐曲轴,多缸发动机和空气压缩机多采用多拐曲轴。曲拐越多,曲轴能传递的动力越大,工作越平稳。曲轴可以铸造或锻造。铸造的曲轴材料利用合理,成本低廉。其中铸铁曲轴多用球墨铸铁或合金铸铁浇铸。铸钢曲轴具有较高的力学性能。锻造曲轴一般用碳钢或合金钢锻制。大型曲轴常由几部分拼装而成,称为组合曲轴。

2. 发动机曲轴的加工工艺过程

发动机曲轴的机械加工工艺过程在很大程度上取决于生产批量、加工要求、毛坯种类和热处理安排等。

发动机曲轴机械加工工艺过程大致可分为以下几个阶段：

（1）加工定位基面→粗、精车主轴颈→中间检查。

（2）粗磨主轴颈→铣定位面→车连杆轴颈→加工定位销孔、油道孔等次要表面→中间检查。

（3）中频淬火→半精磨主轴颈→中间检查。

（4）精磨连杆轴颈→中间检查。

（5）精磨主轴颈→铣键槽→中间检查。

（6）两端孔加工、动平衡→超精加工主轴颈及连杆轴颈→最终检查。

3. 发动机曲轴划线方法

曲轴是发动机得以正常运转的心脏，并且是一种柔性细长轴件，其加工工艺的重点和难点在于曲轴的主轴颈及连杆轴颈等部位的加工。曲轴毛坯锻造过程中，由于压力机或模具等异常因素可能会造成曲轴毛坯成型偏离设计成型状态，同时曲轴锻造过程中的应力释放可能会导致各连杆轴颈的张开程度不同而造成曲轴弯曲。如不重新确定曲轴的回转中心，在后期的加工过程中易产生不合格产品，甚至造成曲轴报废。为避免经济损失，可通过对曲轴毛坯采用找正和借料方式划线来确定曲轴的回转中心。曲轴批量加工现阶段多采用专用工装以及专用机床，钳工划线找正功能已趋于弱化。在此以四缸发动机曲轴（见图1-1-2）为例，对其回转中心进行划线找正，具体步骤如下。

图1-1-2 四缸发动机曲轴

（1）粗铣两端面后，根据曲轴两端轴颈毛坯的外圆进行找正，在端面划出两中心点并打样冲眼。

（2）采用可调V形铁将曲轴两端轴颈径向定位（限制四个自由度），并用划线盘校正两轴颈中心高，如图1-1-3所示。

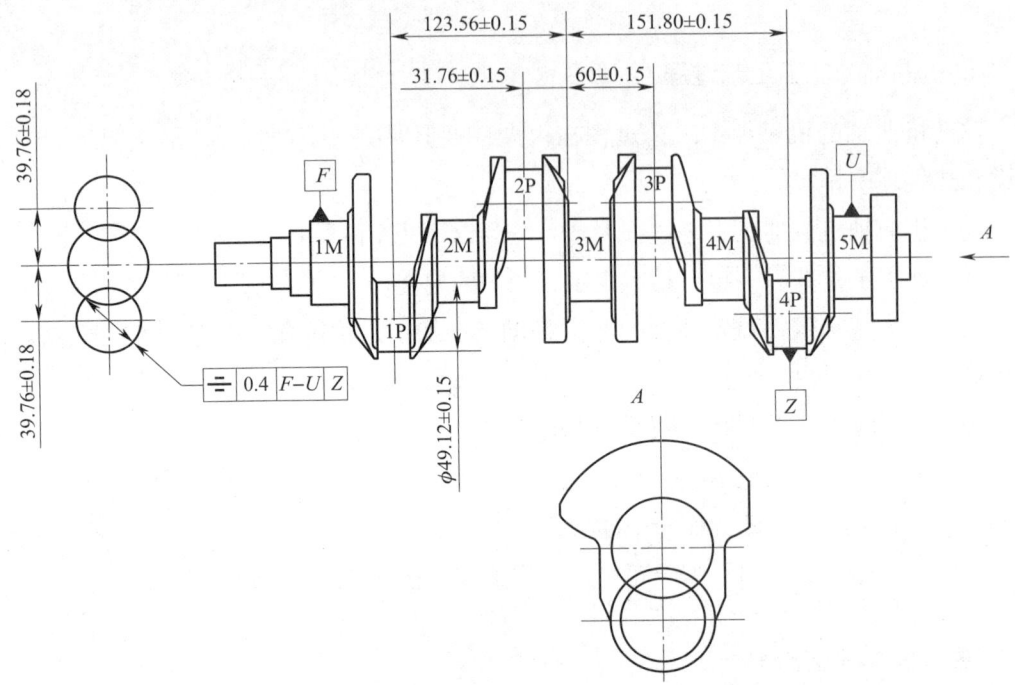

图 1-1-3 曲轴划线定位图

（3）用划线盘、钢直尺与方箱配合测出轴颈 1M、2M、3M、4M 和 5M 在水平与垂直位置的最高点与最低点。将所测尺寸与图样对应要求尺寸进行比对并列表记录。若轴颈成品尺寸为 58 mm，在 V 形铁中定位后中心高为 200 mm，所测读数见表 1-1-1。

表 1-1-1　轴颈检测尺寸对照表　　　　　　　　　　　　　　　mm

轴颈名称	1M	2M	3M	4M	5M
最高点	239	238	239	240	239
最低点	162	161	160	162	161
最高表面余量	10	9	10	11	10
最低表面余量	9	10	11	9	10

（4）用第一平衡块的侧面定位面进行周向定位，限制一个旋转自由度，如图 1-1-3 所示。用划线盘、钢直尺与方箱配合测出连杆轴颈 1P、2P、3P 和 4P 在水平与垂直位置的最高点与最低点。将所测尺寸与图样对应要求尺寸进行比对并列表记录，参照表 1-1-1。

（5）若轴颈与连杆轴颈加工余量全部均匀并满足加工要求，可进行钻中心孔等后续工序；若余量分配不合理，可采用借料方式进行划线，调整曲柄旋转中心以避免造成曲轴报废。

三、曲柄连杆划线

1. 曲柄连杆简介

曲柄连杆的作用是将活塞承受的力传给曲轴，并使活塞的往复运动转变为曲轴的旋转运动。如图 1-1-4 所示，曲柄连杆由连杆小头、连杆杆身和连杆大头（包括连杆盖、连杆轴瓦和连杆螺栓）三部分组成。曲柄连杆小头用来安装活塞销，以连接活塞。杆身通常做成"工"字形或"H"形断面，以求在满足强度和刚度要求的前提下减少质量。

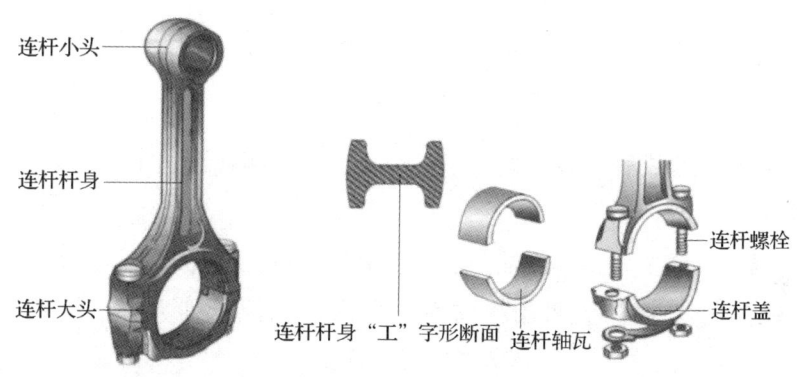

图 1-1-4　曲柄连杆结构

曲柄连杆大头与曲轴的连杆轴颈相连。连杆大头一般做成分开式，与杆身切开的一半称为连杆盖，连杆盖与杆身靠连杆螺栓连接为一体。连杆轴瓦安装在连杆大头孔座中，与曲轴上的连杆轴颈装配在一起，是发动机中最重要的配合副之一。连杆轴瓦常用的减摩合金主要有巴氏合金、铜基合金和铝基合金。

2. 曲柄连杆的加工工艺过程

曲柄连杆的机械加工工艺过程在很大程度上取决于生产批量、加工要求、毛坯种类和热处理安排等。典型加工顺序为：划线，铣连杆大、小头平面，粗磨大、小头平面，加工小头孔，铣大头两侧面，钻、扩大头孔，铣开连杆体和盖，加工连杆体，铣、磨连杆盖结合面，铣、钻、镗连杆总成体，粗镗大头孔，大头孔两端倒角，精磨大、小头两平面，半精镗大头孔及精镗小头孔，精镗大头孔，镗小头孔衬套，珩磨大头孔，检验。

3. 连杆的划线

以大、小头均无锻孔的小型模锻连杆为例。

（1）划连杆中心线及连杆大、小头两端面加工线。

1）采用立体划线方式进行划线操作。

2）用石灰水对连杆毛坯进行涂色。

3）选择千斤顶定位连杆毛坯，连杆大头选择两个支承点，连杆小头选择一个支承点，用划线盘对连杆毛坯大、小头上、下表面按水平面进行找正，如图1-1-5所示。

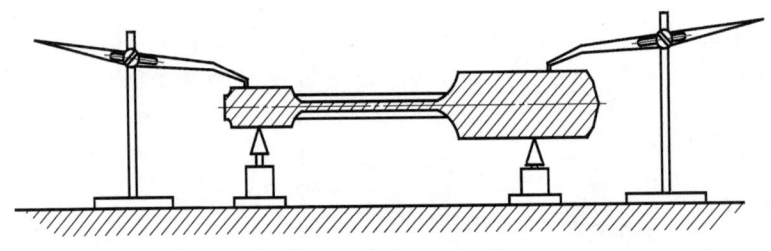

图1-1-5　连杆毛坯定位找正

4）用划线盘配合钢直尺划出连杆中心线及大、小两端面加工线，确保各加工面的加工余量均匀。

5）在所划中心线及大、小两端面加工线上均匀打上样冲眼。

（2）在铣连杆大、小平面及粗磨大、小头平面后，划大、小端孔中心线及外形线。

1）采用平面划线方式进行划线操作。

2）用蓝油对连杆大、小头平面进行涂色。

3）连杆大、小头用垫块垫成水平。

4）用单脚划规按连杆小头 $\phi 45$ mm 圆毛坯面找出小头孔中心并打样冲眼，如图1-1-6所示。

5）用单脚划规按连杆大头 $\phi 80$ mm 圆毛坯面找出大头孔中心，连接大、小头孔中心，划出Ⅰ—Ⅰ中心线。

6）以连杆小头孔中心为基准，用划规量取两中心距离尺寸 L（$L=180/\cos\alpha$），打

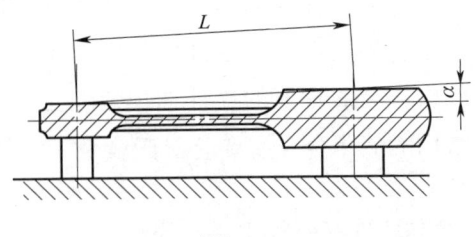

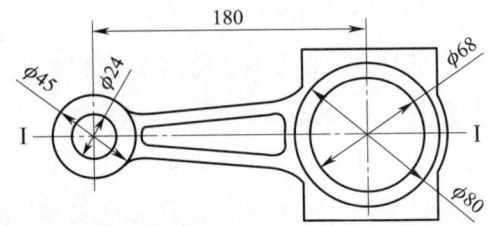

图1-1-6　连杆大、小头孔划线

大头样冲眼。若中心重合可进行下一步操作，若中心差异较大需采用借料方式进行调整。

7）用划规分别以连杆大、小头中心为基准划出 ϕ24 mm 和 ϕ68 mm 加工线并均匀打出样冲眼。

（3）连杆大头螺栓孔一般通过专用钻夹具完成，基本不需要钳工对其进行划线操作，如图1-1-7所示。

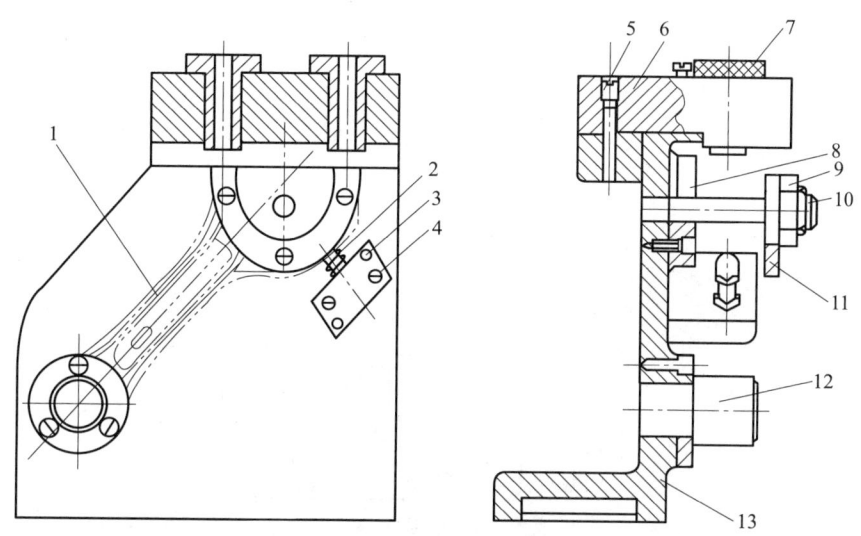

图1-1-7 钻连杆大头螺栓孔示意图

1-连杆 2-可调螺栓 3-定位销 4、5-螺钉 6-钻模板 7-钻套 8-大头定位心轴
9-螺母 10-双头螺柱 11-压板 12-小头定位心轴 13-夹具体

四、机架划线

传动机架图样如图1-1-8所示。该工件形状奇特，外形不规则，其中 $\phi 75_{\ 0}^{+0.01}$ mm 孔的中心线与 $\phi 40_{\ 0}^{+0.025}$ mm 孔的中心线成 45°夹角，其交点不是在工件本体上而是在工件外的空间，故划线时要采用辅助基准和辅助工具。

1. 划线要点

由图1-1-8所示传动机架零件图可知，由于 $\phi 75_{\ 0}^{+0.01}$ mm、$\phi 40_{\ 0}^{+0.025}$ mm 两孔的交点在工件外的空间，给划线尺寸控制带来一定的难度。为此，划线时需要划出辅助基准线，在辅助夹具的帮助下才能完成。为了尽可能减少安装次数，在一次安装中尽可能划出所有加工尺寸线，可利用三角函数解尺寸链的方法来减少安装次数。

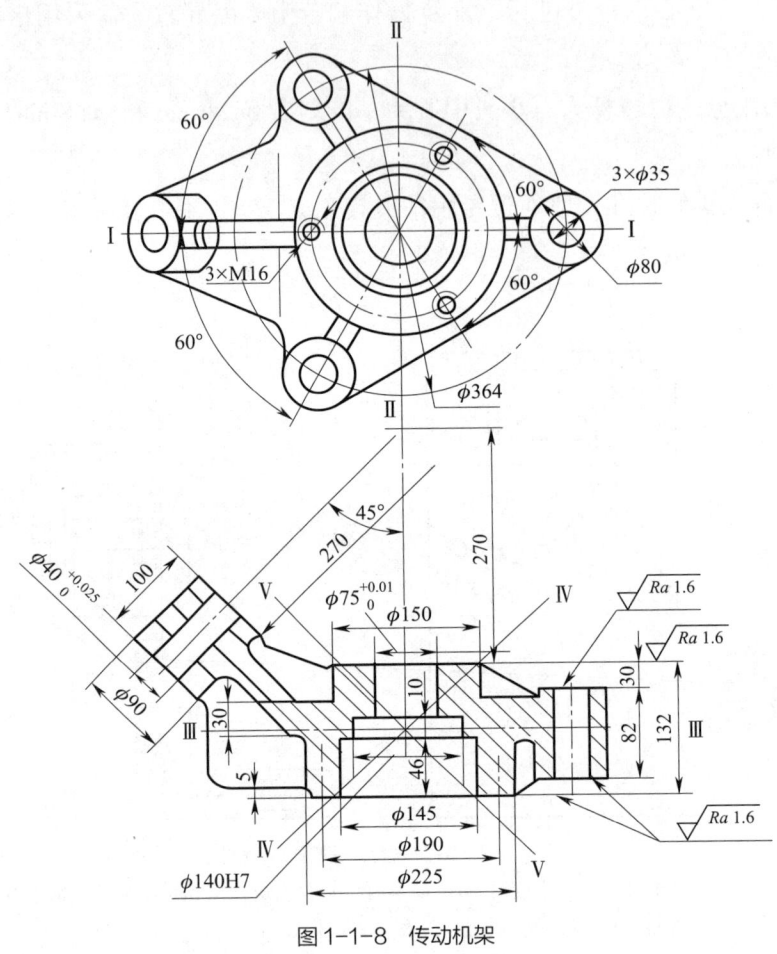

图 1-1-8 传动机架

2. 划线步骤（见图 1-1-9）

（1）传动机架划线前，用角铁紧固工件。如图 1-1-9a 所示，将工件先预紧在角铁上，用划线盘找出 A、B、C 三个中心点（应在一条直线上），并用角铁检查上、下两个凸台，使其与平面垂直。然后把工件和角铁一起转 90°，使角铁大平面与平板面平行。以 φ150 mm 凸台下的不加工平面为依据，用划线盘找正，使其与平板面平行；如不平行，可用楔铁垫在 φ225 mm 凸台与角铁大平面之间进行调整。经过以上找正后用角铁紧固工件。

（2）第一划线位置。如图 1-1-9a 所示，通过 A、B、C 三个中心点划出中心线 I—I 基准线。同时，建立划线基准尺寸 a，并以 I—I 中心线为基准，按尺寸 $a+\dfrac{364}{2}\cos30°$ 和 $a-\dfrac{364}{2}\cos30°$ 分别划出上、下两个 φ35 mm 孔的中心线。

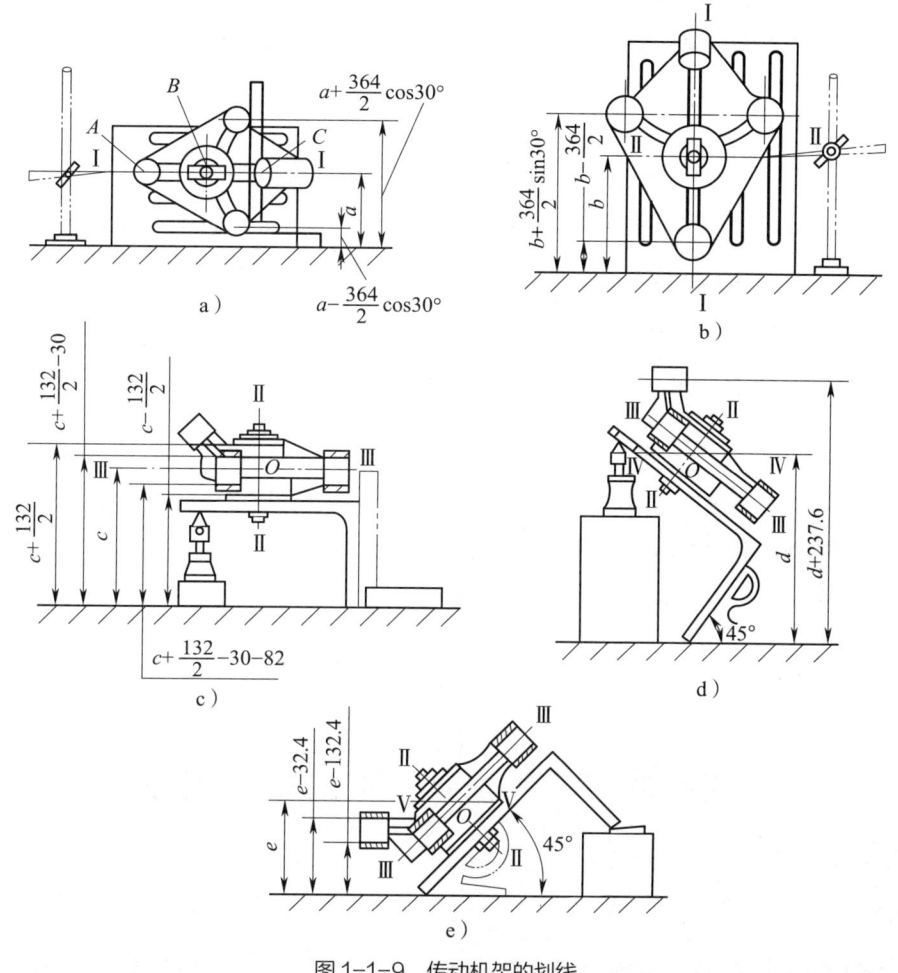

图 1-1-9 传动机架的划线

a）第一划线位置 b）第二划线位置 c）第三划线位置 d）第四划线位置 e）第五划线位置

（3）第二划线位置。如图 1-1-9b 所示，首先找正 $\phi150\,\mathrm{mm}$ 外圆的中心点，同时考虑 $\phi75\,\mathrm{mm}$ 孔的中心，通过该中心点划出 $\phi75\,\mathrm{mm}$ 孔的中心线 Ⅱ—Ⅱ 为第二划线基准，高度为 b，并按尺寸 $b+\dfrac{364}{2}\sin30°$ 和 $b-\dfrac{364}{2}$ 分别划出上、下共三个 $\phi35\,\mathrm{mm}$ 孔的中心线。

（4）第三划线位置。如图 1-1-9c 所示，根据工件中部厚度 30 mm 和各凸台两端的加工余量找正后划出中心线 Ⅲ—Ⅲ 作为第三划线基准线，高度为 c。再按尺寸 $c+\dfrac{132}{2}$ 和 $c-\dfrac{132}{2}$，分别划出中部 $\phi150\,\mathrm{mm}$ 凸台两端的加工线；同时按尺寸 $c+\dfrac{132}{2}-30$ 和 $c+\dfrac{132}{2}-30-82$ 分别划出三个 $\phi80\,\mathrm{mm}$ 凸台两端面的加工线。基准 Ⅱ—Ⅱ 与 Ⅲ—Ⅲ 相交得交点 O。

（5）第四划线位置。如图 1-1-9d 所示，将角铁斜放，用角度规或万能角度尺校正，使角铁与平板面成 45°倾角。通过交点 O，划出辅助基准Ⅳ—Ⅳ、高度尺寸 d，再按尺寸 $\left(270+\dfrac{132}{2}\right)\sin45°$ =237.6 mm 和 d+237.6 划出 ϕ40 mm 孔的中心线，此中心线与已划出Ⅰ—Ⅰ中心线的交点，即为 ϕ40 mm 孔的圆心。

（6）第五划线位置。如图 1-1-9e 所示，将角铁向另一方向倾斜 45°，找正后固定，通过 O 点，划出第二辅助基准Ⅴ—Ⅴ、高度尺寸 e，再按尺寸 $e-\left[270-\left(270+\dfrac{132}{2}\right)\sin45°\right]-100=e-132.4$ 划出 ϕ40 mm 孔下端面的加工线。

（7）定圆心，划圆周加工线。从角铁上卸下工件，在 ϕ75 mm 孔和 ϕ145 mm 孔内装入中心塞块，并用钢直尺连接已划出的中心线，便可在中心塞块上得到相关的圆心，并用划规划出各孔的圆周加工线。

（8）用样冲等距冲出各加工线及圆弧交接点。

学习单元 2　大型工件的立体划线

大型工件是指重型机械中质量和体积都比较大的工件。重型机械零部件的体积大，质量大，划线时吊装、翻转、找正都比较困难。因此，对于大型工件的划线，最好只经过一次吊装、找正，在一次划线位置上把各面的加工线都划好，既提高了工作效率，又解决了多次翻转的困难。

一、大型工件的划线方法

在大型工件划线时，首先需要解决的就是划线用的支承基准问题，除了可以利用大型机床的工作台划线外，一般较为常用的有以下几种方法。

1. 工件位移法

一般大型工件划线，如条件允许，尽可能安放在划线平板上进行。大型工件安放在平板上划线，经常会遇到平板长度、宽度不够等问题，当划线工件的长度超过平板长度的 1/3 时，可利用工件移位分段划线，先将在平板部分的线划完后再移动工件，经过校正使其基准校正线与平板面平行，而后划出另一部分。这种方法对于不具备大型平板条件的工厂能解决生产实际问题，但由于分段划线要将工件移动、调整，增加了工作量，效率较低，而且划线误差也较大。因此，有条件的尽可能采用平板拼接来扩大划线平板的工作范围，能取得较好的效果。

2. 导轨与平尺调整法

在对一些大型机体划线时，将工件就地安放于水泥基础的调整垫铁上，在工件两端分别放置两根长度适当且相互平行的导轨（经加工过的工字钢或条形垫铁），然后把两根平尺分别放置在两根导轨的端部，并将两根平尺面调整在同一水平位置。以平尺面为基准，调整找正工件后，用划线盘在平尺面上移动进行划线。

3. 平板拼接法

平板拼接在大型工件划线中应用较多，平板拼接质量对划线质量有很大影响。常用的拼接方法是把几块平板紧密拼接成一个大型平板，用长的平尺进行"米"字形交接检测（利用透光法或塞尺检测），如图 1-1-10 所示。这种方法简便有效，可在安装中快捷地将平板拼接完成，拼接精度高，可控制在 0.05 mm 以内。

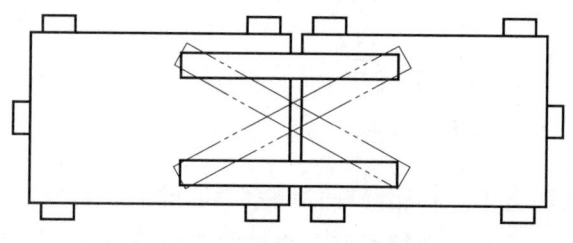

图 1-1-10　用平尺检测拼接平板

用水准仪法对离散平板拼接大型平板的检测如图 1-1-11 所示。在拼接的大型平板附近相应高度处放置一盛水器具，连接一软管，另一端接带座的有刻度值的水准玻璃管（刻度值决定平板的拼接精度）。预先用水平仪将其中一块平板调整成水平状态，并以这块平板为基准，测量其余拼接平板的等高度及平行度误差。平板的拼接精度由水准管和水平仪配合决定。

在大型平板拼接工艺中，应用经纬仪进行检测，其精度和效率比传统平板拼接工艺好，平板在拼接过程中可以做到一次调整到位。如图 1-1-12 所示，将经纬仪放在

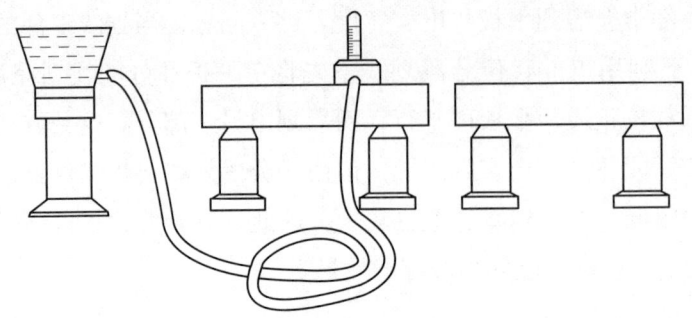

图 1-1-11 水准仪法检测拼接大型平板

平板外的任意处,标尺安放在被测平板上,调整经纬仪的高度以及垂直度盘于90°水平位置,望远镜分划板十字中心线对准标尺上的某一刻度值,如图1-1-13所示。测量时,将标尺移至被测平板任意处,均与标尺十字线重合,被测平板调整到位后再将标尺移至拼接平板上,使所有拼接平板在四角部位都能调整到与十字中心线重合,拼接平板完成。

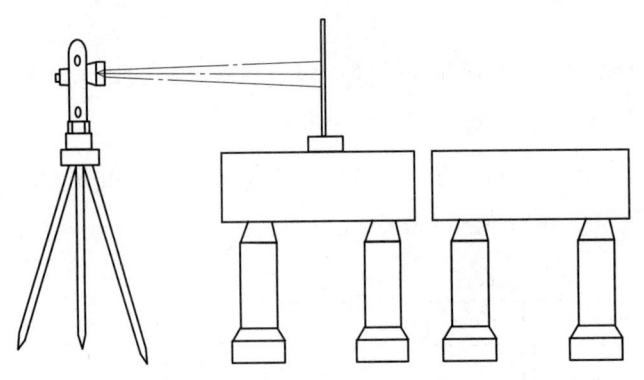

图 1-1-12 用经纬仪检测拼接平板

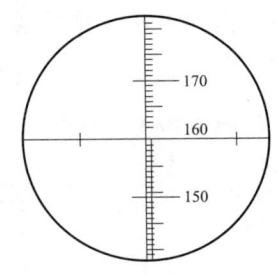

图 1-1-13 望远镜的十字中心线

拼接平板在安装调整中,利用经纬仪测距望远镜中分划板上的上、下两短线与标尺之间的距离,可通过计算测得平板某一点的等高度调整量值。由望远镜中十字线所对准的被测平板确定的示值差(通过垂直度盘读数直接读出),可用平板调整量公式求得实际调整量。

经纬仪测距公式为:

$$D=KL+C=100L$$

式中　D——标尺到测站点的距离,mm;

　　　K——视距乘常数,$K=100$;

　　　L——上下视距线在标尺上所截长度,mm;

　　　C——视距加常数,$C=0$。

平板调整量公式为：

$$\delta = 2KL\frac{\tan(90°-\alpha)}{2}$$

式中　δ——平板实际调整量，mm；

　　　α——被测平板垂直度盘读数，(°)；

　　　K——视距乘常数，$K=100$；

　　　L——上下视距线在标尺上所截长度，mm。

【案例】拼接平板等高度误差计算

用经纬仪测量拼接平板，标尺与测站点距离 2 000 mm，望远镜中上、下短线与标尺对准读数为 170 mm、150 mm，经纬仪垂直度盘读数为 89°57′57″。已知基准平板读数为 90°，计算拼接平板与基准平板等高度误差值。

根据平板调整量公式：

$$\delta = 2KL\frac{\tan(90°-\alpha)}{2}$$

$$= 2\times100\times(170-150)\times\frac{\tan(90°-89°57′57″)}{2}$$

$$= 2\times2\,000\times\frac{\tan2′3″}{2} \approx 1.19\,(\text{mm})$$

由计算结果得知拼接平板与基准平板之间的等高度误差为 1.19 mm。

4. 拉线与吊线法

拉线与吊线法是采用拉线（尼龙线或细钢丝）、线坠、直角尺和钢直尺相互配合，通过投影引线的方法来完成划线工作，其原理如图 1-1-14 所示。

在平板上设一个基准直线 $O—O$，将两个直角尺的测量面对准 $O—O$，用钢直尺在两直角尺上量取同一高度 H，用拉线和钢直尺连接两点，则可得到平行于 $O—O$ 直线的 $O_1—O_1$ 线；如要得到距 $O_1—O_1$ 线尺寸为 h 的平行线 $O_2—O_2$，则可在相应位置设一拉线，移动拉线，并用钢直尺从两直角尺的 H 尺寸点至拉线量出 h，并使拉线与平板面平行，即可获得平行线 $O_2—O_2$。若 H 尺寸较高，可用线坠代替直角尺。

此法适用于特大工件的划线，只需经过一次吊装、校正就能完成整个工件的划线工作，能解决大型工件划线多次翻转、

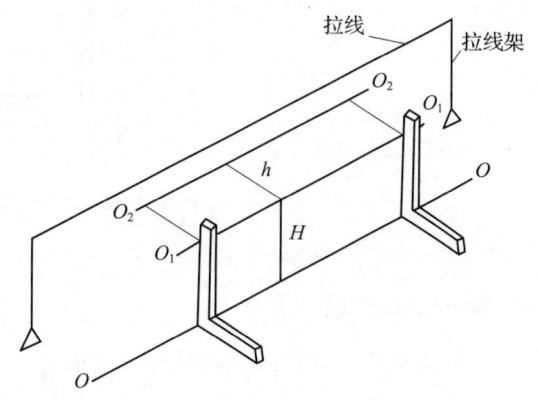

图 1-1-14　拉线与吊线法原理

校正的困难，节省物力、人力，提高生产效率。

二、机床床身的立体划线

B665 型牛头刨床床身零件图如图 1-1-15 所示。由图可知，床身上的水平和垂直导轨不仅有各自的精度要求，而且还有相互间的位置精度要求。床身的孔不仅有较高的尺寸精度，而且还有较高的几何精度。床身划线时需保证水平导轨与垂直导轨的垂直度和大齿轮孔的尺寸、位置精度，还应保证每个变速轴孔都有足够的加工余量。根据上述分析，选择左视图中的对称中心线及大轮 $\phi 540^{+0.2}_{0}$ mm 孔的正交十字线作为划线基准。划线分三个位置进行。

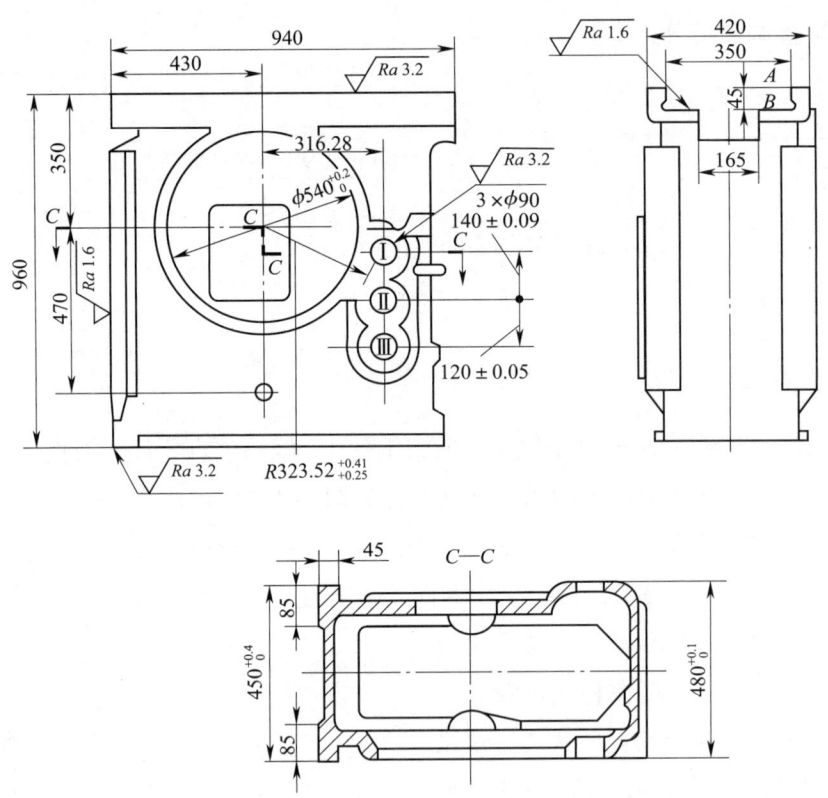

图 1-1-15　B665 型牛头刨床床身零件图

1. 第一划线位置

步骤 1　完成立体划线的准备工作。

（1）在箱体大齿轮孔及三个变速轴孔（见图 1-1-15 中Ⅰ、Ⅱ、Ⅲ）中心装上塞块,为划线、借料做准备。

(2)如图1-1-16所示,用三个千斤顶将箱体底面支承在平板上。

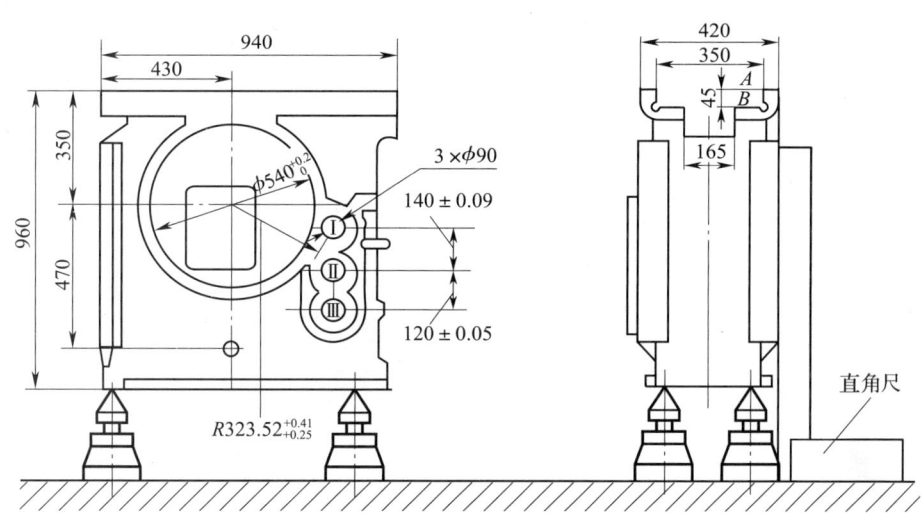

图1-1-16 刨床床身第一次划线

(3)先用划线盘预找平 A、B 两个待加工表面的四个角,再用直角尺找正垂直导轨的待加工面与划线平板基本垂直,最后检查箱体两侧的不加工表面放置是否对称。这三个因素如果不协调,则主要应满足每个待加工表面有足够的加工余量。

步骤2 第一划线位置划线。

(1)用划规在大齿轮孔中心塞块上预找出中心点,并以此点为中心,检查 $R323.52$ mm 是否有加工余量,还应检查其他各孔是否有加工余量以及内、外凸台是否同轴。

(2)检查垂直导轨、水平导轨是否都有加工余量。

(3)协调各加工面的加工余量,完成借料过程。

(4)依次划出 $\phi 540_0^{+0.2}$ mm 孔中心线,孔Ⅰ、Ⅱ、Ⅲ的中心线,水平导轨 A、B 两面的尺寸线,以及底面加工线(45 mm、350 mm、470 mm、960 mm)等。

2. 第二划线位置

如图1-1-17所示,将箱体翻转90°,用直角尺找正第一位置所划基准线(即找正水平导轨外侧面和内侧加工面与划线平板垂直)。以大齿轮孔中心为基准,在箱体四周划出第二位置基准线,依次划出如图1-1-17所示430 mm、940 mm以及三个孔的尺寸线。

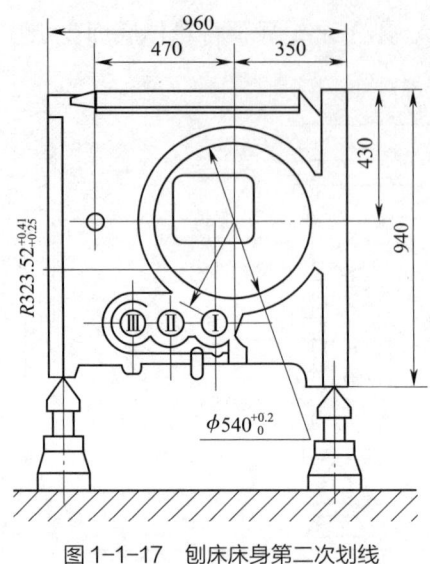

图 1-1-17　刨床床身第二次划线

3. 第三划线位置

如图 1-1-18 所示，再将箱体朝另一方向翻转 90°。用直角尺找正前两次已划出的基准线，以垂直、水平导轨加工余量的对称中线为依据，兼顾外表面的对称性，划出第三位置基准线，依次划出如图 1-1-18 所示 165 mm、350 mm、420 mm 以及 450 mm、480 mm、85 mm 的尺寸线。

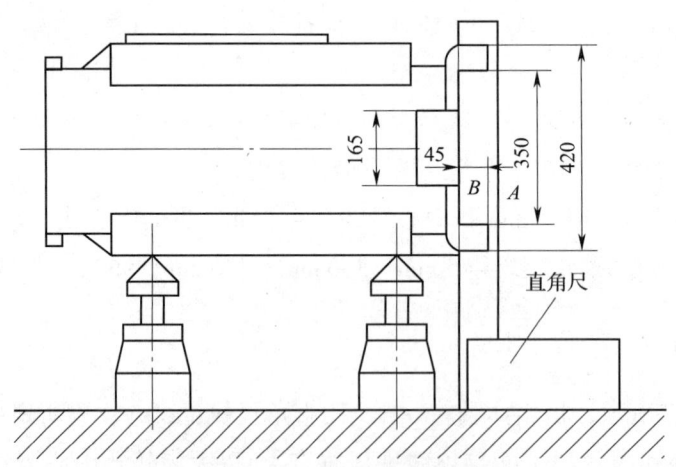

图 1-1-18　刨床床身第三次划线

三、机床齿轮箱的立体划线

1. 机床齿轮箱的结构特点

一台机床，齿轮箱占有很大的比重，如 CA6140 型普通车床，有主轴箱、进给箱、溜板箱和交换齿轮箱等。

箱体零件需要加工的孔与平面很多，并且箱体上的加工平面和孔表面又是装配时的基准面。箱体零件的毛坯一般采用铸造，铸造件的形状和尺寸较难保证。为保证机械加工时每个加工平面和孔都有足够的加工余量，以及孔与加工平面的位置关系，可以通过划线进行各平面和孔系的位置检验，并通过借料找正充分利用毛坯。对精度要求较高的箱体零件，在条件允许的情况下，一般采用坐标镗床，一次装夹进行各平面和各孔系的加工，这样既有利于保证加工精度，又便于批量和自动生产。

2. 箱体划线要点

箱体工件的划线，除按一般划线方法选择划线基准、找正、借料外，还应注意以下几点：

（1）划线前必须仔细检查毛坯质量，有严重缺陷和很大误差的毛坯，就不要勉强去划，避免出现废品和浪费较多工时。

（2）认真掌握技术要求，如对箱体工件的外观要求、尺寸精度要求和几何精度要求，分析箱体加工部位与装配工件的相互关系，避免因划线前考虑不周而影响工件的装配质量。

（3）了解零件机械加工工艺路线，知道各加工部位应划的线与加工工艺的关系，确定划线的次数和每次要划哪些线，避免因所划的线被加工掉而重划。

（4）第一划线位置，应该选择待加工表面和非加工表面比较重要和比较集中的位置，这样有利于划线时正确找正和及早发现毛坯的缺陷，既保证了划线质量，又可减少工件的翻转次数。

（5）箱体工件划线，一般都要准确地划出十字校正线，为划线后的刨、铣、镗、钻等加工工序提供可靠的校正依据。一般常以基准孔的轴线作为十字校正线，划在箱体长而平直的部位，以便于提高校正精度。

（6）第一次划出的箱体十字校正线，在经过加工以后再次划线时，必须以已加工的面作为基准面，划出新的十字校正线，以备下道工序校正。

（7）为避免和减少翻转次数，其垂直线可利用直角尺或角铁一次划出。

（8）某些箱体内壁不需加工，而且装配齿轮或其他零件的空间又较小，在划线时要特别注意找正箱体内壁，以保证加工后能顺利装配。

3. 机床齿轮箱划线步骤

以 CA6140 型车床主轴箱为例。主轴箱是车床的重要部件之一，图 1-1-19 所示为 CA6140 型车床主轴箱箱体零件图。从图中可以看出，箱体上加工的面和孔很多，而且位置精度和加工精度要求都比较高，虽然可以通过加工来保证，但在划线时对各孔的位置精度仍应特别注意。

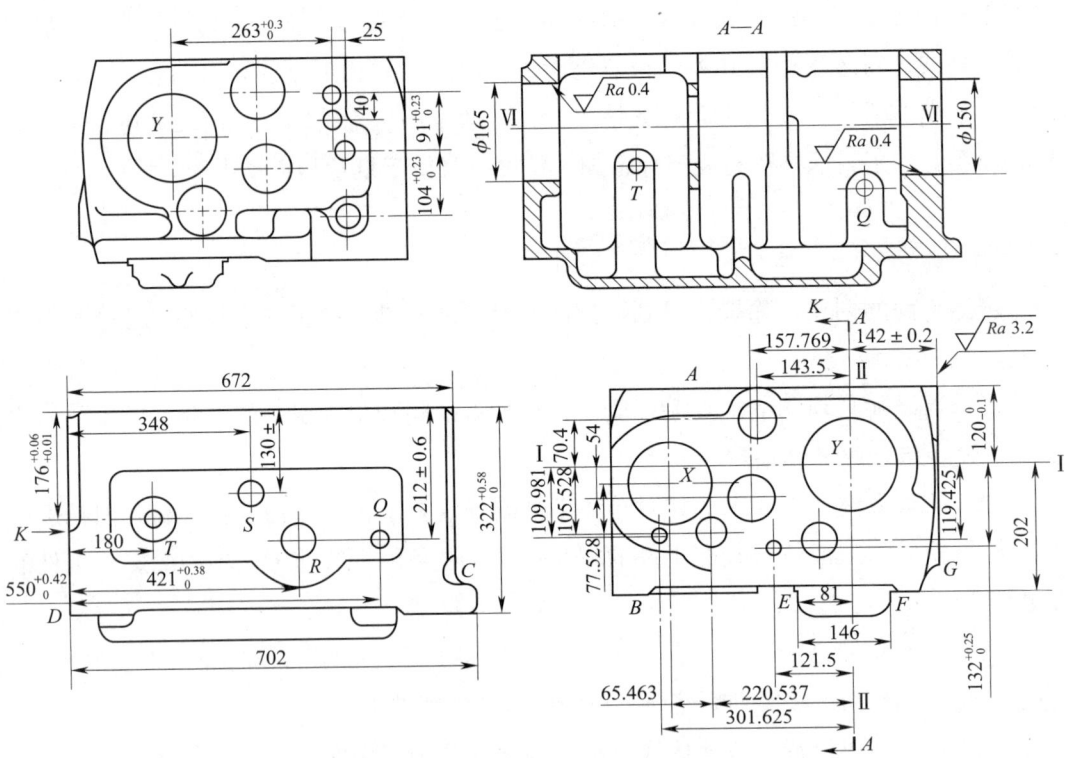

图 1-1-19　CA6140 型车床主轴箱箱体

该主轴箱体在一般加工条件下，划线可分为三次进行。第一次确定箱体加工面的位置，划出各平面的加工线；第二次以加工后的平面为基准，划出各孔和十字校正线；第三次划出与加工后的孔和平面尺寸有关的螺纹孔、油孔等加工线。

（1）第一次划线。第一次划线是在箱体毛坯件上划线，主要是合理分配箱体上每个孔和平面的加工余量，使加工后的孔壁均匀对称，为第二次划线时确定孔的正确位置奠定基础。

1）将箱体用三个千斤顶支承在划线平板上，如图 1-1-20 所示。

2）用游标高度卡尺找正 X、Y 孔（制动轴孔、主轴孔，都是关键孔）的水平中心线及箱体的上下平面与划线平板基本平行。

3）用直角尺找正 X、Y 孔的两端面 C、D 和平面 G 与划线平板基本垂直。若差异较大，可能出现某处加工余量不足，应调整千斤顶与 A、B 的平行方向借料。

4）以 Y 孔内壁凸台的中心（在铸造误差较小的情况下，应与孔中心线基本重合）为依据，划出第一放置位置的基准线Ⅰ—Ⅰ。

5）以Ⅰ—Ⅰ线为依据，检查其他孔和平面在图样所要求的相应位置是否都有充分的加工余量，以及在 C、D 垂直平面上各孔周围的螺纹孔是否有合理的位置。一定要避免螺纹孔有大的偏移，如发现孔或平面的加工余量不足，都要进行借料，对加工余量进行合理调整，并重新划出Ⅰ—Ⅰ基准线。

6）以Ⅰ—Ⅰ线为基准，按图样尺寸上移 120 mm 划出上表面加工线，再下移 322 mm 划出底面加工线。

7）将箱体翻转 90°，用三个千斤顶支承，放置在划线平板上，如图 1-1-21 所示。

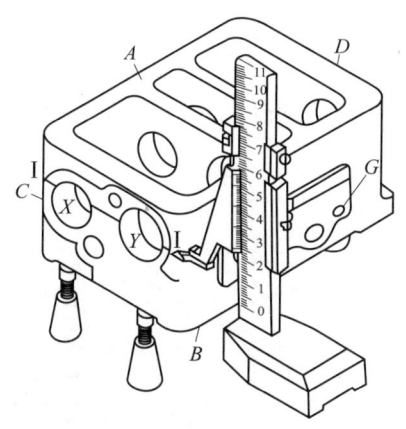

图 1-1-20　将箱体用三个千斤顶支承在划线平板上

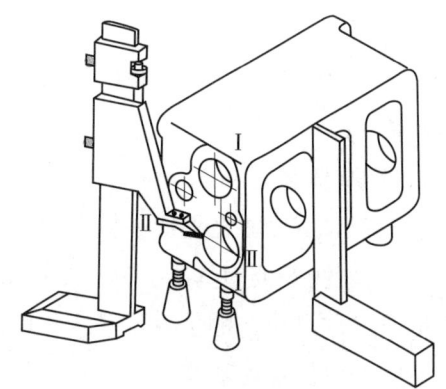

图 1-1-21　箱体翻转 90°支承在划线平板上

8）用直角尺找正基准线Ⅰ—Ⅰ与划线平板垂直，并用游标高度卡尺找正 Y 孔两壁凸台的中心位置。

9）以此为依据，兼顾 E、F（储油池外壁，见图 1-1-19）、G 平面都有加工余量的前提下，划出第二放置位置的基准线Ⅱ—Ⅱ。

10）以Ⅱ—Ⅱ为基准，检查各孔是否有充分的加工余量，E、F、G 平面的加工余量是否合理分布。若某一部位的误差较大，应借料找正后重新划出Ⅱ—Ⅱ基准线。

11）以Ⅱ—Ⅱ线为依据，按图样尺寸上移 81 mm 划出 E 面加工线，再下移 146 mm

划出 F 面加工线，仍以Ⅱ—Ⅱ线为依据下移 142 mm 划出 G 面加工线（见图 1-1-19）。

12）将箱体再翻转 90°，用三个千斤顶支承在划线平板上，如图 1-1-22 所示。

13）用直角尺找正Ⅰ—Ⅰ、Ⅱ—Ⅱ两条基准线与划线平板垂直。

14）以主轴孔 Y 内壁凸台的高度为依据，兼顾 D 面加工后到 T、S、R、Q 孔的距离（确保孔对内壁凸台、肋板的偏移量不大），划出第三放置位置的基准线Ⅲ—Ⅲ，即 D 面的加工线。

15）然后上移 672 mm 划出平面 C 的加工线。

16）检查箱体在三个放置位置上的划线是否准确，当确认无误后，冲出样冲眼，转机加工工序进行平面加工。

（2）第二次划线。箱体的各平面加工结束后，在各毛坯孔内装中心塞块，并在需要划线的位置涂色，以便划出各孔中心线的位置。

1）箱体的放置位置仍如图 1-1-20 所示，但不用千斤顶而是用两块平行垫铁安放在箱体底面和划线平板之间，垫铁厚度要大于储油池凸出部分的高度。应注意箱体底面与垫铁和划线平板的接触面要擦干净，避免因夹有异物而使划线尺寸不准。

2）用游标高度卡尺从箱体的上平面 A 下移 120 mm，划出主轴孔 Y 的水平位置线Ⅰ—Ⅰ。

3）再分别以上平面 A 和Ⅰ—Ⅰ线为尺寸基准，按图样的尺寸要求划出其他孔的水平位置线。

4）将箱体翻转 90°，位置仍如图 1-1-21 所示，平面 G 直接放在划线平板上。

5）以划线平板为基准上移 142 mm，用游标高度卡尺划出孔 Y 的垂直位置线（以主轴箱工作时的安放位置为基准）Ⅱ—Ⅱ。

6）然后按图样的尺寸要求分别划出各孔的垂直位置线。

7）将箱体再翻转 90°，位置仍如图 1-1-22 所示，平面 D 直接放在划线平板上。

8）以划线平板为基准分别上移 180 mm、348 mm、421 mm、550 mm，划出孔 T、S、R、Q 的垂直位置线（以主轴箱工作时的安放位置为基准）。

9）检查各平面内各孔的水平位置与垂直

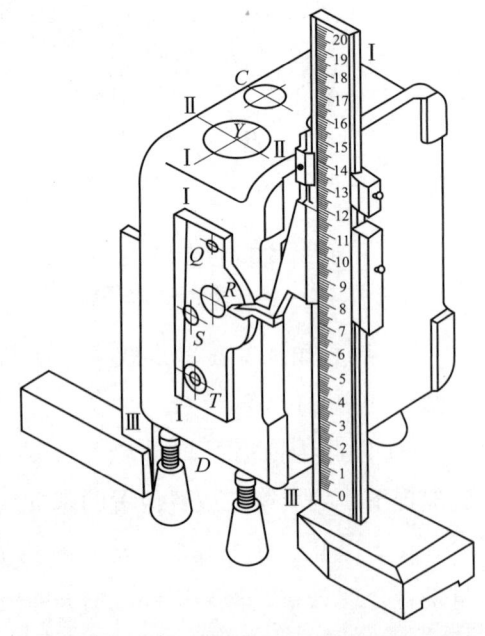

图 1-1-22 箱体再翻转 90°支承在划线平板上

位置的尺寸是否准确，孔中心距尺寸是否有较大的误差。若发现有较大误差，应找出原因，及时纠正。

10）分别以各孔的水平线与垂直线的交点为圆心，按各孔的加工尺寸用划规划圆，并冲出样冲眼，转机加工工序进行孔加工。

（3）第三次划线。在各孔加工合格后，将箱体平稳地置于划线平板上，在需划线的部位涂色，然后以已加工平面和孔为基准，划出各有关的螺纹孔和油孔的加工线。

划线完毕，打上样冲眼，划线工序结束。

【综合实训】

大型泥浆泵机座的划线

一、操作准备

1. 图样工艺分析

大型泥浆泵机座如图 1-1-23 所示。其外形尺寸为 3 876 mm×1 652 mm，重约 7 t，由 20 钢板焊接制成，有焊接变形的可能。

2. 划线要求

划底平面的加工线、宽度 1 652 mm 轴承孔两端面的加工线、3×ϕ368 mm 的镗孔线、1 532.5 mm 的止口线及机盖贴合面的加工线等。

3. 工具准备

划线盘、中心垫块、千斤顶、方箱、安全支架、行车。

4. 量具准备

钢直尺、游标高度卡尺、直角尺、平板。

5. 零件划线前的准备

（1）清理工件的毛刺、氧化皮等。

（2）检查工件的误差情况。

二、划线步骤

1. 第一次划线

（1）将机座 A 面放置在拼接平板三个调整垫铁上（垫铁在 2×ϕ648 mm 孔处各放置一个，在 ϕ368 mm 孔处放置一个）。调整垫铁使 ϕ648 mm 两孔和 3×ϕ368 mm 孔中心（借料求中心）基本在水平位置，加放辅助调整垫铁。

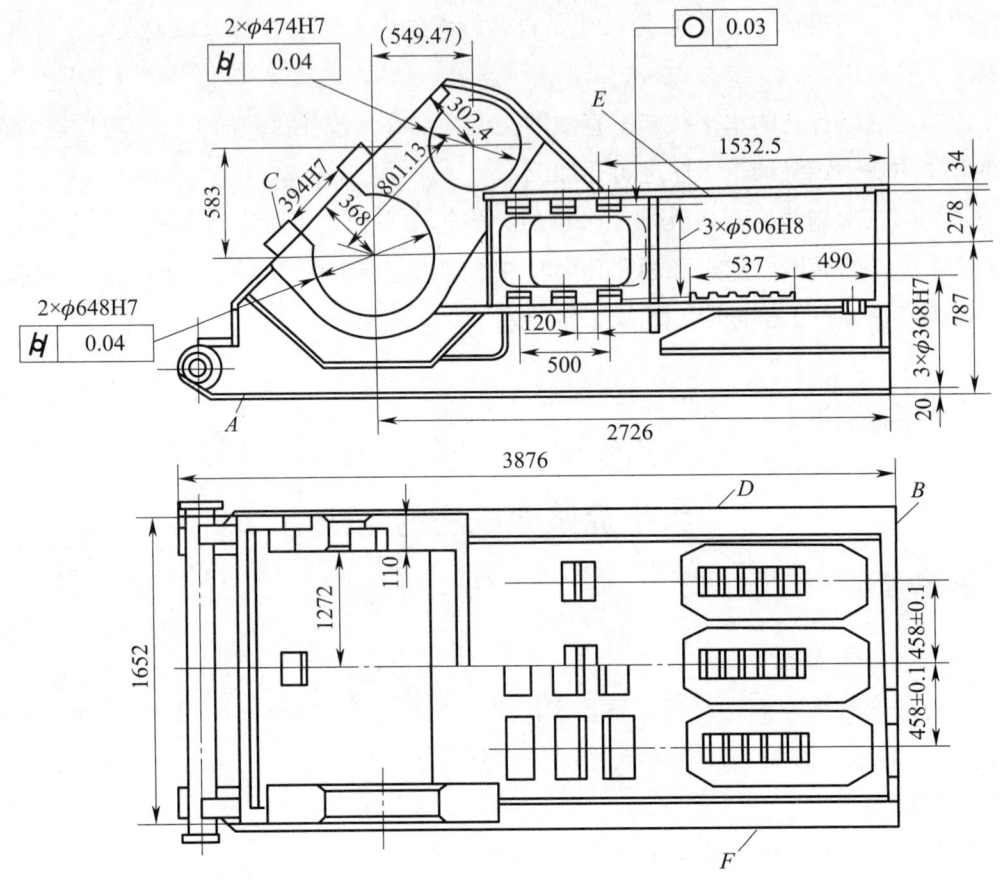

图 1-1-23 大型泥浆泵机座

（2）在 2×φ648 mm、2×φ474 mm、3×φ368 mm 毛坯孔内放置划线用中心垫块。

（3）用划线盘划出孔 φ648H7 和 φ368H7 的中心线，并以中心线为基准作 787 mm 的基座底面加工线，同时划出 2×φ648H7 及 3×φ368H7 孔的上、下镗孔方框线。

（4）以中心线为基准，根据尺寸 583 mm，划出 2×φ474H7 孔的中心线，并划出 φ474H7 孔的上、下镗孔方框线。

2. 第二次划线

（1）将机座转位 90°，使机座 D 面放置在三个调整垫铁上。粗调 F 面上平面与划线平板面平行，并用直角尺校正底平面加工线，加放辅助调整垫铁。

（2）根据（110+1 272）mm 尺寸和 φ368H7 孔中心，使左、右两端中心点与平板台面平行，划机座的中心线。

（3）以中心线为基准，划 1 652 mm 两轴承孔端面的加工线，同时划出（458±

0.1）mm 及 3×φ368H7 孔的镗孔方框线。

3. 第三次划线

（1）将机座转位 90°吊起，使 B 面安放在平板三个调整垫铁上，用直角尺和垂线校正 E 面和 D 面垂直中心线，使机座垂直于平板，加放辅助调整垫铁，并用安全支架固定。

（2）根据 1 532.5 mm 止口加工线划出机座前端 B 的加工线，并以前端 B 面加工线为基准划 φ648H7 孔的中心线，及以 2 726-549.47=2 176.53（mm）尺寸划 φ474H7 孔的中心线，同时划出 2×φ648H7 和 2×φ474H7 孔的镗孔方框线。

（3）将机座吊起转位，使机盖贴合面 C 安放在调整垫铁上。另用两只千斤顶斜支承在 E 面上并用行车吊住确保安全，找正 2×φ648H7 和 2×φ474H7 孔的中心，划出 302.4 mm、368 mm 尺寸加工线。以两孔中心为基准，分别用直角尺找正划出 2×φ474H7、2×φ648H7 孔的镗孔加工线和 394H7 的加工线。

（4）复检各划线尺寸并打样冲眼，拆除各轴承孔的中心垫块。

课程 1-2　锯削、锉削加工

学习内容

学习单元	课程内容	培训建议	课堂学时
（1）钢件锯削加工	1）提高锯削精度的方法 2）钢件锯削加工	（1）方法：讲授法、演示法、练习法 （2）重点与难点：锯削时的及时找正	2
（2）平面锉削加工	1）提高锉削精度和表面质量的方法 2）平面锉削加工	（1）方法：讲授法、演示法、练习法、讨论法 （2）重点与难点：提高锉削精度的方法	4

续表

学习单元	课程内容	培训建议	课堂学时
（3）圆弧面锉削加工	1）加工圆弧面的锉刀种类及选择 2）圆弧面的锉削加工与修整	（1）方法：讲授法、演示法、练习法、讨论法 （2）重点与难点：圆弧面锉削质量的检查	4

学习单元 1　钢件锯削加工

一、提高锯削精度的方法

锯削操作是钳工的一项重要技能，也是产品、设备生产的基础。它的用途很广，有毛坯下料、分割材料、去除材料、锯沟槽和工艺槽等。通过锯削加工，可使工件的尺寸、形状、位置和表面粗糙度都达到规定的要求。因此，要提高锯削精度，除了掌握基础的锯削姿势、压力、运动和速度，正确的起锯方法，以及合理选用锯条外，还应掌握锯削尺寸精度的保证技术和锯缝找正技巧。

1. 合理选用锯条

根据锯齿的牙距大小，锯条可分为细齿、中齿和粗齿。在使用过程中，应该根据所锯材料的软硬和厚薄来选用锯条。若锯条选用不合理，会使锯条折断或锯齿崩裂，影响正常的工件加工，造成不必要的浪费。因此合理选用锯条，对锯削质量的高低起着决定性的作用。

锯削质软（如纯铜、青铜、铸铁、低碳钢和中碳钢等）且较厚的材料时应选用粗齿锯条。这是因为粗齿锯条的容屑槽较大，在锯削软材料或较大的切面时，每锯一次的切屑较多，而只有容屑槽大时才不致发生堵塞而影响锯削效率。反之，锯削薄材料或硬材料（如工具钢、合金钢、薄板料、管材、角铁等）时，应选用细齿锯条。这是因为硬材料在锯削过程中不易锯入，每锯一次切屑较少，不易堵塞容屑槽，这样就使每齿所担负的锯削力小，锯条参加切削时的齿数增多，锯削阻力小，材料易于切除，而且推锯省力，锯齿也不易磨损。应特别注意，在锯削管子和薄材料时，必须使用细齿锯条，以免因齿距大于板厚使锯齿被钩住而崩裂。在锯削工件时，截面上至少要有两个以上锯齿同时参加锯削，才能避免锯条崩断。

2. 正确的起锯方法

决定锯削质量高低的关键在于起锯质量的好坏。能否高质量地起锯要看能否选择正确的起锯方法。

起锯有近起锯和远起锯两种方法，一般采用远起锯。因为远起锯是锯齿逐步切入材料，锯齿不易卡住，操作很方便。另外要注意，无论采用哪一种起锯方法，起锯角 θ 应选择在 15°左右。起锯角太大，锯弓不稳。起锯角太小，锯条不易切入材料，工件表面出现拉毛现象，影响表面质量和锯削效率。若用近起锯，会导致锯齿被工件卡住，出现崩裂现象。

3. 正确的锯削姿势、压力、运动和速度

（1）姿势。锯削时身体重心要落在左脚，右腿伸直，左膝随锯削的往复运动而屈伸。开始时身体前倾 10°左右，右肘尽量向后收缩；最初 1/3 行程时，身体前倾到 15°左右，右肘、左膝稍有弯曲；锯至 2/3 行程时，右肘向前推进锯弓，身体则随锯削时的反作用力自然地退回到 15°左右。锯削行程结束后，手和身体都恢复到原来姿势，同时将锯弓略提起退回。

（2）压力。锯削时，推力和压力由右手控制；左手主要配合右手扶正锯弓，压力不要过大。锯在推出时为切削行程，应施加压力；返回时不切削，因此不加压力，应自然拉回。工件将断时压力要小。

（3）运动和速度。锯削运动一般分为直线运动和上下摆动式运动两种。在锯削锯缝底面要求平直的工件时，必须采用直线运动，即要求锯弓保持匀速直线的锯削运动；反之，则可采用小幅度的上下摆动式运动，这种操作自然，两手不易疲劳。锯削速度一般控制在 20~40 次/min，锯削软材料时可快些，锯削硬材料时可慢些。

4. 保证尺寸精度

保证锯削加工的尺寸精度应注意以下几个方面。首先是划线，正确合理的划线是保证尺寸精度的前提。例如（45±0.3）mm，其上极限尺寸为 45.30 mm，下极限尺寸为 44.70 mm，锯削时，要求锯路不超出上、下极限尺寸即可。这时应划出两

条线，一条尺寸为 44.80 mm，另一条加上锯条厚度。其次是锯路，锯削时锯条只要不超出划出的两条线，就能保证尺寸精度和几何精度合格。最后是要求推锯时压力不变、角度不变，并尽量做到不更换锯条，只有这样才能达到锯削面的锯痕整齐美观。

5. 锯缝纠正

锯削时一般要求锯缝平直，因此锯削时的及时纠正非常关键。在进行锯削时，工件要装夹正确、牢固，锯条安装应松紧合适，锯弓或锯条应摆正。起锯时用左手拇指指甲掐住线位，右手推锯，眼睛看好锯线，如发现锯缝偏斜应及时纠正。纠正时不能硬扳锯弓，这样只会越扳越偏，达不到纠正要求。应让锯条贴靠偏的反向一侧，慢慢用锯条靠过来。

总之，合理选用锯条，正确的起锯方法，正确的锯削姿势、压力、运动和速度，锯削尺寸精度的保证技术和锯缝纠正技巧，是提高锯削精度的几个重要环节，在实践中要不断探索，反复运用，积累知识，总结经验，使锯削质量不断提高。

二、钢件锯削加工

在实际生产中，除批量生产使用锯床下料外，在某些工作场合还是需要钳工利用手锯对原材料或半成品进行加工，使其达到图样所需要的形状和要求。

1. 管件锯削

（1）管件的划线方法。管件锯削时，一般要求划出垂直于轴线的锯削边界线。管件长度尺寸较大时，可用矩形纸条按锯削尺寸绕工件外圆一周（简称贴条法，见图 1-2-1），然后划出加工界线，也可直接按纸条边界线锯削。

（2）管件的装夹。对于薄壁管件或精加工过的管件，应夹在有 V 形槽的两块木衬垫之间，以防夹扁管子，破坏加工面精度，如图 1-2-2 所示。

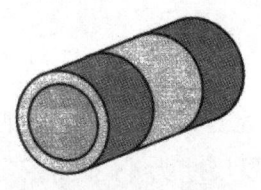

图 1-2-1 管件的划线方法

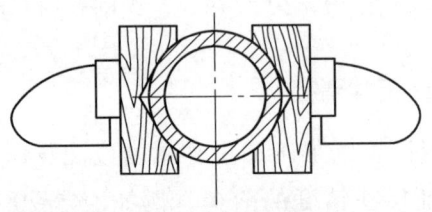

图 1-2-2 管件的装夹

（3）管件的锯削（见图 1-2-3）。锯削管件时不能沿一个方向从开始连续锯到结束，因为锯穿管件内壁后锯齿很容易被管壁钩住而崩断。正确的锯削方法是先从一个方向锯到管件内壁后，把管件向推锯方向转过一定的角度，连接原锯缝再锯到管件的内壁，逐次进行，直到锯断为止。

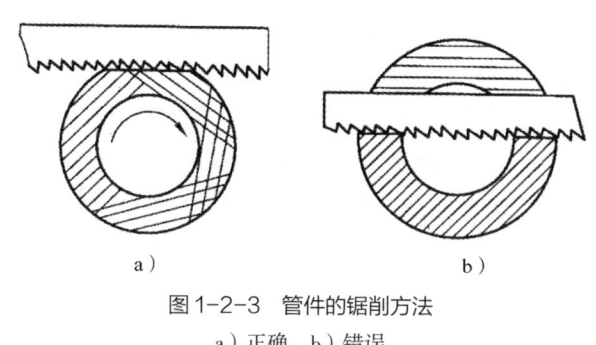

图 1-2-3　管件的锯削方法
a）正确　b）错误

2. 棒料锯削

锯削棒料时，如果锯削断面有平整要求，则工件应一次装夹，从一个方向连续锯断为止，如图 1-2-4a 所示。若锯削断面要求不高，则可将工件依次旋转一定角度，分几个方向锯削，每次锯削都不锯到工件中心，最后敲击工件使棒料折断，如图 1-2-4b 所示。

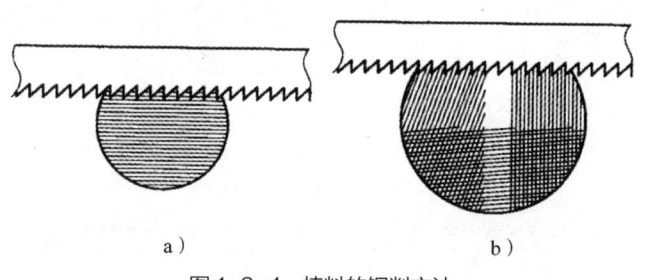

图 1-2-4　棒料的锯削方法

3. 薄板锯削

薄板是指厚度小于 4 mm 的板料。锯削薄板时易产生变形、颤动或钩住锯齿等现象，因此，应保证同时参加锯削的锯齿数大于 2。锯削薄板有两种方法：一种是用两块木板夹持薄板，连同木板一起沿狭面锯下，如图 1-2-5a 所示；另一种是把板料直接夹在台虎钳上，用手锯横向斜锯削，增加同时参加锯削的锯齿数，如图 1-2-5b 所示。

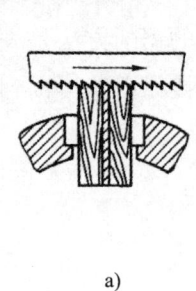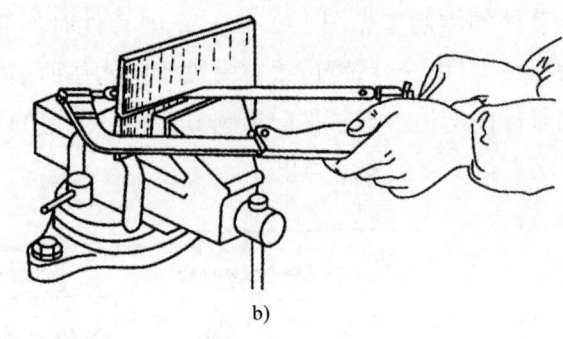

图1-2-5 薄板的锯削方法
a）用木板夹持 b）横向斜锯削

4. 深缝锯削

深缝的深度大于锯弓的高度时，正常安装锯条无法完成锯削工作，如图1-2-6a所示。可将锯条转过90°重新安装，使锯条平面与锯弓平面垂直，锯弓转到工件的外侧，如图1-2-6b所示。此时若工件阻碍锯弓，不便操作时，则应将锯条向内安装，使锯弓位于工件的下方再进行锯削，如图1-2-6c所示。

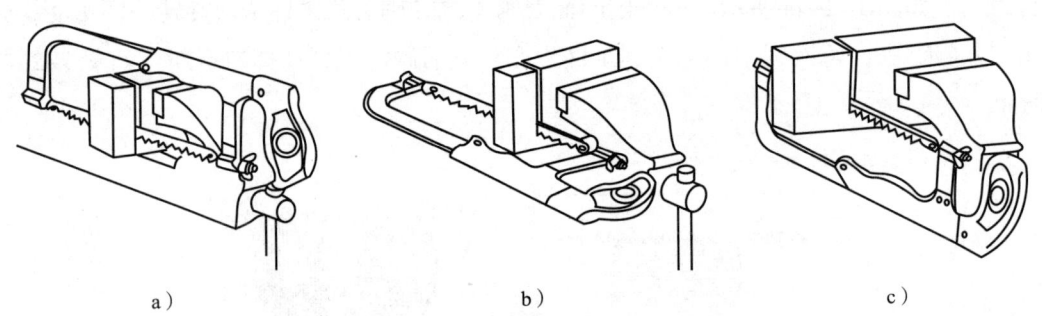

图1-2-6 深缝的锯削方法
a）锯条正常安装 b）锯条旋转90°安装 c）锯条向内安装

【综合实训】

锯 削 圆 钢

一、操作准备

1. 阅读工件图，如图1-2-7所示。对需要划线的工件，详细了解工件上需划线的部位和有关加工工艺，明确工件及其划线有关部分的作用和要求。

2. 选择划线基准。

3. 确定装夹方法。

4. 工具准备：划针、样冲、手锯。

5. 量具准备：刀口形直角尺、钢直尺、游标高度卡尺。

6. 材料准备：45钢，规格为 $\phi 40$ mm×60 mm。

7. 工件划线前的准备

（1）清理工件的毛刺、氧化皮等。

（2）检查工件的误差情况。

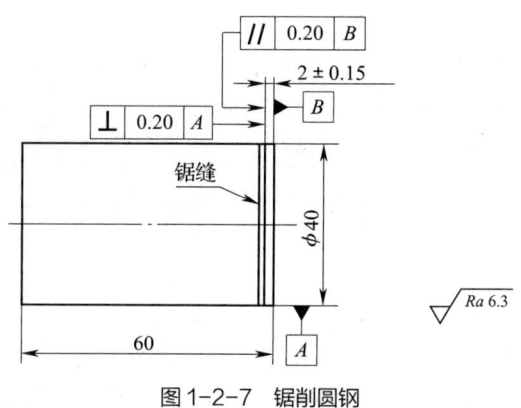

图1-2-7 锯削圆钢

二、锯削步骤

1. 检查来料尺寸。

2. 按图样要求划第一锯削片2 mm尺寸加工线。

3. 按锯削棒料方法锯下第一片，并达到尺寸精度、垂直度和平行度的要求。

4. 按照第一片锯削方法依次锯削余下各片。

5. 复检各片尺寸。

6. 完成锯削操作，清理工作现场。

三、注意事项

1. 必须锯下一片后再划另一条锯削加工线，以确保每片(2±0.15)mm的尺寸要求。

2. 锯削后的工件要去除毛刺，以免影响划线精度。

3. 在锯削钢件时，可稍加机油，以减小摩擦，提高锯条使用寿命。

4. 要随时注意锯缝平直情况，及时纠正。

学习单元 2　平面锉削加工

一、提高锉削精度和表面质量的方法

锉削是用锉刀对工件表面进行切削加工，使其尺寸、形状、位置和表面粗糙度等都达到要求的加工方法。锉削的精度可达 IT8～IT7 公差等级，表面粗糙度可达 $Ra1.6\sim0.8~\mu m$，可用于成形样板、模具型腔以及部件、机器装配时的工件修整，是钳工主要操作方法之一。提高锉削精度应从锉削操作、锉刀选用、锉法选择和质量检测四个方面加以综合考虑。

1. 掌握正确的操作要领

钳工操作是一项心智活动，即认知在操作中起到了积极的引导作用。因此，锉削前，要充分掌握相关的工艺知识，特别是锉削姿势和锉削时双手用力这两个操作要领。掌握锉削姿势及锉削要领，应做好以下几个方面。

（1）锉刀的握法。正确握持锉刀有助于提高锉削精度。对大小不同的锉刀，应采用不同的握法。

1）大锉刀的握法。右手心抵着锉刀柄端头，拇指放在锉刀柄上面，其余四指弯在锉刀柄下面，配合拇指捏住锉刀柄，左手则根据锉刀的大小和用力的轻重可有多种姿势。

2）中锉刀的握法。右手握法大致和大锉刀握法相同，左手用拇指和食指捏住锉刀前端。

3）小锉刀的握法。右手食指伸直，拇指放在锉刀柄上面，食指靠在锉刀的侧边，左手几个手指压在锉刀中部。

4）整形锉的握法。一般只用右手拿着锉刀，食指放在锉刀上面，拇指放在锉刀的左侧。

（2）锉削姿势与动作。正确的锉削姿势能够减轻操作者的疲劳，提高锉削质量和效率。锉削时操作者的站立姿势是左腿在前弯曲，右腿在后伸直，身体向前倾斜约 10°，重心落在左腿上。锉削时，两腿站稳不动，靠左膝的屈伸使身体做往复运动，手臂和身体的运动要相互配合，并要充分利用锉刀的有效长度。

（3）锉削操作要领。保证锉削质量的关键是锉刀的平直运动。锉削力有水平推力和垂直压力两种。要锉出平直的平面，就必须使锉刀保持直线运动，所以在锉削时，右手的压力要随锉刀推动而逐渐增加，左手的压力要随锉刀推动而逐渐减小。水平推力主要由右手控制，其大小必须大于锉削阻力使锉齿切入金属表面才能锉去切屑。压力由两只手分别控制。由于锉刀两端伸出工件的长度随时都在变化，因此两手压力大小必须随之变化，对于这个动作过程可以用力矩平衡的原理来解释。把工件简化为一个支点，锉刀就是一个杠杆。由于锉刀在运动，所以支点两边的力臂长度不断地发生变化，为了保持锉刀平衡，两手在用力时必须随着锉刀运动做相应的调整，使两手的压力所产生的力矩相等，这是保证锉刀平直运动的关键。锉刀运动不平直，工件中间就会凸起或产生鼓形面。

锉削速度一般为 40 次 /min。如果太快，操作者容易疲劳，且锉齿易磨钝；如果太慢，则切削效率低。

2. 运用合适的锉削工具

不同的锉削工具，会产生不同的锉削效果。根据实际情况选择相适应的锉刀，对保证加工质量、提高工作效率和延长锉刀使用寿命都有很大的影响。在选择锉削工具时要考虑两个方面的问题，一是遵循锉刀的选择原则，二是遵循锉刀的使用规则。一般锉刀的选择原则如下。

（1）根据工件形状和加工面的大小选择锉刀的形状和规格。

（2）根据加工材料软硬、加工余量、精度和表面粗糙度要求选择锉刀的粗细。粗锉刀的齿距大，不易堵塞，适用于粗加工及铜、铝等软金属的锉削；细锉刀适用于钢、铸铁以及表面质量要求高的工件的锉削；整形锉只用来修光已加工表面，锉刀越细，锉出的工件表面越光滑，但生产率越低。

3. 选用恰当的锉削方法

锉削方法不仅影响锉削质量，还会影响锉削效率。对不同的工件、不同的工艺要求，应准确定位，选用恰当的锉削方法。一般来说，锉削的常用方法有以下三种。

（1）顺向锉。锉刀沿着工件表面做横向或纵向运动，锉削平面可得到正直的锉痕，适用于加工余量较大的粗加工，工作效率较高，配合精加工可以使锉纹变直，纹理一致。

（2）交叉锉。交叉锉是指锉刀从两个交叉的方向对工件表面进行锉削的方法，锉刀的运动方向与工件夹持方向成一定角度，且锉纹交叉。由于锉痕是交叉的，容易判断锉削表面的不平程度，便于不断地修整锉削部位，因此也容易把表面锉平。交叉锉法去屑较快，适用于平面的粗锉。

（3）推锉。两手对称地横握着锉刀，用两拇指均衡地用力推、拉锉刀进行锉削。这种方式适用于表面较窄且已锉平、加工余量较小的情况，来修整和提高表面质量。它在精加工时不仅可以提高工件的表面质量，还可以保证直线度和垂直度，提高锉削质量。

4. 质量检验

工件加工质量的好坏，关键要看其尺寸及精度的控制。锉削中各种精度的要求很高，因此要使锉削技能水平提高，就必须加强尺寸意识和精度意识的培养。检验锉削工件时，要借助各种测量工具，如刀口形直尺、塞尺、直角尺、游标卡尺、千分尺等，在实际测量中找出问题。在实际工作中，必须适时检验。一是检查尺寸，根据尺寸精度要求，用钢直尺、游标卡尺或千分尺在不同位置上多测量几次。二是检查垂直度，先选择基准面，用刀口形直尺采用透光法对其进行检查，然后用直角尺对其他面进行检查。检查时，尺子要放正，否则就会导致检查的结果不准确。三是检查平面的直线度和平面度，用刀口形直尺和直角尺以透光法来检查，要多检查几个部位并进行对角线的检查。四是检查表面粗糙度，一般用眼睛观察即可，也可用表面粗糙度比较样块进行对照检查。

总之，掌握正确的操作要领、选用合适的锉削工具、选用恰当的锉削方法、适时的质量检验是提高锉削质量的几个重要环节，在操作训练中要反复运用，不断积累、总结经验，提高锉削精度。

二、平面锉削加工

锉削方法不仅影响锉削效率，还会影响锉削质量。对不同的工件、不同的工艺要求，应准确定位，选用恰当的锉削方法。平面锉削加工常用的方法有三种。

1. 顺向锉

顺向锉是锉刀沿着工件横向或纵向直线移动进行锉削的方法，这种方法是最基本的锉削方法，锉削的平面可以得到正直的锉痕，比较美观整齐，表面粗糙度值较小。锉削时，后一次锉削应在前一次锉削位置处横向移动锉刀宽度的 2/3 左右，两次锉削位置重叠锉刀宽度的 1/3，可以使整个加工表面锉削均匀。

（1）沿着工件横向锉削。横向锉削时锉刀的握法如图 1-2-8 所示，右手满握锉刀柄，左手小指和无名指夹紧锉刀尾部。沿着工件横向锉削时两手的用力如图 1-2-9 所示。行程开始时，左手压力相对大些，右手只有推力；至锉削中间位置时，左手压力较开始位置时渐小，右手由推力逐渐变成推力加压力；终了位置时，左手压力消除，甚至左手的重量都不能施加在锉刀上，左手抓稳锉刀，右手推力消除，以压力为主，整个行程保持锉刀平衡、稳定。横向锉削回程锉刀不进行锉削加工，主要适用于一般平面的粗、精加工。

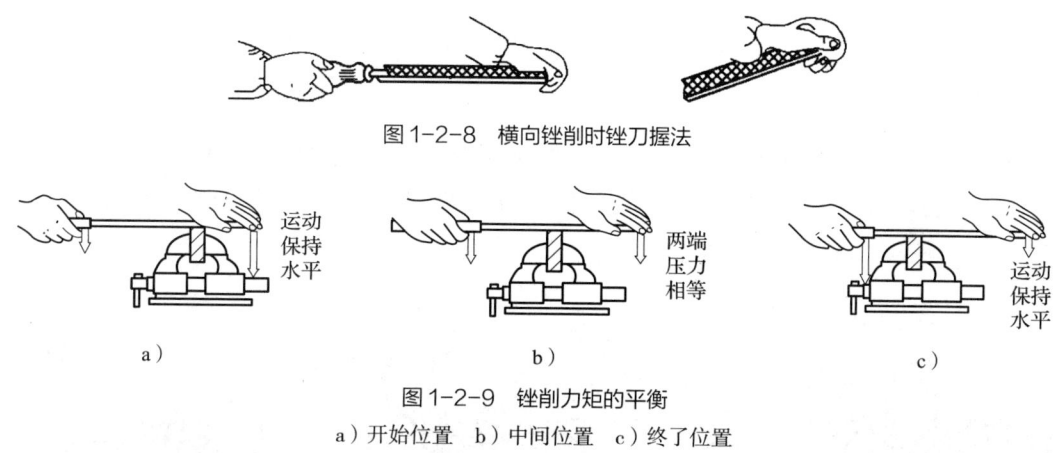

图 1-2-8　横向锉削时锉刀握法

图 1-2-9　锉削力矩的平衡
a) 开始位置　b) 中间位置　c) 终了位置

（2）沿着工件纵向锉削。纵向锉削一般用于狭长面的精加工，对锉刀的质量要求很高，一般要求锉刀面的平面度达到一定的精度要求，所加工平面必须在粗加工时保证平面度和相邻面的垂直度。锉刀的握法如图 1-2-10 所示，右手满握锉刀柄，左手掌心压紧锉刀的中部。纵向锉削时，锉刀可以来回双向加工，右手做推出和拉回动作，左手掌心对锉刀中部施加压力，保持锉刀与工件平面贴紧，短行程来回加工，锉刀的推出行程一般保证左手掌心不离开工件。这种方法锉削平面的精度取决于锉刀的平面度，如果锉刀质量好，一般平面度可控制在 0.02 mm 以内，且锉痕美观。

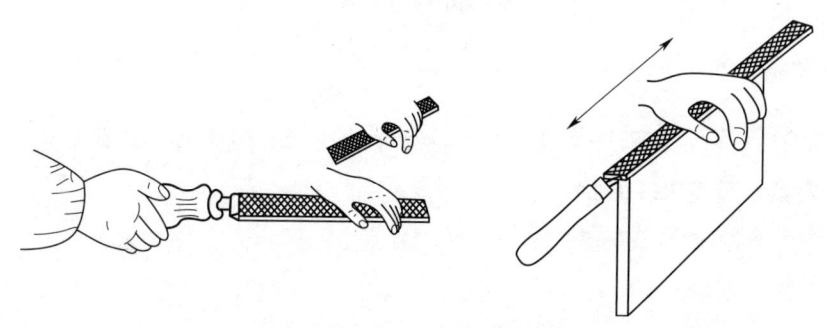

图 1-2-10　纵向锉削时锉刀握法

2. 交叉锉

交叉锉是锉削时锉刀从两个方向交叉对工件表面进行锉削的方法。锉刀的运动方向与工件夹持方向成 50°~60°角,如图1-2-11所示。一般先从一个方向锉完整个表面,再从另一个方向锉削该表面。由于锉刀与工件接触面积较大,掌握锉刀平稳,通过锉痕易判断加工面的高低不平情况,平面度较好。

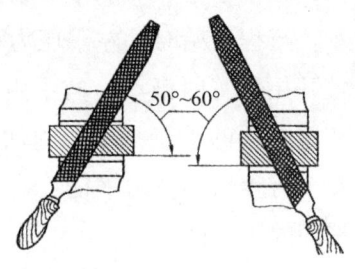

图1-2-11 交叉锉

3. 推锉

在加工窄长平面或加工余量较小平面、修整平面、降低表面粗糙度值的场合,常用推锉法。推锉法是锉削时用双手握锉刀的两端往复运动进行锉削的方法,如图1-2-12所示。该法锉痕与顺向锉相同。

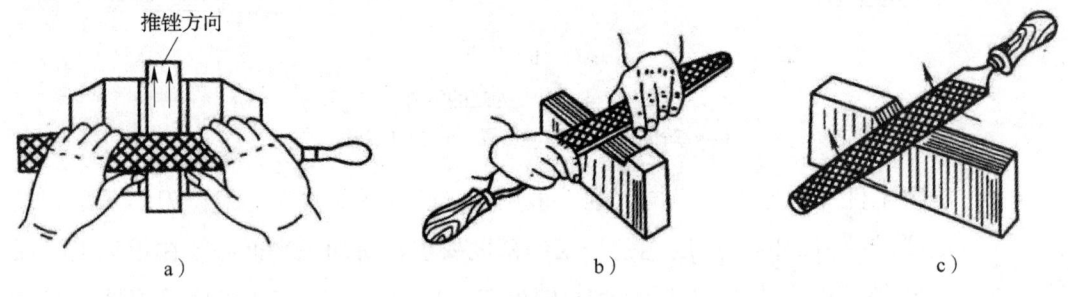

图1-2-12 推锉法

【综合实训】

锉削长方体

一、操作准备

1. 锉削长方体,如图1-2-13所示。尺寸精度±0.02 mm,垂直度和平面度要求0.02 mm,表面粗糙度Ra1.6 μm。

2. 选择划线基准。

3. 确定装夹方法。

4. 工具准备:300 mm粗板锉、250 mm细板锉。

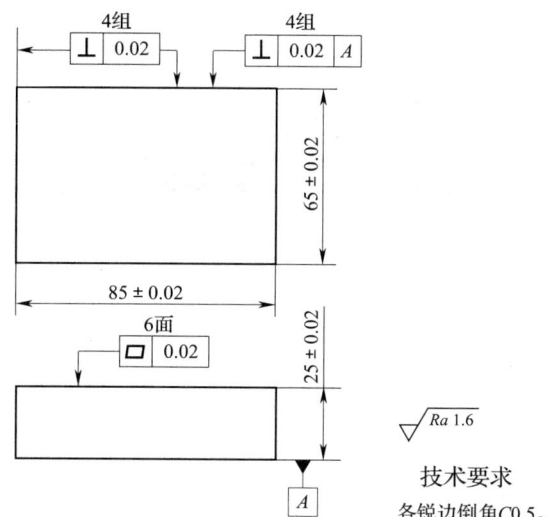

图 1-2-13　锉削长方体

5．量具准备：塞尺、游标卡尺、游标高度卡尺、刀口形直尺、直角尺、千分尺。

6．材料准备：HT200，规格为 87 mm×67 mm×27 mm。

7．工件划线前的准备

（1）清理工件（毛坯）的残余型砂、毛刺、浇口、冒口及氧化皮等。

（2）检查工件（毛坯）的误差情况。

二、锉削步骤

1．选择最大的平面作为基准面进行粗、精锉削，同时检查其平面度，符合技术要求后即可作为长方体的加工基准面。

2．按长方体各面的编号顺序划线，依次对各面进行粗、精锉加工，用塞尺、游标卡尺、游标高度卡尺、刀口形直尺、直角尺和千分尺等测量控制平面度、垂直度和尺寸精度，直至符合技术要求为止。

3．复检、去毛刺。

4．完成锉削操作，清理工作现场。

三、注意事项

1．锉削长方体各表面时，要先选择最大的平面作为锉削基准面。按照"先锉平行面，后锉垂直面"的原则，才能减小误差，达到规定的尺寸和几何精度的要求。

2．在检测垂直度时，注意尺座紧贴基准面，从上向下移动，压力不宜太大，否则易造成尺座离开工件基准面，导致测量不准确。

学习单元3　圆弧面锉削加工

一、加工圆弧面的锉刀种类及选择

1. 加工圆弧面的锉刀种类

加工圆弧面的锉刀通常为钳工锉（普通锉），外圆凸弧一般用普通平锉，凹弧通常选用半圆锉和圆锉，如图1-2-14a所示。对机械、模具等零件的圆弧型腔进行精细加工时常选用异形锉，其断面形状如图1-2-14b所示。在修整工件上细小部位圆弧尺寸、几何精度和表面粗糙度时常选用整形锉，其断面形状如图1-2-14c所示。

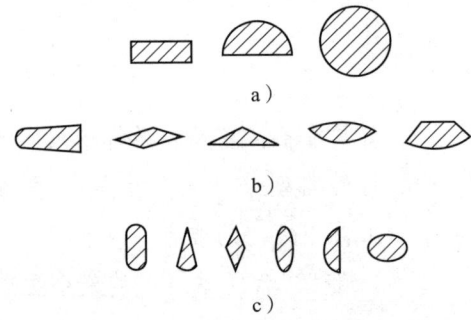

图1-2-14　锉刀断面形状
a）钳工锉断面形状　b）异形锉断面形状
c）整形锉断面形状

2. 加工圆弧面锉刀的选用

（1）锉刀断面形状的选用。锉刀断面形状应根据被锉削工件的形状来选择，使两者的形状相适应。锉削内圆弧面（小直径的工件）时，要选择半圆锉或圆锉，如图1-2-15所示。

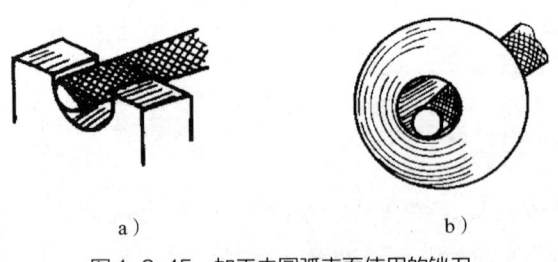

图1-2-15　加工内圆弧表面使用的锉刀
a）半圆锉　b）圆锉

（2）锉刀齿粗细的选择。锉刀齿的粗细要根据工件的材料性质、余量大小、加工精度来选择。粗齿锉刀适用于加工余量大、尺寸精度低、几何公差大、表面粗糙度数值大、材料软的工件，反之应选择细齿锉刀。

（3）锉刀齿纹的选用。锉刀齿纹要根据工件材料的性质来选用。锉削铝、铜、软钢等软材料工件时，最好选用单齿纹锉刀或者粗齿锉刀。单齿纹锉刀前角大，楔角小，容屑槽大，切屑不易堵塞，切削刃锋利，容易锉削。锉削硬材料或精加工工件时，要选用双齿纹锉刀或细齿锉刀。双齿纹锉刀的每个齿交错不重叠，锉刀平整，锉痕细密、均匀，锉削的表面精度高。

（4）锉刀尺寸规格的选用。锉刀尺寸规格应根据工件的尺寸和加工余量来选用。加工尺寸大、余量大时要选用大尺寸规格的锉刀，反之要选用小尺寸规格的锉刀。

二、圆弧面的锉削加工与修整

1. 外圆弧面的锉削方法

锉削外圆弧面一般选用扁锉。锉削加工时，手握锉刀并要同时完成两个运动，即锉刀推进的锉削运动和形成圆弧的转动，这两个运动要相互协调，速度要均匀，才能保证加工出光整、圆滑的圆弧面，否则极易出现凹凸不圆、多棱角等问题。

锉削外圆弧面的方法有两种。一种是横着圆弧面锉削，如图 1-2-16a 所示。锉削时，锉刀横着圆弧面只做直线运动，不做圆弧摆动。这种锉削方法的实质是锉刀在圆弧面上顺向锉削，加工出一个多棱形的近似圆弧面。这种锉削方法效率高，比较容易掌握，适用于圆弧面的粗加工。另一种是顺着圆弧面的方向锉削，如图 1-2-16b 所示。锉削时，右手向前推进锉刀的同时再对锉刀施加向下的压力，左手捏着锉刀的另一端随

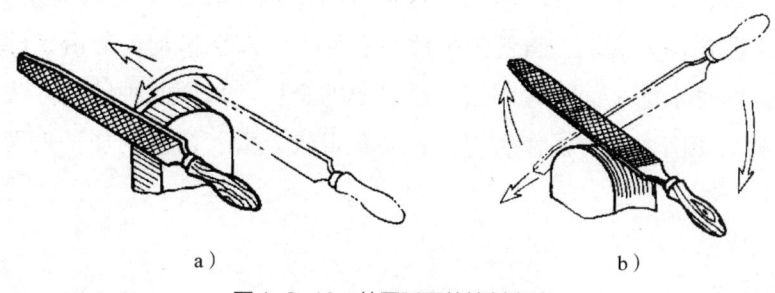

图 1-2-16 外圆弧面的锉削方法
a）横着圆弧面锉削　b）顺着圆弧面锉削

着向前运动并向上提,使锉刀沿着圆弧表面向前推,同时又做圆弧运动,锉削出一个圆滑的外圆弧面。这种锉削方法,锉刀运动复杂,难以掌握,锉削量很少,效率低,适用于精加工圆弧面。

2. 内圆弧面的锉削方法

锉削内圆弧面时,选用锉刀的断面形状与加工内圆弧面的曲率有关,锉削曲率较小(即圆弧半径大)的内圆弧面时,要选用半圆锉刀;锉削曲率较大(即圆弧半径小)的内圆弧面时,要选用圆锉刀。内圆弧面的锉削方法有以下三种。

(1)锉刀要同时完成三个运动,即锉刀的推进运动、沿着内圆弧面的左右摆动和绕锉刀中心线的转动,如图 1-2-17a 所示。这三个运动要协调配合,才能保证锉削出光滑、精确的内圆弧面。这种锉削方法要求技术水平较高,适用于精加工。

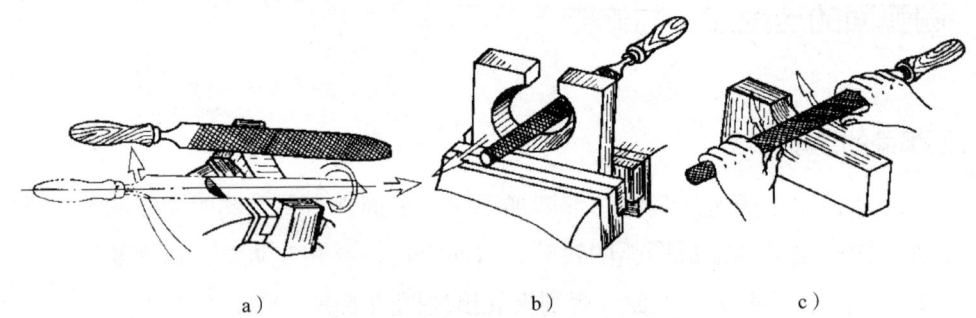

图 1-2-17　内圆弧面的锉削方法
a)锉刀同时完成三个动作　b)横着内圆弧面锉　c)推锉

(2)横着内圆弧表面顺向锉削。如图 1-2-17b 所示,锉刀只做直线运动。这种锉削方法效率高,要求技术水平低,工件加工精度低,锉削后呈多棱边的内圆弧面。

(3)推锉法,如图 1-2-17c 所示。这种方法适用于较狭窄的内圆弧表面的加工。锉削时,双手握住锉刀两端,将锉刀平放在工件上,双手推动锉刀沿工件表面做曲线运动,在工件的整个加工面上锉削去一层极薄的金属。采用此种锉削方法,锉刀在工件上容易平衡,切削力小,操作省力,容易获得较光滑、精确的加工表面,适用于精加工。

3. 球面锉削方法

球面锉削是顺向锉与横向锉同时进行的一种锉削方法,如图 1-2-18 所示。

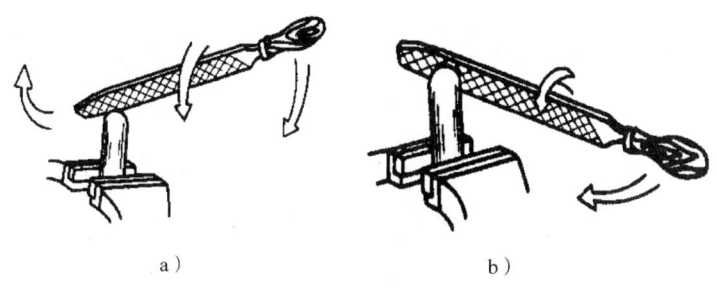

图1-2-18 球面的锉削方法
a）顺向锉运动 b）横向锉运动

4. 锉削圆弧面质量的检查方法

圆弧面质量一般包括轮廓尺寸精度、形状精度和表面粗糙度等。当精度要求不高时，可以用圆弧样板采用透光法检查，如图1-2-19所示。圆弧样板与工件接触面间的缝隙均匀，透光微弱，则曲面轮廓尺寸、形状精度合格；若圆弧样板与圆弧接触缝隙不均匀，仅有几个点接触，说明圆弧轮廓尺寸和形状精度太低，呈多棱边的圆弧。表面粗糙度用目测比较来检查。

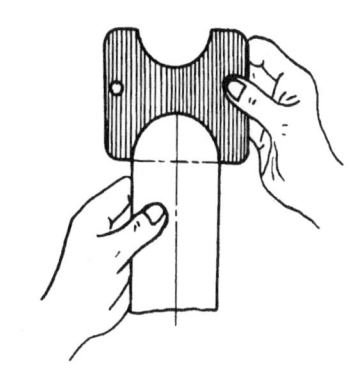

图1-2-19 用圆弧样板检验圆弧面轮廓度

【综合实训】

锉削圆弧面零件

一、操作准备

1. 阅读工件图。图1-2-20所示圆弧面零件，零件两端为$R16$ mm圆弧，线轮廓度为0.1 mm，长度尺寸$50_{-0.1}^{0}$ mm，采用锉削完成曲面的加工。
2. 详细了解工件上需加工的部位和有关加工工艺，明确工件及其加工要求。
3. 选择加工基准。
4. 确定装夹方法。
5. 工具准备：板锉、半圆锉、圆锉。
6. 量具准备：游标卡尺、游标高度卡尺、千分尺、半径样板。
7. 材料准备：45钢，规格为52 mm×34 mm×34 mm。

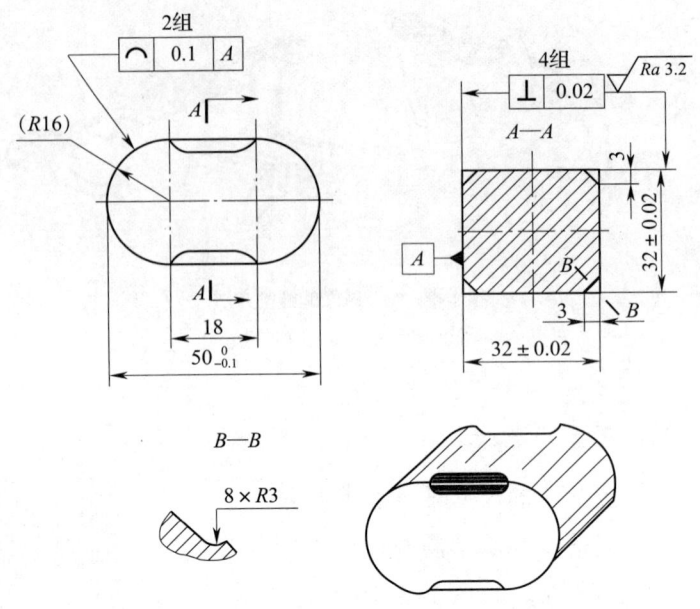

技术要求
1. 32mm尺寸处，其最大与最小尺寸的差值不得大于0.02mm。
2. 各锐边均匀倒钝。

图 1-2-20　圆弧面零件

8. 毛坯清理

（1）清理毛坯的毛刺、氧化皮等。

（2）检查毛坯的误差情况。

二、锉削步骤

圆弧面零件锉削操作步骤如下。

1. 按图样要求锉削对边尺寸为（32±0.02）mm 的四方体。

2. 锉两端面，保证尺寸 32 mm。按图样尺寸划 R16 mm 和四处 3 mm 倒角及 8×R3 mm 圆弧位置的加工线。

3. 用圆锉粗锉 8×R3 mm 内圆弧面，然后用板锉粗、精锉倒角至加工线，再精锉 R3 mm 圆弧并与倒角平面连接圆滑，最后用 150 mm 半圆锉推锉，使锉纹全部成为直向，表面粗糙度不超过 Ra3.2 μm。

4. 用 300 mm 粗板锉采用横着圆弧面锉法，粗锉两端圆弧面至接近 R16 mm 加工线；然后顺着圆弧锉正圆弧面，并留适当余量；再用 250 mm 细板锉一边修整一边用半径样板检查，一直修整到线轮廓度达到图样要求。

5. 复检全部精度，并做必要的修整锉削，最后将各锐边均匀倒钝。

三、注意事项

1. 基准面作为加工控制其余各面的尺寸、位置精度的基准，必须在达到规定的平面度要求后才能加工其他面。

2. 用千分尺测量平面间的尺寸，应在工件四角和中间共测五点，读取工件测量尺寸，了解工件平面平整情况，以便加工时控制尺寸，防止尺寸超差。

课程 1-3 孔系加工

学习内容

学习单元	课程内容	培训建议	课堂学时
（1）高精度孔系加工	1）高精度孔系的特点 2）高精度孔系加工中提高划线精度的方法 3）高精度孔系的加工	（1）方法：讲授法、演示法、练习法 （2）重点与难点：用量棒、校正销配合量块调整和控制孔距	12
（2）标准群钻刃磨	1）标准群钻的结构和切削特点 2）标准群钻的刃磨方法	（1）方法：讲授法、演示法、练习法 （2）重点与难点：标准群钻的刃磨方法	4
（3）其他群钻刃磨	1）钻削铸铁的群钻 2）钻削黄铜和青铜的群钻 3）钻削薄板的群钻 4）钻削有机玻璃的群钻 5）钻削橡胶的群钻	（1）方法：讲授法、演示法、练习法、讨论法 （2）重点与难点：其他群钻的结构特点	4

学习单元 1　高精度孔系加工

一、高精度孔系的特点

1. 高精度孔及其特点

所谓高精度孔，是指对孔或孔系的尺寸精度、几何精度（包括孔距精度）以及孔壁表面质量要求都较高的单孔或孔组。

对精密孔常用的加工方法有精钻、精铰、镗、拉、磨等，要求更高的精密孔还需采用光整加工工艺，如研磨、珩磨和滚压等。在实际生产中，对某一工件的孔选用何种加工方法，取决于工件的结构特点（形状、尺寸大小）和孔的主要技术要求以及材质、生产批量等条件。

钻削一般作为精密孔的预加工工序，其加工精度和表面质量都不高，但孔的各种精加工工艺都离不开钻削；特别是单件、小批量生产和修理工作中，在缺少其他精加工孔设备的条件下，往往要利用精度低于孔加工精度要求的普通钻床，借助于工艺手段和辅助装置来加工。

2. 高精度孔系及其特点

所谓高精度孔系，是具有相互位置精度的一系列孔的组合，孔组的孔径、孔距或孔轴线与基准表面（或基准轴线）间都有较高的精度要求，通常包括轴线平行孔系、轴线交叉孔系和同轴孔系三类。

二、高精度孔系加工中提高划线精度的方法

划线钻孔孔距误差一般在 0.2 mm 以上，孔距越大，误差也越大。如果提高划线精度，样冲眼冲得准，钻孔方法适当，可将孔距误差控制在 0.1 mm 以内。

划线时游标高度卡尺的划线刃口一定要锋利，划的线要细而清楚，尺寸要读准确。

打准样冲眼是关键。样冲一定要磨得圆而尖,样冲的尖部沿孔十字中心线的一条线走向十字线的交叉处,握样冲的手指有明显的停顿感觉,反复走两次,走到此处均有感觉时,此点就是孔的中心。样冲要保持垂直,先轻打,并从几个方向观察冲眼是否偏离十字中心线,确定无误后,再将样冲眼加大,并划出孔的找正线。

钻孔时,先用中心钻钻一个深度不超过 2 mm 的小孔,测量孔距合格后,用中心钻加工成 60° 的锥孔,再扩孔到需要的尺寸。如果发现孔偏,可改用钻头锪孔来纠正,恢复到中心位置时再钻孔。

三、高精度孔系的加工

下面介绍解决高精度孔系位置精度问题的几种方法。

1. 用找正对刀法钻铰精密孔系

找正对刀法钻铰的实质是在通用机床(如立式钻床、摇臂钻床、普通镗床等)上依靠操作者的主观判断,借助一些辅助装置,人为地去找正每个被加工孔的正确位置。此方法的特点是设备简单,生产率低,加工精度受操作者技术水平和找正对刀方法的影响较大,适用于单件小批生产。根据找正对刀的方法不同,又可分为按划线找正,用定心套、量块和心轴找正,用样板找正等方法。

(1)按划线找正。按精确的划线——找正各孔位置,结合试切钻孔法,并要配合精密测量手段。这种方法找正和加工费时,误差较大,只适用于单件小批生产中对孔距要求不高的孔系,或作为预加工工序。

(2)用心轴找正。如图 1-3-1 所示,用心轴定位法加工该零件各孔,保证各孔距的要求。

将已经划好线并打好样冲眼的工件先钻(铰)孔 1 并配好心轴,然后任取一根心轴夹在钻床主轴上(钻床主轴摆差应不大于 0.03 mm),用千分尺控制距离 L_1,同时控制两心轴距工件侧边的距离基本相等,将工件固定后钻(铰)孔 2。

用同样的方法钻(铰)孔 3 和孔 4。确定它们的位置时,不但要控制垂直方向的距离,还要测量及控制对角斜边的距离,才能

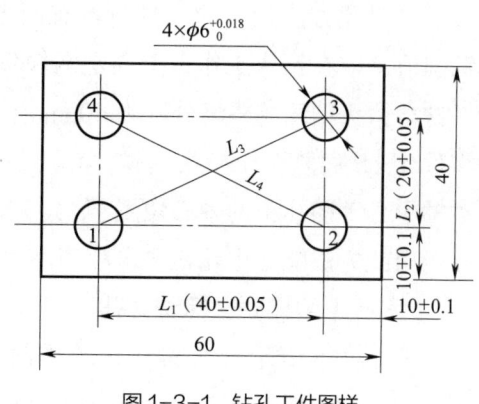

图 1-3-1 钻孔工件图样

确保四个孔相互孔距的要求。孔距控制方法如图 1-3-2 所示。

（3）采用样板找正。如图 1-3-3 所示，是采用样板找正镗床主轴位置加工孔系的方法。此方法需先用厚为 10～20 mm 的钢板预制一块样板，样板上按工件孔系的孔位加工出位置精度为 ±（0.01～0.03）mm 的相应孔系，而其孔径应比被加工孔径大些，以便镗杆通过。样板上孔径尺寸要求不高，但要有较低的表面粗糙度值和较高的形状精度。当样板 2 准确地装到工件 3 上后，在机床主轴上装上千分表定心器 1。加工时按样板孔找正机床主轴，找正后即换上镗刀加工。加工完这一端孔系后，利用已加工的孔支承镗杆加工另一端孔（或将镗床工作台回转 180° 调头镗）。

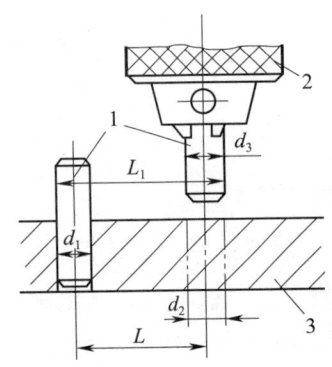 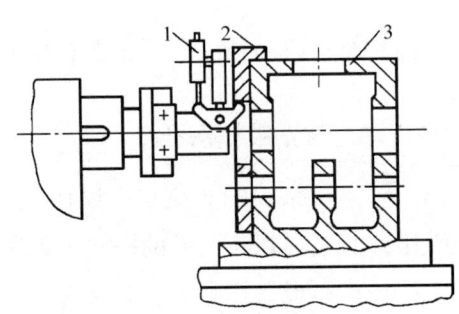

图 1-3-2　用心轴控制孔距的方法　　　　图 1-3-3　使用样板找正
1- 心轴　2- 钻夹头　3- 工件　　　　1- 千分表定心器　2- 样板　3- 工件

用样板法找正加工孔系，不易出差错，找正迅速，样板的制造成本仅为镗模成本的 1/9～1/7，孔距精度一般可达 ±0.05 mm，常在批量生产中加工较大工件而使用镗模又不经济时采用。

2. 用移动坐标法加工高精度孔系

采用此方法加工的工件应具有两个互相垂直的加工面作为基准。具体方法如下：钻削前，应在钻床工作台上固定两块垂直相交的精密平铁，用直角尺进行校正，精密平铁与钻头轴线的距离分别为 40 mm（10 mm+30 mm）和 30 mm（10 mm+20 mm），将零件 A、B 面紧贴于精密平铁，钻（铰）孔 I，再用量块将孔 II 的坐标位置移到钻床主轴中心（即孔 I 的中心位置），定位后再钻（铰）孔 II，如图 1-3-4 所示。

用此方法能钻出孔距要求相当高的孔，缺点是费时。

【案例】用移动坐标法钻孔

图 1-3-5 所示为所需钻孔的零件，四个 $\phi 8H7$ 孔的孔距分别为（30±0.03）mm 和（50±0.03）mm，工件材料为 45 钢。

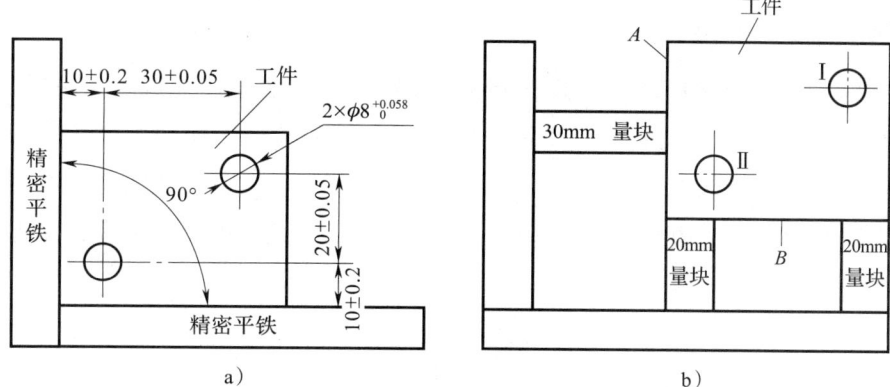

图 1-3-4　用量块移动坐标控制孔距的方法

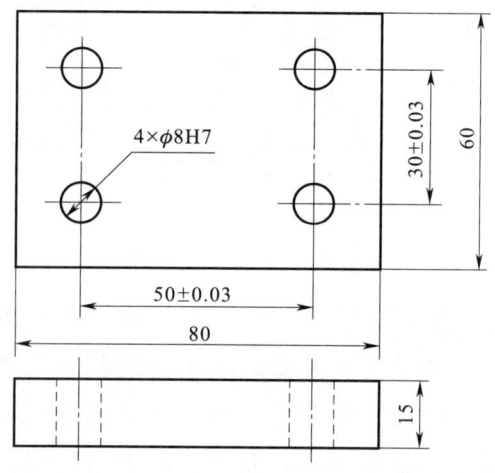

图 1-3-5　钻精密孔距的孔

（1）钻削前，在钻床工作台上固定精密平铁，用直角尺进行校正，精密平铁与钻头轴线的距离分别为 65 mm（50 mm+15 mm）和 45 mm（30 mm+15 mm）。

（2）选取一块与工件形状、尺寸和材料完全相同的试钻件进行试钻。试钻件与两块靠铁之间分别放入 50 mm 和 30 mm 量块，如图 1-3-6 所示。先用 $\phi 7.8$ mm 钻头钻出左下方孔，钻孔后即用 $\phi 8H7$ 铰刀铰孔；再取出左边 50 m 量块，钻、铰右下方孔；然后取出下边 30 mm 量块，钻、铰右上方孔；最后再垫入左边 50 mm 量块，钻、铰左上方孔。钻削时必须使试钻件紧贴量块和靠铁，不得松动。

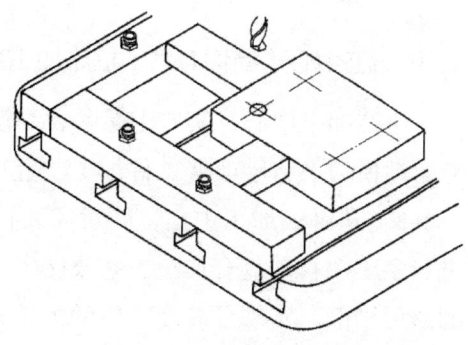

图 1-3-6　用量块控制孔距

3. 用镗模法加工高精度孔系

镗模是一种专用夹具，它由若干个镗模支架通过底板连接而成。在镗模支架上，精确地加工出与工件各表面上所要加工的孔相对应的孔系。如图 1-3-7 所示，加工时，镗模装在卧式镗床工作台上，工件通过定位夹紧元件安装在镗模内，镗杆支承在前、后支架的导套内，由导套引导镗孔，这样既保证了孔系的位置精度，又提高了镗杆的刚度。

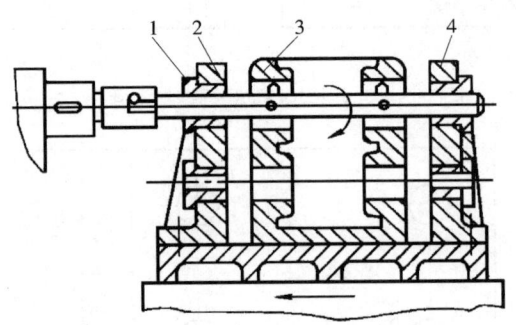

图 1-3-7　用镗模法加工孔系
1- 导套　2- 镗模前支架　3- 工件　4- 镗模后支架

用镗模法加工孔系，镗杆与机床主轴一般采用浮动连接，以减小机床误差对孔距精度的影响，使工件孔系精度主要取决于镗模制造精度、镗杆与导套的配合精度、镗杆支承方式以及镗刀的调整等，因而对机床精度要求较低；同时由于大大提高了工艺系统的刚度和抗振性，有利于采用多刀切削，又可节省调整和找正的时间，因此生产效率高。采用镗模法加工孔系，能保证孔径精度在 IT7 左右，孔距精度达 ±0.05 mm，孔系轴线平行度和同轴度达 0.02~0.03 mm，表面粗糙度为 $Ra1.6~0.8$ μm。但镗模本身精度要求高，制造困难，成本高，故多用于成批大量生产中。

4. 用加工中心（简称 MC）机床加工高精度孔系

所谓加工中心，实质上是一台高度自动化的多工序数字控制机床。它主要是指具有自动换刀及自动改变工件加工位置功能的数控机床，常用的有立式加工中心（见图 1-3-8）和卧式加工中心，能对需要钻孔、扩孔、镗孔、攻螺纹、铣削等作业的工件进行多工序自动复合加工，它改变了过去小批量生产中一人、一机、一刀和一个工件的落后局面，实现了高度集中的加工，即在一台加工中心上实现原先需多台数控机床才能实现的加工功能。如在加工箱体类零件时，加工中心一次装夹就可对各个方位的表面（除装夹底面外）和孔系进行连续加工，生产效率高，避免了人为的操作失误，还可省去划线和镗模等复杂工装，是中小批量生产中箱体零件孔系加工的一种较好方式。此外它具有更高的加工精度和重复精度，还能加工普通机床无法加工的复杂曲面，实现一机多用。

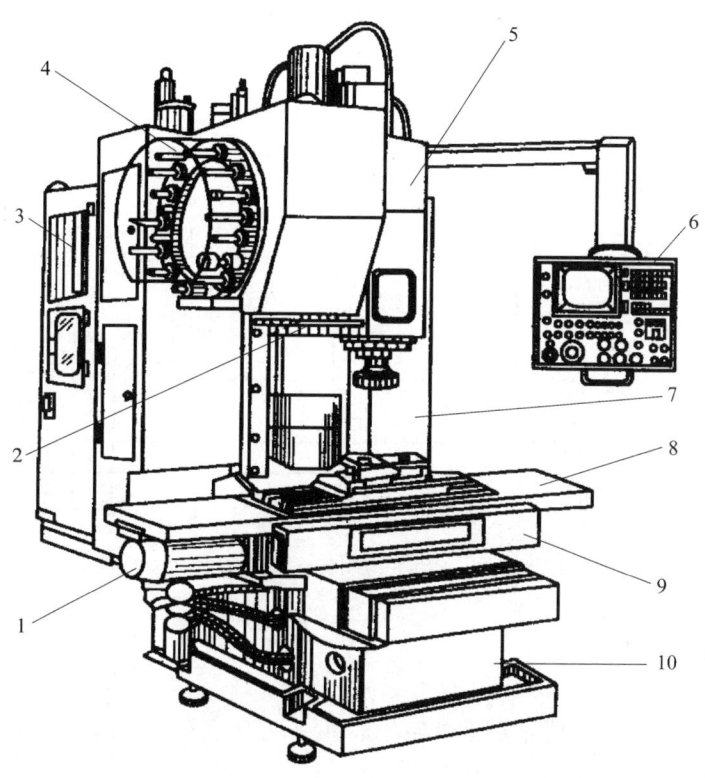

图 1-3-8　JCS-018 型立式镗铣加工中心
1- 伺服电动机　2- 机械手　3- 数控电柜　4- 刀库　5- 主轴头架
6- 操控面板　7- 强电电柜　8- 工作台　9- 滑座　10- 床身

【综合实训】

钻模固定板钻孔

一、图样工艺分析

图 1-3-9 所示为钻模固定板上孔的加工图，孔 1 为 $\phi16H7$，孔 2 和孔 3 为 $\phi20H7$，三孔的间隔孔距为 (100 ± 0.1) mm，若要满足图样的孔径要求必须采用铰孔的方法，孔距则采用心轴定位测量中心距法保证，如图 1-3-10 所示。

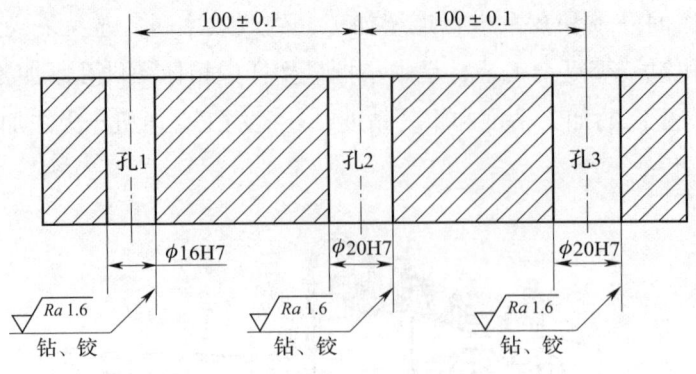

图 1-3-9　钻模固定板

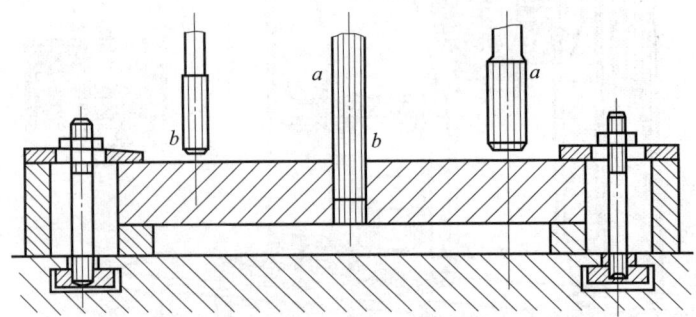

图 1-3-10　采用心轴定位测量中心距法加工钻模固定板

二、加工步骤

1. 按图 1-3-9 所示尺寸划出十字线和孔 1、2、3 的圆周线。

2. 在选好的摇臂钻床上先把孔 2 钻、铰成 ϕ20H7。

3. 将装有 ϕ20H7 铰刀的摇臂钻主轴移至孔 3 的位置,在孔 2 内插入一把 ϕ20H7 的铰刀(或心轴),用量具测量 a 处的距离为 120 mm,如图 1-3-10 所示。

4. 卸下铰刀,换上中心钻,在孔 3 的位置钻中心孔;卸下中心钻,换上 ϕ19.8 mm 钻头,将孔钻通;再换上 ϕ20H7 机铰刀铰孔 3 至相应尺寸,如图 1-3-10 所示。

5. 将主轴移至孔 1 的位置,在主轴上装 ϕ16H7 的铰刀(或心轴),用千分尺测量 b 处的距离为 118 mm,依照上述步骤将孔 1 钻、铰至 ϕ16H7,如图 1-3-10 所示。

学习单元 2　标准群钻刃磨

一、标准群钻的构造和切削特点

标准群钻是用麻花钻经合理修磨而成的高生产率、高加工精度、适应性强、使用寿命长的新型钻头，主要用来钻削碳素结构钢和各种合金结构钢，应用广泛。其切削部分的结构如图 1-3-11 所示。

1. 标准群钻的构造

（1）群钻上磨出月牙槽，形成凹形圆弧刃，降低了钻尖高度；把主切削刃分成三段，外刃——AB 段，圆弧刃——BC 段，内刃——CD 段，如图 1-3-11 所示。

（2）修磨横刃，使横刃缩短为原来的 1/7～1/5，同时使新形成的内刃的前角大大增加。

（3）磨出单边分屑槽。

2. 标准群钻的切削特点

（1）磨出月牙槽后形成凹形圆弧刃，把主切削刃分成三段，起到了分屑、断屑的作用，使排屑顺利。

（2）圆弧刃上各点的前角增大，减小了切削阻力，可提高切削效率。

（3）降低了钻尖高度，可将横刃磨得较短而不影响钻尖强度，同时大大降低了切削时的轴向阻力，有利于切削速度的提高。

（4）钻孔时，在孔底切出圆环肋，加强了定心作用和钻头钻削时的稳定性，有利于提高孔的加工质量。

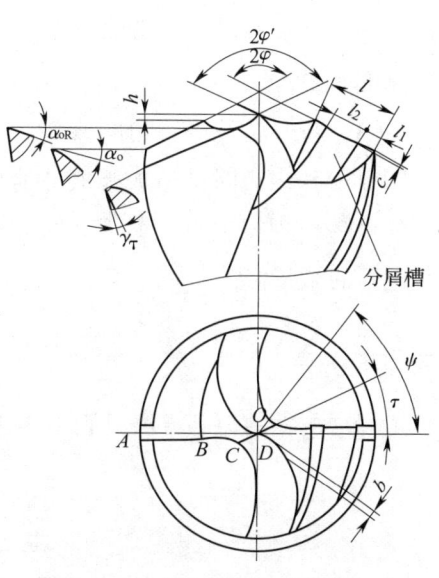

图 1-3-11　标准群钻切削部分的结构

（5）磨出分屑槽后使切屑变窄，有利于排屑和切削液进入，延长了钻头使用寿命，并且减小了工件变形，提高了加工质量。

二、标准群钻的刃磨方法

1. 刃磨要领

对于新购入的高速钢麻花钻，必须针对不同的加工材料进行刃磨。将 $\phi 12$ mm 普通麻花钻刃磨成钻不锈钢材料（1Cr18Ni9Ti）的群钻刃型一般所需时间为 1~2 min，刃磨要领如下。

（1）养成站位和手指定位的习惯。在高速旋转而振动的砂轮机上，若采用双手悬空式刃磨方法，很难磨出好钻头。要以最快的速度磨出合格的群钻刃型，应养成站位和手指定位的刃磨习惯。其主要优点如下：

1）能够保持钻头两侧刃口磨削位置基本不变，各刃型大致对称、相等。

2）将因砂轮振动而带来的双手颤动频率降至最小。

3）可增大对钻头刃型磨削的进给量，达到时间短、速度快的目的。

（2）观察钻头刃、角的方法。大多数人对刃磨中的钻头刃型，均习惯平举齐目，反复观测其刃磨后的刃、角对称度。而较简便的方法，是在刃磨每一侧切削刃时均保持站位和手指定位不变，当各刃口磨削即将到位时，观测其与砂轮间接触的火花线，当每侧刃口火花线段一致时，钻头各刃型参数都能基本保持对称和相等，这种方法比目测准而快。

（3）新砂轮外缘锐角的修整。新砂轮两侧面与其外圆相交均为 90° 角，在刃磨钻头圆弧刃和内刃时会造成弧底"清根"，从而产生应力集中，在钻头大进给量切削时此处极易出现根裂直至崩刃。因此刃磨前须用人造金刚石笔在新砂轮 90° 相交处进行小圆弧的微量修钝。

2. 刃磨方法

标准群钻的刃磨方法见表 1-3-1。

表 1-3-1　标准群钻的刃磨方法

序号	磨削项目及目的	磨削要求	磨削方法
1	磨尖高 目的：减少后续的刃磨量和时间	外锋角： $2\varphi=118°\pm2°$ 钻尖高磨至约为 $H/2$	使钻头轴线稍高于砂轮中心线，双手前后平握钻头，使钻尖对着砂轮圆周面，均匀进给并左右移动磨削，将钻尖高磨至约 $H/2$ 时立即入水冷却
2	磨主后面 目的： （1）减少下一步刃磨量 （2）增大钻削中的排屑空间 （3）使切削液更快进入主切削刃附近	两主后面须对称、均匀，将宽度磨至约为 $H'/2$	左手中指或无名指按在砂轮机防护罩壳某一点上定位，将钻头一侧主后面置于比砂轮中心高约 10 mm 的圆周面上，钻头主轴与砂轮切线方向约成 30°夹角，然后将钻头压向砂轮，左右均匀施力移动钻头进行磨削。当磨至宽度约为 $H'/2$ 时，一只手将钻头入水冷却，另一只手的手指保持原按点不动。翻转 180°再刃磨另一主后面

续表

序号	磨削项目及目的	磨削要求	磨削方法
3	磨外刃 目的：外刃每一点的轴向前角增大，钻削时轴向阻力小，排屑快而顺畅	刃磨锋角 $2\varphi=135°\sim140°$，使每条外刃长度大于或等于原长度的 1/2，同时须产生两后角 $\alpha=10°\sim15°$，两侧角度与刃长对称且相等	双手前后持稳钻头，将一外刃放置高于砂轮中心约 10 mm 的圆周面上，左手中指或无名指按压在砂轮机防护罩壳某一点上定位，将钻头调整为以下位置：钻头主切削刃与砂轮轴线成 65°~70° 夹角；钻头尾部下倾，与砂轮外圆切线方向成 10°~15° 角。将钻头主切削刃逆时针方向旋转 6°~10°（使靠近钻尖处外刃上每一点后角 α 增大），此时将钻头压向砂轮圆周面，均匀施力左右移动磨削。当一外刃长磨成后，微松两手，身体站位与手指的定位点不变，另一手持钻头旋转 180°，仍按原位置刃磨另一外刃
4	磨弧刃 目的： （1）增加钻头切削刃长度 （2）钻削时中心稳定，孔的直线性不易偏斜 （3）切屑易变形而折断 （4）保护钻尖并提高其寿命	每一侧弧刃长度约磨至钻头外刃全长的 1/2，同时产生弧刃后角 $\alpha_R\approx15°$、横刃斜角 $\psi\approx50°$、内锋角 $2\varphi'=100°\sim120°$、钻尖高 $h=0.05\sim0.08$ mm	磨削点高于砂轮轴线外圆侧面相交处约 10 mm，将钻头轴线与砂轮外侧面斜偏 50°~60° 角，尾部下倾 15°~20° 并顺时针旋转 8°~10°。一手指按在砂轮机防护罩某一点定位。按此磨削位置，以钻头轴线方向进给磨削到位，微松两手，身体站位与手指的定位点不变，另一只手将钻头旋转 180°，仍在原位置再刃磨另一弧刃。两弧刃反复刃磨两次，确保对称后进行冷却

续表

序号	磨削项目及目的	磨削要求	磨削方法
5	磨内刃 目的：使内刃前角 γ_τ 负值减至最小，加上横刃长减短，钻削时轴向力就小得多，从而给大进给量创造条件	内刃宽度约磨至弧刃全长的1/2，同时须产生内刃前角 $\gamma_\tau = -5°\sim -10°$、内刃斜角 $\tau = 20°\sim 30°$、横刃长 $B = 0.04\sim 0.07$ mm	钻芯前面磨削点为砂轮外缘中心与其侧面相交处，钻头尾部抬高与砂轮磨削点成15°~25°夹角。左手抓住钻尾，中指按在砂轮机上某一点定位；右手拇指与食指抠住钻头前段两螺旋沟槽。在摆好以上位置后，右手将钻头后面的螺旋槽逐渐靠上砂轮磨削点，与此同时左手微松，右手捏住钻头顺时针方向缓慢转动刃磨。当磨至近横刃时，观察砂轮磨削点与钻头前面成15°~20°角时，右手将钻芯向砂轮侧面做一直线微量进给，使内刃斜角 τ 产生并同时缩短横刃。微松两手，将钻头旋转180°，仍在原位置按上述动作刃磨另一侧内刃
6	磨分屑槽 目的： （1）钻削时可使钻头两外刃所受到的径向力均衡 （2）可将较宽的切屑分割成窄条状，使钻削轻快，排屑更为顺畅		对大直径钻头，可磨两条至多条分屑槽。可直接在普通砂轮机上刃磨，但砂轮外缘圆角半径要修小，磨槽前要设计好各条槽相互错开的槽距、槽宽和槽深，避免将外刃两侧的分屑槽磨在同一个圆周内

学习单元 3　其他群钻刃磨

在标准群钻的基础上，通过不断实践和总结，又进一步发展了钻削不同材料的群钻。

一、钻削铸铁的群钻

由于铸铁较脆，切削过程中切屑形成碎块和粉末不易排出，残留在钻头与所形成孔的空间里，随着钻头转动，与孔壁和孔底面产生摩擦，产生大量的热量而且不易散发，造成了钻头的快速磨损，尤其是钻头刀尖部分的磨损更大。钻削铸铁群钻的修磨方法见表 1-3-2。

表 1-3-2　钻削铸铁群钻的修磨方法

修磨措施	修磨要求及效果	图示
磨出第二顶角	直径较大的钻头可以磨出第二（或第三）顶角，使外直刃变成两段（或三段）直刃，以减小轴向抗力	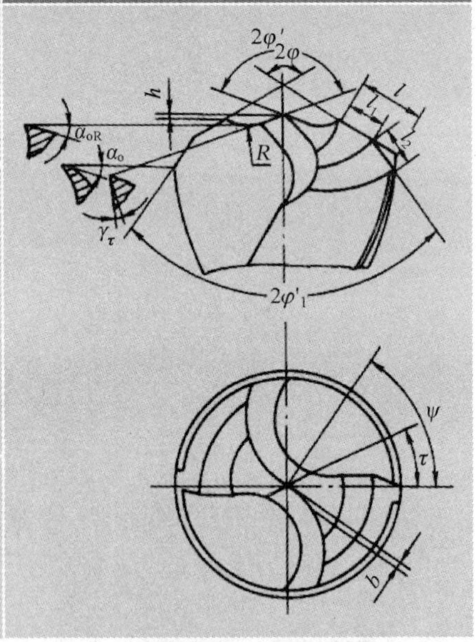
适当地磨大后角	将后角磨得更大，比钻钢材的钻头大 3°~5°，并可磨出第二重后角而不会影响刀刃强度（如右图所示），但可增大后面与孔底间的容屑空间，有利于切削，减小后面与工件的摩擦	
磨短横刃	在刀尖处磨出 $R0.5$ mm 左右的圆角，有利于提高加工精度，减小切削抗力，增强钻削稳定性	

铸铁群钻是铸铁钻和标准群钻的结合，它保留了铸铁钻和标准群钻各自的特点。由于铸铁群钻的刀尖高度 h 比标准群钻更小，所以横刃可磨得更短，是标准麻花钻的 $1/7 \sim 1/5$。

二、钻削黄铜和青铜的群钻

黄铜和青铜的强度和硬度较低,结构较疏松,切削阻力较小,若切削刃锋利,钻削时会造成扎刀(即钻头自动切入工件)现象,轻者使孔口损坏、钻头崩刃,重者使钻头扭断,甚至会把工件从夹具中拉出造成事故。钻削黄铜和青铜群钻的修磨方法见表1-3-3。

表1-3-3 钻削黄铜和青铜群钻的修磨方法

修磨措施	修磨要求及效果	图示
磨小外缘的前角	将钻头外缘处的前面磨去,即减小该处的前角	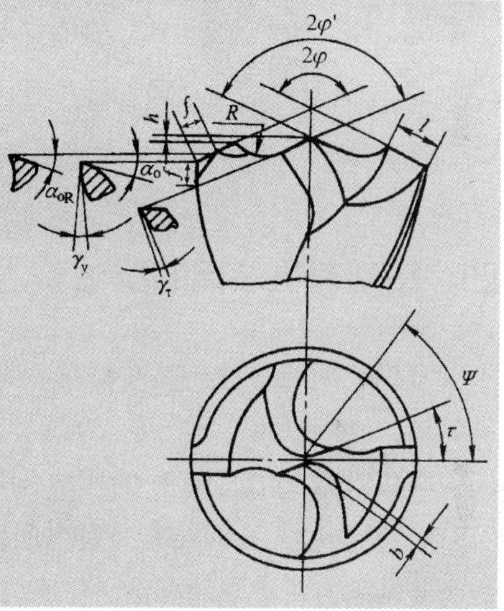
磨短横刃	钻头的横刃可磨得更短,以利于提高生产效率	
磨出过渡圆弧	在主切削刃和副切削刃的交角处磨出半径为0.5~1 mm的过渡圆弧,可使孔壁的表面粗糙度得以改善	

三、钻削薄板的群钻

用麻花钻在薄板上钻孔,当钻尖已钻穿工件时,钻削时的轴向阻力会突然减小,此时工件上留有两块应切除但还未切除的部分,起到导向作用,使钻头的螺旋槽沿其已形成的孔迅速滑下,这就是薄板钻削过程中的扎刀现象。

这种现象的产生,会造成以下几种后果:工件随着钻头一起转动,不安全;若工件夹持牢固,会造成钻头折断;孔形不圆或被拉坏。

由于上述原因,需对钻削薄板群钻的切削部分进行修磨,具体修磨方法见表1-3-4。该钻头又称为三尖钻,其主要特点是主切削刃外缘磨成锋利的刀尖,外缘刀尖处与钻尖的高度差仅为0.5~1 mm。

表 1-3-4 钻削薄板群钻切削部分的修磨方法

修磨措施	修磨要求及效果	图示
两主切削刃磨成圆弧形切削刃	形成三尖。此时钻尖高度磨低，切削刃外缘磨出两个锋利的刃尖，与钻芯刀尖相差 0.5~1.5 mm，加强了定心作用，当钻头钻穿时，轴向力不会突然减小	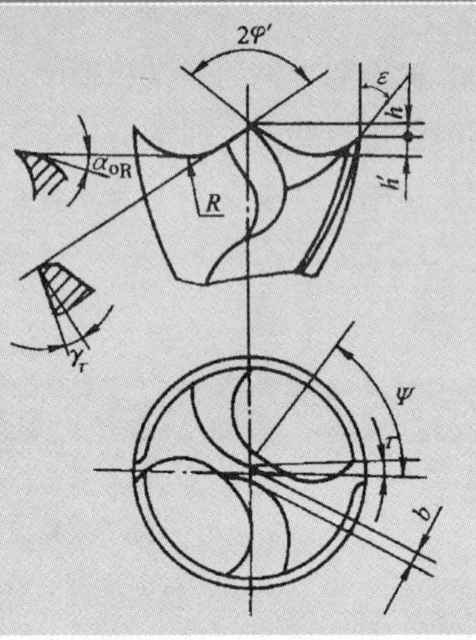
磨短、磨尖横刃	使钻芯处的切削刃更锋利，加强定心作用	

四、钻削有机玻璃的群钻

有机玻璃是一种热塑性材料，具有良好的耐蚀性、绝缘性、耐寒性和透明度，容易黏结，应用广泛。

有机玻璃钻孔时存在的主要问题是，难以得到理想的透明度，孔壁有时会产生"银斑"状裂纹，孔两端有时发生崩块。根据材料性能和钻孔存在的问题，将钻头修磨成为能钻削有机玻璃的群钻，修磨方法见表 1-3-5。

五、钻削橡胶的群钻

橡胶因其独特的物理和力学性能，在各行业中得到了广泛的应用。橡胶强度很低，但有很高的弹性，受到很小的力就会产生很大的变形（尤其是软橡胶）。

（1）在橡胶上钻孔存在的问题

1）孔的收缩量很大，易成锥形（上大下小）。严重时孔壁有撕伤，甚至不成孔形。

2）钻削温度高时橡胶变质，产生臭味。

（2）根据材料性能和钻孔存在的问题，钻削橡胶群钻的修磨方法见表 1-3-6。

在钻孔时应采用较大的切削速度，一般选用 $v=30 \sim 40$ m/min，选用较小的进给量（$f=0.05 \sim 0.12$ mm/r）。

表 1-3-5　钻削有机玻璃群钻的修磨方法

修磨措施	修磨要求及效果	图示
磨大外刃的纵向前角 γ_y	将外刃纵向前角磨至 $\gamma_y=35°\sim40°$；将横刃磨得尽可能短，以减小切削力并减少切削热的产生	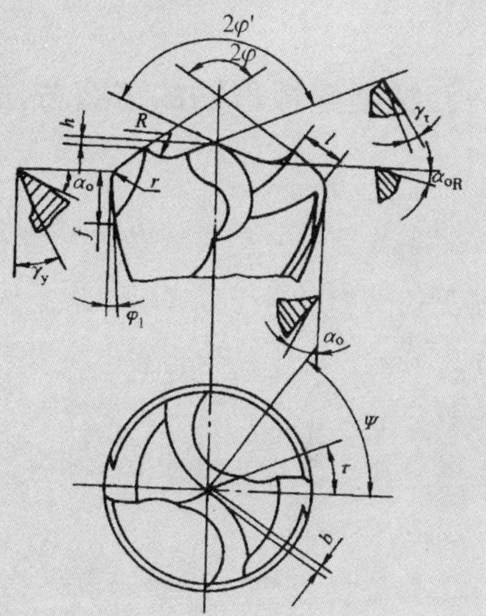
磨外刃顶角	外刃顶角磨至 $2\varphi=100°\sim110°$，外缘处磨出过渡圆角	
磨大棱边倒锥	可在外圆磨床上磨出副偏角 $\varphi_1\approx15'\sim30'$ 的锥度；磨窄棱边；加大外刃外缘后角 $\alpha_o=25°\sim27°$	
修光刃口和棱边	刃口和棱边用磨石修光。钻孔时加充足的切削液，选用适中的转速和较小的进给量	

表 1-3-6　钻削橡胶群钻的修磨方法

修磨措施	修磨要求及效果	图示
修磨外缘处向心圆弧刃	将两外缘处向心的圆弧刃改磨出一段很锋利的沿棱边圆周切线方向的切向刃，并使这一小段刃口稍向前倾斜	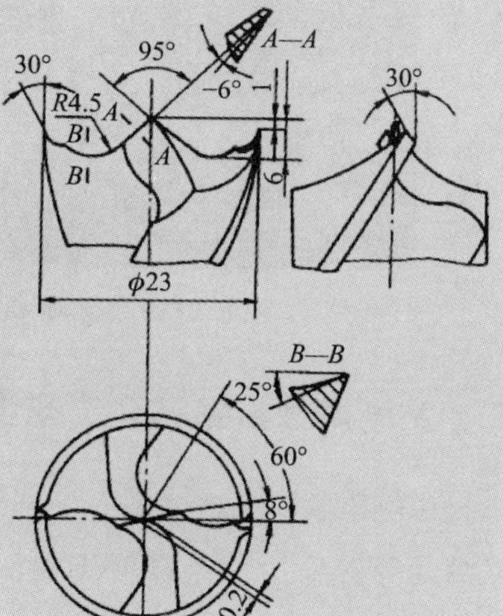
修磨后角	加大钻头后角，$\alpha_o\approx30°$	
修磨横刃	横刃尽量磨得短些，内刃顶角 $2\varphi'$ 较小。若橡胶越软、越厚，则应将内刃顶角再减小以增加圆弧刃深度，并进一步加大后角	

【综合实训】

钻削薄板群钻的刃磨及薄板钻孔加工

一、钻削薄板群钻的刃磨方法

1. 修磨圆弧刃

先将砂轮一侧修成较大的圆角，钻削薄板群钻的圆弧刃即在圆角处进行修磨，如图 1-3-12 所示。刃磨时，双手的操作方法与磨钻头外刃时基本相同，只是还要以右手作为支点，左手绕砂轮圆角在水平方向来回摆动，逐步由浅入深形成一定的圆弧，直至将外刃磨尖，并控制一定的深度。一条圆弧刃磨好后，将钻头翻转 180°再刃磨另一条。要注意两条圆弧必须对称，外刃尖要等高，中心钻尖略高于外刃尖 0.5~1.5 mm。

2. 修磨横刃

修磨横刃的方法和标准群钻相同，只是修磨得更窄、更尖，如图 1-3-13 所示。由于磨削量较大，因此必须分几次修磨，以防止钻尖过热而产生退火或烧坏。修磨时可两面交替进行，两面的修磨量要相等，使钻尖处于钻头中心位置，不可偏移，否则会影响定心效果。

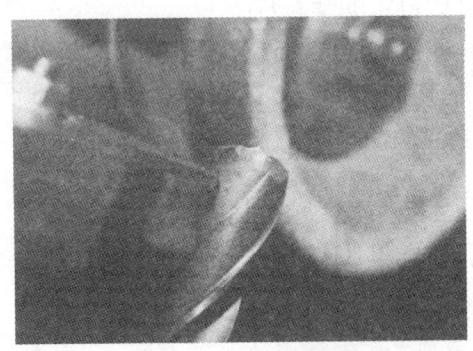

图 1-3-12 修磨圆弧刃

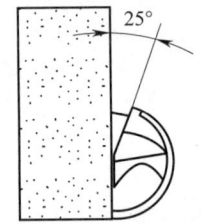

图 1-3-13 修磨横刃

二、钻削薄板群钻钻孔工艺步骤

钻削薄板群钻刃磨后，应先进行试钻，主要检查刃磨后钻尖是否在钻心处，两外刃尖是否等高。如果刃磨正确，则钻尖中心位置不变，两外刃尖同时切入工件，如图 1-3-14a 所示。如有一处刃尖切入工件（见图 1-3-14b），则应认准位置，将该处外刃尖稍微磨低，再进行试钻，直到符合要求为止。

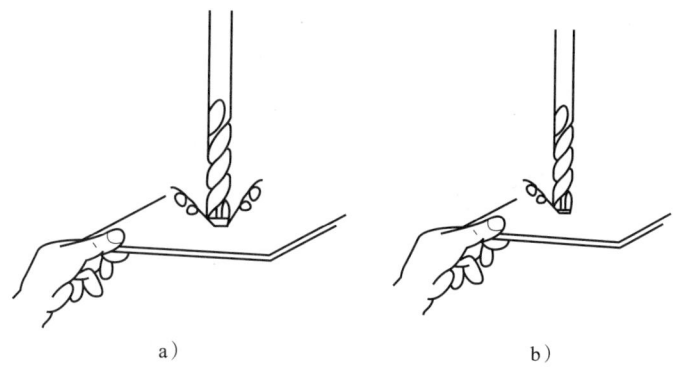

图1-3-14 刃磨后试钻检查

钻削薄板群钻钻削时的口诀：薄板切削靠三尖，内定中心外切圆，压力减轻变形小，孔形圆整又安全。

课程 1-4 刮削和研磨

学习内容

学习单元	课程内容	培训建议	课堂学时
（1）刮削加工	1）保证刮削精度的措施 2）提高刮削精度的工艺方法 3）平面的刮削及检查 4）多瓦式动压滑动轴承的刮削及检查	（1）方法：讲授法、演示法、练习法 （2）重点与难点：刮削精度补偿方法，多瓦式动压滑动轴承的刮削工艺	12
（2）圆弧面研磨加工	1）影响圆弧面研磨精度的因素 2）提高圆弧面研磨精度的工艺方法 3）圆弧面的研磨加工	（1）方法：讲授法、演示法、练习法、案例教学法 （2）重点与难点：圆弧面的研磨加工	6

学习单元 1　刮削加工

一、保证刮削精度的措施

1. 设计和制造专用校准工具

校准工具是校准工件刮削后表面接触精度或显示点子数的重要工具。有时候使用通用校准工具可能保证不了刮削精度，而必须采用专用校准工具。专用校准工具应根据被刮工件的形状和精度要求来设计制造。

2. 正确选择刮削基面

当工件有两个以上的被刮削面且有位置精度要求时，应正确选择其中一个面作为刮削基面，并首先刮好该基面，其他各刮削面均按已确定的基面进行修整。刮削基面在刮完后，必须先做单独的精度检测，这是保证其他刮削面加工质量的前提。

3. 合理的支承方式

刮削时工件的支承是否合理，将关系到刮削中工件的受力和变形以及刮削精度的稳定性。

合理支承的被刮工件必须平稳，在刮削时无摇动现象；工件没有因支承而受到附加应力，在研点时要保证被刮表面同时受到压力；而且还要考虑被刮面位置的高低必须适合操作者的身高（一般发力点近腰部上下），以便操作者发力。

二、提高刮削精度的工艺方法

1. 获得高加工精度的原则

保证和提高刮研精度是机械制造工艺要解决的关键问题之一。获得高加工精度的原则有以下几个方面。

(1) 微量切除原则。工件要获得高精度,加工的关键是在最后一道工序能够从被加工表面微量切除与要求精度相适应的表面层,该表面层越薄,则加工精度越高。

(2) 稳定加工原则。加工时必须排除来自工艺系统及其他外界因素(如工作环境的温度、振动、空气净化等)的干扰,才能稳定地进行加工并提高加工精度。

(3) 测量装置的精度高于加工精度的原则。一定精度的加工必须有高于其加工精度的测量装置(精密量具、量仪等)和测量手段才能实现。

(4) 创造性加工原则。创造性加工就是在缺少精加工设备的条件下,利用精度低于加工精度的设备,借助于各种工艺手段和辅助装置来完成加工。

2. 刮削精度补偿法

提高刮削加工质量,不仅要达到当前图样规定的各项精度要求,有经验的钳工还应考虑零部件经过组合、总装,会受到气温变化、载荷、磨损和切削力等各种因素的影响,应预先在刮削中引起注意,并采取误差补偿、局部载荷补偿等措施加以弥补。

(1) 误差补偿法。误差补偿就是根据零部件精度变化规律和较长时间内收集到的经验数据或事先测得的实际误差值,按需要在刮削精度上给予一个补偿值,并合理规定工件的误差方向或增减公差值,以消除误差本身的影响。这是提高加工精度的一个很重要的技术举措。

例如,机床的横梁因受磨头、铣头等主轴箱的重力影响,会使横梁导轨产生中凹的弯曲变形。刮削时,应在导轨垂直面直线度中增加中间凸起的特殊要求。大型精密机床导轨刮削时的支承应尽可能与装配时的支承一致,要选择采光较好、恒温、恒湿、净化、防振与隔振以及地基坚实的工作环境,因为这一系列外界因素都会影响刮削的精度和稳定性。

又如,对于均匀的长方体床身,当温度变化时精度就不易控制,故要根据温差来控制其刮削精度误差。当温差为 Δt(单位为 ℃)时,其导轨在垂直面内的直线度变化值 δ(即扭曲度,单位为 mm)可用下列公式进行计算:

$$\delta = L^2 \alpha_1 \Delta t / (8H)$$

式中　L——床身长度,mm;

　　　α_1——材料线膨胀系数,1/℃;

　　　H——床身高度,mm。

通常,当温度升高时导轨在垂直面内凸起,反之下凹。

昼夜间一般以中午前后温差变化较稳定,可作为大型工件测量的最佳时间。故有的工艺规程还规定工件的测量时间，以免温差变化引起误差。

此外，为防止零件因磨损而过早丧失精度，可以对易磨损的刮削面规定"有利方向"。

（2）局部载荷补偿法。零件装配后，局部承受较大的载荷会造成相邻结合部位精度的变化，刮削时可采取配重法，把与部件质量接近的配重物装在被刮工件上做预先补偿，如图1-4-1所示。

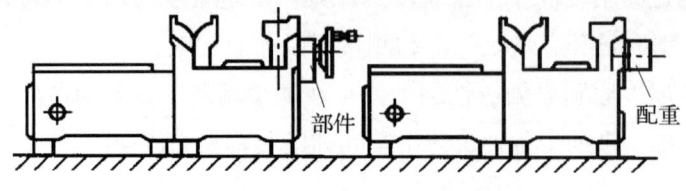

图1-4-1 刮削床身导轨时的配重物

三、平面的刮削及检查

1. 刮削单块平板的方法

刮削单块平板的方法有两种，分别为标准平板研点刮削法和信封式刮削法。

（1）标准平板研点刮削法。该方法是将精度不低于被刮平板精度、规格不小于被刮平板规格的标准平板，放在涂有一层很薄的显示剂的被刮平板上进行研点，然后进行刮削，不断地提高被刮平板的精度，直至被刮平板工作面的任何部位在每25 mm×25 mm范围内的研点数达到规定的数值，即表示被刮平板达到了要求的精度。这种方法常用于旧平板的修理。

（2）信封式刮削法。在没有适当规格的标准平板作为刮研基准的情况下或制作新平板时，采用信封式刮削法刮削单块平板。该方法是在刮前用水平仪测出平板四个边和对角线在垂直平面内的直线度误差，再将平行平尺、等高垫块、百分表配合使用，测出平板的最凹区域，然后用标准平尺刮研沿四个边和对角线方向的带状区域，形成六条带状的基准平面，并使其和平板最凹区域处于同一平面内。测量这六条带状基准平面的直线度误差值低于平板平面度要求的公差值后，用小规格标准平板刮研其他未刮削区域，直至整块平板研点数达到要求即可。

2. 刮研1 000 mm×750 mm平板

用信封式刮削法刮削1 000 mm×750 mm平板达到25 mm×25 mm范围内接触点不

少于20点，平面度公差为0.04 mm，操作过程如下。

（1）将精刨过的平板安装到适合刮研操作的高度（600～800 mm），用磨石将平板表面的刀纹磨光，并清洗干净。用水平仪粗调平，使平板对角等高。

（2）平行平尺、等高垫块和百分表配合使用，测出平板最低部位，做好记录，同时在平板表面上作出标记，如图1-4-2所示。

（3）测量平板沿四个边和对角线方向的直线度误差，并作出直线度误差曲线。使用分度值为0.02 mm/1 000 mm的水平仪，配合长度为250 mm的水平仪垫铁，按节距法测量。测线走向如图1-4-3a所示的英文字母顺序。同时将每次读数记录在图上，用符号标注水平仪气泡偏移方向，数字则表示偏

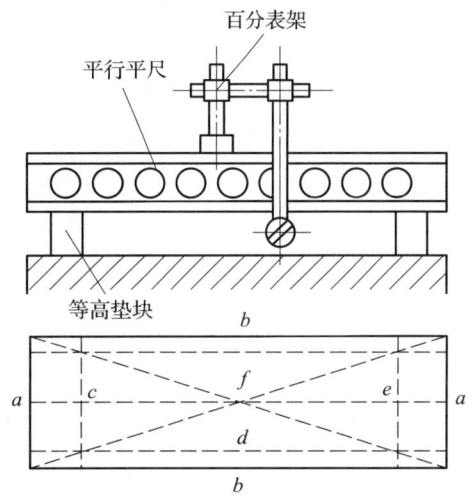

图1-4-2 测量平板刮削前的最低点

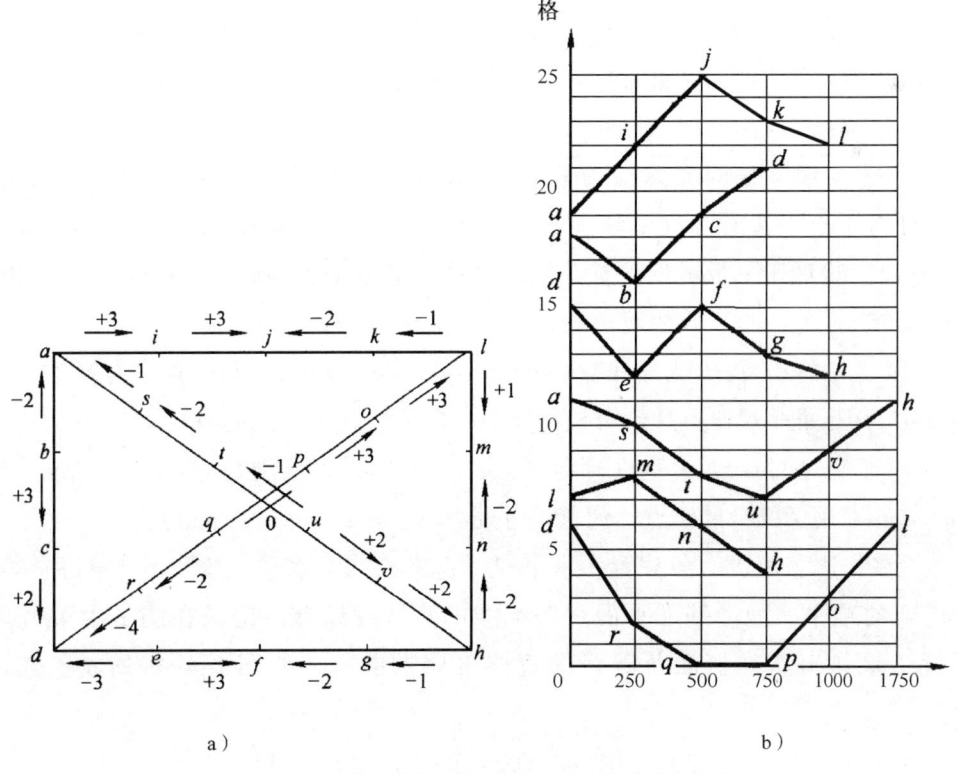

图1-4-3 用水平仪测量平板给定方向的直线度误差
a）测量结果　b）直线度误差曲线

移的格数。按照水平仪读数规则,气泡偏移方向与测线走向一致为"+",气泡偏移方向与测线走向相反为"-"。

根据图 1-4-3a 记录的测量结果,分别作出直线度误差曲线,如图 1-4-3b 所示。

水平仪每格的线值按公式 $i=ce$ 计算(e 是测量节距,单位为 mm;c 是水平仪分度值,读数为 0.02 mm/1 000 mm),得:

$$i=\frac{0.02 \text{ mm}}{1\ 000 \text{ mm}} \times 250 \text{ mm}=0.005 \text{ mm}$$

六条直线度误差曲线的情况如下:

a-i-j-k-l	4.5×0.005 mm=0.022 5 mm	中凸
a-b-c-d	3×0.005 mm=0.015 mm	中凹
d-e-f-g-h	(1.5+2.5)×0.005 mm=0.02 mm	波折
a-s-t-u-v-h	4×0.005 mm=0.02 mm	中凹
l-m-n-h	2×0.005 mm=0.01 mm	中凸
d-r-q-p-o-l	6×0.005 mm=0.03 mm	中凹

(4)按"先刮研短边,后刮研长边,先刮研直线度较好的边,后刮研直线度较差的边"的原则,确定刮研基准面的顺序。刮研顺序排列如下:l-m-n-h;a-b-c-d;d-e-f-g-h;a-i-j-k-l;a-s-t-u-v-h;d-r-q-p-o-l。

1)因为要消除精刨的刀纹,必须刮研 l-m-n-h 至低于平板最低位置,并保持水平(可将平行平尺、等高垫块、水平仪配合使用进行测量);刮研 a-b-c-d 平行于 l-m-n-h,也低于平板最低位置并保持水平。用标准平尺研点达到全长每处 20 点/(25 mm×25 mm)。

2)以已刮好的 d、h 为基准,刮研 d-e-f-g-h;以已刮好的 a、l 为基准,刮研 a-i-j-k-l。用标准平尺研点达到全长每处 20 点/(25 mm×25 mm)。

3)以已刮好的 a、h 为基准,刮研 a-s-t-u-v-h;以已刮好的 d、l 为基准,刮研 d-r-q-p-o-l。用标准平尺研点达到全长每处 20 点/(25 mm×25 mm)。

(5)在长边、短边上各放置一水平仪,将平板调至水平。按图 1-4-4a 所示英文字母排列的顺序,测量基准平面六条测线的直线度误差,记录在图 1-4-4a 中。根据测量结果作出基准平面各测线的直线度误差曲线,如图 1-4-4b 所示。其误差值为:

a-i-j-k-l	3×0.005 mm=0.015 mm	波折
a-b-c-d	2×0.005 mm=0.01 mm	中凹

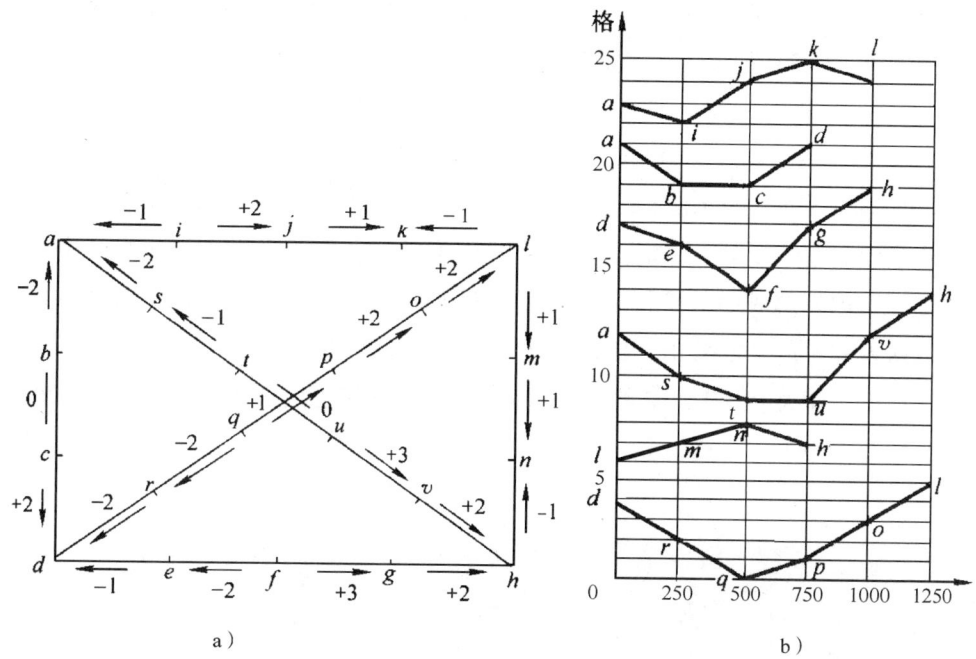

图 1-4-4 用水平仪测量基准平面六条测线的直线度误差
a）测量结果　b）直线度误差曲线

d–e–f–g–h	4×0.005 mm=0.02 mm	中凹
a–s–t–u–v–h	4×0.005 mm=0.02 mm	中凹
l–m–n–h	1.5×0.005 mm=0.007 5 mm	中凸
d–r–q–p–o–l	4.5×0.005 mm=0.022 5 mm	中凹

基准平面每条测线的直线度误差均未超过 0.04 mm，基准平面已刮研好。

（6）用小平板拖研整个平板，并刮削其余四个区域。当基准表面出现研点时，即可转入细刮，直至刮研平板的其余区域出现的研点与基准面一致。再用水平仪复检，以发现存在的个别高凸表面，加以细刮。

（7）最后再用 1 级精度的小平板研点，进行精刮，以增加研点数。检查研点数大于 20 点 /（25 mm×25 mm）时，用磨石在平板表面上轻轻磨光。

四、多瓦式动压滑动轴承的刮削及检查

多瓦式动压滑动轴承的刮研是典型的圆弧面刮削加工。多瓦式动压滑动轴承有三块一组的和五块一组的，支承点的形式也有固定的和球面的。现以三块瓦和固定支承的磨床磨头主轴轴瓦为刮研对象。此轴承要求的精度为：在 25 mm×25 mm 范围内接

触点数为20点，圆柱度 $\phi 0.01$ mm，同轴度 $\phi 0.02$ mm，表面粗糙度 $Ra0.8$ μm。

1. 三块瓦前后轴承共有六块轴瓦，刮研前，先将瓦块编号，如前轴承编号为11、12、13，后轴承编号为21、22、23。将前后相应位置的瓦块分为三组：11、21为一组，12、22为一组，13、23为一组。

2. 粗刮时，先将每一组轴瓦与主轴颈研点，粗刮表面至12点/（25 mm×25 mm）左右。刮削时，落刀要轻，刀花要小，同时用千分表在精密平板上测量每组中两只轴瓦的等厚度和内外圆表面的平行度误差（见图1-4-5）。对每组（两块）轴瓦内外表面的平行度误差和等厚度的要求，固定装配的11、21和12、22两组瓦块为0.008 mm以内，可调整的一组瓦块（13、23组）基本无等厚度和平行度要求（五块式有三组不可调整的瓦块有等厚度和平行度要求）。

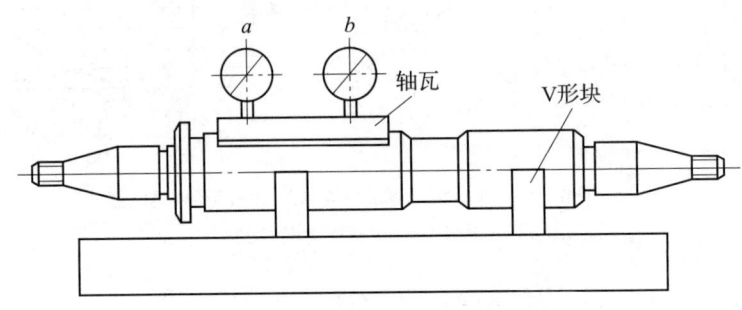

图1-4-5 测量瓦块的等厚度和平行度误差

3. 瓦块粗刮后，按瓦块号及主轴旋转方向分别将11、21号和12、22号瓦块装入固定的定位销上（见图1-4-6），使瓦块外表面紧贴孔壁，再在主轴上涂上一层薄薄的显示剂，并严格防止纤维性物质混入。将主轴和13、23号瓦块装上，调整前后轴承的螺钉A，力求前后轴承松紧一致。拧紧螺钉A时，用力必须尽量相同。当螺钉调整合适后，按主轴的回转方向转动主轴5~8转进行研点，再卸下主轴和瓦块，进行精刮瓦块。

4. 如此反复进行，直至轴承表面斑点密而均匀，同时刀花表面比较光洁，研点密度在25 mm×25 mm范围内接触点数为20点，圆柱度 $\phi 0.01$ mm，同轴度为 $\phi 0.02$ mm，表面粗糙度 $Ra0.8$ μm。

5. 如图1-4-7所示，再将瓦块的L边刮低一些（0.15~0.40 mm），宽度为3~5 mm，这样有利于形成油楔。

6. 将主轴及轴瓦清洗干净，在瓦块上涂上氧化铬（绿油）研磨剂，重新装配主轴和轴瓦，转动主轴进行研磨。转动方向应与主轴旋转方向一致，使轴瓦斑点扩大，进一步降低表面粗糙度值。再仔细清洗一次，重新装配，调整间隙在0.008~0.02 mm，

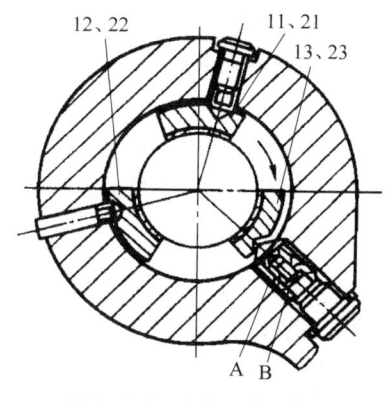

图1-4-6 多块瓦轴承装配

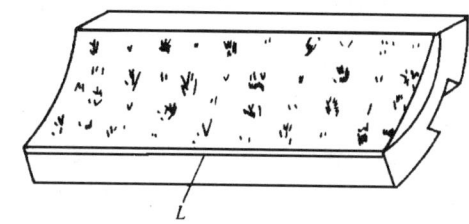

图1-4-7 瓦块刮低部位

再拧紧前、后轴承螺钉A、B及其他零件。开动机床空运转1~2 h，随时检查轴承的发热情况（不超过60 ℃），测量主轴的径向圆跳动误差不超过0.015 mm，并再检查一次轴瓦的接触点是否均匀、是否有变化，若有变化应重新修刮至要求，才能正式使用。主轴轴颈经过研磨如表面粗糙度仍不理想，则要求进行一次抛光加工（一般都利用铸铁假轴代替主轴来研磨轴承）。

【综合实训】

轴 瓦 刮 削

一、图样分析

轴瓦由上瓦和下瓦组成（上瓦有油线和油孔），属对开式滑动轴承。制作轴瓦的方法有两种，一种是由铜合金直接制成，另一种是将轴承合金浇铸在钢或铸铁瓦衬上制作而成。这两类轴瓦一般都需进行刮研后才能组装。

二、工艺步骤

1. 锉削并修整瓦口面，修研瓦背与轴承座（机体）孔，使其紧密贴合、接触均匀，以防轴瓦刮研好后在组装时产生变形而破坏轴瓦的接触精度。

2. 将上瓦和下瓦装在轴承盖（机盖）、轴承座上，对轴瓦孔表面的机械加工痕迹轻刮一遍，然后在轴上、轴瓦孔表面涂显示剂，对上瓦和下瓦试研一次，观察轴与上瓦和下瓦的接触状况。通常情况下，最初接触面在轴瓦两边的轴瓦口上，这种情况称为"卡口（夹帮）"（见图1-4-8），这是正常现象。经几遍刮削后，接触面就会降到瓦底面。对瓦口部位刮削时千万注意，不可着急过量刮削，应一步步地使接触面下降。如果瓦口部位刮削量过大，就会造成塌边现象，不但以后会增加许多刮削量，还会导致轴的定位不准确。

3. 粗刮。在轴颈接触到瓦底面后，对轴瓦进行粗刮。粗刮时下瓦镶在轴承座（机体）

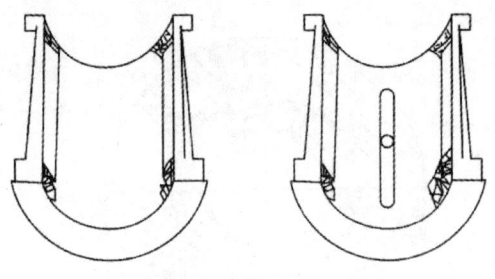

图 1-4-8　轴瓦"卡口"现象

上与轴研点，上瓦与轴单研点，其目的是增大轴与瓦的接触面积，使其分布均匀。在反复刮研后，接触面逐渐增加，研点分布均匀后进行下一步刮削，如图 1-4-9a 所示。

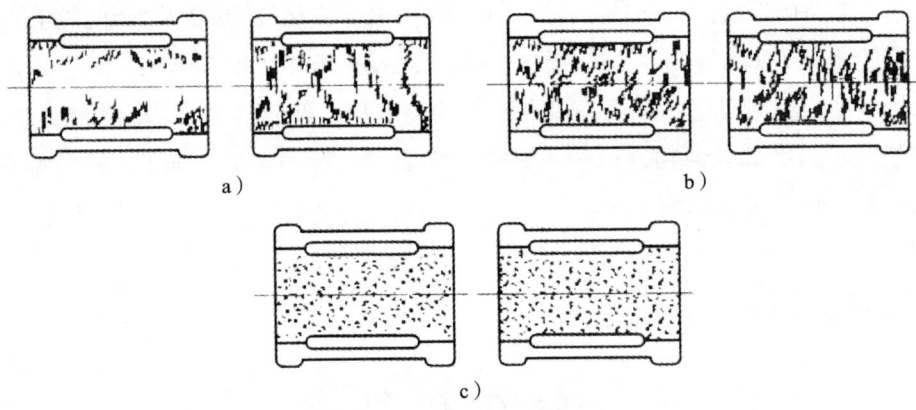

图 1-4-9　轴瓦刮削与研点要求
a) 粗刮研点　b) 加垫粗刮　c) 加垫细刮

4. 加垫粗刮。完成第一步粗刮后，将上瓦和下瓦装配后刮削，刮削研点时在轴瓦上涂显示剂。开始压紧时螺栓紧固要适当，轴不要压得过紧，以能转动轴为准；随着刮削的进行，可随时撤去瓦口垫再压紧。经反复多遍刮研后，待研点均布于全瓦时可进行细刮，如图 1-4-9b 所示。粗刮时应注意不要将瓦口刮塌了，待轴瓦制好后，再对瓦口部位进行专门处理。

5. 加垫细刮。细刮的研点方法与粗刮一样，但细刮主要是刮出轴瓦的接触精度，使接触点从大到小、从深到浅、从疏到密，逐渐达到图样要求为止，如图 1-4-9c 所示。

6. 刮削时应注意刀法。刀迹一般与孔中心线成 45°角，刀迹应互相交叉。轴瓦表面不得有波纹式划伤现象。

7. 开瓦口和刮削油楔部位按规定要求进行。

8. 最后按要求刮出 45°交叉的油线面。

学习单元 2　圆弧面研磨加工

一、影响圆弧面研磨精度的因素

1. 影响研磨精度的因素

研磨是对工件的一种精密加工，往往是零件加工的最后一道工序，为了保证工件的研磨质量，除了掌握正确的研磨方法以及合理地选用研具、研磨剂外，高精度工件的研磨还应注意以下因素。

（1）工艺参数因素。工艺参数主要是指研磨压力和速度。研磨过程中，压力是一个变值。开始研磨时，工件表面粗糙度值大，形状误差大，被研表面与研具的接触面积较小。随着研磨的进行，实际接触面积逐渐增大，研磨压力也要随之降低。若压力过小，研磨效率显著下降；若压力过大，研具不均匀磨损加快，被研表面表面粗糙度值增大，效率反而下降。

研磨速度也对加工精度有重要影响。在一定范围内，研磨作用随研磨速度的提高而增强，但过高的研磨速度会造成工件发热甚至烧伤被研表面，使研磨剂飞溅流失，运动平稳性降低，研具急剧磨损，直接影响加工精度。一般研磨都采用较高压力、较低速度进行粗研，然后采用较低压力、较高速度进行精研，这样既可提高工效，又可保证质量。

（2）加工环境因素。为保证研磨质量，高精度工件研磨对工作环境有如下要求。

1）温度。精密研磨对场地温度有一定要求，因为温度对工件尺寸精度有直接影响。

①工件长度（或直径）公差为 0.005～0.01 mm，研磨室内温度应控制在（20±5）℃以内；如条件有限，精度要求不高的工件也可在常温下研磨。

②工件长度（或直径）公差为 0.002～0.005 mm，研磨室内温度应控制在（20±3）℃以内。

③精度更高的工件，研磨室内温度应控制在（20±1）℃或更小的范围内。

2）湿度。研磨场地要求干燥，一般相对湿度在40%~60%，避免湿度大引起工件表面锈蚀。

3）尘埃。尘埃对研磨表面质量、表面粗糙度影响很大，研磨场地一定要保持清洁、防尘。

4）振动。研磨工作场地应避免振动，防止由于振动而影响加工和测量精度。因此，精密研磨场地应选择在远离振源的坚实防振基础上。

除此以外，精密研磨的加工质量还与研磨设备的精度、检验仪器的精度以及操作者的责任心和技术水平有着密切关系。

2. 圆柱内孔精密研磨缺陷分析

工件圆柱内孔研磨质量的好坏，除了与研磨剂的选择及研磨方法是否正确有关外，与能否注意研磨时的清洁工作也有直接关系。圆柱内孔精密研磨时常见缺陷和产生原因见表1-4-1。

表1-4-1 圆柱内孔精密研磨时常见缺陷和产生原因

缺陷形式	图示	产生原因
中间小两端大	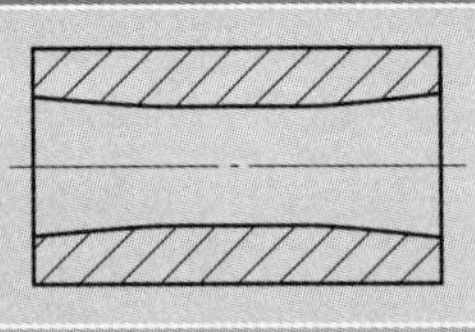	研具与孔配合太紧，操作不稳
多棱孔	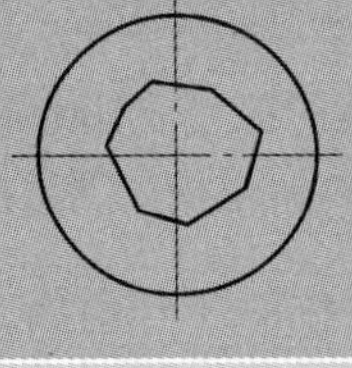	研具与孔配合太松，工件没有拿稳
内孔划伤	—	研具或工件有毛刺，研磨剂中混有较粗磨粒或异物
孔的直线度不好，各段错位	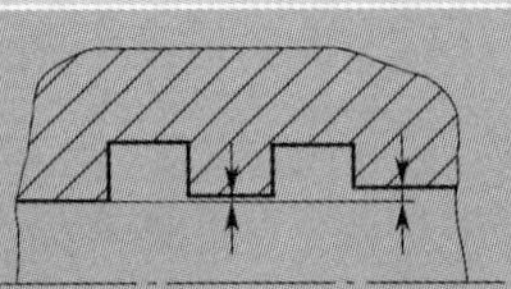	研具与工件孔配合过松，轴向往复运动长短不一
孔口或槽口附近局部尺寸大	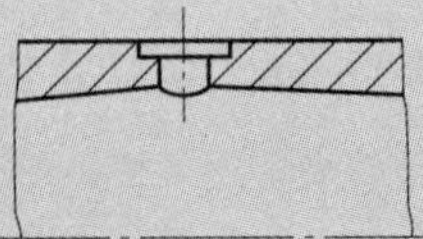	研磨剂在孔口、槽口处积累过多

续表

缺陷形式	图示	产生原因
倒锥	—	研具倒锥过大，在孔底停留时间过长
喇叭口	—	研具有正锥或倒锥太小，研具与孔配合太松，工件没有把正

二、提高圆弧面研磨精度的工艺方法

与加工外圆相比，精密加工内孔有许多不利条件。以磨削为例，内孔磨削的砂轮直径小，而转速却比外圆磨削时要高十几倍，磨粒易被磨钝，工件易发热烧伤；加之磨内孔时冷却条件差，排屑困难，砂轮易堵塞，影响表面质量，故使表面粗糙度值比外圆磨削大。特别是在深孔磨削时，砂轮接长杆直径小，悬伸长，刚度低，易产生弯曲变形和振动，对内孔加工精度和表面粗糙度都有不利影响。为此，对高精度外圆工件大多可通过精磨工艺来解决，而不一定都要采用研磨手段；但对高精度内孔（尤其是深孔）就常常要在磨削之后再增加一道精密研磨工序。

精密圆柱孔工件的研磨，有手工研磨和机床（如车床、立钻等）配合手工研磨两种方法。图 1-4-10 所示是在车床上研磨套规内孔的实例。

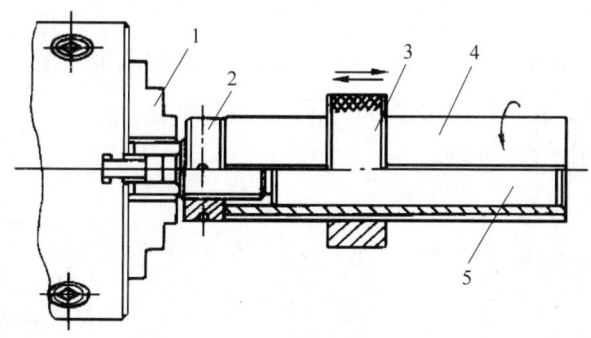

图 1-4-10 套规内孔的研磨
1- 卡盘 2- 调节螺母 3- 套规（工件） 4- 研套 5- 可调节锥度心轴

套规是检验外圆柱工件的量规,其内孔是测量工作面,经精镗、热处理和磨削后内径留 5～10 μm 余量再研磨,加工精度和表面质量要求都较高。其研磨工艺如下。

1. 研棒由可调节锥度心轴 5 和研套 4、调节螺母 2 组成。先将研棒的一端夹持在机床卡盘 1 上,用百分表检测研套外圆的径向圆跳动,校正回转轴线,跳动量应在套规要求的形状公差之内。

2. 将套规套入研棒,均匀涂好研磨膏后,调节螺母,使被研套规手感较紧但能轴向移动。

3. 开动机床,主轴转速以 100～200 r/min 为宜。用手握住套规,有顺序地沿研套做轴向往复运动。要注意操作者的手汗是酸性的,极易使金属表面锈蚀,应采取防护措施;握住套规时应保持平衡,同时使套规做间隔的转动,防止因套规自重而产生圆柱度误差。

4. 研磨过程中,应时刻注意套规与研套间的径向摆动间隙,并及时调整研棒以保持良好的研磨间隙,注意经常测量套规直径。

5. 当套规的孔径、圆柱度、锥度已达到基本要求后,即可改用手工精研磨。加工时将套规夹持在精密 V 形架上,待研棒置入孔内后再调节螺母,给工件以适当压力,用手转动研棒沿套规轴线做往复运动,进一步提高被研孔的精度和改善表面质量。研磨剂可选用研磨微粉及少许硬脂酸,用煤油、汽油混合调成糊状即可。

三、圆弧面的研磨加工

精密锥孔的研磨加工,相配的圆锥体零件一般多采用磨削加工,但配合精度高或密封性要求高的零件要采用精密研磨。

1. 内外圆锥配对研磨

配对研磨也称为对研,它是一种在一对相配零件中添加研磨剂对研,以提高配合精度的研磨工艺。图 1-4-11 所示是阀座孔与阀配对研磨的实例,它的研磨工艺如下。

(1) 修去阀座孔与阀的毛刺,将显示剂均匀涂在阀的锥体上,放入锥孔内缓慢旋转,取出后查看其配合接触显示情况。

(2) 若配合接触良好,则在两锥体间均匀涂上研磨剂进行研磨。研磨时锥孔轴线应处于竖直位置。因

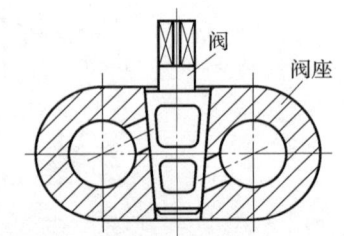

图 1-4-11 阀座孔与阀的配对研磨

为轴线处于水平位置会受重力影响，将造成研磨压力不均匀，而立式研磨定心也较好。在研磨过程中还要不断地检查配合质量和注意及时调换研磨剂。

（3）若配合接触显示不良，则应先将圆锥孔用圆孔刮刀修刮，以改善显点，待显点均布后方可研磨。如果锥体有较大的圆度误差和素线直线度误差，应先修刮再研磨。

2. 用研具研磨锥孔

图 1-4-12a 所示是手工研磨锥孔的实例。研具用卡盘固定，工件用夹具夹持（夹紧力不宜过大），用手缓慢转动夹具，加适当压力进行研磨。此法优点是研磨速度和质量可以控制，缺点是效率低。锥孔也可在车床上进行半机械化研磨（见图 1-4-12b），研具固定在主轴锥孔内或装夹在卡盘上，用百分表校正研具轴线与车床主轴轴线的同轴度和径向圆跳动，利用车床主轴旋转，使锥孔在研具上研磨。若准备好三根压砂研具，互相交替使用，则更为理想。此法虽然效率较高，但不如前一种方法能保证研磨质量。

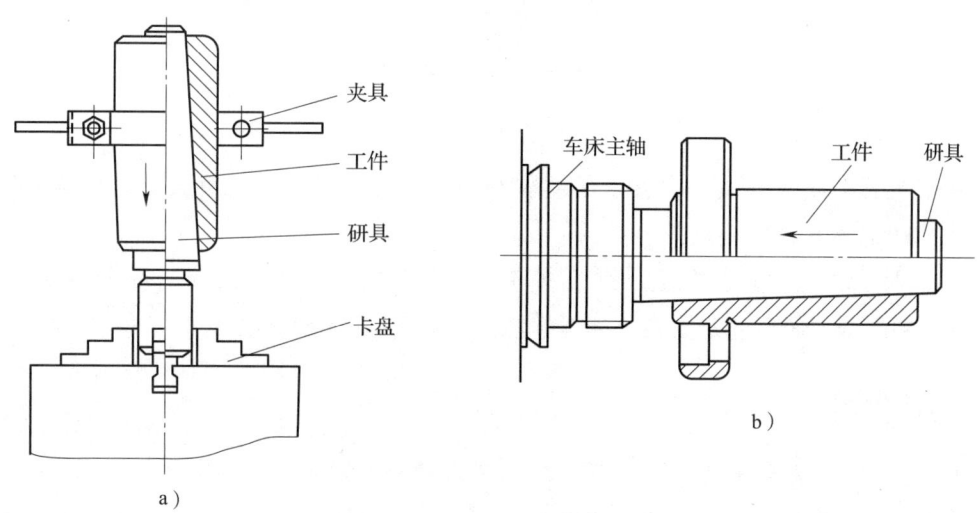

图 1-4-12 手工研磨和半机械化研磨锥孔
a）手工研磨 b）半机械化研磨

锥孔研磨后用锥度塞规着色或用特制记号笔画三条素线检验，既要保证接触面分布均匀，又要保证锥度和表面粗糙度达标。

【综合实训】

阀体孔的研磨

一、图样分析

如图 1-4-13 所示，工件为 35 钢锻件阀体，孔径尺寸为 $\phi 20\text{H}6\ (^{+0.013}_{0})$，孔长为 80 mm，其表面粗糙度要求为 $Ra0.02$ μm，孔的圆度公差为 0.004 mm。

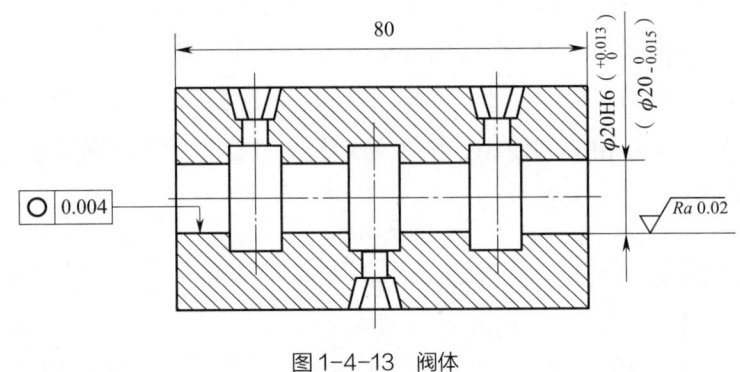

图 1-4-13 阀体

由于表面粗糙度值较小，圆度公差较小，在没有合适的内圆磨床时，只有采用研磨的方法才能满足图样要求。

对机械加工提出工艺要求，孔表面粗糙度应达到 $Ra0.8$ μm，留研磨余量为 0.02~0.025 mm。阀体孔加工后尺寸为 $\phi 20^{\ 0}_{-0.015}$ mm，故研磨余量为 0.015~0.025 mm。

二、工艺步骤

1. 根据工件的形状要求，采用固定式研磨棒进行研磨。研磨棒数量为 1 组 3 支，材料为 HT300。粗加工时研磨棒尺寸为 $\phi 20^{-0.30}_{-0.35}$ mm，阀体孔加工后尺寸为 $\phi 20^{\ 0}_{-0.015}$ mm，因此配制研磨棒的尺寸如图 1-4-14 所示。先配制粗研与精研用研磨棒各一支，留一支备用，视研磨情况决定是否需要再进行配制。

2. 根据阀体的精度要求选择合适的研磨剂。

(1) 粗研时选择研磨剂的组成见表 1-4-2。

(2) 精研时选择研磨剂的组成见表 1-4-3。

根据实际情况，可选购现成的研磨剂。每盒研磨剂正、反面有粗研用和精研用研磨剂两种。

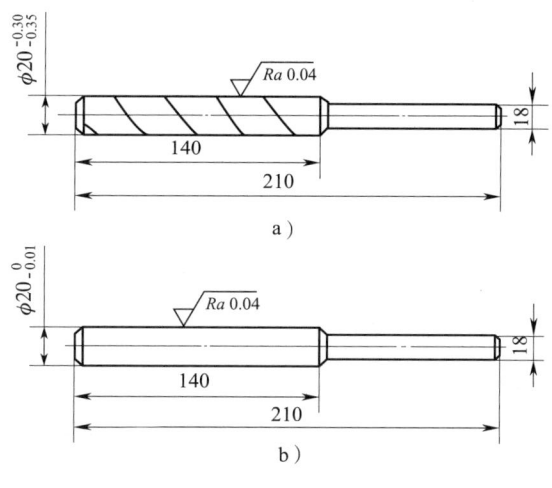

图 1-4-14 固定式研磨棒
a）粗研用研磨棒　b）精研用研磨棒

表 1-4-2　粗研时研磨剂的组成

g

名称	用量	名称	用量
白刚玉	16	硬脂酸	8
蜂蜡	1	油酸	15
航空汽油	80	煤油	80

表 1-4-3　精研时研磨剂的组成

名称	配比	名称	配比
金刚砂	40%	氧化铬	20%
硬脂酸	25%	锭子油	10%
煤油	5%		

3. 将阀体内槽边的毛刺用三角刮刀修净。将研磨棒上的毛刺修净，以免拉伤工件内孔表面。

4. 先进行粗研磨。将带有沟槽的研磨棒涂上机油，插入阀体孔中试其配合松紧程度，研磨棒应能在孔中自由旋转与滑动。然后抽出研磨棒，涂上研磨剂进行粗研，在研磨棒旋转并沿轴向运动 10 余次后抽出，对研磨棒和阀体孔进行清洗，再重新涂上研磨剂进行研磨。为了施加研磨压力，可将研磨棒的柄部夹在台虎钳上，手持阀体进行研磨。边研磨边检查研磨情况。孔内表面应无任何拉伤、划痕等现象，而且表面呈现乌光；两边孔口应无喇叭口现象。经反复多次研磨后，待精研磨棒能装入孔中并能旋转滑动时,粗研结束。

5. 精研磨的操作方法与粗研磨相同,只是使用精研用研磨棒和精研用研磨剂,经反复多次研磨,达到图样的精度要求为止。精研时应注意两端孔口情况,不可出现两头大、中间小的现象;并且要随时检测孔的尺寸,不可将孔径研大而造成尺寸超差。

6. 研磨操作技巧性很高,方法正确、操作平稳、用力均匀并能及时清理残液,研磨的质量就好,效率也高;否则很容易造成工件报废。

7. 阀体孔研磨好后应将其清洗干净,待配阀芯、研磨棒清洗干净备以后再用。一般情况下一支研磨棒可以使用3~5次。

模块 2 机械装配

- 课程 2-1　固定连接装配
- 课程 2-2　传动机构装配
- 课程 2-3　轴承和轴组装配
- 课程 2-4　液压传动装配
- 课程 2-5　部件和整机装配

课程设置

课程	学习单元	课堂学时
2-1 固定连接装配	（1）热胀法过盈连接装配	2
	（2）冷缩法过盈连接装配	2
	（3）液压套合法过盈连接装配	2
2-2 传动机构装配	（1）齿形链装配	4
	（2）同步带装配	4
2-3 轴承和轴组装配	（1）轴承与轴组的装配	6
	（2）静压轴承装配	4
2-4 液压传动装配	（1）常用液压阀装配与调整	8
	（2）液压系统的整体连接安装与调试	12
2-5 部件和整机装配	（1）旋转体动平衡	6
	（2）机床主轴部件装配	10
	（3）精密机械设备部件装配	20
	（4）精密机械设备整机装配	18

课程 2-1 固定连接装配

学习内容

学习单元	课程内容	培训建议	课堂学时
（1）热胀法过盈连接装配	1）热胀法的加热方式 2）热胀法的装配工艺	（1）方法：讲授法、练习法、案例教学法 （2）重点、难点：工件加热温度的计算	2

续表

学习单元	课程内容	培训建议	课堂学时
（2）冷缩法过盈连接装配	1）冷缩法的应用 2）冷缩法的装配工艺	（1）方法：讲授法、练习法、案例教学法 （2）重点、难点：工件冷缩温度的估算	2
（3）液压套合法过盈连接装配	1）液压套合法的应用 2）液压套合法的装配工艺	（1）方法：讲授法、演示法、练习法、案例教学法 （2）重点、难点：液压套合法的装配工艺要点	2

学习单元 1　热胀法过盈连接装配

热胀法过盈连接装配又称红套装配，它是利用金属材料热胀冷缩的物理特性，将孔加热使之胀大，然后将常温下的轴装入胀大的孔中，待孔自然冷却后，轴、孔就形成了能传递轴向力、转矩或两者同时作用的结合体。

一、热胀法的加热方式

工件热胀装配时，可根据其尺寸及过盈量采用不同的加热方法。

1. 火焰加热

（1）设备和工具。喷灯、氧乙炔火焰加热设备、丙烷加热器、炭炉。

（2）装配特点。加热温度低于 350 ℃，使用加热器，热量集中，易于控制，操作简便。

（3）应用范围。适用于局部加热中大型连接件的装配。

2. 介质加热

（1）设备和工具。沸水槽、蒸汽槽、热油槽，热油槽如图 2-1-1 所示。

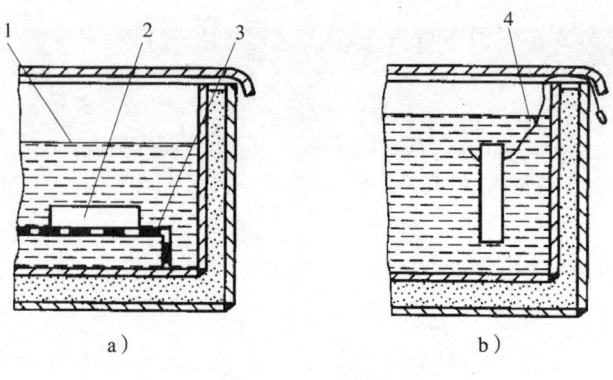

图 2-1-1　热油槽
a) 轴承放在网格上　b) 轴承挂在吊钩上
1—油　2—轴承（工件）　3—网格　4—钩子

（2）装配特点。沸水槽加热温度为 80～100℃，蒸汽槽加热温度可达 120℃，热油槽加热温度为 90～320℃。使用介质加热，可使连接件清洁去污，热胀均匀。

（3）应用范围。适用于过盈量较小的连接件，如滚动轴承、连杆衬套等的装配。

3. 电阻和辐射加热

（1）设备和工具。电阻炉、红外线辐射加热箱。图 2-1-2 所示为中温箱式加热电阻炉的结构。

（2）装配特点。加热温度可达 400℃以上，热胀均匀，表面洁净，加热温度可自动控制。

（3）应用范围。适用于成批生产中、小型连接件的装配。

（4）使用电阻炉加热进行热胀法装配应掌握以下操作要点。

1）控制加热温度，避免加热过度后连接件的力学性能发生变化，影响过盈连接强度。

2）控制工件取出至装配操作的时间，以便控制工件温度的下降幅度，避免"咬死"现象。

3）较小的工件仍可采用油槽放置，以使工件热胀均匀，有较长的保温时间。

4）采用油槽放置连接件的，注意加热温度低于所用油的闪点。各种加热用油的闪点见表 2-1-1。

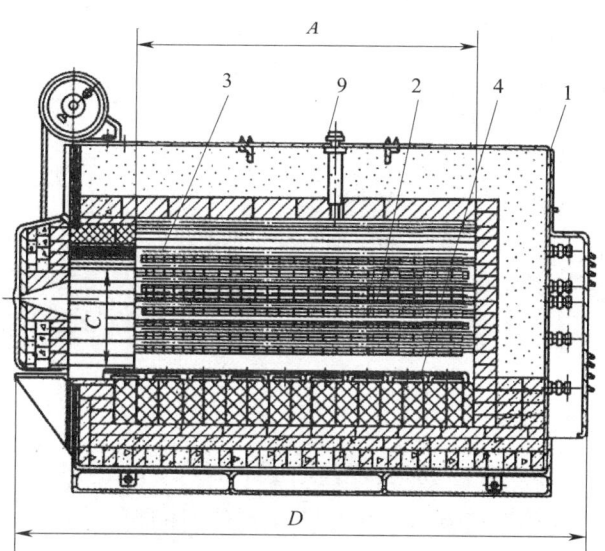

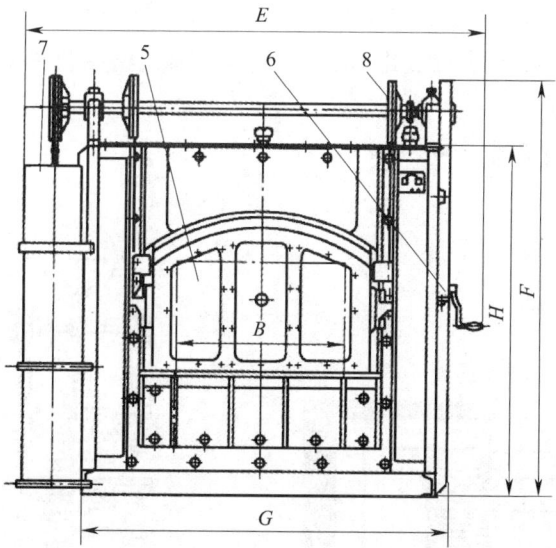

图 2-1-2 中温箱式加热电阻炉的结构
（A、B、C、D、E、F、G、H 表示不同型号炉子的规格尺寸）
1- 炉壳　2- 工作室　3- 电热元件　4- 炉底板　5- 炉门
6- 手摇链轮　7- 平衡重锤筒　8- 行程开关　9- 热电偶孔

表 2-1-1 各种加热用油的闪点

名称	闪点（℃）	名称	闪点（℃）	名称	闪点（℃）
10 号机械油	165	6 号车用机油	185	11 号汽缸油	215
20 号机械油	170	10 号车用机油	200	24 号汽缸油	240
30 号机械油	180	15 号车用机油	210	38 号过热汽缸油	290
40 号机械油	190	22 号透平油	180	52 号过热汽缸油	300
50 号机械油	200	32 号透平油	180	62 号过热汽缸油	315
70 号机械油	210	46 号透平油	195	33 号合成过热汽缸油	300
90 号机械油	220	57 号透平油	195	65 号合成过热汽缸油	325

4. 感应加热

（1）设备和工具。感应电流加热装置。

（2）装配特点。加热温度在 400 ℃ 以上，加热时间短，调节温度方便，热效率高。

（3）应用范围。适用于采用特重型和重型静配合的中、大型连接件的装配。

图 2-1-3a 所示为感应电流加热装置，多用于环形零件的加热。

图 2-1-3b 所示为移动式螺旋电加热器，多用于大型零件的加热，加热时可将该装置放在包容件的孔内。

常用金属材料的线膨胀系数见表 2-1-2。

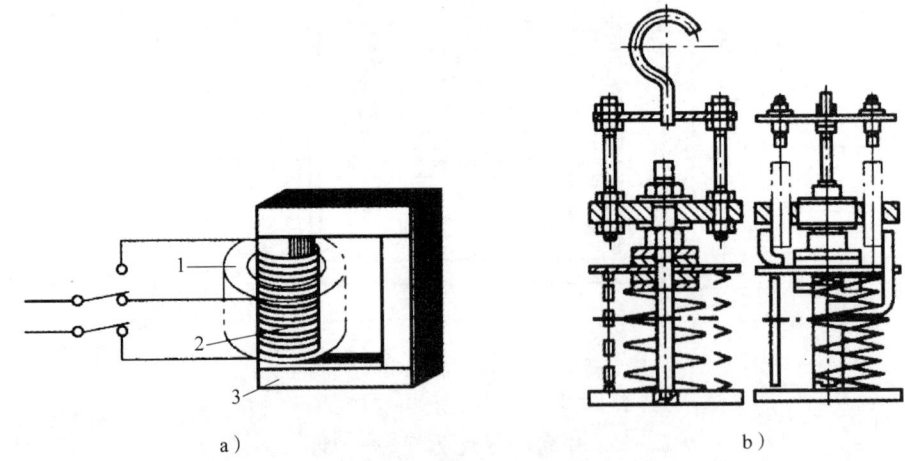

图 2-1-3 感应电流加热装置
a）感应电流加热装置　b）移动式螺旋电加热器
1—零件　2—线圈　3—导磁体

表 2-1-2　常用金属材料的线膨胀系数　　　　1/℃

材料名称	温度范围		
	20 ~ 100 ℃	20 ~ 200 ℃	20 ~ 300 ℃
工程用铜	（16.6 ~ 17.1）×10⁻⁶	（17.1 ~ 17.2）×10⁻⁶	17.6×10⁻⁶
纯铜	17.2×10⁻⁶	17.5×10⁻⁶	17.9×10⁻⁶
黄铜	17.8×10⁻⁶	18.8×10⁻⁶	20.9×10⁻⁶
锡青铜	17.6×10⁻⁶	17.9×10⁻⁶	18.2×10⁻⁶
铝青铜	17.6×10⁻⁶	17.9×10⁻⁶	19.2×10⁻⁶
碳钢	（10.6 ~ 12.2）×10⁻⁶	（11.3 ~ 13）×10⁻⁶	（12.1 ~ 13.5）×10⁻⁶
铬钢	11.2×10⁻⁶	11.8×10⁻⁶	12.4×10⁻⁶
40CrSi	11.7×10⁻⁶	—	—
30CrMnSiA	11×10⁻⁶	—	—
3Cr13	10.2×10⁻⁶	11.1×10⁻⁶	11.6×10⁻⁶
1Cr18Ni9Ti	16.6×10⁻⁶	17×10⁻⁶	17.2×10⁻⁶
铸铁	（8.7 ~ 11.1）×10⁻⁶	（8.5 ~ 11.6）×10⁻⁶	（10.1 ~ 12.2）×10⁻⁶
镍铬合金	14.5×10⁻⁶	—	—
铝	23.8×10⁻⁶		

注：1. 线膨胀系数 = $\dfrac{长度膨胀量}{长度 \times 温度}$。

2. 体膨胀系数 =3× 线膨胀系数。

二、热胀法的装配工艺

1. 热胀法装配的过盈量

热胀法装配是依靠轴、孔之间的摩擦力来传递转矩的，摩擦力的大小与配合过盈量的大小有关。过盈量太小，传递转矩时孔与轴就会松动。但当过盈量过大时，孔的附近会产生过大的配合应力，增加配合的塑性变形。如加热温度高，更容易产生塑性变形，使实际过盈量并不增加多少。因此，热胀法装配的过盈量是一个至关重要的因素。

热胀法装配过盈量的经验公式如下：

$$\delta = 0.04 \times \dfrac{d}{25}$$

式中　δ——轴与孔之间的过盈量，mm；

　　　d——轴或孔的公称直径，mm。

即每 25 mm 直径需要 0.04 mm 的过盈量。

表 2-1-3 所列为公称直径 25～750 mm 热胀法装配的轴、孔过盈公差。

表 2-1-3　热胀法装配直径过盈公差　　　　　　　　　　　mm

公称直径	轴的偏差	孔的偏差	公称直径	轴的偏差	孔的偏差
25	+0.06 +0.04	+0.015 0	400	+0.69 +0.64	+0.040 0
50	+0.10 +0.08	+0.015 0	425	+0.73 +0.68	+0.040 0
75	+0.14 +0.12	+0.015 0	450	+0.77 +0.72	+0.050 0
100	+0.18 +0.16	+0.016 0	475	+0.81 +0.76	+0.050 0
125	+0.23 +0.20	+0.016 0	500	+0.85 +0.80	+0.050 0
150	+0.27 +0.24	+0.018 0	525	+0.89 +0.84	+0.050 0
175	+0.31 +0.28	+0.018 0	550	+0.93 +0.88	+0.060 0
200	+0.35 +0.32	+0.020 0	575	+0.97 +0.92	+0.060 0
225	+0.40 +0.36	+0.020 0	600	+1.02 +0.96	+0.060 0
250	+0.44 +0.40	+0.025 0	625	+1.06 +1.00	+0.060 0
275	+0.48 +0.44	+0.025 0	650	+1.10 +1.04	+0.060 0
300	+0.52 +0.48	+0.030 0	675	+1.14 +1.08	+0.070 0
325	+0.57 +0.52	+0.030 0	700	+1.18 +1.12	+0.070 0
350	+0.61 +0.56	+0.035 0	725	+1.22 +1.16	+0.070 0
375	+0.65 +0.60	+0.035 0	750	+1.26 +1.20	+0.070 0

2. 热胀法的装配工艺要点

（1）零件的配合尺寸、凸台、圆根、倒角等要复检无误，配合表面要处理干净，毛刺、碰伤、锈斑、污物等要仔细清除干净。

（2）热装带键的零件。平键要事先按轴和孔的键槽修配好，并固定在轴上；对于楔键或切向键要利用导向键，以确保键槽的正确位置。

（3）热装零件的相关零部件。热装前要正确识读图样，注意热装零件中是否有挡圈、垫片等其他零部件，装前要修配和试装无误，并交检合格后再装配好。

（4）调整及刻线，做好有方向性要求的标记。热装前找正相互位置，同时在明显处做出刻线标记和方向性要求的指示标记，以避免错位或装反。

（5）包容件因加热而胀大，使过盈量消失，并有一定间隙。工艺上根据具体条件，选取合适的装配间隙，一般取（0.001～0.002）d（d 为公称直径）。包容件质量轻，配合长度短，配合直径大，操作比较熟练时，可选较小间隙，反之可选较大间隙。

（6）采用热胀法过盈连接时，实际尺寸不易测量，可按公式计算温度来控制。装配时间要短，以防因温度变化而使间隙消失，出现"咬死"现象。工件加热温度可按下式计算：

$$t = \frac{\Delta + \delta}{\alpha_1 d} + t_0$$

式中　Δ ——热配合间隙，大小为（0.001～0.002）d，mm；

δ ——实际过盈量，mm；

α_1 ——包容件线膨胀系数，1/℃；

d ——包容件直径，mm；

t_0 ——环境温度，℃。

（7）加热和保温时间的经验数据。零件的加热和保温时间与零件的壁厚、材质、表面积和加热方式有关，一般可按壁厚每 10 mm 需 10 min 的加热时间，每 40 mm 需 10 min 的保温时间。例如，加热装配的工件壁厚是 160 mm，则加热时间为 160 min，保温时间为 40 min，故此件共需时间为 200 min。

（8）用热油槽加热时，加热温度应比所用油的闪点低 20～30 ℃。加热一般结构钢时，不应高于 400 ℃，加热和温升应均匀。

（9）热装前要做一把测量尺子，用以测量和确认加热工件是否可以终止加热和允许进行装配。操作时可以在距离热源较远处精确测得被测部位的热胀状况。尺子的制作要满足使用轻便和不易变形的条件。尺子可以用金属棒制作，也可以用金属板制作。

尺子的名义尺寸即实际尺寸应等于被测部位直径公称尺寸加配合处的最大过盈 Δ_1 加装配时必需的最小间隙 Δ_2。用游标卡尺对好尺子后锁定卡尺，以便在尺子使用过程中随时校验有无精度走失的情况，确保尺子测得结果准确无误。为能远离热源进行测量，在尺身上焊接一手柄，其长短或粗细由操作者自定。测量尺子的结构如图 2-1-4 所示。

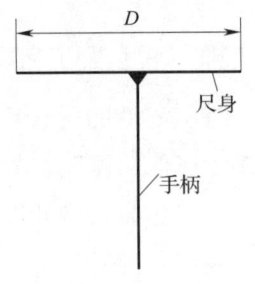

图 2-1-4　测量尺子的结构
$D=$ 配合直径公称尺寸 + 配合最大过盈 Δ_1 + 装配最小间隙 Δ_2

（10）较大尺寸的包容件经热胀配合，其轴向尺寸均有收缩，收缩量与包容件的轴向厚度和配合面的过盈量有关。

3. 热胀法装配后轴向间隙的消除

零件经过热装冷却后，往往会产生轴向间隙，配合直径大的甚至产生 1～3 mm 的间隙。为了消除这种间隙，可以采取以下几种方法。

（1）撞击法。零件热装后，在冷却过程中用铜锤敲击或用重物撞击加热零件，直到冷却后消除间隙为止。撞击时要在撞击部位垫铜板或木方，以防损伤零件。这种方法适用于中小型零件。

（2）螺栓拉紧法。用螺栓拉紧加热零件，直到冷却后消除间隙为止。这种方法基本上用于较小零件。

（3）压重物法。零件热装后，在冷却过程中用重物压在加热零件上，直到冷却后消除间隙为止。这种方法使用时有一定局限性，因为加重物要适当，太轻则间隙消除不了，太重则体积大，消隙有一定的困难。这种方法适用于较大的零件。

（4）压力机消隙法。可以采取在压力机上顶住的方法，随时施加压力，直至间隙消除为止。

虽然可以采取上述方法消除间隙，但是对于较大的热装零件的间隙消除尚无有效的方法，装配时要采取其他方法消除或抵消热装时产生的间隙。

4. 热胀法装配注意事项

（1）热装前要看清图样，注意热装件中是否有其他件，有则必须先装配完毕，并经检验合格后再进行热装工作。对于台阶或定位套、键、弹簧挡圈、定位轴，要找正热装件的正确位置，做好标记再进行热装。

（2）热装带键的零件，必须按键槽尺寸修配好，保证键顶面与键槽的间隙。

（3）加热前对零件的配合尺寸、倒角、圆角等要复检无误后再加热。零件上的毛刺、碰伤、锈斑、切屑应仔细清除。

（4）加热零件热透取出后，必须用卡钳或热装样板测量装配量，只有当卡钳或样板通过时才能进行热装，否则要延长加热与保温时间，直至装配量达到要求为止。

（5）孔的热装量达到后，要立刻进行热装，动作要快而准确，一次装到底，中途不得停留；如果发生故障不允许强行装入，应立即取下，排除故障后重新加热，再次热装。

（6）热装温度不应大于该件淬火后的回火温度。对于一些材料特殊的零件，应进行低温回火处理，回火温度很低，在270 ℃左右，热装此类零件要严格控制加热温度。如加热后装配间隙量不足，应对热装件和其配合相关件采取一定的工艺措施，如采取中间公差以加大热装间隙，保证热装质量。

（7）与热装有关的零件，一般应在热装件冷却到正常温度后再进行装配。有装配顺序、方向要求的特殊件除外。

（8）装在钢套中的铜套不应采取热装，因为钢与铜的线膨胀系数不一样。受热后铜冷得快，此时铜套受的应力较大，当超过弹性极限时，冷却后的铜套就会从钢套中掉下来。对于一些铜套类零件，必须进行热装时（如摩擦压力机上钢质材料的轴承套与其中镶嵌的铜螺母要求必须热装）应采取一些特殊的方法。例如，制作工装将铜套两端封闭起来，外端留有进水口和出水口，在铜套装入轴承套中后，迅速在铜套两端装上工装，然后接通冷却水，循环冷却，使铜套不会受热膨胀，这样就保证了工件的热装质量。

（9）一般加热温度不能随意增加，温度要与零件材料相适应，以免温度过高导致零件内部材料性质发生变化。

【案例】风机转子热胀法装配实例

风机转子组是由人字齿轮轴与叶轮装配而成的，如图 2-1-5 所示。这种风机是单侧单极离心鼓风机，转子轴是悬臂的，叶轮为后弯式透平叶轮，由 20 片 U 形叶片与前、后盘铆接而成。转子轴由电动机驱动，工作转速为 4 350 r/min。叶轮外径为 992 mm，转子轴公称直径为 120 mm，转子轴与叶轮材料均为 30CrMnSiA 合金钢。叶轮与转子轴的配合过盈量为 0.11 ~ 0.15 mm。下面简单介绍该部件的热胀法装配工艺过程。

1. 零件（叶轮）的加热

根据叶轮的最大直径 992 mm，可按图 2-1-6 所示的加热方法，用过热汽缸加热。过热汽缸油选用 HG38、HG52、HG62 中任何一种均可。将过热汽缸油倒入油池内，接通螺旋加热器的电源使其加热。电子继电器和温度导电表是用来控制油温的。

先计算出叶轮孔膨胀所需的温度：

$$T_H = \frac{\delta_{max} + \delta_0}{\alpha d} + t_0 = \frac{0.15 + 0.015}{11 \times 10^{-6} \times 120} + 30 = 155 \text{（℃）}$$

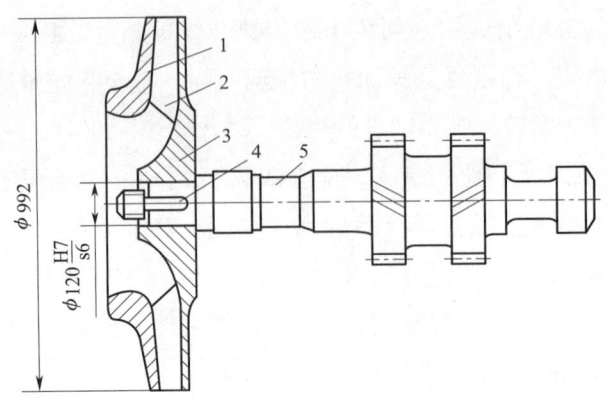

图 2-1-5 风机转子组

1- 后盘 2-U 形叶片轮 3- 前盘 4- 平键 5- 转子轴

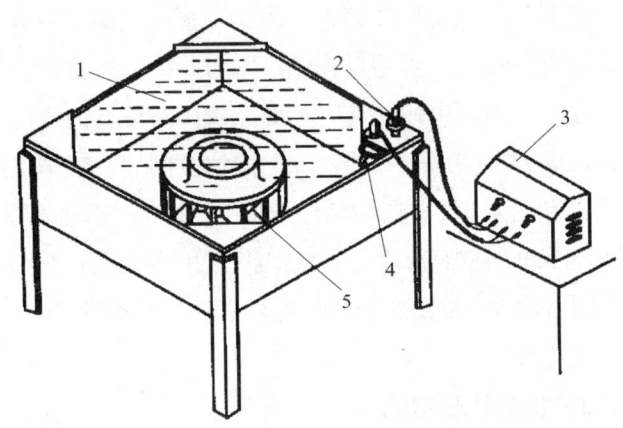

图 2-1-6 叶轮加热示意图

1- 油箱 2- 温度导电表 3- 电子继电器 4- 螺旋加热器 5- 零件

式中　T_H——热胀法装配所需温度，℃；

　　　δ_{max}——最大配合过盈量，mm；

　　　δ_0——热胀法装配时表面摩擦所需的最小间隙，一般取零件公称直径 IT6 或 IT7 两种公差等级中的最小间隙，mm；

　　　α——零件的线膨胀系数，1/℃；

　　　d——零件公称直径，mm；

　　　t_0——热胀法装配时的环境温度，℃。

根据上式计算出油的加热温度为 155 ℃，这个温度值能使孔膨胀至轴的最大配合过盈量。在热胀法装配时，实际油温应高于计算油温，因为加热零件从油池中取出到吊往工作平台，包括零件的冷缩过程。在与轴颈套合时，因轴、孔两者温差大，冷缩将会更快些，这个经验应掌握好。所以实际油温需达 200 ℃左右为好。

2. 热胀法装配前的准备工作

（1）做好叶轮和转子的清洁整理工作。

（2）检查孔与轴颈的过盈尺寸。特别要注意轴颈的过渡圆角 R 与孔口倒角 $C3$ 是否合适（见图 2-1-7），并检查键与键槽尺寸的配合情况及对称度。

（3）准备好吊装用的辅助夹具并进行试吊。

（4）准备垫放叶轮的平台，并用水平仪校正。

3. 装配

按图 2-1-6 所示的叶轮加热方法，当油温加热到约 150 ℃时吊进叶轮。待升温到 200 ℃后，保温 0.5～1 h，然后吊出叶轮，用图 2-1-8 所示的量规测量孔

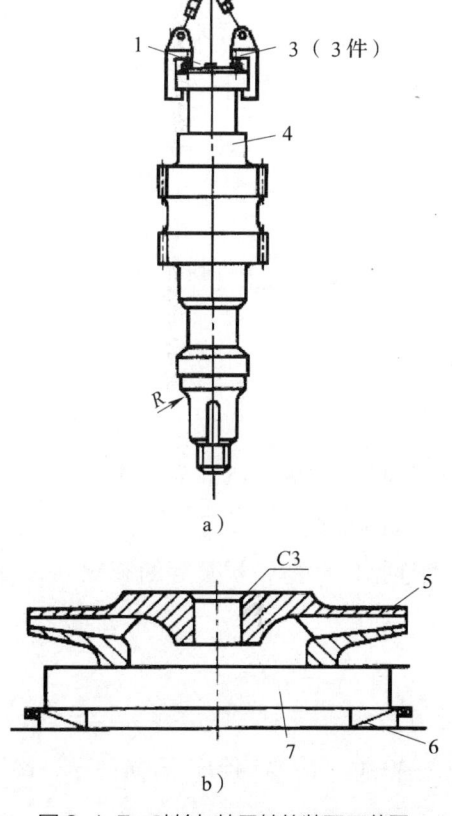

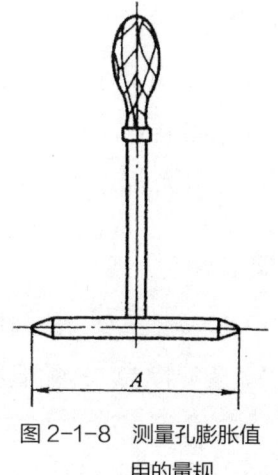

图 2-1-7 叶轮与转子轴的装配工艺图
a）吊装转子轴 b）叶轮孔的垂直校正
1-水平尺 2-反、顺螺母（3件） 3-夹具（3件）
4-转子轴 5-叶轮 6-调整垫铁 7-平台

图 2-1-8 测量孔膨胀值用的量规

径。如已胀大至量规规定数值，即可将叶轮吊至校正好的平台上，随后吊装转子轴，使键槽对准叶轮孔进行装配。图 2-1-8 中量规的尺寸 A= 轴颈 + 装配间隙 =120.15 mm+0.25 mm=120.40 mm。

学习单元 2　冷缩法过盈连接装配

冷缩法过盈连接装配是温差法装配的另一工艺手段，它利用金属材料在遇冷时体积收缩的物理特性，使在常温下有过盈而难于装配的零件在受冷降温的条件下产生冷缩，使其配合部位的过盈消除并出现装配间隙，从而较容易地完成装配要求。

冷缩法装配受诸多因素的制约和条件限制，如成本高、不够安全、污染环境、降温区间较小等，所以应用不普遍，只有在极特殊的情况下采用。

一、冷缩法的应用

被包容件的冷却方式有多种，如图 2-1-9 所示。零件材料不同，其线膨胀系数也各不相同，见表 2-1-4。

1. 干冰冷缩

（1）设备和工具。干冰冷缩装置（或以酒精、丙酮、汽油为介质）。

（2）装配特点。冷缩温度可至 –78 ℃，操作简便。

（3）应用范围。适用于过盈量小的小型连接件和薄壁衬套等的装配。

2. 低温箱冷缩

（1）设备和工具。冷却箱，如图 2-1-10 所示。

（2）装配特点。冷缩温度可至 –140 ~ –40 ℃，冷缩均匀，表面洁净，冷缩温度易自动控制，生产率高。

（3）应用范围。适用于配合面精度较高的连接件，以及在热态下工作的薄壁衬套等的装配。

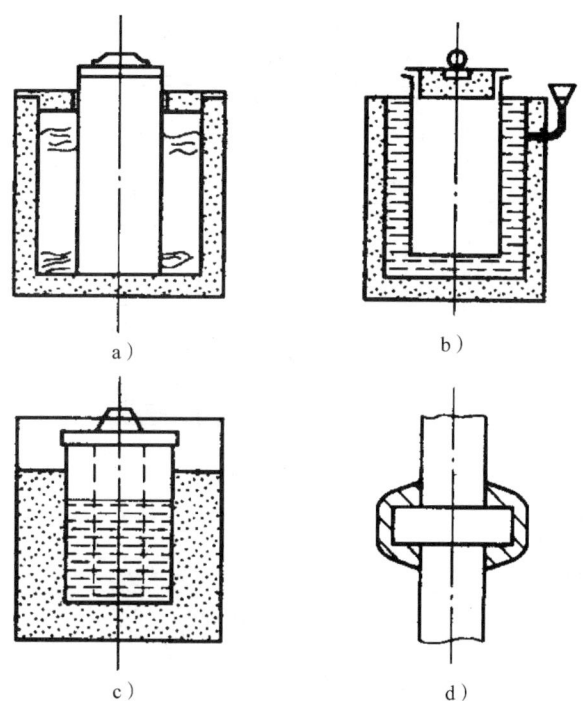

图 2-1-9 被包容件的冷却方式
a）在固体 CO_2 冷却器中冷却 b）、c）在液态气体冷却器中冷却
d）在固体 CO_2 冷包装置中冷却

表 2-1-4 常用金属材料的线膨胀系数

材料	线膨胀系数 α（10^{-6}/℃）	
	加热	冷却
碳钢、低合金钢、合金结构钢	11	-8.5
灰铸铁 HT150、HT200	11	-9
灰铸铁 HT250、HT300	10	-8
可锻铸铁		
非合金球墨铸铁	10	-8
青铜	17	-15
黄铜	18	-16
铝合金	21	-20
镁铝合金	25.5	-25

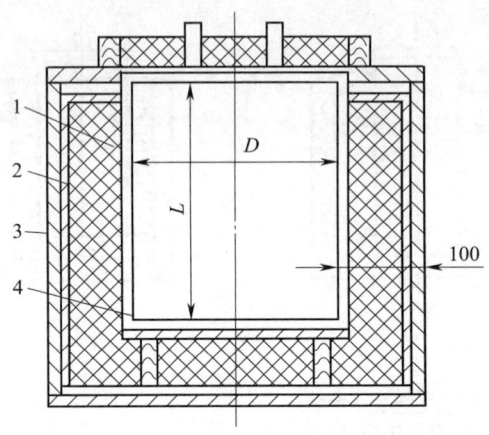

图 2-1-10　冷却箱
1- 保温层　2- 石棉板　3- 木箱　4- 纯铜容器

3. 液氮冷缩

（1）设备和工具。移动或固定式液氮槽。

（2）装配特点。冷缩温度可至 -195 ℃，冷缩时间短，生产率高。

（3）应用范围。适用于过盈量大的连接件的装配。

二、冷缩法的装配工艺

1. 冷缩温度的估算

被包容件的冷缩温度可按下式估算：

$$t=\frac{\delta}{\alpha_1 d}$$

式中　t——被包容件的冷缩温度，℃；

　　　δ——实际过盈量，mm；

　　　α_1——包容件线膨胀系数，1/℃；

　　　d——包容件直径，mm。

在进行估算时，可将计算得出的温度值降低 20%～30%，以补充零件在移动位置的时间内随环境温度的变化量。

冷缩被包容件的装配，若使用冷却剂冷却，包容件的冷却温度即为冷却剂的沸点温度（见表 2-1-5），因此冷缩被包容件可按预先估算值选定冷却剂（冷源），然后按下式进行校核：

$$L\frac{L_{293}-L_T}{L_{293}} \geqslant \Delta + Y$$

式中　Y——两配合零件测得的实际过盈量，mm；

　　　Δ——最小装入间隙，mm；

　　　L——被包容件的长度或直径，mm；

　　　L_{293}——被包容件在20 ℃（293 K）下的长度或直径，mm；

　　　L_T——被包容件在冷却温度T（K）下的长度或直径，mm；

　　　$\dfrac{L_{293}-L_T}{L_{293}}$——收缩比，按冷却温度$T$（K）查图2-1-11。

表2-1-5　常用冷却剂的主要物理参数

冷却剂	在101.325 kPa下		
	沸点（℃）	汽化潜热（kJ/kg）	密度（kg/m³）
固体二氧化碳（干冰）	-78.5（升华）	572（升华）	1 564
液态氧	-183	213	1 140
液态空气	-194.5	209	873
液态氮	-195.8	199	810

2. 零件冷却时间的确定

零件冷却时间按下式计算：

$$t = k\delta + 6$$

式中　t——零件冷却所需的时间，min；

　　　δ——被冷却零件的最大半径或壁厚，mm；

　　　k——与零件材料和冷却介质有关的系数（见表2-1-6），min/mm。

3. 冷却剂的种类及性能

（1）干冰（固态二氧化碳）。干冰能将零件冷却至-75 ℃，因温度降低不多，只适用于公差小（如H7/k6配合）的中型零件。用它作冷却剂时，在盛有酒精或丙酮的容器周围用干冰预冷，然后在冷却器内另放些干冰，这样的混合液体就可以将零件冷却到-75 ℃。

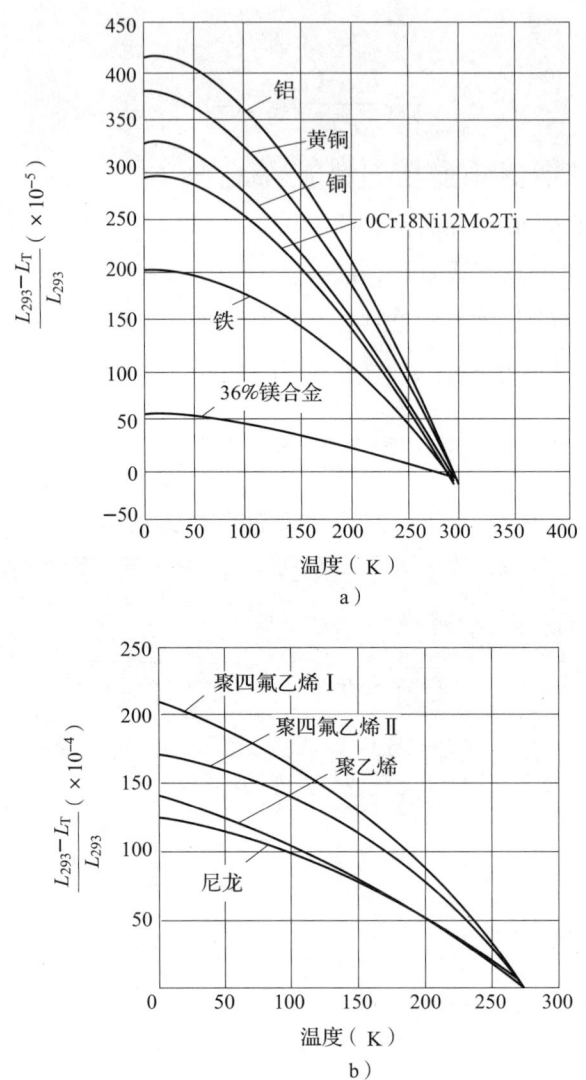

图 2-1-11　收缩比

a）常用金属材料的收缩比　b）常用非金属材料的收缩比

表 2-1-6　综合系数 k

零件材质		钢	铸铁	黄铜	青铜
冷却介质	液态氮	1.2	1.3	0.8	0.9
	液态氧	1.4	1.5	1.0	1.1

（2）液体氨。能将零件冷却至 −120 ℃，但也不能满足过盈配合零件的需要，在应用时需用具有蛇形管的冷却器对零件间接冷却。因它不与工件直接接触，零件不受介

质浸蚀，质量能高一些，但冷却时间较长，同时氨又有强烈刺激气味，污染环境，妨害生产。

（3）液体氮。液体氮能将零件冷却至 –195 ℃，用它作冷却剂，可以对所有直径大于 50 mm 的过盈配合零件进行装配，性质较液体氨稳定，不易与零件起化学作用，不腐蚀工件表面和冷却箱及取氮罐，是较理想的冷却剂。但一般工厂中的制氮设备均没有收集液体氮的装置，外购运输时需用特种昂贵设备，并有挥发损失 10% ~ 50%。

（4）液体氧。液体氧能将零件冷却至 –180 ℃，虽然冷却温度高于液体氮，但也能满足零件直径大于 50 mm 的 R7、R8 系列配合需要。由于氧的性质活泼，能助燃不能自燃，要特别注意安全。此外对金属虽有氧化作用，但一般是零度以上，尤其是对钢、铸铁等。为了防止冷装后容器内剩余液体氧挥发成氧气与容器发生作用，冷装后要及时将容器擦干净，并采用纯铜板制作冷却箱和取氧罐，所以液体氧作冷却剂是经济合理的。有些大企业的氧气站里的液体氧为副产品，故用液体氧作冷却剂更为合适。

4. 冷缩法装配工艺

（1）检查配合尺寸。装前必须认真检查零件的配合表面并清理和擦干净。检查配合尺寸，圆根、台肩等相关部位是否符合配合和装配工艺要求，确认没有问题后方可进行装配工作。

（2）被包容件的实际尺寸不易测量，一般按冷缩温度控制冷缩量。

（3）冷却至液氮温度时，一般不需要测量。当冷缩装置中液氮表面无明显的翻腾蒸发现象时，被包容件即已冷却至接近液氮的温度。

（4）小型被包容件浸入液氨冷却时，冷却时间约为 15 min，套装时间应很短，以保证装配间隙消失前装配完毕。

（5）因温度较低，操作时注意防止冻伤。

5. 冷缩法装配操作和安全注意事项

（1）冷缩法装配操作注意事项

1）冷却时间是从零件浸入冷却液开始算起，零件浸入初期有强烈的"沸腾"现象，往后渐渐减弱以致"沸腾"消失，刚停止时只说明零件表面与冷却剂的温度差很小，但并没有完全冷透，还需要按零件壁厚尺寸的不同，相应地再透温一段时间。

2）零件透温后取出应立即装入包容件的相关部位，动作要迅捷沉稳，零件的夹持要注意同心不得歪斜，否则温度迅速回升，并在配合表面生成一层厚霜，会影响装入，甚至出现中途"抱住"的危险。纠正装配中产生的歪斜，允许用铜锤或木锤进行敲击校正。若工件是较软的铜件，要使用木锤。

3）如果一次要装的零件很多，应从冷却箱中取出一件，随即放入一件，并补充足够的冷却剂，盖好箱盖。

（2）冷缩法装配安全注意事项

1）工作场地要保持清洁，用液体氧作冷却剂时，严禁周围有易燃物和火种。

2）取氧罐和冷却箱要留有出气孔，用时不能堵死，否则挥发的氧气压力增高，易引起爆炸；箱体内部要清洁，禁止掉入棉花、抹布之类纤维物，放置要牢靠平稳。

3）操作时要穿戴好防护用品，才可进入现场进行操作；要穿长袖衣、长腿裤，戴护目镜和棉手套，扎好帆布脚盖，不得光膀赤臂操作。

4）往冷却箱放入和取出零件时要使用工具（如钳子）或用铁丝事先捆扎好，不得直接用手取放零件，以免灼伤。

5）冷却剂要随用随取，倾注时要特别小心，严防外洒或飞溅伤人。冷却箱内的液面要经常保持足够的高度，必须浸没零件的配合表面，但又不宜太满，应低于箱口边缘 80 mm 以上；挥发掉的冷却剂要及时补充、补足。

【案例】连杆球面垫的冷缩法装配实例

连杆球面垫是由垫座（45 钢）与衬垫（尼龙）装配而成，如图 2-1-12 所示。这种连杆球面垫经冷缩装配后，可进行切削加工。45 钢垫座的内孔尺寸为 $\phi 120H8$，尼龙衬垫的外径尺寸为 $\phi 120 \text{ mm} \times 9 \text{ mm}$，垫座与衬垫的配合过盈量为 +0.156 ~ +0.297 mm。

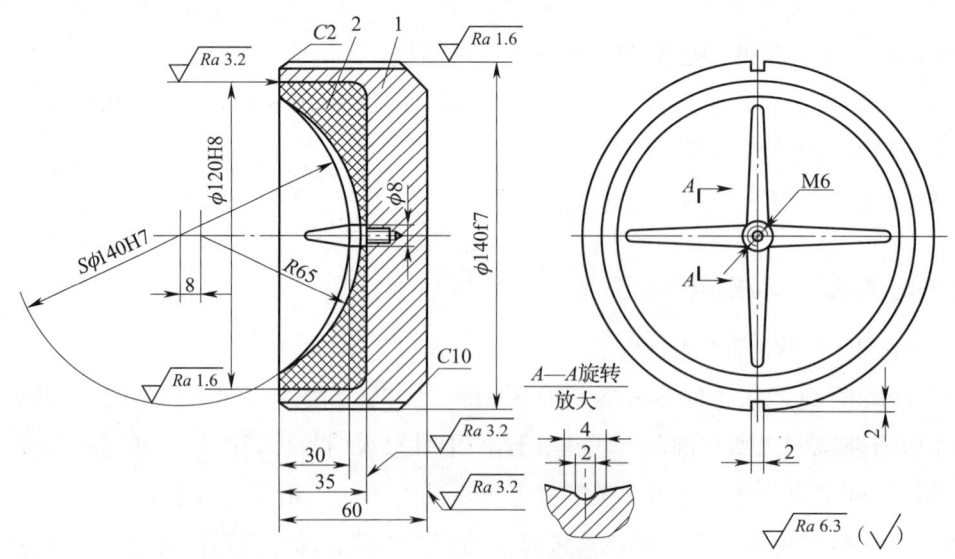

图 2-1-12 冷缩装配实例
1—垫座 2—衬垫

1. 冷缩前的准备工作

(1) 做好垫座和衬垫的清洁整理工作。

(2) 检查衬垫外径与垫座孔的过盈配合尺寸及两工件的厚度、深浅尺寸。

(3) 准备好防冻手套和夹钳尼龙衬垫的工具,并将垫座孔向上平放在工作台上。

2. 冷缩与装配

根据垫座和衬垫的最大过盈量(+0.297 mm),计算出尼龙衬垫所需的冷缩温度。

$$T_C = -\left(\frac{\delta_{max}+\delta_0}{\alpha d}+t_0\right) = -\left(\frac{0.297+0.015}{100\times10^{-6}\times120}+30\right)$$
$$= -(26+30) = -56(℃)$$

式中 T_C——过盈配合件所需冷缩温度,℃;

δ_{max}——过盈配合件的最大过盈量,mm;

δ_0——冷缩时配合件所需的最小间隙,一般取零件公称直径 IT6 或 IT7 两种公差等级中的最小间隙,mm;

α——零件冷缩及升温时的线膨胀系数,1/℃;

d——零件公称直径,mm;

t_0——冷缩时的环境温度,℃。

根据上式计算出冷缩温度为 –56 ℃,这个温度值能使衬垫冷缩到最大的配合过盈量。但在实际冷缩时,冷却箱的温度应低于计算温度,一般取 (1.2 ~ 1.5) T_C 为宜,即 –70 ℃ 左右。因冷缩零件从冷却箱取出后,经清洗再与垫座配合需用一定时间,所以零件套合时速度要快,以减少环境温度的影响,并用深度千分尺或量规检查其底面的接触情况。

根据上述零件套合所需的冷缩温度,可以选用干冰制冷剂,但是要用密封性较好的保温箱。对于非金属材料,如尼龙、塑料、有机玻璃等,由于其导热性差,故保温时间宜长些,一般保温时间为 3 ~ 4 h;对于金属材料,如钢、铁、铜、铝等,由于其导热性较好,所以保温时间相应可短些,一般为 1 h 左右。

当尼龙衬垫在干冰保温箱内保温 3 ~ 4 h 后,即可取出,并迅速用卡规或千分尺测量其外径。当符合缩小要求后,即可套入垫座孔内,待其在常温下膨胀接合。切忌升温,防止衬垫膨胀不均匀,影响接合质量。

学习单元 3 液压套合法过盈连接装配

液压套合法也称为油压法,即把高压油压入相互连接的配合表面间,借以胀大包容件同时压入被包容件,另外加以不大的轴向力把两连接件推到预定的位置,然后再放出高压油,两件即形成过盈连接。当需要拆卸时,把高压油压入,两连接件即可分离。该装配方法的优点是装配精度高,缺点是需要专门的液压设备。

一、液压套合法的应用

1. 液压套合法过盈连接的工作原理

液压套合法装配是利用高压油(压力可达 275 MPa)注入配合面间,使包容件胀大后将被包容件压入,配合面常有小的锥度,如图 2-1-13 所示。装配时用高压液压泵将油由包容件(见图 2-1-13a)或被包容件(见图 2-1-13b)上的油孔和油沟压入配合面间,使包容件胀大,被包容件缩小,同时施加一定的轴向力,使之相互压紧。当压紧至预定轴向位置后,排除高压油,即可形成过盈连接。

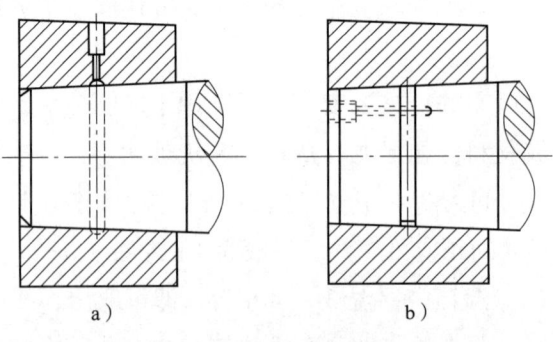

图 2-1-13 液压套合法的工件结构
a) 由包容件进油   b) 由被包容件进油

2. 液压套合法的应用

液压套合法适用于过盈量较大的大、中型连接件，尤其适用于定位精度要求严格的零件装配。对于轴向定位要求高的圆柱配合面零件的连接，在使用温差法后，可再用液压套装法精确调整其相对位置。图 2-1-14 所示为液压套装示意图。整套工具用活塞 3 上的螺纹与被装配的轴端连接。低压系统压力为 35 MPa，高压系统压力为 200 MPa。操作时先将低压系统压力升高（注意用螺塞 5 放掉液压缸内的空气），使轮毂 6 和轴 7 紧密结合，再逐步提升高压系统压力。当达到规定的压入量后，先卸去高压系统（径向）压力，再卸去低压系统（轴向）压力，拆下整套工具，装上轴向定位螺母等零件。

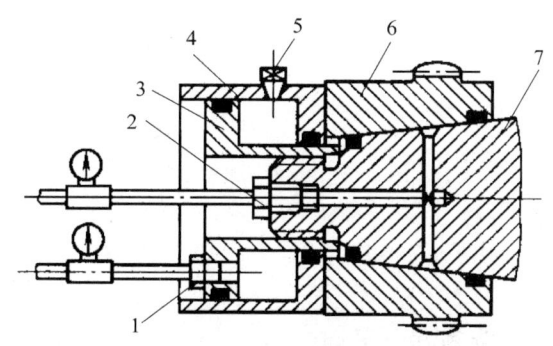

图 2-1-14　液压套装示意图
1- 轴向压入低压油系统　2- 轮毂胀大高压油系统　3- 活塞
4- 液压缸　5- 螺塞　6- 轮毂（包容件）　7- 轴（被包容件）

二、液压套合法的装配工艺

1. 液压套合法专用设备

液压套合法过盈连接需使用高压液压泵、增压器等液压附件，油压通常达到 150～275 MPa，装配操作工艺要求严格，用此法套合后连接件可以拆卸。液压套装装置形式很多，但原理和结构基本相同。图 2-1-15 所示为液压套合装置，压力油使活塞 1 上移产生轴向力，经轴、轴套与齿轮压紧。压力油同时经进油截止阀 8 进入低压液压缸 7，经高压单向阀 5 进入高压液压缸 6，作用于活塞上产生压力差，使液压缸活塞向前推移，高压液压缸 6 中的压力升高，将包容件的孔胀大。由于存在轴向力，故被包容件易于装配到准确位置。

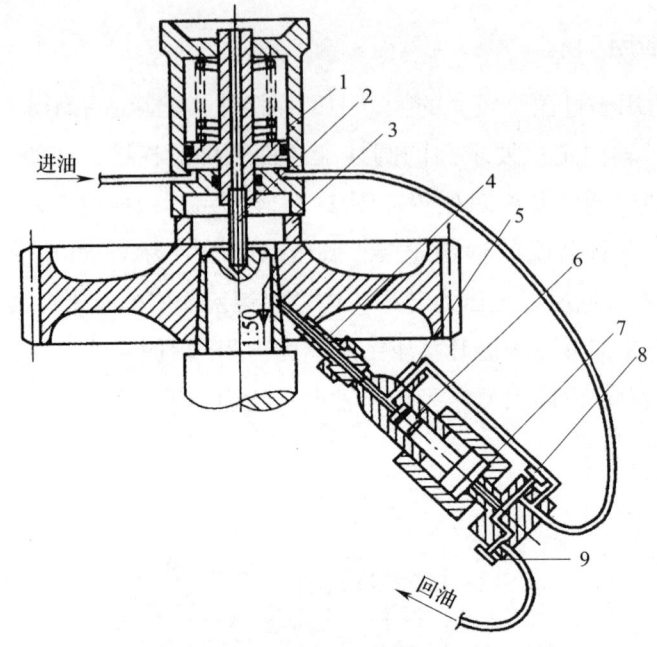

图 2-1-15 液压套合装置

1-压力机活塞 2-拉紧螺钉 3-垫块 4-接头 5-高压单向阀
6-高压液压缸 7-低压液压缸 8-进油截止阀 9-回油截止阀

2. 液压套合法过盈连接的装配工艺要点

（1）对圆锥面连接件应严格控制压入行程，通常控制在 ±0.20 mm 以内；配合面的接触要均匀，面积应大于 80%，以保证连接件的承载能力。检测和限制压入长度的方法如图 2-1-16 所示。

（2）开始压入时，压入速度要缓慢，升压到规定油压值而行程未达到时可稍停压入，待包容件逐渐胀大后再继续压入到规定的行程。

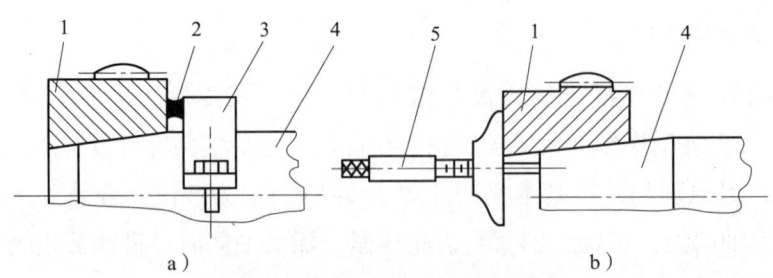

图 2-1-16 压入长度的检测和限制

a）用套环检测和限制 b）直接检测

1-包容件 2-测隙仪 3-测量用套环 4-被包容件 5-深度千分尺

（3）达到规定行程后，应先缓慢地消除全部径向油压，然后消除轴向油压，否则包容件常会弹出造成事故。拆卸时也应注意操作步骤。

（4）拆卸时的油压比套合时低，每拆一次再套合时，压入行程一般稍有增加，增加量与配合面锥度及加工精度有关。

（5）套装时配合面应干净，并涂上经过过滤的轻质润滑油。

【案例】应用液压套合法过盈连接装配圆锥孔轴承

如图 2-1-17 所示，应用液压套合法装配圆锥孔轴承时，先将轴承推入圆锥面上，使其配合面靠紧，再将圆螺母拧上，然后用手动油泵（见图 2-1-18）或注油器（见图 2-1-19）向配合面间注油，同时拧紧螺母，使轴承内圈胀大。

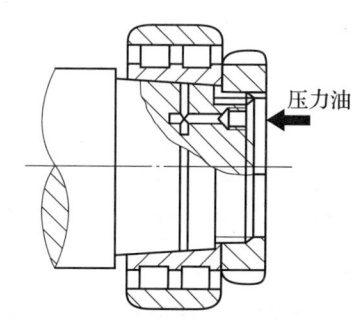

图 2-1-17 液压套合法装配圆锥孔轴承

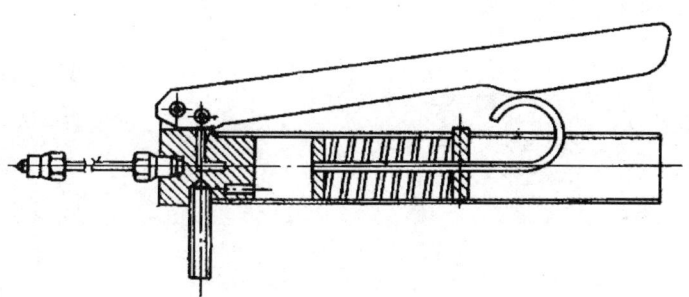

图 2-1-18 手动油泵

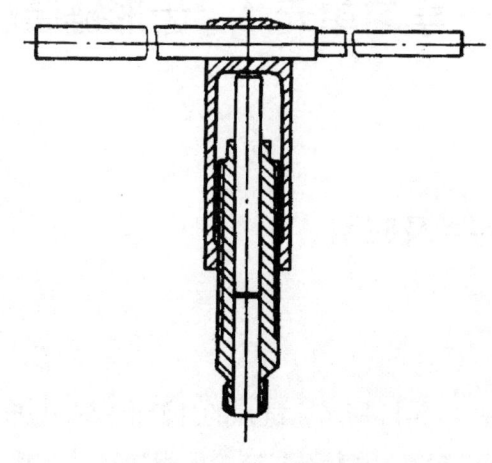

图 2-1-19 注油器

课程 2-2 传动机构装配

学习内容

学习单元	课程内容	培训建议	课堂学时
（1）齿形链装配	1）齿形链传动的特点及应用 2）齿形链的技术参数 3）齿形链的装配工艺 4）齿形链的装配	（1）方法：讲授法、演示法、练习法、案例教学法 （2）重点、难点：齿形链传动的张紧	4
（2）同步带装配	1）同步带传动的特点及应用 2）同步带传动技术参数 3）同步带的装配	（1）方法：讲授法、演示法、练习法、案例教学法 （2）重点、难点：同步带的装配	4

■ 学习单元 1 齿形链装配

一、齿形链传动的特点及应用

1. 外侧啮合

（1）工作原理。如图 2-2-1a 所示，链片的外侧齿廓直边部分与链轮的直线齿廓相啮合，端面呈线接触，而链片的内侧不与链轮轮齿接触。在啮合过程中，链条的节距线与链轮节圆交替地相割或相切。

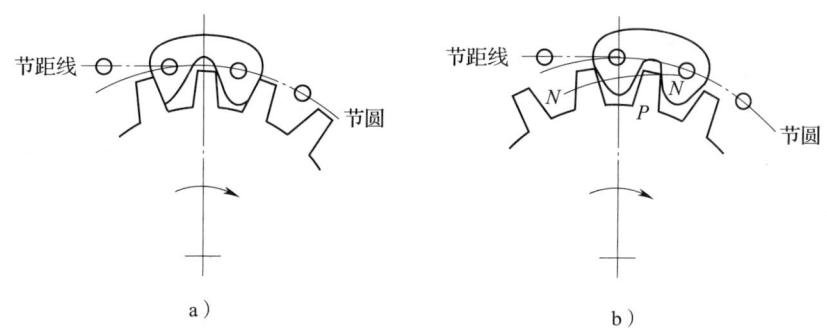

图 2-2-1 齿形链传动啮合形式
a）外侧啮合 b）内侧啮合

（2）传动特点

1）与内啮合相比，在传动过程中，链片的工作边和链轮齿廓的啮合是瞬时一次完成的，故无明显的滑动；但多边形效应比较明显，冲击振动比较大。

2）链片与链轮轮齿的接触面积比较大，故单位接触面积上压力比较小，因而摩擦小，使用寿命长。

3）加工链轮轮齿的刀具数量少，刀具简单。

（3）应用范围。适用于工作可靠，传动较平稳，振动、噪声较小的动力传动。

2. 内侧啮合

（1）工作原理。如图 2-2-1b 所示，链片的内侧和链轮的轮齿啮合，链片内侧齿廓曲线与轮齿齿廓曲线是一对共轭曲线，端面呈点接触。在啮合过程中，链条的节距与链轮节圆相切。

（2）传动特点

1）链片与链轮啮合时，接触点沿啮合线 N-N 逐渐啮入，故可消除多边形效应中的径向圆跳动，冲击振动也比较小，传动平稳。

2）由于链片与轮齿接触点的运动速度不同，因而在接触处有较大的相对滑动，又由于接触面积小，故单位接触面积上的压力比较大，因而链片与齿廓工作面的磨损比较大，使用寿命较短。

3）由于链片及轮齿的齿廓曲线与链轮齿数有关，因而加工链片的模具和加工链轮的刀具数量较多。

（3）应用范围。适用于运动精度高，传动平稳，振动、噪声较小的场合，常用于成批生产的场合。

二、齿形链的技术参数

1. 结构形式

（1）链条。齿形链由一系列的齿链板和导板交替装配且用销轴或组合的铰接元件连接组成，相邻链节间为铰链节。外导式齿形链的导板跨骑在链轮两侧，如图 2-2-2a 所示；内导式齿形链的导板则是嵌在链轮齿廓上的圆周导槽中，如图 2-2-2b 所示。链条的导板用以保证链条横向的稳定性。有关链条相关技术参数参照 GB/T 10855—2016《齿形链和链轮》内容。

（2）典型链板。由于铰接件、连接件以及过渡链板因各制造厂而异，因此标准中未包括这些部分。典型链板如图 2-2-2c 所示。

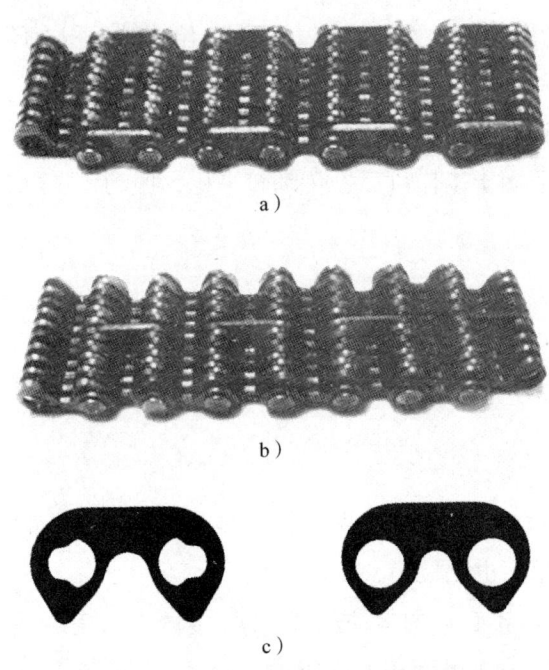

图 2-2-2 齿形链导向形式及典型链板结构
a）外导式齿形链 b）内导式齿形链 c）典型链板结构

2. 一般外形

链板必须能与标准链轮齿相啮合，使其铰接中心位于链轮的分度圆上，但允许链轮轮廓有形状改变。

（1）9.525 mm 及以上节距链条。链宽达到或超过 2 倍节距的链条用内导式；链宽小于 2 倍节距的链条可以用外导式，也可以用内导式；链宽超过 16 倍节距的链条不推荐使用。

（2）4.762 mm 节距链条。链条可以按规定采用外导式或内导式，最大链宽不应大于 8 倍链条节距。

3. 链号

（1）9.525 mm 及以上节距链条链号。链号由字母 SC 与表示链条节距和链条公称宽度的数字组成，数字的前一位或前两位乘以 3.175 mm（1/8 in）为链条节距值，最后两位或三位乘以 6.35 mm（1/4 in）为齿形链的公称链宽。例如，SC302 表示节距为 9.525 mm、公称链宽为 12.70 mm 的齿形链。

（2）4.762 mm 节距链条链号。链号由字母 SC 与表示链条节距和链条公称宽度的数字组成，0 后面的第一位数字乘以 1.5875 mm（1/16 in）为链条节距值，最后一位或两位数字乘以 0.793 75 mm（1/32 in）为齿形链的公称链宽。例如，SC0309 表示节距为 4.762 mm、公称链宽为 7.14 mm 的齿形链。4.762 mm 节距齿形链条的链板厚度均为 0.76 mm，因此链号中的宽度数值也就是链条宽度方向的链板数量。

4. 9.525 mm 及以上节距链条的主要尺寸

（1）链节参数，见表 2-2-1。

（2）链条宽度和链轮齿廓尺寸，见表 2-2-2。

表 2-2-1 链节参数   mm

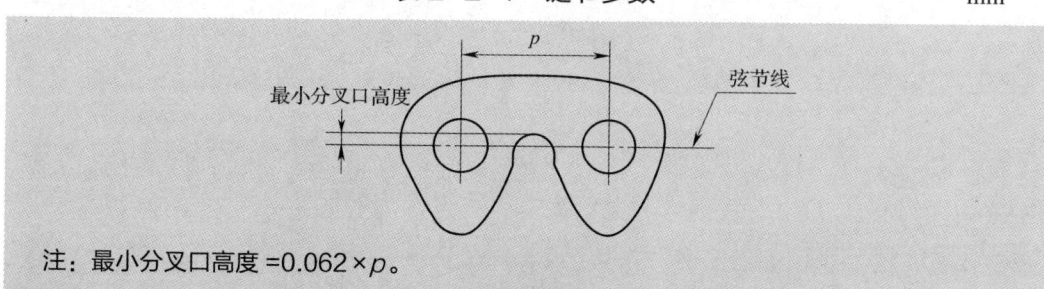

注：最小分叉口高度 =0.062×p。

链号	节距 p	标记	最小分叉口高度
		链板形状	
SC3	9.525	SC3 或 3	0.590
SC4	12.70	SC4 或 4	0.787
SC5	15.875	SC5 或 5	0.985

续表

链号	节距 p	标记	最小分叉口高度
SC6	19.05	SC6 或 6	1.181
SC8	25.40	SC8 或 8	1.575
SC10	31.75	SC10 或 10	1.969
SC12	38.10	SC12 或 12	2.362
SC16	50.80	SC16 或 16	3.150

表 2-2-2　链条宽度和链轮齿廓尺寸　　　　mm

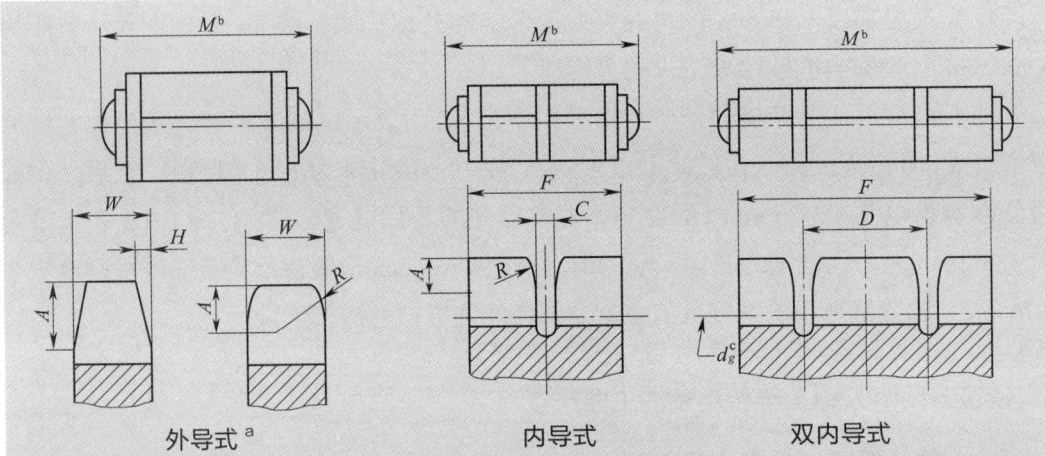

a. 外导式的导板厚度与齿链板的厚度相同。b. M 等于链条最大全宽。c. 切槽刀的端头可以是圆弧形或矩形。

链号	链条节距 p	类型	M max	A	C ±0.13	D ±0.25	F +3.18 0	H ±0.08	R ±0.08	W +0.25 0
SC302	9.525	外导	19.81	3.38	—	—	—	1.3	5.08	10.41
SC303	9.525		22.99	3.38	2.54	—	19.05		5.08	
SC304	9.525		29.46	3.38	2.54	—	25.40		5.08	
SC305	9.525		35.81	3.38	2.54	—	31.75		5.08	
SC306	9.525	内导	42.29	3.38	2.54	—	38.10		5.08	
SC307	9.525		48.64	3.38	2.54	—	44.45		5.08	
SC308	9.525		54.99	3.38	2.54	—	50.80		5.08	
SC309	9.525		61.47	3.38	2.54	—	57.15		5.08	
SC310	9.525		67.69	3.38	2.54	—	63.50		5.08	

续表

链号	链条节距 p	类型	M max	A	C ±0.13	D ±0.25	F +3.18 0	H ±0.08	R ±0.08	W +0.25 0
SC312	9.525	双内导	80.39	3.38	2.54	25.40	76.20	—	5.08	—
SC316	9.525		105.79	3.38	2.54	25.40	101.6	—	5.08	—
SC320	9.525		131.19	3.38	2.54	25.40	127.0	—	5.08	—
SC324	9.525		156.59	3.38	2.54	25.40	152.4	—	5.08	—

5. 4.762 mm 节距链条的主要尺寸（见表 2-2-3）

（1）链轮齿宽计算：

$$W=0.800\,12(n-2)-0.51$$

式中　W——链轮齿宽，mm；

　　　n——链节宽度上的链板总数。

（2）齿面宽度公差。齿面宽度公差为 ±0.08 mm。

表 2-2-3　链条宽度和链轮齿廓尺寸　　　　　　　　　　mm

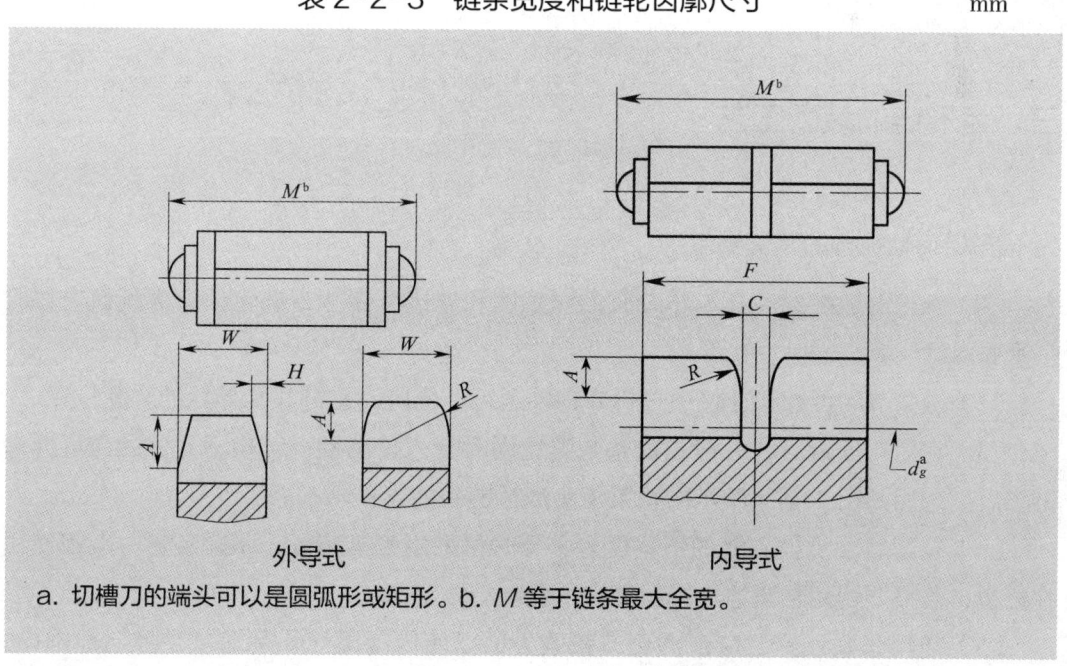

a. 切槽刀的端头可以是圆弧形或矩形。b. M 等于链条最大全宽。

续表

链号	链条节距 p	类型	M max	A	C max	F min	H	R	W
SC0305	4.762	外导	5.49	1.5	—	—	0.64	2.3	1.91
SC0307	4.762		7.06	1.5	—	—	0.64	2.3	3.51
SC0309	4.762		8.66	1.5	—	—	0.64	2.3	5.11
SC0311[①]	4.762	外导/内导	10.24	1.5	1.27	8.48	0.64	2.3	6.71
SC0313[①]	4.762		11.84	1.5	1.27	10.06	0.64	2.3	8.31
SC0315[①]	4.762		13.41	1.5	1.27	11.66	0.64	2.3	9.91
SC0317	4.762	内导	15.01	1.5	1.27	13.23	—	2.3	—
SC0319	4.762		16.59	1.5	1.27	14.83	—	2.3	—
SC0321	4.762		18.19	1.5	1.27	16.41	—	2.3	—
SC0323	4.762		19.76	1.5	1.27	18.01	—	2.3	—
SC0325	4.762		21.59	1.5	1.27	19.58	—	2.3	—
SC0327	4.762		22.94	1.5	1.27	21.18	—	2.3	—
SC0329	4.762		24.54	1.5	1.27	22.76	—	2.3	—
SC0331	4.762		26.11	1.5	1.27	24.36	—	2.3	—

① 应指明是内导还是外导。

三、齿形链的装配工艺

1. 齿形链传动机构的装配要点

（1）链轮的装配应注意与传动轴的同轴度和连接可靠性，链轮的齿廓侧面应在同一平面内。

（2）链条节的拆卸和连接通过拆卸销轴进行，但应注意链片和导片的装配位置。

（3）在机构安装时，一般是链条与链轮同时套入传动轴；结构不允许的，可拆卸链条后，采用如图2-2-3所示的拉紧工具进行链条的连接。

（4）装配后注意控制链的下垂度，必要时可采用张紧装置，张紧装置一般都使用在松边，若需要使用在紧边，应放置在内侧。

（5）使用张紧装置，应注意调节张紧力，以使传动灵活，跳动量在控制范围内，链轮的包角比较合理。

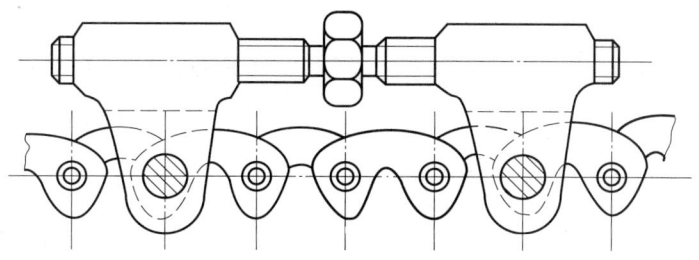

图 2-2-3 齿形链链条拉紧工具

（6）张紧轮的位置一般在链条中部，当需要增加链轮的包角时，可适度偏向一侧。

2. 链传动机构张紧装置及其应用

（1）轮式拉簧张紧装置。图 2-2-4a 所示为轮式拉簧张紧装置，由张紧轮、杠杆机构、拉簧等组成。使用轮式拉簧张紧装置时，可通过调节拉簧的拉力来调节张紧力。

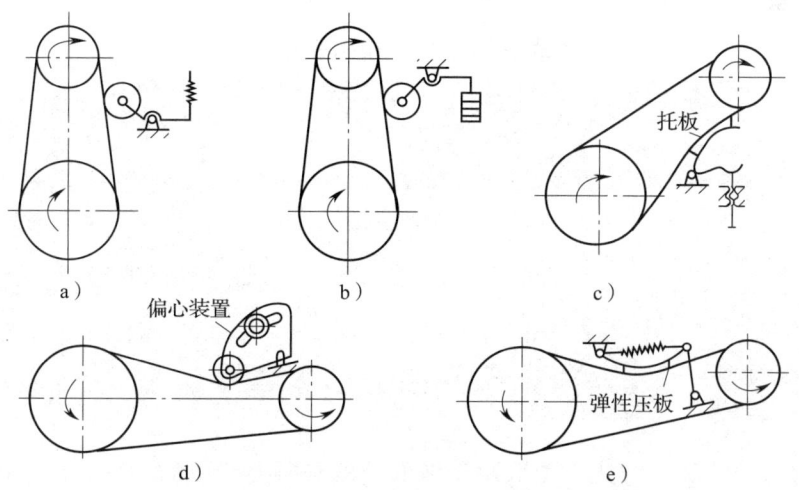

图 2-2-4 链传动机构张紧装置

a）轮式拉簧张紧装置 b）轮式配重张紧装置 c）板式螺旋调节张紧装置
d）轮式偏心调节张紧装置 e）拉簧弹性压板张紧装置

（2）轮式配重张紧装置。图 2-2-4b 所示为轮式配重张紧装置，由张紧轮、杠杆机构、配重块等组成。使用轮式配重张紧装置时，可通过调节配重来调节张紧力。

（3）板式螺旋调节张紧装置。图 2-2-4c 所示为板式螺旋调节张紧装置，由张紧托板、杠杆机构、螺旋调节机构等组成。使用板式螺旋调节张紧装置时，可通过螺旋机构调节张紧力。

（4）轮式偏心调节张紧装置。图 2-2-4d 所示为轮式偏心调节张紧装置，由偏心调节装置、支座、张紧轮等组成。使用该装置时，可通过调节偏心板的位置来调节张紧力。

（5）拉簧弹性压板张紧装置。图 2-2-4e 所示为拉簧弹性压板张紧装置，由支座、拉簧、弹性压板等组成。使用该装置时，可通过调节拉簧的拉力来改变弹性压板的变形程度，从而调节张紧力。

3. 齿形链传动机构的润滑

为使工作中的链条铰链内以及链条与链轮齿之间能形成液体润滑油分离楔，必须施加润滑油。如果润滑油适量，在高速传动的情况下也能提供冷却和冲击阻尼。所以齿形链的传动机构润滑方式选择很关键。

齿形链传动应避免在灰尘和潮湿的环境中使用，所用的润滑油应未受过污染，同时需要定期更换。规定节距范围内，在各种环境温度下使用的润滑油黏度见表 2-2-4，一般不使用高黏度油。

表 2-2-4 润滑油黏度

环境温度（℃）	润滑油	
	节距 4.762 mm 和 9.525 mm	节距 12.70 mm 及以上
−5～5	VG32（SAE10）	VG68（SAE20）
5～40	VG68（SAE20）	VG100（SAE30）
40～50	VG100（SAE30）	VG150（SAE40）
50～60	VG150（SAE40）	VG220（SAE50）

齿形链传动的润滑方式主要取决于链的速度和所要传递的功率。链条的使用寿命取决于所采用的润滑方式。润滑越好，链的寿命越长。

齿形链传动有以下三种基本的润滑方式。

（1）手工或滴油润滑

1）手工润滑。用刷子或油壶在运转期间至少每隔 8 h 加油一次。加油量和频率应能有效防止链条产生过热或链条铰链部位出现变色。

2）滴油润滑。采用滴油器将油直接滴在链板上。滴油量和频率应能有效防止链条产生过热或链条铰链部位出现变色。滴油时必须注意不能让气流将油滴吹偏。

（2）油浴或飞溅润滑

1）油浴润滑。链条松边要浸入传动油箱内的油池。润滑油液面应达到工作运行中链条最低点处的节距线高度。

2）飞溅润滑。链条在油位上运转，浸在油箱里的油盘将油甩起并溅到链条上。通常在链箱上设一个溅油润滑用的油池。甩油盘的直径应使油盘在边缘处产生最小 3 m/s 和最大 40 m/s 的线速度。

（3）油泵压力喷油润滑。通常由一个循环泵来提供连续的油流。润滑油应被直接均匀地喷在链条环路内跨过整个链宽的松边。

四、齿形链的装配

1. 链轮的装配

（1）清除链轮孔和与其配合轴上的毛刺、杂物等。

（2）对于用键连接的链轮（见图 2-2-5a），应先锉配平键，将锉配好的键装入轴的键槽内，然后在链轮孔和轴上涂润滑油，再将链轮压入（或敲入）轮轴的正确位置，最后拧紧紧定螺钉固定。

对于用圆柱销固定的链轮（见图 2-2-5b），应先将链轮装入轮轴的正确位置，然后在钻床上钻、铰圆柱销孔至配合要求（见图 2-2-6），清除销孔内切屑，将销子涂润滑油后用铜棒敲入销孔内。

（3）检查装配后链轮的径向圆跳动和端面圆跳动是否合格。其检查方法与带轮圆跳动量的检查方法相似。

（4）检查装配后两链轮轴线的平行度和两链轮轴向偏移量是否合格。

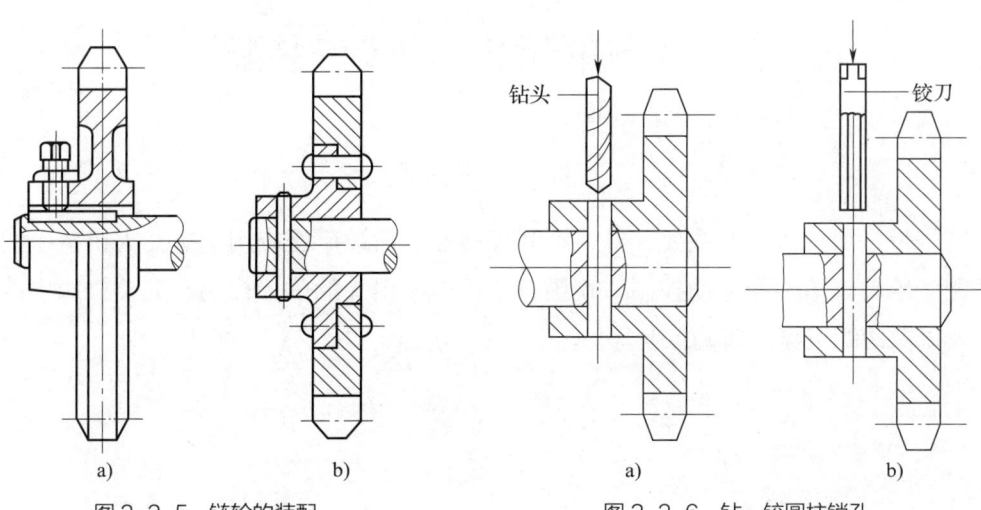

图 2-2-5　链轮的装配
a）用键固定　b）用圆柱销固定

图 2-2-6　钻、铰圆柱销孔
a）钻孔　b）铰孔

2. 链条的装配

（1）用煤油将链条和接头零件清洗干净，并用纱布擦拭干净。

（2）必须先将链条套到链轮上，再用拉紧工具拉紧后进行连接。

3. 检查链条张紧情况

检查链条的张紧情况，如有下列情况，应采用张紧装置调整张紧力。

（1）中心距太大。

（2）中心距太小而松边在上。

（3）传动倾角接近 90°。

（4）需要严格控制张紧力。

（5）多轮传动或正反向传动。

（6）需要减小冲击振动，避免共振。

（7）要求增大链轮啮合包角。

（8）采用增大中心距或缩短链长的方法张紧链条有困难。

4. 链传动的润滑

在链条铰链内以及链条与链轮齿之间加入适量的润滑油。

学习单元 2　同步带装配

同步带是功率传递的主要部件，因其传动准确而被广泛应用于机器人机械手的运动控制、绘图仪笔尖的运动控制、喷墨打印机中喷墨头的位置控制、数控机床中的进给装置以及纺织机械的精确控制等。

一、同步带传动的特点及应用

1. 同步带传动的结构原理

同步带相当于在绳芯结构平带基体的内表面沿带宽方向制成一定形状（梯形、弧形等）的等距齿，与带轮轮缘上相应齿啮合进行运动和动力的传递，如图 2-2-7 所示。其工作面为齿形的环形胶带，工作时与轮齿相啮合，材质有氯丁橡胶和聚氨酯两种，由齿背层、强力层、基体及有关表面层组成，强力层为伸长率小、抗拉与抗弯强度高的钢丝绳或玻璃纤维绳，能保证带齿的节距不变。

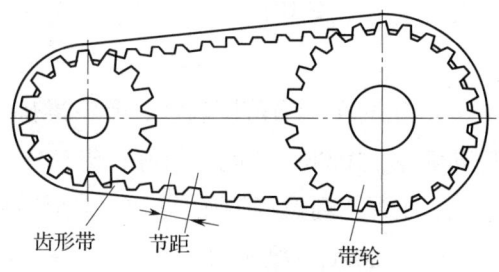

图 2-2-7 同步带传动

同步带带齿有弧形齿和梯形齿两类。弧形齿有圆弧齿（H 系列，又称 HTD 带，见图 2-2-8a）、平顶圆弧齿（S 系列，又称 STPD 带，见图 2-2-8b）和凹顶抛物线齿（R 系列，见图 2-2-8c）。梯形齿同步带有单面同步带（见图 2-2-9a）和双面同步带（见图 2-2-9b）两种类型。

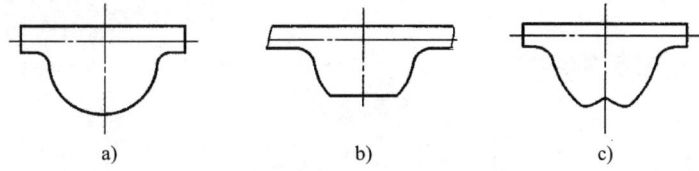

图 2-2-8 同步带带齿（弧形齿）
a）圆弧齿　b）平顶圆弧齿　c）凹顶抛物线齿

有的同步带还在其背面或侧边制成各种形状的凸起，可以进行物料的输送，零件的整理和选别，以及开关的启停等。

2. 同步带传动特点和应用

（1）同步带依靠啮合传动，工作时无滑动，具有恒定的传动比，传动比准确。

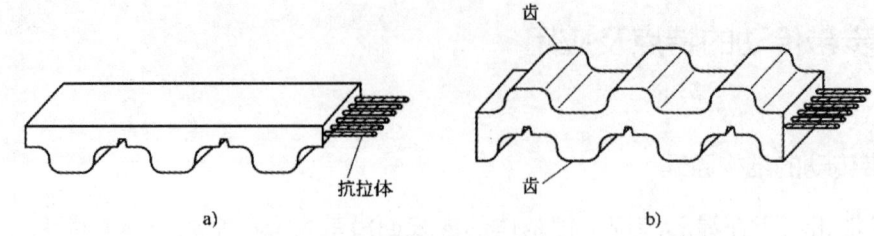

图2-2-9 梯形齿同步带
a）单面同步带 b）双面同步带

（2）对轴及轴承的压力较小，耐油、耐磨性较好，抗老化性能好。

（3）传动平稳，具有缓冲、减振能力，噪声低。

（4）允许采用较小的带轮直径、较短的中心距和较大的传动比，也适用于长距离传动。

（5）传动系统结构紧凑，速度和功率范围较广，具有准确的同步传动功能，不需要润滑，无滑动误差，传动效率达0.98，节能效果好；传动比范围可达1∶10，允许线速度可达50 m/s，传动功率从几百瓦到数百千瓦，适宜多轴传动。

（6）一般使用温度为 -20 ~ 80 ℃，维护保养方便，不需润滑，无污染，维护费用低。

（7）同步带体积小，质量轻，占地面积小，更换方便。

同步带具有带传动、链传动和齿轮传动的优点，但制造和安装精度要求较高，中心距要求较严格，所以广泛应用于要求传动比准确的中、小功率传动中，如家用电器、机床、化工机械、石油机械等。

二、同步带传动技术参数

1. 同步带技术参数

（1）同步带以强力层的中心线为节线，节线周长 L_p 为公称长度，相邻两齿沿节线的长度为 p_b，一般常以模数 m 作为齿形带的标记，$m=p_b/\pi$。

（2）同步带有单面有齿（单面带）和双面有齿（双面带）两种，其中双面带有DA型（对称齿形）和DB型（交错齿形）之分，见表2-2-5。

（3）标准同步带按节距大小分为最轻型MXL、超轻型XXL、特轻型XL、轻型L、重型H、特重型XH和超重型XXH七种带型。

表 2-2-5 同步带的齿形尺寸

单面同步带　　对称齿双面同步带DA型　　交错齿双面同步带DB型

型号	节距 p_b (mm)	2β (°)	s (mm)	h_t (mm)	r_r (mm)	r_a (mm)	h_d (mm)	h_s (mm)	b_s (mm)	标准宽度代号	宽度极限偏差（mm） < 838.2	838.2 ~ 1 676.4	> 1 676.4
MXL	2.032	40	1.14	0.51	0.13	0.13	1.53	1.14	3.2 4.8 6.4	012 019 025	+0.5 -0.8	—	—
XXL	3.175	50	1.73	0.76	0.2	0.3	—	1.52	3.2 4.8 6.4	3.2 4.8 6.4	+0.5 -0.8		
XL	5.080	50	2.57	1.27	0.38	0.38	3.05	2.3	6.4 7.9 9.5	025 031 037	+0.5 -0.8	—	—
L	9.525	40	4.65	1.91	0.51	0.51	4.58	3.6	12.7 19.1 25.4	050 075 100	+0.8 -0.8	—	
H	12.70	40	6.12	2.29	1.02	1.02	5.95	4.3	19.1 25.4 38.1 50.8 76.2	075 100 150 200 300	+0.8 -0.8 +0.8 -1.3 +1.3 -1.5	+0.8 -1.3 +0.8 -1.3 +1.5 -1.5	+0.8 -1.3 +0.8 -1.3 +1.5 -2.0
XH	22.225	40	12.57	6.35	1.57	1.19	15.49	11.2	50.8 76.2 101.6	200 300 400	—	+4.8 -4.8	+4.8 -4.8
XXH	31.75	40	19.05	9.53	2.29	1.52	22.11	15.7	50.8 76.2 101.6 127	200 300 400 500	—	+4.8 -4.8	—

（4）同步带的标记代号内容和顺序为长度代号、型号、宽度代号。对双面带，还应在最前面加上表示双面带的形式代号，如 DA 或 DB。同步带的标记如下：

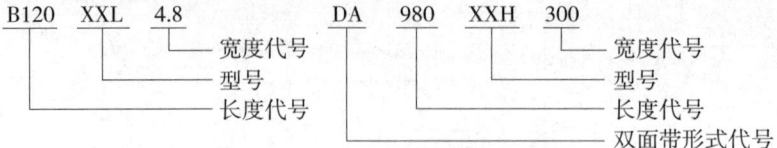

（5）同步带的主要规格（齿形尺寸、长度和宽度）见表 2-2-5、表 2-2-6、表 2-2-7。

表 2-2-6　同步带的长度

长度代号	节线长（mm）	齿数					长度代号	节线长（mm）	齿数				
		XL	L	H	XH	XXH			XL	L	H	XH	XXH
60	152.4	30					390	990.6	104	78			
70	177.8	35					420	1 066.8	112	84			
80	203.2	40					450	1 143	120				
90	228.6	45					480	1 219.2	128				
100	254	50					507	1 289.05				58	
110	279.4	55					510	1 295.4	136	102			
120	304.8	60					540	1 371.6	144	108			
124	314.33		33				560	1 422.4				64	
130	330.2	65					570	1 447.8			114		
140	355.6	70					600	1 524		106	120		
150	381	75	40				630	1 600.2			126	72	
160	406.4	80					660	1 676.4			132		
170	431.8	85					700	1 778			140	80	
180	457.2	90					750	1 905			150		56
187	476.25		50				770	1 955.8				88	
190	482.6	95					800	2 032			160		54
200	508	100					840	2 133.6				96	
210	533.4	105	56				850	2 159			170		
220	558.8	110					900	2 286			180		72
225	571.5		60				980	2 489.2				112	
230	584.2	115					1 000	2 540			200		80
240	609.6	120	64				1 100	2 794			220		
250	635	125		48			1 120	2 844.8				128	
255	647.7		68				1 200	3 048					96
260	660.4	130					1 250	3 175				144	
270	685.8		72	54			1 260	3 200.4			250		112
285	723.9		76				1 400	3 556				160	
300	762		80	60			1 540	3 911.6				176	
322	819.15		87				1 600	4 064					128
330	838.2			66			1 700	4 318			340		
345	876.3		92				1 750	4 445				200	
360	914.4			72			1 800	4 572					144
367	933.45		98										

续表

长度代号	节线长（mm）	齿数 MXL型	长度代号	节线长（mm）	齿数 XXL型
36	91.44	45	B40	127	40
40	101.6	50	B48	152.4	48
44	111.6	55	B56	177.8	56
48	121.92	60	B64	203.2	64
56	142.24	70	B72	288.6	72
60	152.4	75	B80	254	80
64	162.56	80	B88	279.4	88
72	182.88	90	B96	304.8	96
80	203.2	100	B104	330.2	104
88	233.32	110	B112	355.6	112
100	254	125	B120	381	120
112	284.48	140	B128	406.4	128
124	314.96	155	B144	457.2	144
140	355.6	175	B160	508	160
160	406.4	200	B176	558	176
180	457.2	225			
200	508	250			

表 2-2-7　同步带的基准宽度　　　　　　　　　　　　mm

型号	MXL	XXL	XL	L	H	XH	XXH
基准宽度 b_s	6.4	6.4	9.5	25.4	76.2	101.1	127.0

2. 同步带轮技术参数

同步带轮（见图 2-2-10）在实际生产中有双边挡圈带轮（见图 2-2-11a、c）、单边挡圈带轮（见图 2-2-11b）和无挡圈带轮（见图 2-2-11d）三类。

（1）同步带轮的技术要求

1）同步带轮外径的极限偏差一般为 0 ~ 0.20 mm，较小直径的带轮极限偏差比较小，如外径尺寸 d_0<25.4 mm 的带轮，极限偏差为 0 ~ 0.05 mm。具体取值范围可参照有关工艺文件和技术标准。

2）端面圆跳动公差一般为 0 ~ 0.1 mm。

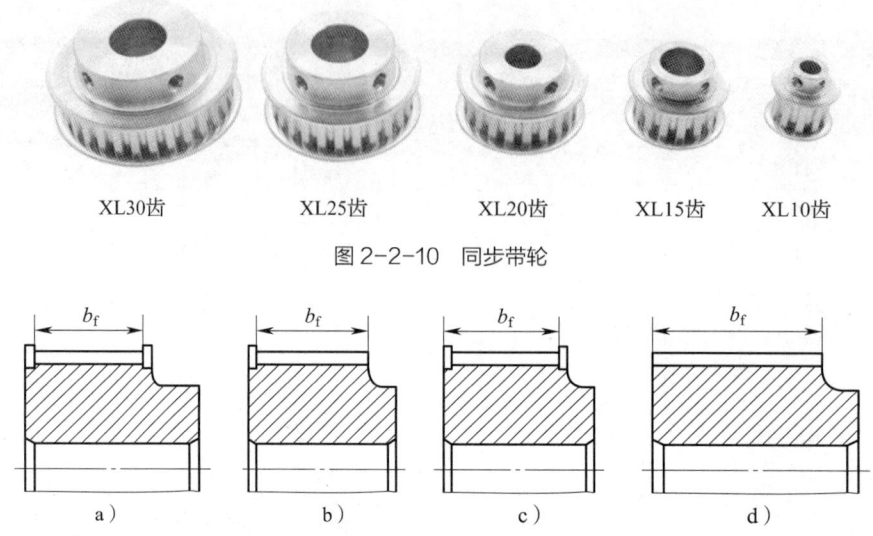

图 2-2-10 同步带轮

图 2-2-11 同步带轮的种类
a）、c）双边挡圈带轮　b）单边挡圈带轮　d）无挡圈带轮

3）径向圆跳动公差一般为 0～0.13 mm。

4）带轮相邻齿间的节距偏差一般为 ±0.03 mm。

5）带轮在 90°圆弧内的累积误差一般为 ±0.05～±0.20 mm。

（2）同步带轮技术参数见表 2-2-8，同步带轮中心距见表 2-2-9。

表 2-2-8　同步带轮技术参数

型号	可选内孔	挡边外径（mm）	台阶直径（mm）	齿外径（mm）	总高度（mm）	螺纹孔	带宽（mm）
XL10 齿	4、5、6	18.5	10	15.66	20	2×M4	11
XL15 齿	6、8、10、12	28	18	23.75	21	2×M5	11
XL20 齿	5、6、8、10、12、14、15、16	35.5	24	31.83	21	2×M5	11
XL25 齿	6、8、10、12、14、15、16	44	30	39.92	24	2×M5	11
XL30 齿	8、10、12、14、15、16、19、20、25	52	35	48	24	2×M5	11

表 2-2-9 同步带轮中心距　　　　　　　　　　　　　　　mm

同步带型号	同步轮中心距参数表						
	10齿+15齿	10齿+20齿	10齿+25齿	10齿+30齿	15齿+30齿	20齿+30齿	25齿+30齿
	1：1.5	1：2	1：2.5	1：3	1：2	1：1.5	1：1.2
80XL	69.8	63.2	56.5	49.5	43.6	不可用	不可用
82XL	72.3	65.8	59.0	52.0	46.1	不可用	不可用
84XL	74.9	68.3	61.6	54.6	48.7	不可用	不可用
86XL	77.4	70.9	64.1	57.1	51.2	不可用	不可用
88XL	80.0	73.4	66.7	59.6	53.8	47.8	不可用
90XL	82.5	75.9	69.2	62.2	56.3	50.4	不可用
92XL	85.0	78.5	71.7	64.7	58.8	52.9	不可用
94XL	87.6	81.0	74.3	67.3	61.4	55.5	不可用
96XL	90.1	83.6	76.8	69.8	63.9	58.0	52.0
98XL	92.7	86.1	79.4	72.3	66.5	60.5	54.5
100XL	95.2	88.6	81.9	74.9	69.0	63.1	57.0
102XL	97.7	91.2	84.4	77.4	71.5	65.6	59.6
104XL	100.3	93.7	87.0	80.0	74.1	68.2	62.1
106XL	102.8	96.3	89.5	82.5	76.6	70.7	64.7
108XL	105.4	98.8	92.1	85.0	79.2	73.2	67.2
110XL	107.9	101.3	94.6	87.6	81.7	75.8	69.7
112XL	110.4	103.9	97.1	90.1	84.2	78.3	72.3
114XL	113.0	106.4	99.7	92.7	86.8	80.9	74.8
116XL	115.5	109.0	102.2	95.2	89.3	83.4	77.4
118XL	118.1	111.5	104.8	97.7	91.9	85.9	79.9
120XL	120.6	114.0	107.3	100.3	94.4	88.5	82.4
122XL	123.1	116.6	109.8	102.8	96.9	91.0	85.0
124XL	125.7	119.1	112.4	105.4	99.5	93.6	87.5
126XL	128.2	121.7	114.9	107.9	102.0	96.1	90.1
128XL	130.8	124.2	117.5	110.4	104.5	98.6	92.6
130XL	133.3	126.7	120.0	113.0	107.1	101.2	95.1

三、同步带的装配

1. 安装前注意事项

（1）同步带必须表面整洁，带没有扭曲变形，带齿饱满。

（2）同步带严禁弯折，以免损伤骨架材料，影响带的强度。

（3）同步带严禁划伤以免带早期损坏。

（4）同步带避免与化学品（尤其是强氧化性酸，如浓硫酸等）接触。

（5）同步带尽量避免与油类、水长期接触。

（6）更换同步带时，必须使带的张紧力降到最低才能取出，严禁在有高张紧力的情况下，使用非专业的工具硬撬。

2. 带轮的安装

安装带轮时应确保支承带轮的机架有足够的刚度，否则带轮在运转时容易造成两轴线不平行，如图 2-2-12 所示。为防止因带轮偏斜造成带侧面磨损加剧，安装时应对带轮的偏斜进行调整，偏斜角 θ_m（两带轮轮心连线与带轮径向之间的夹角）应调整到允许范围内，见表 2-2-10。

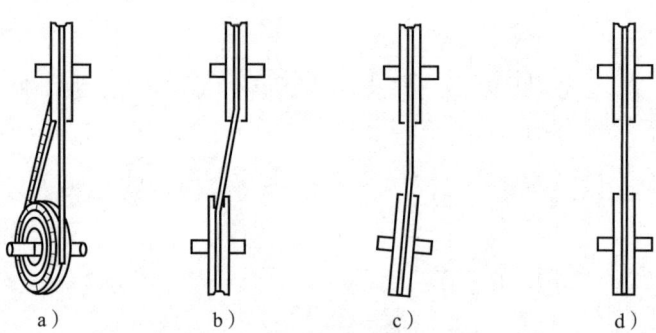

图 2-2-12 同步带两带轮安装位置
a)、b)、c)不正确 d)正确

表 2-2-10 带轮偏斜角 θ_m 的允许范围

带宽（mm）	$\tan\theta_m$
≤ 25.4	≤ 6/1 000
38.1 ~ 50.8	≤ 4.5/1 000
≥ 76.2	≤ 3/1 000

3. 同步带的安装

（1）安装同步带时，如果两带轮的中心距可以移动，必须先将带轮的中心距缩短，装好同步带后再使中心距复位。若有张紧轮时，先把张紧轮放松，然后装上同步带，再装上张紧轮。

（2）往带轮上装同步带时，切记不要用力过猛，或用螺钉旋具硬撬同步带，以防止同步带中的抗拉层产生外观觉察不到的折断现象。设计带轮时，最好选用两轴能互相移近的结构；若结构上不允许，则最好把同步带与带轮一起装到相应的轴上。

（3）控制适当的初张紧力。虽然同步带齿底与带轮齿顶之间存在少量摩擦传动，但主要还是靠啮合传递动力。因此，它不像摩擦传动带那样需要很大的初张紧力，而且过大的张紧力对于同步带具有一定的危害性：容易造成芯线的曲挠疲劳；增大带轮齿顶对同步带齿底的压力，缩短带的使用寿命；使压轴力增大，轴承容易损坏。

初张紧力过小的危害：使带在运转中容易发生跳齿现象，在跳齿瞬间，可能因张紧力过大而使带断裂；系统传递精度变差；振动及噪声变大。

不同宽度的同步带相对应的张紧力：宽 15 mm 对应张紧力为 176 N，宽 20 mm 对应张紧力为 235 N，宽 25 mm 对应张紧力为 294 N。用张力计测试带的张紧力的方法如图 2-2-13 所示。

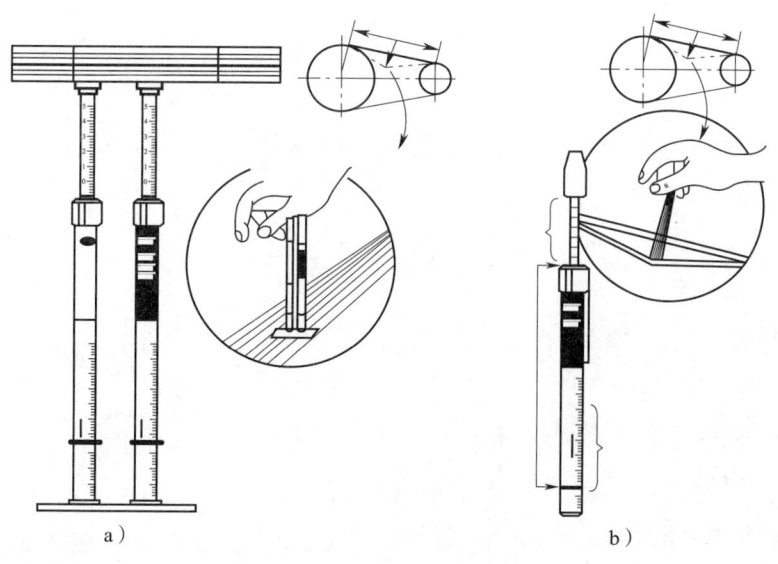

图 2-2-13 同步带张紧力测试
a）宽型 b）窄型

4. 张紧轮的安装

（1）张紧轮的使用场合

1）当中心距不能调整时，应使用张紧轮张紧同步带。

2）在较大传动比的传动中，使用张紧轮可增加小带轮的包角。

（2）同步带张紧力的计算。同步带安装时，必须有适当的张紧力，其大小取决于带的型号、带宽及带长，如图 2-2-14 所示。

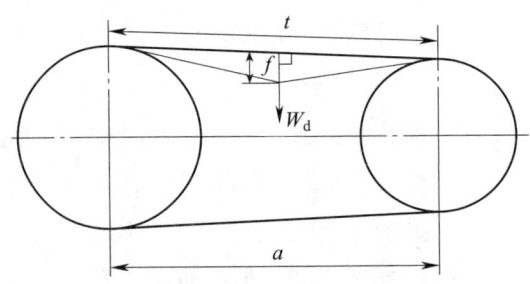

图 2-2-14　同步带张紧力的计算

计算张紧力可按下式进行：

$$W_d = \left(T_i + \frac{t}{L_p} \times Y\right)/16$$

$$t = \sqrt{a^2 + \frac{(d_2-d_1)^2}{4}}$$

式中　W_d——在切线 t 的中点使其产生挠度 $f(f=0.016t)$ 所需加的力，N；

T_i——初拉力，N；

t——切线长度，mm；

Y——修正量；

a——中心距，mm；

d_1——小带轮节圆直径，mm；

d_2——大带轮节圆直径，mm；

L_p——带长，mm。

（3）张紧轮的安装方法

1）张紧轮安装在带的内侧，用于带的张紧。张紧轮应采用齿形带轮，当张紧轮的齿数大于带轮最少许用齿数（见表 2-2-11）时，为避免啮合齿数减少，应把张紧轮安装在松边一侧，如图 2-2-15a 所示。

表 2-2-11　同步带轮的最少许用齿数

小带轮转速 n_1 （r/min）	带型号						
	MXL	XXL	XL	L	H	XH	XXH
	带轮最少许用齿数						
<900	—	—	10	12	14	22	22
900~1 200	12	12	10	12	16	24	24
1 200~1 800	14	14	12	14	18	26	26
1 800~3 600	16	16	12	16	20	30	—
3 600~4 800	18	18	15	18	22	—	—

2）张紧轮安装在带的外侧，用于增加带轮包角。张紧轮可采用中间无凸起的平带轮，其直径为最少许用齿数的带轮直径，且安装在松边，使带不会产生过度的弯曲，如图 2-2-15b 所示。

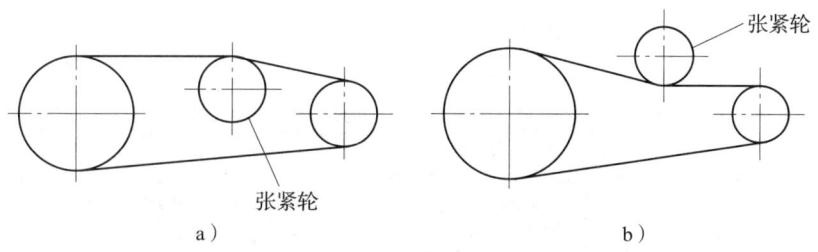

图 2-2-15　同步带张紧轮的安装方法
a）张紧轮安装在内侧　b）张紧轮安装在外侧

（4）张紧轮安装注意事项

1）带轮的轴线必须平行，带轮齿向应与同步带的运动方向垂直。

2）调整同步带的中心距时，应先松开张紧轮，装上同步带后进行中心距的调整。

3）对于固定中心距的传动机构，应先拆下带轮，将带装到带轮上后，再将带轮装到轴上固定。不能使用工具把同步带撬入带轮，以免损伤抗拉层。

4）不能将同步带在不正常的弯曲状态下存放，应存放在阴凉干燥处。

课程 2-3　轴承和轴组装配

学习内容

学习单元	课程内容	培训建议	课堂学时
（1）轴承与轴组的装配	1）间隙可调式滑动轴承装配与调整 2）自动调位多瓦式滑动轴承装配与调整 3）多瓦式滑动轴承装配与调整 4）短三瓦动压轴承装配与调整	（1）方法：讲授法、演示法、练习法、案例教学法 （2）重点、难点：轴承和轴承组的间隙调整方法	6
（2）静压轴承装配	1）静压轴承的结构和工作原理 2）静压轴承的装配	（1）方法：讲授法、演示法、练习法、案例教学法 （2）重点、难点：静压轴承的结构与装配	4

学习单元 1　轴承与轴组的装配

在高速和精密机械的主轴部件中，一般都采用滑动轴承。与滚动轴承相比，滑动轴承最突出的优点是抗振性能好、运转平稳、寿命长、噪声小，同时还可达到很高的旋转精度和刚度。

一、间隙可调式滑动轴承装配与调整

1. 间隙可调式滑动轴承的结构原理

调节轴承间隙是维持机器运转精度的重要手段。图 2-3-1 所示为间隙可调式滑动轴承的结构。该轴承属于整体式滑动轴承，具有锥形轴套，可利用轴套两端的螺母使轴套沿轴向移动，从而达到调整轴承间隙的目的。间隙可调式滑动轴承常用于对轴承间隙要求高的场合，如一般的主轴支承。

这类轴承的锥形轴套有内柱外锥式（见图 2-3-1a）和内锥外柱式（见图 2-3-1b）两种结构。

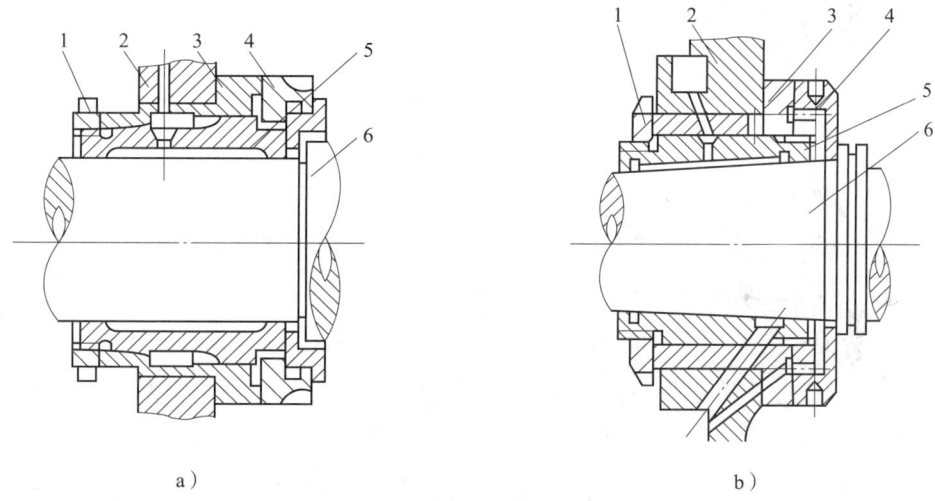

图 2-3-1 间隙可调式滑动轴承
a）内柱外锥式　b）内锥外柱式
1、4- 螺母　2- 箱体　3- 主轴承外套　5- 主轴承　6- 主轴

内柱外锥式轴承，以其内圆柱孔与圆柱轴颈相配合，外锥面则与另一带有内锥孔的套筒相配合，是依靠轴承的切槽弹性变形调节与轴颈的间隙。轴承外锥面上切有 4～6 条槽，其中一条槽切通，切通后为了增加轴承弹性，可在槽中装置垫片。调整间隙时，将左端螺母拧松，拧紧右端螺母，主轴承就向右移，轴承间隙就增大；反之，轴承间隙就减小。该轴承常用于磨损较快且便于调节间隙的场合。

内锥外柱式轴承，是其内锥孔与具有同样锥度的轴颈相配合。调整间隙时，通常是使轴的位置不变，移动主轴承的位置来调整间隙大小。拧松左边螺母，拧紧右边螺母，主轴承就向右移动，轴承间隙减小；反之，轴承间隙增大。由于该轴承的滑动表面是锥形，因此，在沿轴线的长度方向各点的圆周速度不同，磨损情况也不同，有时轴承温升过高易引起抱轴，所以要求轴承不仅能承受径向力，而且还能承受一定的轴向力。

2. 间隙可调式滑动轴承的装配

滑动轴承的装配方法取决于它的结构形式，其主要技术要求是在轴颈与轴承之间获得合理的间隙，保证轴颈与轴承的良好接触和充分润滑，使轴颈在轴承中旋转平稳可靠。

（1）内柱外锥式滑动轴承的装配工艺要点。内柱外锥式滑动轴承的结构如图2-3-1a所示，其装配工艺要点如下：

1）做好箱体2、主轴承外套3和主轴承5的清理工作。

2）将主轴承外套3压入箱体2孔中，其配合公差为H7/r6。

3）用专用心轴或主轴直接研点，修刮主轴承外套3的内锥孔，并保证前后轴承同轴度要求及接触点数为12～16点/（25 mm×25 mm）。

4）在轴承上钻出与油槽相接的进油孔和出油孔。

5）以主轴承外套3的内孔为基准，研点配刮主轴承5的外锥面，接触点数为12～16点/（25 mm×25 mm）。

6）把主轴承5装入主轴承外套锥孔内，两端分别拧入螺母1、4，并调整主轴承5的轴向位置，使其内孔在外锥的强迫作用下具有调节量。

7）以主轴6为基准配刮主轴承5的内孔，要求接触点数为12点/（25 mm×25 mm）。轴瓦上的点子应两端硬、中间软；油槽两边的点子要软，以便建立油楔；油槽两端的点子分布要均匀，以防漏油。

刮削时可将箱体置于可翻转的圆环架上（见图2-3-2），这样操作方便、省力。

8）清洗轴套和轴颈后，重新装入并调整间隙。一般精度车床主轴承间隙为0.015～0.03 mm，精密机床主轴承间隙为0.004～0.01 mm。配合间隙与轴承工作温度及润滑油黏度有很大关系，因此在热态工作时，转速较高的轴承应采用较大的间隙。

（2）内柱外锥式滑动轴承的间隙调整与计算。内柱外锥式滑动轴承调整间隙的方法如图2-3-1a所示，先将小端螺母1拧紧，使配合间隙消除，然后再拧松小端螺母1至一定角度α并拧紧大端螺母4，

图2-3-2 刮削轴承用圆环架

即可得到要求的间隙值。拧松角度 α 时可按下式计算：

$$\alpha = \Delta \times \frac{t}{D-d} \times \frac{360°}{P_0}$$

式中　Δ——要求的间隙值，mm；

　　　$\frac{t}{D-d}$——轴承外锥面锥度的倒数；

　　　P_0——螺母的导程，mm。

【例 2-3-1】 C615 型普通车床主轴轴颈为 67 mm，轴承为内柱外锥式，其 $t=$ 70 mm，$D=93$ mm，$d=86$ mm，$P_0=3$ mm，如要求使轴承间隙缩小 0.02 mm，其螺母应转过多少角度？

解：$\alpha = \Delta \times \dfrac{t}{D-d} \times \dfrac{360°}{P_0} = 0.02 \text{ mm} \times \dfrac{70 \text{ mm}}{93 \text{ mm} - 86 \text{ mm}} \times \dfrac{360°}{3 \text{ mm}} = 24°$

根据上述计算，在调节时，首先应将螺母 1 放松（逆旋 24°），然后将螺母 4 拧紧（顺旋 24°）即可。

（3）内锥外柱式滑动轴承的装配

1）工艺分析。图 2-3-3 所示为精密磨床砂轮架主轴部件，其前轴承为内锥外柱式动压轴承，后轴承为径向推力滚动轴承。现需将两个轴承安装到位，并调试合格。

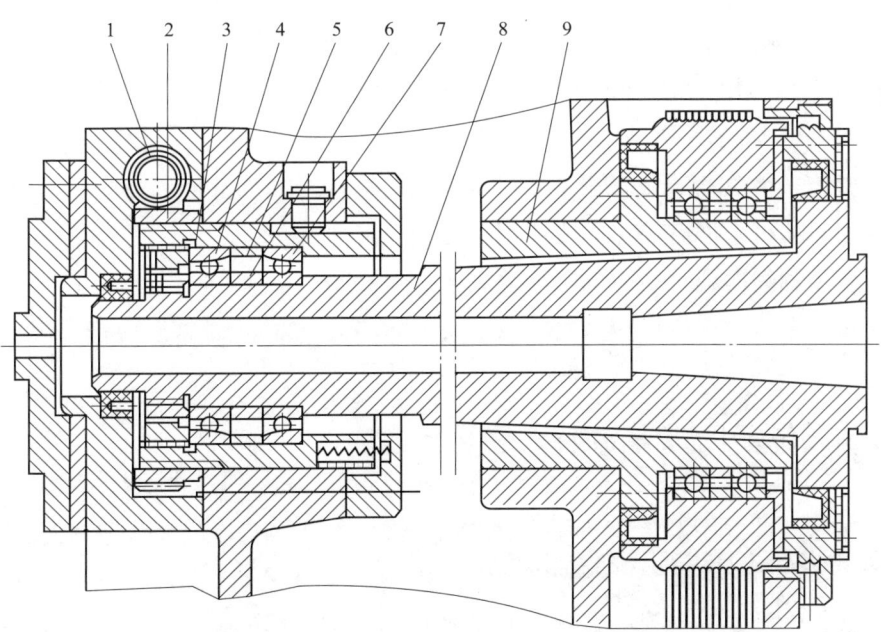

图 2-3-3　精密磨床砂轮架主轴部件
1- 螺杆　2- 齿圈螺母　3- 螺纹套　4、7- 滚动轴承
5- 外衬圈　6- 内衬圈　8- 主轴　9- 锥轴承

2）轴承装配工艺步骤

①涂色法初检锥轴承 9 的锥孔与主轴锥颈的接触面积，应不小于 85%。

②用相配主轴作心轴，按壳体孔配磨锥轴承 9 的外圆及肩面。外圆与壳体孔的配合间隙为 0.008～0.012 mm，表面粗糙度小于 $Ra\ 0.2\ \mu m$。

③以壳体孔为基准，用端面刮规修刮壳体孔端面，接触点数为 8～10 点 /（25 mm×25 mm）。

④前端装锥轴承 9，后端壳体孔中装刮削用定位套（外圆采用 1∶3 000 锥度与壳体孔配合，内孔与同心刮削心轴的配合间隙为 0.002～0.007 mm），用同心刮削心轴修刮锥轴承 9 的锥面，接触点数为 16 点 /（25 mm×25 mm）。

⑤复检主轴与轴承的接触面积不小于 85%。

⑥彻底清洗壳体及全部零件。

⑦按顺序装配。滚动轴承 4 与 7 安装前，配磨好内外衬圈 5 与 6 的厚度差，以达到规定的预紧要求，并采用定向装配法提高主轴回转精度。

3）轴承间隙调整。在冷态下调整主轴 8 与锥轴承 9 的间隙。

①调节螺杆 1 传动齿圈螺母 2，使螺纹套 3 与主轴等左移，同时在弹簧力作用下使主轴 8 与锥轴承 9 相互贴紧，消除其径向间隙；然后在轴端装上百分表，将读数调到零位。

②相反方向转动螺杆 1，观察百分表读数。当主轴向右轴向移动达到规定数值 s 时，即已将主轴与锥轴承的径向间隙 Δ 调整到位。它们之间关系为 $\Delta =Ks$（式中，K 为锥轴承的锥度）。

③调整好后，在螺杆 1 的调整盘上，根据"零位"与"s 值"两个位置做好等分标记，使用时就可根据需要，方便地调整主轴与锥轴承的间隙。

④检测主轴径向圆跳动与轴向窜动应不大于 0.002 mm。

⑤运转试车，直至热平衡，温升应不大于 20 ℃。热检主轴精度应符合规定。

二、自动调位多瓦式滑动轴承装配与调整

1. 自动调位多瓦式滑动轴承的结构及工作原理

图 2-3-4、图 2-3-5 所示为自动调位多瓦式滑动轴承的结构形式。自动调位多瓦式滑动轴承常见的结构形式有三瓦式和五瓦式，轴瓦有长轴瓦和短轴瓦两种。轴瓦采用双合金，轴颈表面进行硬化处理，刚度较好，回转精度高，制造精度高。

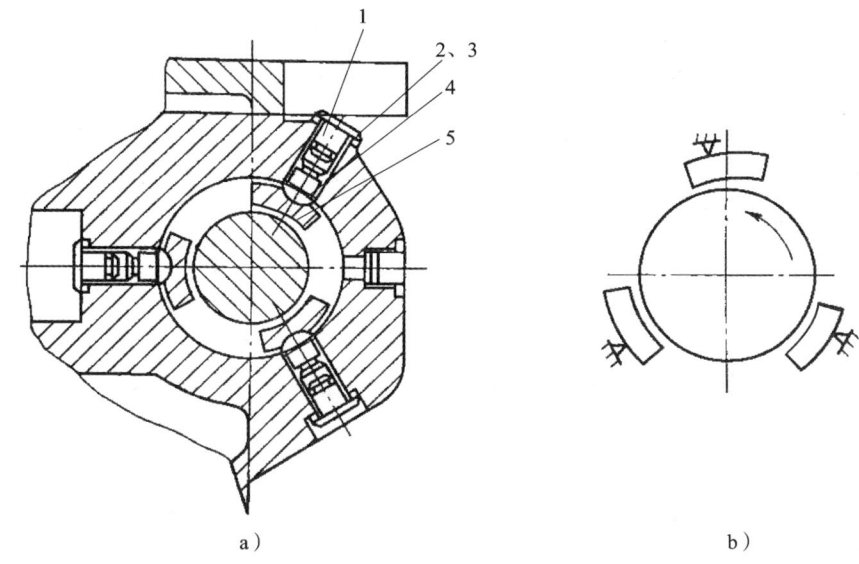

图 2-3-4 三瓦式自动调位滑动轴承
a）结构示意图　b）工作原理图
1- 封口螺钉　2- 空心螺钉　3- 锁紧螺钉　4- 球面支承螺钉　5- 瓦块

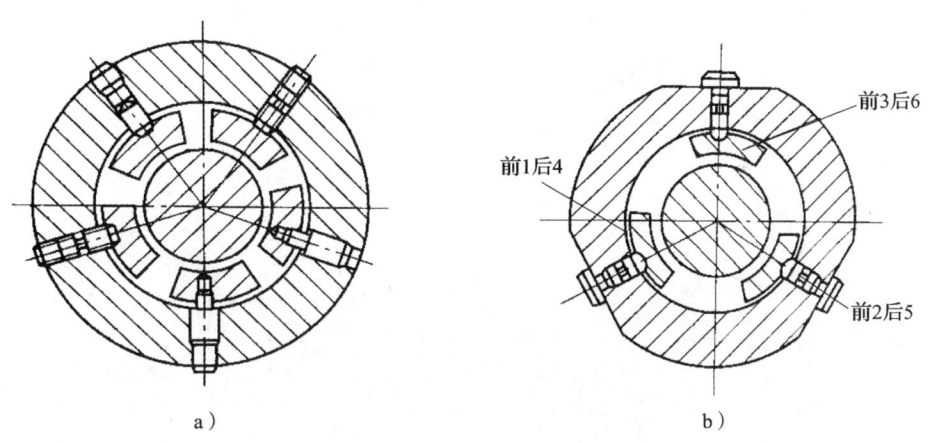

图 2-3-5 多瓦式滑动轴承结构原理图
a）五瓦式　b）三瓦式

2. 短三瓦自动调位轴承装配与调试

（1）将前后两轴承的六块轴瓦及其球面支承按研配对号装入箱体孔。注意两端油封上的回油孔要装在上部位置，这样可以使前、后轴瓦工作时完全浸在油中，否则会因油面降低而影响润滑。

（2）在箱体孔两端各装一工艺套，其内径比主轴轴径大 0.04 mm，外径比箱体孔小 0.005 mm，其用途是使主轴轴线与箱体孔轴线重合。

（3）调节前、后轴瓦六个球面支承，应达到如下要求：

1）用 0.02 mm 塞尺在前后两工艺套的内孔中四周插入检查，要求在主轴四周塞尺都能插入，使主轴与箱体孔的轴线一致。

2）使主轴与前后轴瓦都保持 0.005～0.01 mm 的间隙。间隙的测量方法是使用百分表触及主轴前后端近工艺套处，用手抬动主轴前后端，百分表上读数即为间隙值。

3）用手转动主轴时应轻快无阻，主轴径向圆跳动误差在 0.01 mm 以下即可。

三、多瓦式滑动轴承装配与调整

下面以可倾扇形瓦滑动轴承的装配为例来说明多瓦式滑动轴承的装配方法。精密磨床的砂轮架常用可倾扇形瓦轴承，此类轴承有固定式和可调式两种支承方式，如图 2-3-6 所示。

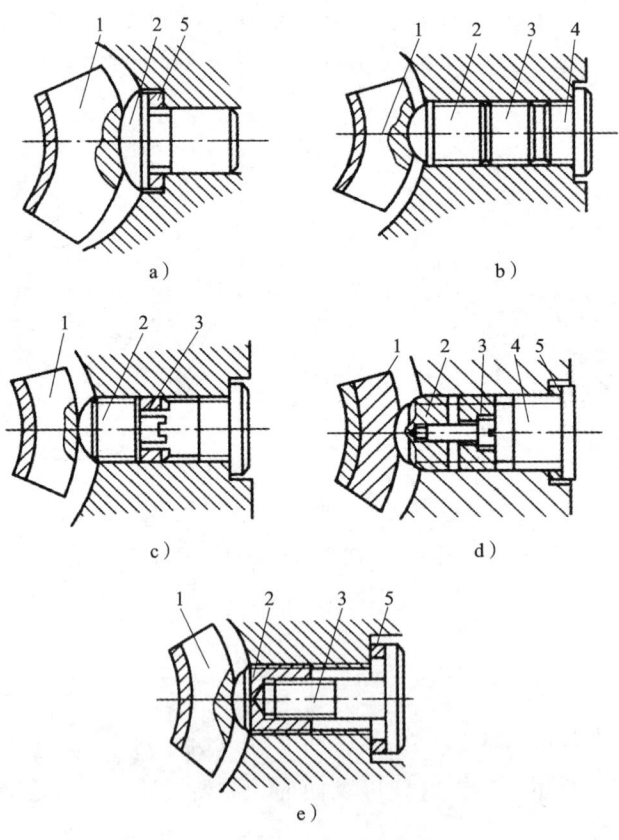

图 2-3-6 可倾扇形瓦轴承的支承方式
a）固定式 b）、c）、d）、e）可调式
1—扇形瓦 2—球面螺钉 3—锁紧螺钉 4—防尘螺钉 5—垫圈

扇形瓦 1 的支承球面与球面螺钉 2 的支承球面配对研磨，接触面积不小于 80%。扇形瓦成组装配，并按旋转方向装配，严禁搞错。扇形瓦轴承的装配与调整方法见表 2-3-1。

表 2-3-1　扇形瓦轴承的装配与调整方法

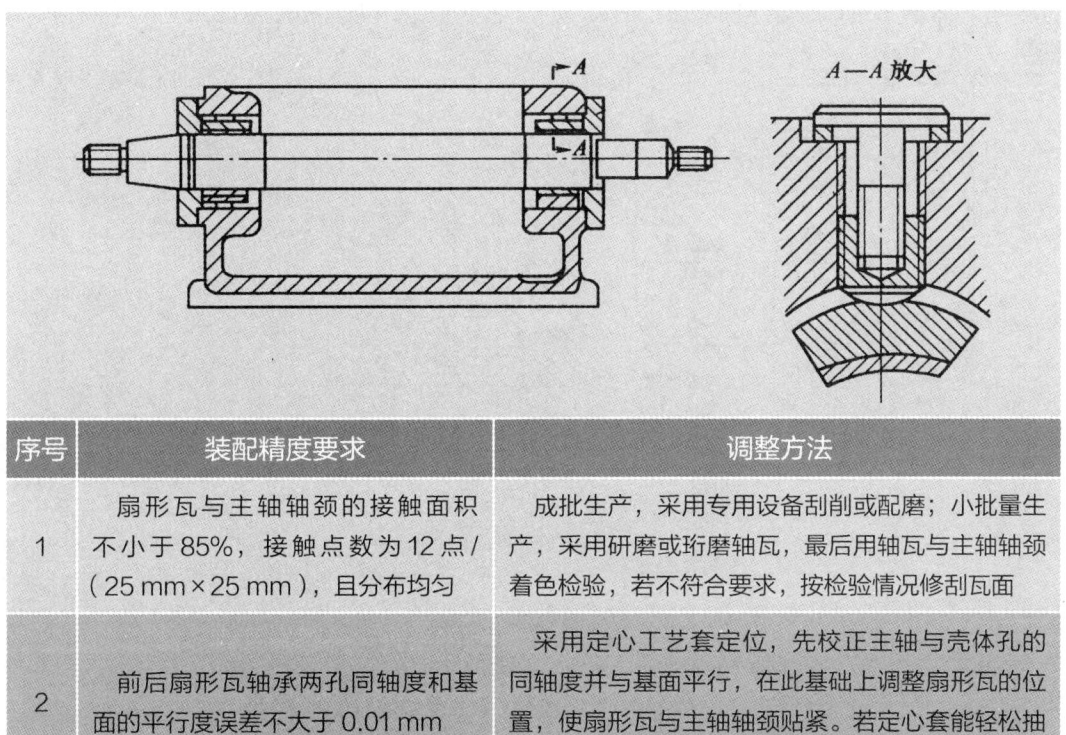

序号	装配精度要求	调整方法
1	扇形瓦与主轴轴颈的接触面积不小于 85%，接触点数为 12 点/（25 mm×25 mm），且分布均匀	成批生产，采用专用设备刮削或配磨；小批量生产，采用研磨或珩磨轴瓦，最后用轴瓦与主轴轴颈着色检验，若不符合要求，按检验情况修刮瓦面
2	前后扇形瓦轴承两孔同轴度和基面的平行度误差不大于 0.01 mm	采用定心工艺套定位，先校正主轴与壳体孔的同轴度并与基面平行，在此基础上调整扇形瓦的位置，使扇形瓦与主轴轴颈贴紧。若定心套能轻松抽去，即已符合要求。最后再用量具及百分表验证
3	调整扇形瓦的配合间隙。当直径小于 100 mm 时，为 0.01～0.02 mm；高精度型为 0.002～0.01 mm	将扇形瓦顶面的球面螺钉按规定间隙调整，然后用锁紧螺钉锁紧，并用百分表测量间隙，应符合规定要求
4	转动灵活，无轻重阻滞现象	调整完毕后检验灵活度，转动主轴应无轻重阻滞现象

四、短三瓦动压轴承装配与调整

图 2-3-7 所示为磨床砂轮架中常采用的短三瓦动压轴承结构。该轴承由三块扇形轴瓦 1 组成。每块轴瓦都支承在球面支承螺钉 2 的球面上，使轴瓦在工作时可摆动。调节球面支承螺钉的位置，可调整主轴与轴瓦内孔间的间隙。调整完毕后，拧入空心螺钉 3，拧紧锁紧螺钉 4，最后旋上封口螺钉 5。短三瓦动压轴承装配时的主要工艺如下。

1. 研磨轴瓦

轴瓦经过精加工后，装配前需用主轴或专用研磨心轴进行研磨。研磨时使用氧化铬研磨剂。研磨时主轴或者研磨心轴边旋转边做轴向移动，其旋转方向与工作时的转向相同。研磨后的轴瓦接触面积达85%以上，表面粗糙度达 $Ra\ 0.01\ \mu m$。

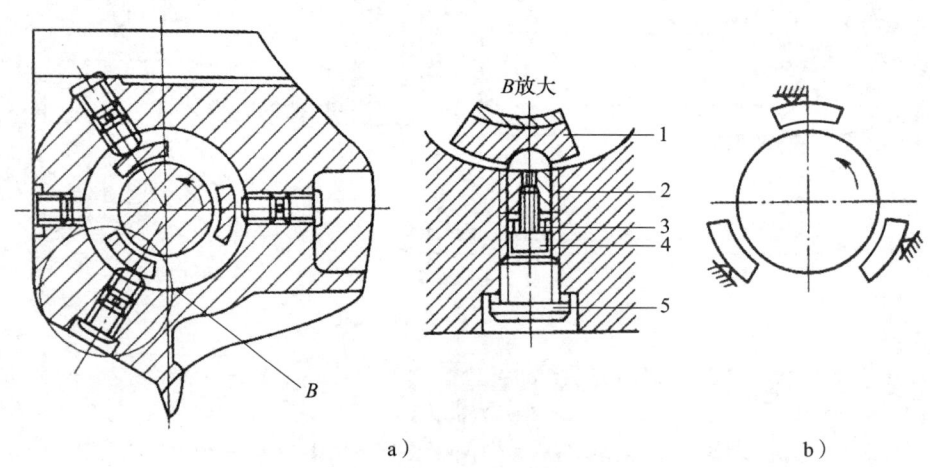

图 2-3-7 短三瓦动压轴承的结构
1- 轴瓦 2- 球面支承螺钉 3- 空心螺钉 4- 锁紧螺钉 5- 封口螺钉

2. 调整主轴与轴瓦的间隙

清洗零件，装好所有零件后进行间隙调整。

（1）如图 2-3-8 所示，在壳体孔中装上定心工艺套 1，用球面支承螺钉调节三块轴瓦的位置，使主轴中心线与工艺套中心一致，如果两端的定心工艺套都能进出自如，转动轻便，即表示已达到要求。定心工艺套内孔与轴的配合松紧，是根据主轴定心精度的高低来确定的。

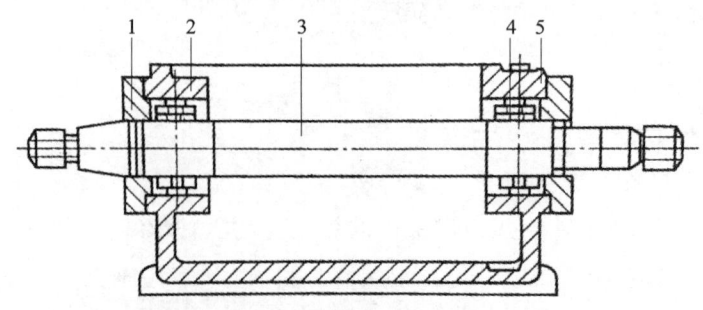

图 2-3-8 用工艺套定心
1- 定心工艺套 2- 壳体 3- 主轴 4- 扇形瓦 5- 可调式支承

（2）主轴中心调整以后，旋入空心螺钉，使它与球面支承螺钉接触，然后再把空心螺钉退回一段距离（约 2 mm），旋入锁紧螺钉，并用力拧紧。由于球面支承螺钉的螺纹有一定间隙，被拉紧时要缩回一段小距离，因此这样调整后用手可转动主轴。若感觉轻便，则再检查轴承间隙（一般为 0.01 ~ 0.015 mm），符合要求时装配结束。

学习单元 2　静压轴承装配

静压轴承是利用外界的油压（气压）系统供给一定压力，使轴颈处于完全液体（气体）摩擦状态，主轴在静止或旋转状态下均不与轴承直接接触。液体静压轴承是以液压油为介质，利用外部油泵供给压力油，在轴承油腔内形成静压承载油膜，使主轴在油腔内浮起的完全液体摩擦静压滑动轴承。因此，无论主轴是处于静止还是转动状态，轴与轴承之间都是纯液体摩擦，能承受一定的外力作用，摩擦损耗几乎为零。液体静压轴承在主轴旋转精度要求高的场合应用越来越广泛。

一、静压轴承的结构和工作原理

1. 液体静压轴承的分类

（1）液体静压轴承根据受力情况分为径向轴承、推力轴承（见图 2-3-9a、b）和径向推力轴承三种。

（2）液体静压轴承按结构形状又分为锥式和球面式，如图 2-3-9c、d 所示。

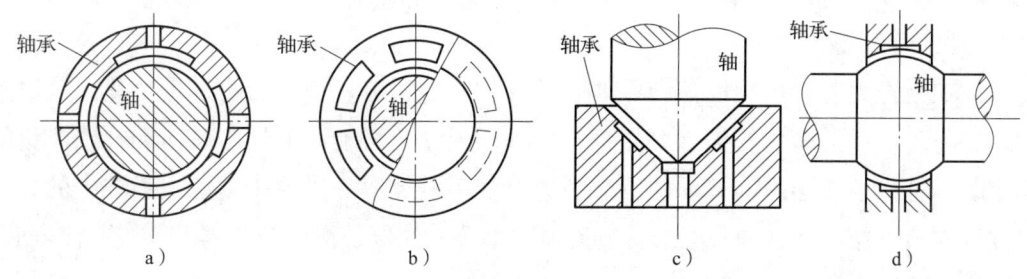

图 2-3-9　液体静压轴承的分类
a）径向轴承　b）推力轴承　c）锥式　d）球面式

2. 液体静压轴承的基本结构

液体静压径向轴承的常用结构如图 2-3-10 所示。在轴承的内圆柱面上，均匀分布四个矩形油腔和回油槽，油腔和回油槽之间的圆弧面称为周向油封面，轴承两端面和油腔间的圆弧面称为轴向油封面。主轴装入轴承后，轴承油封面与轴颈之间保持适当间隙，以限制压力油很快泄出；压力油通过供油总管分别经过节流器供给每个油腔，使轴颈浮起。

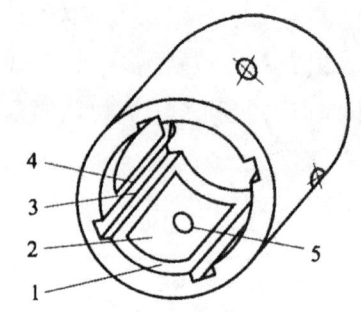

图 2-3-10 液体静压径向轴承的结构
1—轴向油封面 2—油腔 3—回油槽
4—周向油封面 5—进油孔

3. 液体静压轴承的工作原理

静压轴承系统一般由轴承本体、节流器和供油系统三部分组成。现以供油压力恒定系统为例介绍，图 2-3-11 所示为液体静压轴承的工作原理。

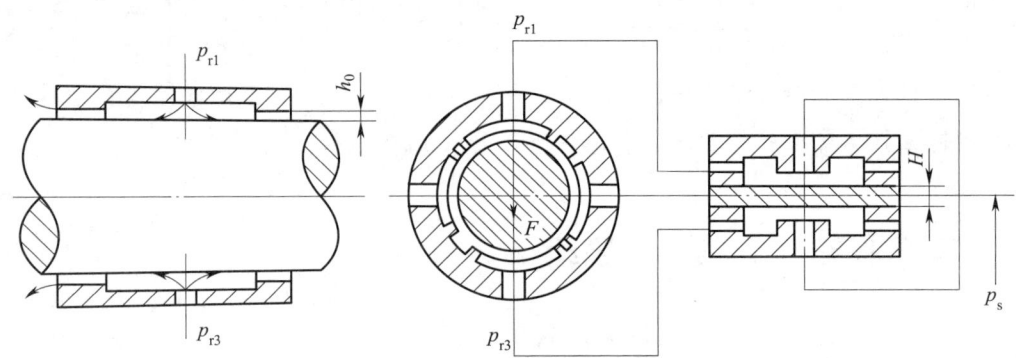

图 2-3-11 液体静压轴承的工作原理

外部供给的压力油通过补偿元件后，从供油压力降至油腔压力，再通过油封面与轴颈间的间隙，从油腔压力降至环境压力。

多数轴承在轴不受力时，轴颈与轴承同心，各油箱的间隙、流量、压力均相等，这称为设计状态。

当轴受外力时，轴颈位移和各油腔的平均间隙、流量、压力均发生变化，这时轴承外力与各油腔油膜力的矢量合相平衡。补偿元件起自动调节油腔压力和补偿流量的作用，其补偿性能会影响轴承的承载能力、油膜刚度等。供油压力恒定系统中的补偿元件称为节流器，常见的有毛细管节流器、小孔节流器、滑阀节流器、薄膜节流器等。供油流量恒定系统中的补偿元件有定量泵和定量阀。

4. 液体静压轴承供油系统

（1）静压轴承在工作过程中应具备的基本条件

1）轴颈必须始终悬浮在压力油中。

2）主轴在外加载荷的作用下，应具有足够的刚度，即轴线的位置偏移要小。

（2）液体静压轴承供油系统的组成。根据以上静压轴承在工作过程中应具备的基本条件可知，供油系统保证静压轴承正常工作的重要条件是油压，即需要一套专门的供油系统。如图 2-3-12 所示液体静压轴承供油系统，由压力继电器、精过滤器、过滤器、蓄能器、单向阀、油泵、溢流阀、滤油网和节流装置组成，其中部分元件的作用如下。

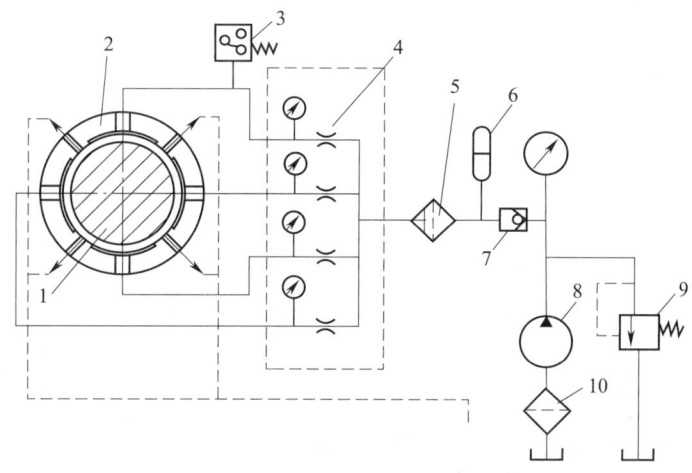

图 2-3-12 液体静压轴承供油系统工作原理
1-轴颈　2-轴承　3-压力继电器　4-节流装置　5-精过滤器
6-蓄能器　7-单向阀　8-油泵　9-溢流阀　10-过滤器

1）节流装置。自动调节输入油腔油液的压力和流量，以平衡轴承载荷的变化，稳定轴颈的位置。常用的形式有可变节流和固定节流两种。

2）压力继电器。保证当油泵开启后使轴承油腔建立一定的压力后主轴才启动。

3）精过滤器。防止节流器被堵塞，要求过滤精度为 0.02～0.03 mm。

4）蓄能器。当突然停电或供油系统发生故障时，仍能保持一定压力油供给静压轴承，不致因断油而磨损、擦伤轴承。

5. 液体静压轴承的特点

静压轴承是利用静压润滑原理润滑的滑动轴承。通过外部压力油，在轴承内建立静压承载油膜把主轴支承起来，以实现液体润滑，在任何转速下（包括启动和停车）

轴颈和轴承均有一层油膜分离摩擦表面。

由于轴与轴承之间有压力相当高的油膜，其油膜具有良好的刚度和抗振性能，因此静压轴承的承载能力取决于泵的压力和支承的结构尺寸，与轴的转速和油的黏度无关，即使使用低黏度液体、水和液压介质等也能承受载荷的变化。静压轴承的摩擦副处于流体润滑状态，不发生金属接触，因此有极低的摩擦因数，一般为 0.000 1 ~ 0.000 3。

综上所述，液体静压轴承具有摩擦因数小、旋转精度高、油膜刚度大、能抑制油膜振动、启动功率小、使用寿命长等优点，在极低（甚至为零）的速度下也能应用，广泛用于高精度、重载、低速的场合。它的缺点是需要一套专用供压系统，该系统结构复杂，使用成本高，高速时功耗较大。

二、静压轴承的装配

1. 液体静压轴承装配的技术要求

（1）主轴颈与轴承的配合间隙 h_0

1）当轴颈直径 D 为 60 ~ 100 mm 时，h_0 为 0.02 ~ 0.04 mm。

2）当轴颈直径 $D<60$ mm 时，$h_0 \leqslant 0.001D$。

（2）轴承与箱体的配合

1）当轴承外径 $D<100$ mm 时，过盈量为 0.003 ~ 0.007 mm。

2）当 100 mm< 轴承外径 $D<200$ mm 时，应在过盈 0.003 mm 与间隙 0.003 mm 之间。

3）当轴承外径 $D>200$ mm 时，应有 0.003 ~ 0.007 mm 的间隙。

（3）空运转试验主轴能浮起，用手能轻松转动，四个油腔的压力相等并能保持稳定，供油压力与各油腔压力的比值相等（比值一般为 2）。

（4）工作试验时压力稳定，主轴旋转无振动。

2. 静压轴承的装配与调整要点

（1）仔细清理及清洗各装配件。

（2）将静压轴承压入轴承壳体时，要防止擦伤外圆表面，以免引起油腔互通。如外径较大或过盈量较大，尽量经冷缩后装入。

（3）静压轴承压入壳体后应进行研磨，使前后轴承同轴，并保证与轴颈的间隙符合要求。必要时，按研磨后的孔径来研磨轴颈，以获得要求的间隙。研磨孔时，应使孔轴线处于竖直方向。

（4）节流间隙的调整。节流间隙 G_0 影响油路系统的压力变化。要求供油系统压力达到设计要求，其压力波动量不宜过大。油腔部分的压力波动量应在 ±（20～25）kPa 范围以内。

薄膜节流器静压轴承最有利的节流比 β 为 2，一般 β 为 1.7～2 时有较好的稳定性和工作可靠性。当 β 值不符合要求时，可改变薄膜节流间隙 G_0 或改变轴承间隙 h_0，一般改变节流间隙比较方便。当节流比 β 较大时，轴承压力偏低，可增大 G_0；当节流比 β 较小时，油腔压力偏高，可减小 G_0。

改变节流间隙 G_0 大小，可以根据不同结构采用手工研磨节流器壳体平面或节流圆台平面，或在两壳体平面之间采用不同厚度的铜垫片的方法。防止节流器堵塞的最小间隙为 0.04 mm。

（5）薄膜厚度 H 的调整。静压轴承的刚度与薄膜厚度 H 及其变形有关。当 G_0 已定，β 也有相应范围，可根据轴承额定载荷的大小，对 H 进行调整修正，以便获得相应的供油压力 p。

修正薄膜厚度 H 应在油泵供给压力调至最大工作压力时进行。因为在相同油泵压力 p 下，如果 H 变小（变形系数增大），主轴便有从正位移变为负位移的趋势；而 β 值一定，p 变大，主轴位移也会有从正变为负的趋势。为保证供油压力可靠，膜片材料用弹性较好的 65Mn 弹簧钢，经热处理后的硬度为 42～45HRC，平行度误差小于 0.01 mm。

薄膜厚度 H 的最佳值可根据轴承刚度情况通过逐步磨削和研磨修整来达到。

3. 液体静压轴承的润滑

（1）静压轴承对润滑油的要求。由于静压轴承是流体润滑状态，不发生金属接触，因此静压轴承所用油的润滑性能并不重要，但应满足下列要求：

1）不易挥发，使油在长时间运转过程中保持稳定的黏度。

2）抗氧化性能好，使油在运转期间不至于氧化结胶而堵塞通道。

3）没有腐蚀性。

（2）静压轴承润滑油的选用。静压轴承所用的润滑油主要根据其节流形式来选择。

1）毛细管节流形式一般采用 15 号轴承油和 32 号液压油或 10 号变压器油和 32 号汽轮机油，反之则用黏度较高的油。

2）小孔节流形式一般采用 50% 的 2 号轴承油 +50% 的 5 号轴承油，也可用白煤油和 32 号汽轮机油的混合油（黏度调成 5 mm^2/s，40 ℃），并把它加热到 70 ℃，加入 0.2% 的 2，6-二叔丁基对甲酚或其他抗氧化添加剂。

3）薄膜反馈节流形式一般采用 15 号轴承油、32 号液压油或 46 号液压油，也可用 10 号变压器油、32 号汽轮机油或 46 号汽轮机油。在高速轻载荷的情况下，用 15 号轴承油；在低速重载荷的情况下，用 46 号液压油；在中速中载荷时，则用 32 号液压油。

4. 静压轴承装配常见故障及处理

液体静压轴承装配常见故障及处理方法见表 2-3-2。

表 2-3-2　液体静压轴承装配常见故障及处理方法

序号	故障现象	产生原因	处理方法
1	主轴不能浮起	（1）油腔错位，使润滑油过少或无法进入油腔 （2）轴承有漏油现象 （3）节流器装配质量不好或堵塞 （4）轴和轴承的同轴度误差大，或推力静压轴承的垂直度误差大	（1）调整油腔位置 （2）修整或更换轴承 （3）清洗节流器，更换油膜、滤油器，调整节流器间隙 （4）修整同轴度或垂直度
2	节流比 β 不在工作范围内	节流间隙 G_0 未调整好	调整节流间隙 G_0
3	轴承刚度不够	节流比 β 未调整好或薄膜厚度 H 不对	调整 β 至工作范围。用加载法检查主轴旋转的稳定性，H 太大应修整，H 太小应更换
4	主轴振动	由于主轴变形弯曲，轴承轴颈的圆度误差造成油腔压力波动	平衡外负载回转件，修整或更换主轴轴承

5. 薄膜式液体静压轴承的装配与调试

（1）工艺分析。图 2-3-13 所示为 M7140 型平面磨床主轴结构，现需将主轴（两轴段的直径分别为 90 mm 和 75 mm）前端的薄膜式液体静压轴承按图安装到位，并调试至合格。静压轴承的结构如图 2-3-14 所示，其供油系统工作原理如图 2-3-12 所示。静压轴承安装技术要求如下：

1）前轴瓦的前端面与主轴的轴肩端面的平面度必须在 0.001 mm 以内。

2）前轴瓦的前端面及主轴的轴肩端面与主轴轴线的垂直度必须在 0.001 mm 以内。

3）防止主轴旋转时前轴瓦的前端面和主轴的轴肩端面产生划痕。

4）轴瓦回油槽的深度为 0.8 mm，宽度为 4 mm。回油槽要严格按照此尺寸加工，以防止油腔压力不足。

5）轴瓦与主轴的间隙要求直径方向为 0.07 mm。

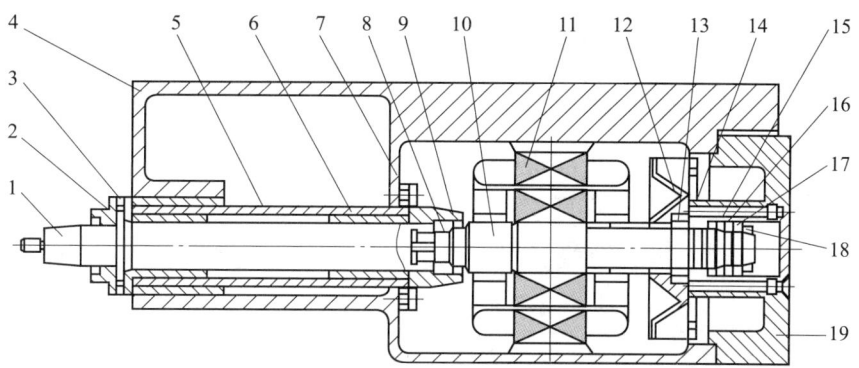

图 2-3-13 M7140 型平面磨床主轴结构

1-主轴 2、19-端盖 3-前轴瓦 4、5-钢套 6-后轴瓦 7-法兰盘
8-圆锥滚子轴承 9-调整螺母 10-电动机轴 11-电动机转子
12-压盖 13、18-螺母 14-定位套 15-轴承 16、17-垫片

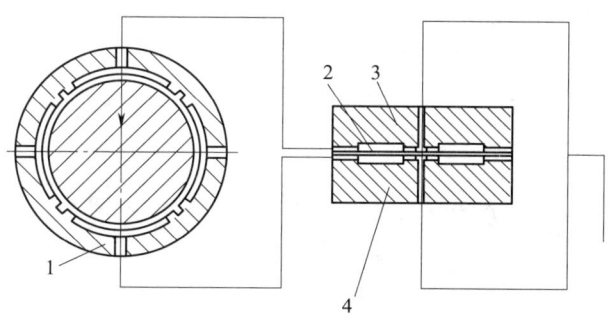

图 2-3-14 薄膜式液体静压轴承结构

1-静压轴承 2-薄膜 3-节流器 4-薄膜双向节流器

（2）工艺步骤

1）仔细清理及清洗各装配件。

2）按液压系统装配要求检查各液压元件是否合格。

3）检查节流器薄膜片的厚度、平行度、平面度和表面粗糙度是否合格，如不合格，需将其修整至合格（薄膜片的平行度要求为 0.02 mm/ 总面积，平面度要求为 0.02 mm/ 总面积，表面粗糙度要求为 $Ra0.8\ \mu m$）。

4）用冷缩法安装静压轴承前轴瓦。

5）研磨轴瓦内孔圆度。研磨分三次进行，分别用不同的研磨棒先粗研，再精研。精研时用外径尺寸比轴瓦内径小 0.015～0.025 mm 的研磨棒进行干研。干研的次数不能多，经过精研的轴瓦内孔表面粗糙度可达 $Ra0.8\ \mu m$。研磨孔时，应使孔轴线处于竖直方向。

6）用百分表加检验棒检验法兰盘和圆锥滚子轴承的同轴度是否合格，如不合格要调整至合格（此项不合格将严重影响主轴整体装配质量）。

7）按主轴结构（见图 2-3-13）安装各零部件到位。

8）调整电动机与轴的同轴度，电动机与轴的同轴度要求为 0.01 mm。

9）连接各管路。

10）进行空运转试验，要获得良好的刚度和旋转精度。

11）启动液压泵，调整节流器间隙，使四个油腔的压力相等并能保持稳定，要求供油压力与各油腔压力的比值相等（比值一般为 2）。

12）用手能轻便转动主轴（此时主轴已浮起，表明主轴与轴承之间处于液体摩擦状态），空运转试验达到要求。

13）启动液压泵后运转主轴，进行工作试验。要求各油腔压力表读数相同、压力稳定，不允许有压力下降和波动现象；主轴旋转平稳无振动。如不符合要求，必须进一步调整，直至调整到符合要求为止。

课程 2-4　液压传动装配

学习内容

学习单元	课程内容	培训建议	课堂学时
（1）常用液压阀装配与调整	1）液压阀的分类 2）液压阀的结构和工作原理 3）液压阀的装配 4）液压阀的调试	（1）方法：讲授法、演示法、案例教学法 （2）重点与难点：液压阀的装配	8
（2）液压系统的整体连接安装与调试	1）压力控制回路 2）速度控制回路 3）顺序控制回路 4）方向控制回路和同步回路 5）液压系统的整体连接安装与调试	（1）方法：讲授法、演示法、案例教学法 （2）重点与难点：液压系统的整体连接安装与调试	12

学习单元 1　常用液压阀装配与调整

一、液压阀的分类

液压阀是液压系统的控制元件，其主要功能是控制和调节系统中介质的流动方向、压力和流量，即控制执行元件的运动方向、作用力（力矩）、运动速度、动作顺序，以及限制系统的工作压力等。

1. 液压阀按功能分类

（1）方向控制阀。有单向阀、换向阀等。

（2）压力控制阀。有溢流阀、减压阀、顺序阀等。

（3）流量控制阀。有节流阀、调速阀等。

为了缩短连接管路和减少元件的数目，常将以上阀类组合成为组合阀，如单向减压阀、单向顺序阀、电磁溢流阀、单向行程节流阀等。此外，在有的液压系统中，为了使结构紧凑，满足液压设备性能及精度要求，往往把各种单个阀组合成液压操纵箱。

2. 液压阀按其安装连接方式不同分类

（1）管式连接。管式连接的阀类元件直接装在管路中，这种连接方式简单，但装卸维修不方便。管路系统的振动直接传导给阀本身，影响阀的工作性能，仅用于简单液压系统。

（2）板式连接。板式连接的阀类元件，在管路与阀之间需加过渡连接板，但更换元件方便，便于装卸。

（3）集成连接。有时还可将板式连接阀安装在按典型动作要求组成的基本回路的集成块上，在集成块上加工出孔的通道去连接各阀组成回路。由于装卸阀时不必装卸与阀相连的其他元件，故这种连接方式应用最广泛。

3. 液压阀按控制动力源分类

液压阀按控制动力源的不同，可分为手动、机动、电动、液动或电液动等。

二、液压阀的结构和工作原理

1. 方向控制阀

（1）单向阀。单向阀控制液压油只能按一个方向流动，而反向不通，又称止回阀。当液压油从一个方向流过时，动作灵敏，无撞击和噪声，阻力小；反向流动时密封性好，无泄漏。

图 2-4-1a 所示为管式单向阀。它由阀体 1、阀芯 2、弹簧 3 等零件组成。当压力油从左端油口 P_1 流入时，液压油的推力克服弹簧 3 作用在阀芯上的力，使阀芯向右移动，打开阀口，并通过阀芯上的径向孔 a、轴向孔 b，从右端油口 P_2 流出。当压力油从右端油口 P_2 流入时，液压力和弹簧力方向相同，使阀芯紧压在阀座上，阀口关闭，液压油不通。

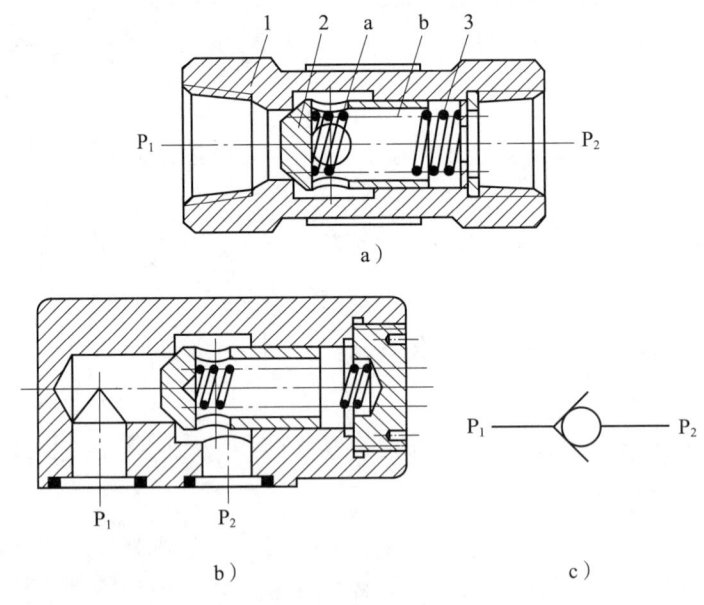

图 2-4-1 单向阀
a）管式单向阀 b）板式单向阀 c）单向阀图形符号
1-阀体 2-阀芯 3-弹簧

图 2-4-1b 所示为板式单向阀,工作原理和管式单向阀相同。图 2-4-1c 所示为单向阀图形符号。

图 2-4-2 所示为液控单向阀。当控制口 K 不通压力油时,油只可以从 P_1 进入,推开单向阀从 P_2 流出。若油从 P_2 进入时,阀芯 2 封闭油的通道,油不能通到 P_1。当控制口 K 接通压力油时,推动活塞 1 使锥阀芯 2 右移,这时 P_1 与 P_2 两腔相通。液控单向阀的最小液控压力为主油路压力的 30%～50%。

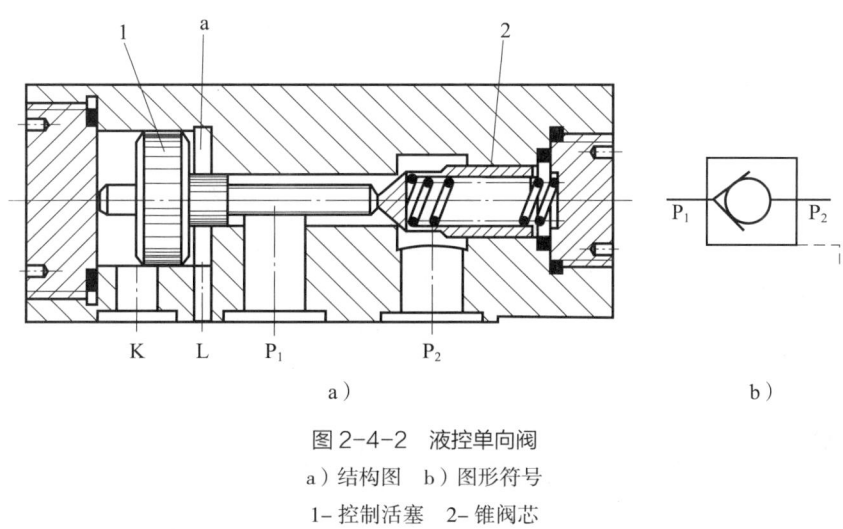

图 2-4-2 液控单向阀
a) 结构图 b) 图形符号
1- 控制活塞 2- 锥阀芯

(2) 换向阀。换向阀的作用是利用阀芯和阀体的相对运动,以变换液压油流动的方向,接通或关闭油路。换向阀的种类很多,按操纵方式可分为机动换向阀、电磁换向阀、液动换向阀、电液动换向阀、手动换向阀、转阀等。

1) 机动换向阀。机动换向阀即行程阀,是用机械的撞块或凸轮压住或离开行程滑阀的滚轮来控制液流的方向。图 2-4-3 所示为二位二通机动换向阀。在图示位置,阀芯 2 在弹簧作用下处于左位,油口 P 与 A 不连通;当运动部件上的挡块压住滚轮 1 使阀芯移至右位时,油口 P 与 A 连通。

2) 电磁换向阀。电磁换向阀(简称电磁阀)是由电气系统的按钮开关、限位开关、行程开关或其他电气元件发出的电信号,通过电磁铁操纵滑阀移动,实现液压油路的换向、顺序动作及卸荷等。

电磁阀按电源的不同分交流(D 形)和直流(E 形)两种。采用交流电磁铁电压为 220 V,不需要特殊电源,电磁吸力大,换向时间短,费用低;缺点是换向冲击大,因而噪声大,当滑阀卡住或吸力不够时电磁铁易烧坏,工作可靠性较低。采用直流电磁铁电压为 24 V,横向冲击小,噪声小,寿命长,不会过载烧坏,工作可靠、安全;

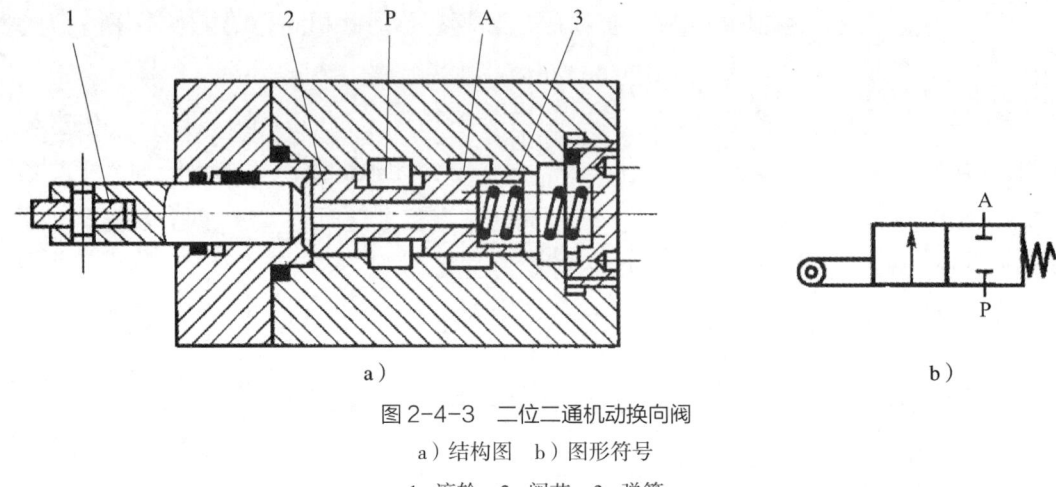

图 2-4-3 二位二通机动换向阀
a) 结构图　b) 图形符号
1—滚轮　2—阀芯　3—弹簧

缺点是需要专用直流电源,启动力小,费用较高,换向时间长,尤其是电压不足时因吸力不够会影响正常工作。

电磁阀受到电磁铁推力大小的限制,因此用电磁铁直接推动的换向阀用于中小流量的液压系统。

图 2-4-4 所示为三位四通电磁阀。当两端电磁铁均不通电时,滑阀在两端弹簧力作用下处于中间位置,P 与 A、B 均不通。当右端电磁铁通电时,右衔铁通过推杆将阀芯推至左端,油口 P 通 B,A 通 O;当左端电磁铁通电时,把阀芯移至右端,油口 P 通 A,B 通 O。

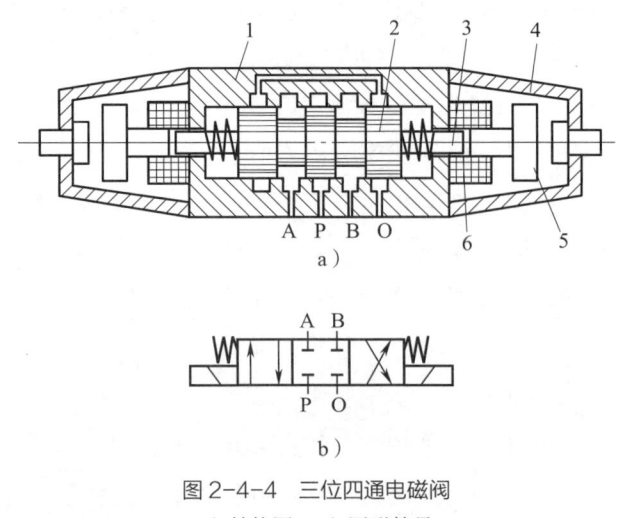

图 2-4-4 三位四通电磁阀
a) 结构图　b) 图形符号
1—阀体　2—阀芯　3—推杆　4—罩壳　5—衔铁　6—线圈

3）液动换向阀。电磁阀布置灵活，易实现程序控制，但受电磁铁尺寸限制，难以用于切换大流量油路。这时可采用靠压力油来改变滑阀位置的阀，即液动换向阀。

图 2-4-5 所示为液动换向阀。当其两端控制油口 K_1 和 K_2 均不通压力油时，阀芯在两端弹簧力作用下处于中位；当 K_1 通压力油、K_2 接油箱时，阀芯移至右端，这时 P 通 A，B 通 T；反之，K_2 通压力油、K_1 接油箱时，阀芯移至左端，这时 P 通 B，A 通 T。

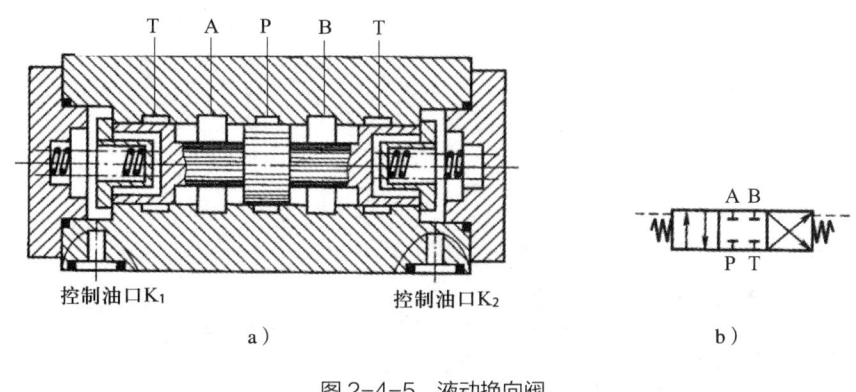

图 2-4-5 液动换向阀
a）结构图 b）图形符号

4）电液动换向阀。电液动换向阀是由电磁阀和可调式液动阀组合而成，它是组合阀的一种。图 2-4-6a 所示是电液动换向阀的结构。其中电磁阀为先导阀，通过它的控制而改变液动滑阀的位置；液动阀为主阀，它可以改变主油路的方向，它的换向快慢可用控制油路中的单向节流阀来调节。这种阀的优点是可用反应灵敏的小规格电磁阀方便地控制大流量的液动阀换向。

图 2-4-6b、c 所示分别为电液动换向阀的图形符号和简化符号。当左右电磁铁均失电，电磁滑阀在中间位置，液动滑阀左右两腔压力相等，处于中间位置，A、B、P、T 油口均不相通。当左端电磁铁通电，电磁阀芯移至右端，控制油压推开左边单向阀使液动滑阀移到右端，P 通 A，B 通 T，控制油经右边的节流阀通过电磁阀回油箱。同理，当右端电磁铁通电，电磁阀芯处于左端，控制油压推开右边单向阀使液动滑阀移动到左端，其通油状态为 P 通 B，A 通 T，控制油经左边的节流阀回油箱，完成换向动作。

电液动换向阀的电磁先导阀的机能，应保证电磁阀在中间位置时，液动阀两端控制油路卸荷，这种滑阀机能是 Y 型。

5）手动换向阀。手动换向阀是用手通过杠杆来操作阀芯换位的换向阀。它有自动复位式（见图 2-4-7a、c）和钢球定位式（见图 2-4-7b、d）两种。自动复位式可用

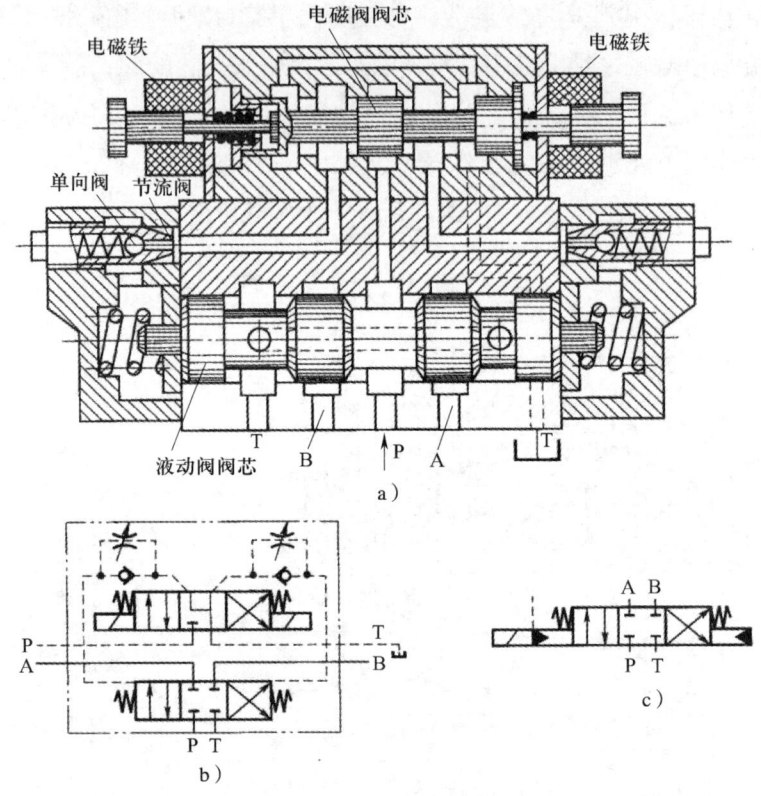

图 2-4-6 电液动换向阀
a）剖视图形　b）图形符号　c）简化符号

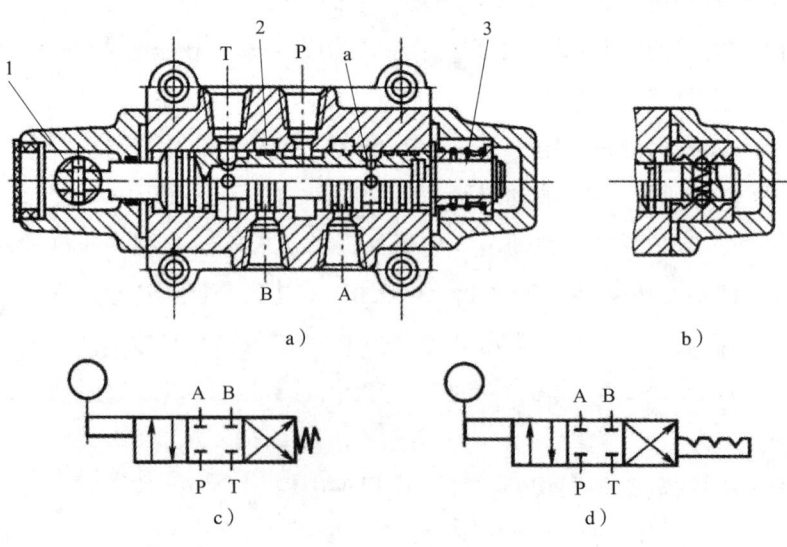

图 2-4-7 手动换向阀
a）、c）自动复位式　b）、d）钢球定位式
1- 手柄　2- 阀芯　3- 弹簧

手操作使其左位或右位工作；但当操纵力取消后，阀芯便在弹簧力作用下自动回到中位，停止工作。钢球定位式手动换向阀，其阀芯端部的钢球定位装置可使阀芯分别停在左、中、右三个不同的位置上，使执行机构工作或停止工作，因而可用在工作持续时间较长的场合。

6）转阀。转阀是用手或撞块操纵的换向阀。图 2-4-8 所示为三位四通转阀。进油口 P 与阀芯上左环形槽 c 及向左开口的轴向槽 b 相通，回油口 T 与阀芯上右环形槽 a 及向右开口的轴向槽 e、d 相通，在图示位置，P 经 c、b 与 A 相通，B 经 e、a 与 T 相通。当手柄带动阀芯逆时针转 90° 时，其油路即变为 P 经 c、b 与 B 相通，A 经 d、a 与 T 相通。当手柄位于上述两个位置中间，P、A、B、T 均不相通。转阀结构简单、紧凑，但密封性差，主要用于低压、小流量系统。

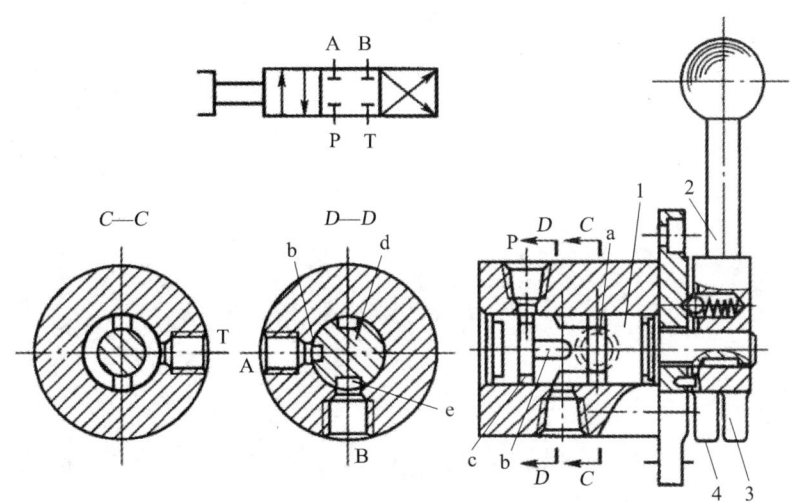

图 2-4-8 三位四通转阀
1—阀芯 2—手柄 3、4—手柄座叉形拨杆

7）滑阀机能。三位换向阀的滑阀机能是指滑阀在中间位置的通路形式。三位换向阀常用的滑阀机能见表 2-4-1。

表 2-4-1 三位换向阀常用的滑阀机能

机能类型	结构简图	中间位置的符号		作用、机能特点
		三位四通	三位五通	
O	(结构简图)	(符号)	(符号)	换向精度高，但有冲击，缸被锁紧，泵不卸荷，并联缸可运动

续表

机能类型	结构简图	中间位置的符号 三位四通	中间位置的符号 三位五通	作用、机能特点
H	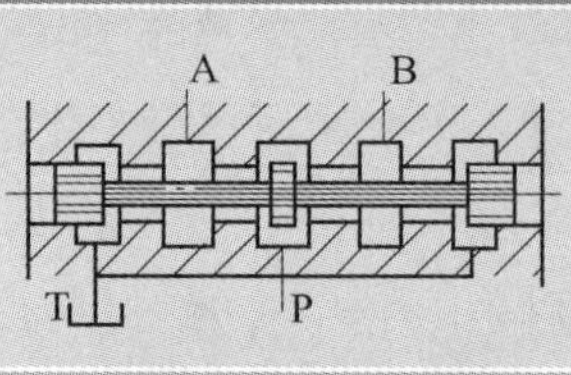	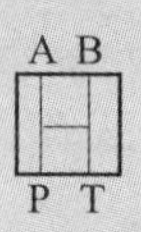 A B / P T	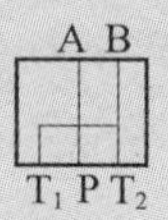 A B / T₁ P T₂	换向平稳，但冲击量大，缸浮动，泵卸荷，其他缸不能并联使用
Y	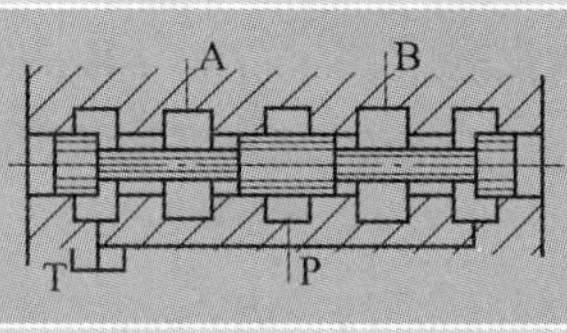	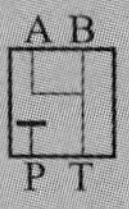 A B / P T	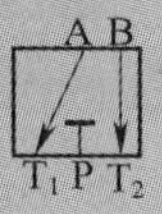 A B / T₁ P T₂	换向较平稳，冲击量较大，缸浮动，泵不卸荷，并联缸可运动
P	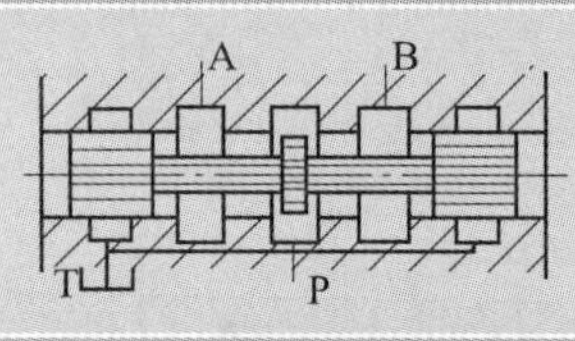	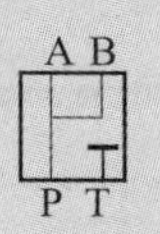 A B / P T	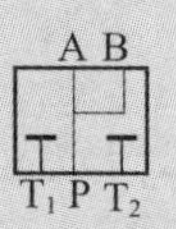 A B / T₁ P T₂	换向最平稳，冲击量较小，缸浮动，泵不卸荷，并联缸可运动
M	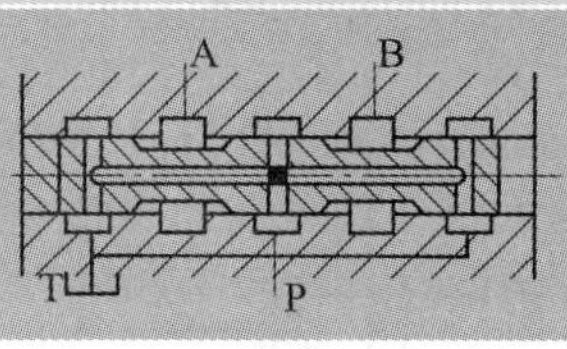	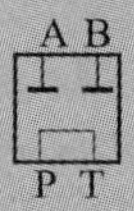 A B / P T	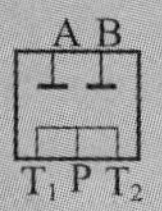 A B / T₁ P T₂	换向精度高，但有冲击，缸被锁紧，泵卸荷，其他缸不能并联使用

2. 压力控制阀

压力控制阀的作用是控制液压系统的压力，以实现执行元件所需要的力或力矩，如溢流阀、顺序阀、减压阀等。

（1）溢流阀

1）直动式溢流阀。图2-4-9所示为直动式溢流阀的工作原理。压力油经滑阀3的阻尼孔4至底部5作用于底面的端面上。当进口压力升高至作用于端面上的力足以克服弹簧1的作用力F_s后，滑阀3上升，阀口开启m，油经出口溢回油箱。弹簧力F_s可由螺钉2调节。当工作机构快速运动时，泵输出的液压油全部进入液压缸，进口压力稍降，滑阀3失去平衡，借助于弹簧力而下降，直至阀口关闭。当工作机构慢速运动时，进口压力稍升，滑阀3克服F_s而提升，打开阀口，多余的油溢回油箱。当工作机构停止运动时，进口压力再升高，油全部溢回油箱。

直动式P-B型溢流阀的结构如图2-4-10a所示，由阀体1、阀芯2、阀盖3、调压弹簧4和调压螺母5等组成。阀体上有进回油口，进油口接液压泵，回油口接油箱。液压油经进油口作用于阀芯左端，所产生的液压推力直接与弹簧预紧力平衡。调压螺母用于调节弹簧预紧力,也就是调节液压泵的出口压力。阀芯和阀体等处的间隙泄漏,由内部通道经回油口流回油箱。其图形符号如图 2-4-10b 所示。

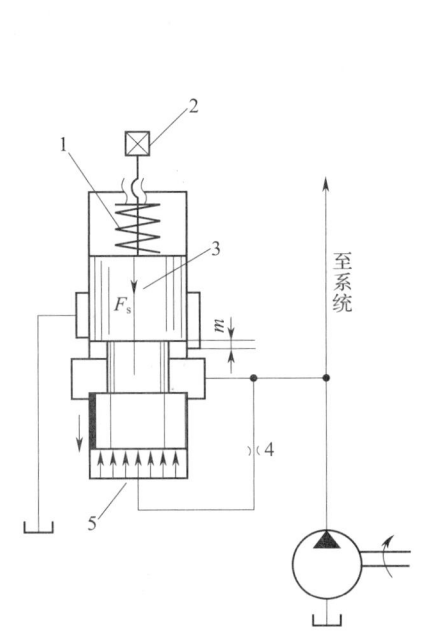

图 2-4-9 直动式溢流阀的工作原理
1- 弹簧 2- 调节螺钉 3- 滑阀
4- 阻尼孔 5- 底部

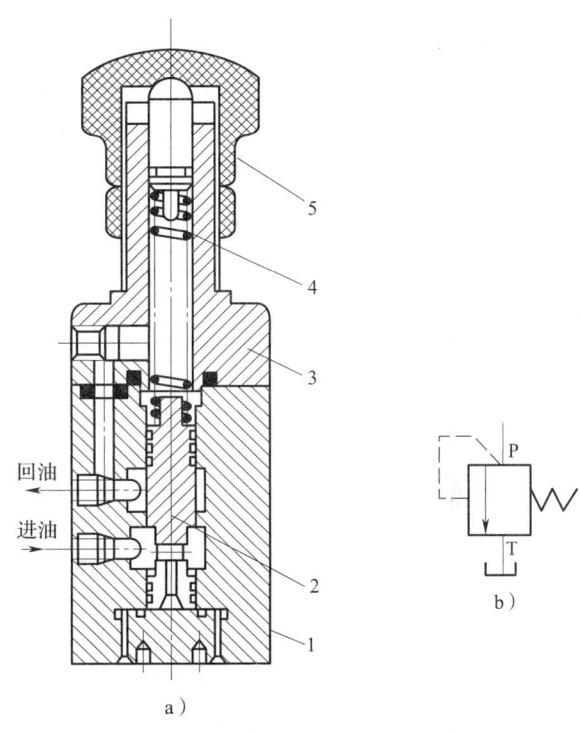

图 2-4-10 直动式 P – B 型溢流阀
a)结构图 b)图形符号
1- 阀体 2- 阀芯 3- 阀盖 4- 调压弹簧 5- 调压螺母

2)先导式溢流阀。图 2-4-11 所示为先导式溢流阀的工作原理。它由一个主阀和一个导阀组成。主阀的弹簧 2 是一个软弹簧,仅用于克服滑阀的摩擦力,称为平衡弹簧;而导阀的弹簧 4 则是一个硬弹簧,称为调压弹簧。压力油进入 A 腔,通过阻尼孔 L 进入 B 腔。当进油压力 p_1 小于平衡弹簧 2 的调整力时,钢球 3 不能顶开,因此 Ⅰ 腔、A 腔和 B 腔的压力相等,主阀 1 处于最下端,并切断 Ⅰ 腔与 Ⅱ 腔的通道。当 p_1 上升到克服导阀(钢球 3)的压力弹簧 4 所调整的弹簧力时,B 腔的液压油将钢球 3 顶开,于是 Ⅰ 腔的液压油经阻尼孔 L 流到 B 腔,再通过导阀流回油箱。由于液压油流经阻尼孔 L 时产生压力降,因而 B 腔的压力 p_2 低于 A 腔的压力,使主阀 1 两端产生压力差。这

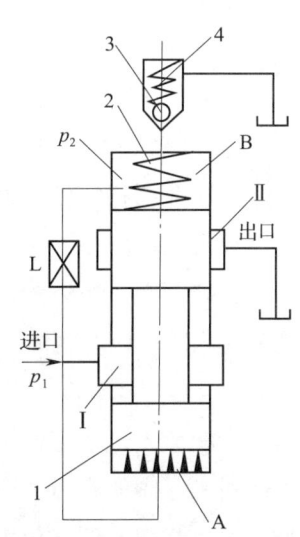

图 2-4-11 先导式溢流阀工作原理
1- 主阀 2、4- 弹簧 3- 钢球

个压力差克服弹簧2的弹簧力使主阀1上移，主阀进出油口相通，达到溢流和稳定压力的目的。

图2-4-12所示为Y型中压先导式溢流阀。Y型溢流阀除有进出油口外，还有一个远程控制口K用于远程控制。如果使控制口与油箱接通，则作用于滑阀2左端的推力将滑阀2推至右边位置，泵输出的液压油将以很低的压力流回油箱，系统卸荷。这种溢流阀结构简单，工艺性较好，但灵敏度不如直动式溢流阀，而且超调量大，动态特性较差。

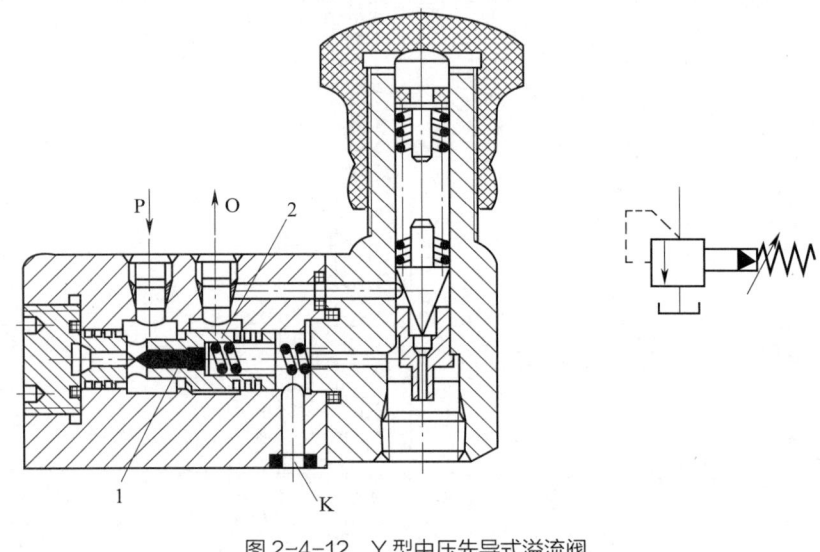

图2-4-12 Y型中压先导式溢流阀
1-阻尼小孔 2-滑阀

图2-4-13所示为YF型高压溢流阀，其最高工作压力可达32 MPa。它同样由先导阀和主阀两部分组成。压力油从进油口进入，经阻尼孔至主阀芯上部，再通过先导阀。当压力小于调定压力时，先导阀及主阀均关闭；压力增至调定值时，先导阀即开启，一部分液压油经阻尼孔至先导阀回油箱，使主阀芯两端形成压差，主阀开启而溢流。这种溢流阀稳定性较好，开启迅速，动作灵敏，动态性能较好；但因阀芯是三级同轴，工艺性较差。

（2）顺序阀。压力控制系统中有两个以上工作机构时，为了使各个工作机构按预先规定的顺序动作，就需要各种类型的顺序阀。

图2-4-14所示为一定位夹紧油路，要求先定位后夹紧。当换向阀左位接入油路时，压力油首先进入定位缸下腔，实现对工件定位；完成定位动作以后，系统压力升高，达到顺序阀调定压力时，顺序阀打开，压力油经顺序阀进入夹紧缸下腔，实现液压缸夹紧。当换向阀右位接入油路时，压力油同时进入定位缸和夹紧缸上腔，拔出定位销，松开工件。

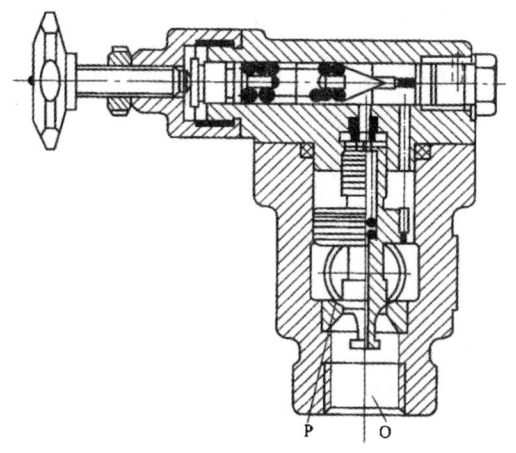

图 2-4-13 YF 型高压溢流阀

1）顺序阀的工作原理。如图 2-4-15 所示，进油口与第一工作机构相连，出油口与第二工作机构相连。当进口压力未达到顺序阀的预调压力时，阀关闭。当进口压力升高到预调压力时，滑阀在 A 腔所受到的推力克服弹簧力而使滑阀上移，将阀的通道打开，压力油进入第二工作机构的液压缸。顺序阀与 P 型溢流阀类似，都是利用进口压力与滑阀弹簧力相平衡以控制通道的关闭；不同之处是顺序阀是串联在油路中，出油口与工作机构相连，而溢流阀的出油口接油箱。顺序阀对密封要求较高，否则会影响各个工作机构顺序动作的可靠性。

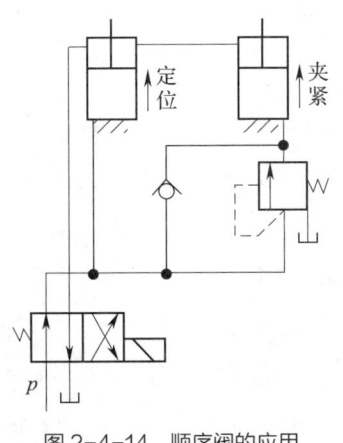

图 2-4-14 顺序阀的应用

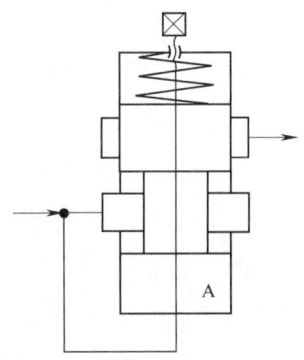

图 2-4-15 顺序阀的工作原理

2）顺序阀的结构。图 2-4-16a 所示为 X 型直动式顺序阀的结构，它由螺堵 1、下阀盖 2、控制活塞 3、阀体 4、阀芯 5、弹簧 6 等零件组成。当进油口的油压低于弹簧 6 的调定压力时，控制活塞 3 下端液压油向上的推力小，阀芯 5 处于最下端位置，阀口关闭，液压油不能通过顺序阀流出。当进油口油压达到弹簧调定压力时，阀芯 5 抬起，阀口开启，压力油即可从顺序阀的出口流出，使阀后的油路工作。直动式顺序阀、液控顺序阀、卸荷阀的图形符号如图 2-4-16b、c、d 所示。

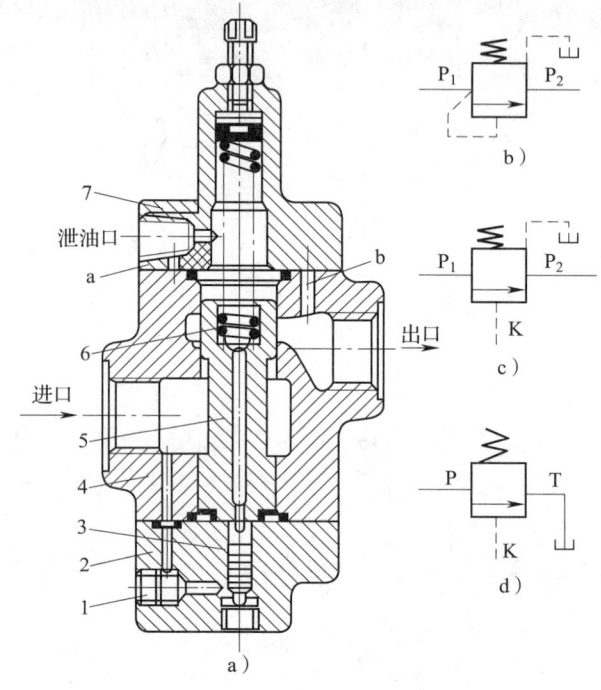

图 2-4-16 直动式顺序阀
a）X 型直动式顺序阀结构图　b）直动式顺序阀图形符号
c）液控顺序阀图形符号　d）卸荷阀图形符号
1-螺堵　2-下阀盖　3-控制活塞　4-阀体　5-阀芯　6-弹簧　7-外壳

顺序阀常与单向阀组合成单向顺序阀，这种阀可以防止或调整垂直机构因本身重量自行下降，使液压缸下腔中保持一定压力以代替平衡重锤，即作平衡阀用。

（3）减压阀。减压阀是一种将出口压力调节到低于进口压力的压力控制阀。按照工作原理，减压阀也有直动式和先导式之分，一般采用先导式减压阀。

1）减压阀的工作原理。图 2-4-17a 所示为减压阀的工作原理。进口压力 p_1 经缝隙 m 阻力作用产生压力降，出口压力降为 p_2 输出，并反馈作用于阀芯的底部。当液压系统支回路的负载增加，使 p_2 大于减压阀调整压力值时，作用于阀芯底部的推力随之增加，大于弹簧预调值时，阀芯便向上移动一小段距离，缝隙 m 减小，阻力增加，p_1 经缝隙 m 所产生的压力降增大，输出压力降低，使阀的出口压力 p_2 保持原调定压力值。当 p_2 小于阀所调整的压力时，阀芯所受推力小于弹簧力，阀芯向下移动一小段距离，使缝隙 m 增大，缝隙阻力下降，压力降减小，使 p_2 又升高，阀出口压力 p_2 保持原来调定的压力值。

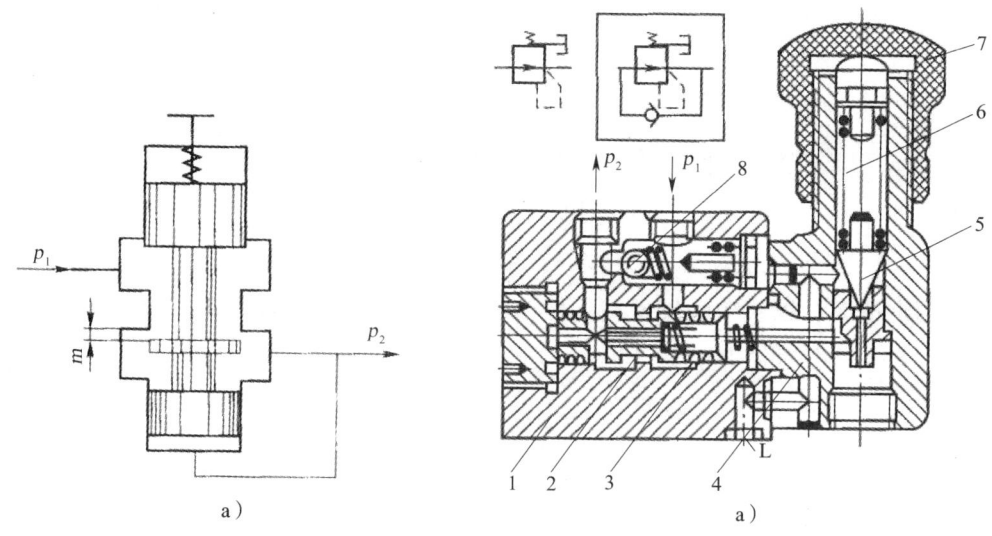

图 2-4-17 减压阀的工作原理
1- 阀体 2- 阀芯 3、6- 调压弹簧 4- 阀盖
5- 导阀 7- 螺母 8- 单向阀

同理,当进口压力 p_1 增大或减小时,减压缝隙 m 随之减小或增大,使出口压力 p_2 仍维持在原调定压力值上。因此,减压阀能随进口压力或出口压力的变化自动地调节缝隙 m,从而获得基本稳定的出口压力。

2)减压阀的结构。图 2-4-17b 所示为单向阀和减压阀组成的组合阀,由阀体 1、阀芯 2、调压弹簧 3、阀盖 4、导阀 5、调压弹簧 6、螺母 7 和单向阀 8 等组成。液压油 p_1 从进油口流入,并反馈到阀芯 2 左端,此时单向阀关闭,减压阀正常工作,出口油压 p_2 基本维持在导阀 5 预先调定的压力值上。当出口压力 p_2 或进口压力 p_1 变化时,减压阀阀芯自动左右移动,缝隙阻力随缝隙的变化而变化,最终使出口压力保持在预调值。通过螺母 7 调节调压弹簧 6 的预紧力,从而调定所需的出口减压值。当油液反向流动时,通过单向阀 8 流出。减压阀结构与溢流阀相似,所不同的是阀芯形状不同,阀芯由出口压力来控制,出口油压接执行元件,常态时进出油口相通,泄油口 L 必须单独接回油箱。其图形符号见图 2-4-17b 左上方。

3)减压阀的应用。在液压系统中,若某一支系统需要比主系统压力低的稳定油压,如机床液压系统中的定位、夹紧机构的支回路,所需的工作压力比主系统溢流阀所调定的压力低,此时可用减压阀。

(4)压力继电器。压力继电器是利用液体的压力来控制电气触头的接触或分离,从而使压力信号转换为电信号,使电气元件动作,实现程序控制和安全保护。如切削力过大时,实现自动退刀;刀架移动到指定位置碰到挡块后自动退出;在达到规定压力时，使电磁阀顺序动作；外负载过大时，关闭液压泵电动机；机床主轴轴承润滑系统发生故障时，保护主轴轴承不受损坏而自动停车等。压力继电器有滑阀式和薄膜式两种。

图 2-4-18 所示为膜片式压力继电器。当控制油口 K 的压力达到弹簧 7 的调定值时，压力油使膜片 1 上凸，柱塞 2 上升，柱塞上的圆锥面使钢球 5 和 6 做径向运动，促使杠杆 10 绕销轴 9 转动，其端部压下微动开关 11 发出电信号。当控制油压值小于弹簧的调定值时，弹簧 7 使柱塞 2 下移，钢球 5 和 6 又回落入柱塞的锥面，微动开关 11 复位，切断电信号并使杠杆 10 推回，电信号取消。压力继电器发出信号的压力值，可调节螺钉 4 达到，从而可以调节压下和松开微动开关的液压差值。

压力继电器常用的是 DP 型，其图形符号如图 2-4-18 右下图所示。

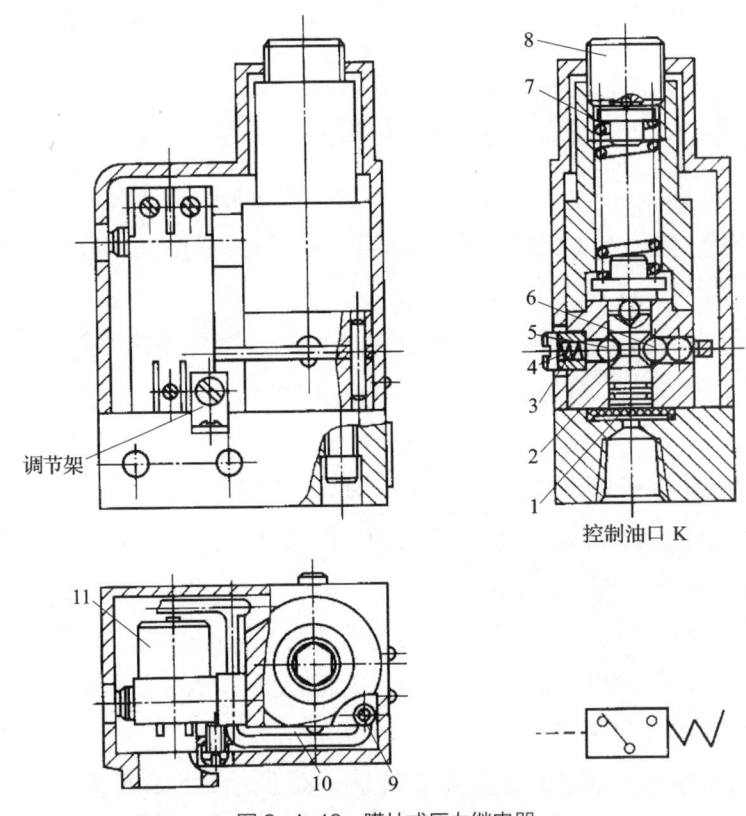

图 2-4-18 膜片式压力继电器
1-膜片　2-柱塞　3、7-弹簧　4-调节螺钉　5、6-钢球
8-调压螺钉　9-销轴　10-杠杆　11-微动开关

3. 流量控制阀

液压流量控制阀是靠改变节流口的大小来调节通过阀口的流量从而调节液压缸的速度和液压马达的转速。液压油流经小孔或缝隙时产生液压阻力，阀口的通流面积越小，液压油通过时的阻力就越大，通过的流量就越小，所以常用于节流调速系统中。

（1）节流阀。图 2-4-19 所示为普通节流阀。它的节流口形式为轴向三角槽式，油从进油口 P_1 流入，经阀芯左端的轴向三角槽后由出油口 P_2 流出。阀芯 1 始终紧贴在推杆 2 的端部。旋转手轮 3 可使推杆沿轴向移动，改变节流口的通流截面积，从而调节通过阀的流量。节流阀的图形符号如图 2-4-19b 所示。

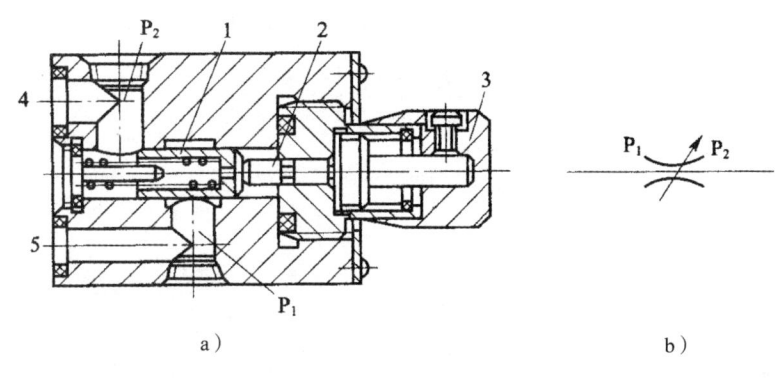

图 2-4-19 节流阀
a）结构图　b）图形符号
1- 阀芯　2- 推杆　3- 手轮　4- 出油口　5- 进油口

采用单向行程节流阀可使工作机构实现快进、工进和快退的目的。图 2-4-20 所示为单向行程节流阀的结构。液压油从 P_1 进入，从 P_2 流出。当挡块没有压上阀芯顶部的滚轮 3 时，阀芯 5 与阀体 4 之间形成的通流面积大，节流作用小。当挡块推压滚轮，阀芯便随之下移，于是形成的通流面积小。当液压油从 P_2 进入、P_1 流出时，单向阀 1 打开，与节流口无关。单向行程节流阀串联在液压缸的回油路中，可实现工作机构的减速至停止运动，以达到避免冲击和准确定位的目的。

（2）调速阀。调速阀一般是由定差减压阀与节流阀串联而成的组合阀。节流阀用来调节通过的流量；定差减压阀则自动补偿负载变化的影响，使节流阀前后的压差为定值，消除负载变化对流量的影响。

图 2-4-21 所示为调速阀的工作原理、图形符号和简化符号。

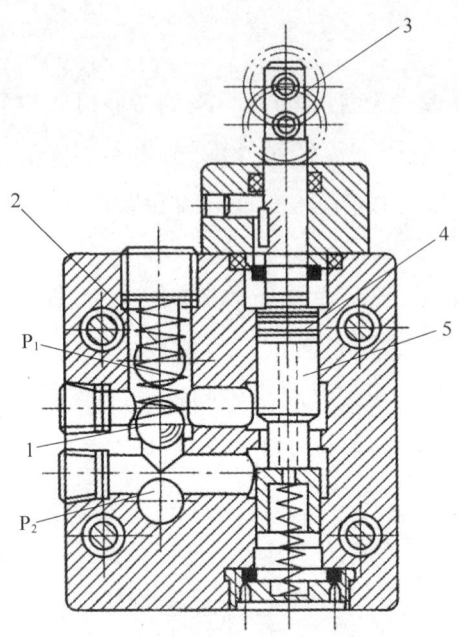

图 2-4-20 单向行程节流阀的结构
1- 单向阀 2- 弹簧 3- 滚轮 4- 阀体 5- 阀芯

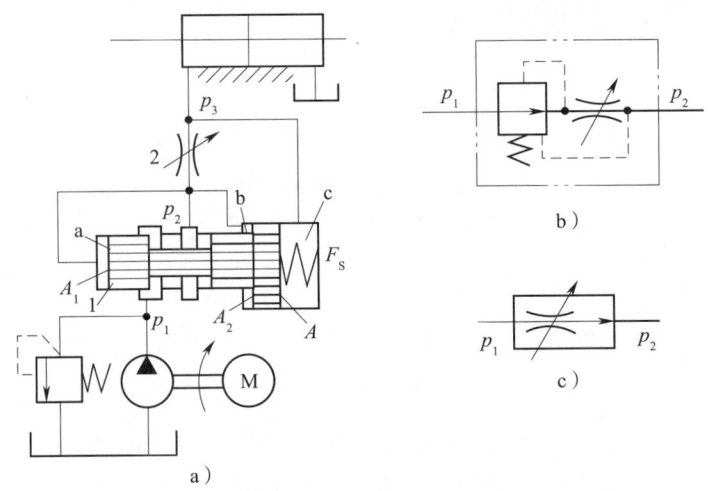

图 2-4-21 调速阀的工作原理、图形符号和简化符号
a）工作原理 b）图形符号 c）简化符号
1- 减压阀芯 2- 节流阀

若减压阀进口压力为 p_1，出口压力为 p_2，节流阀出口压力为 p_3，则减压阀 a 腔压力为 p_2，b 腔压力为 p_2，c 腔压力为 p_3；若减压阀 a、b、c 腔有效工作面积分别为 A_1、A_2、A，则 $A=A_1+A_2$。若忽略阀芯所受摩擦力、重力和液动力，则阀芯受力平衡方

程为：

$$p_2A_1+p_2A_2=p_3A+F_s$$

即

$$p_2-p_3=\Delta p=F_s/A$$

由于弹簧力 F_s 基本上不变，故节流阀两端的压差 $\Delta p=p_2-p_3$ 基本不变，相应通过节流阀的流量稳定。

图 2-4-22 所示为调速阀的结构。压力油从进油口进入环槽 f，经减压阀的阀口减压后至 e，再经孔 g、节流阀 2 的轴向三角节流槽、油腔 b、孔 a 至出口。节流阀前的压力油经孔 d 进入减压阀阀芯 3 大台肩的油腔，并经减压阀阀芯 3 的中心孔流入阀芯小端右腔；节流阀后的压力油则经孔 a、孔 c 至减压阀阀芯 3 大端的右腔。转动旋钮，使节流阀阀芯轴向移动，即可调节所需的流量。

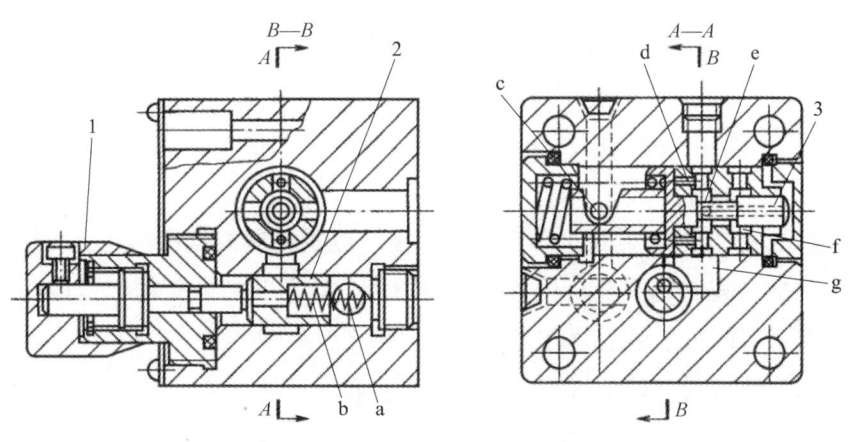

图 2-4-22 调速阀的结构
1- 旋钮 2- 节流阀 3- 减压阀阀芯

三、液压阀的装配

液压阀的装配既有普通机械产品装配的共性，又有其自身的特点。即使用来装配液压阀的所有零部件都是合格产品，如果装配不精心，方法不得当，所装配的液压阀产品仍有可能成为不合格产品。因此装配在液压阀生产中是影响产品性能和质量的重要环节。

装配是整个液压阀制造过程中的后期工作。各个零部件（包括自制的、外购的、外协的）需经过正确的装配，才能形成最终产品。通常液压阀装配工艺由零件装入、以各种方式连接、各级部件装配、总装配等一系列工序和操作组成。经加工完成并检验合格的零件，必须在投入装配前进行清洗等各种装配准备工作。在装配过程中和装配后，要保证零部件的尺寸、形状和位置关系，保证达到设计规定的使用功能和质量要求。

1. 液压阀装配前的准备工作

（1）熟悉液压系统图、液压组装图（或管路布置图）、安装说明书及安装顺序等。

（2）清点液压阀零部件并分类摆放。检验阀的包装，若包装有破损，应确认是否有杂物进入阀内，必要时可以考虑拆卸清洗。

（3）检验液压阀。对于新购的阀，检查其外观有无磕碰，视情况决定退货或进一步检查阀内有无损坏而决定取舍。若是使用过的阀，应检测阀的性能。各类阀的一般检验包括以下内容。

1）方向控制阀应检测其换向状况（操作力、电流大小等）、压力损失和内外泄漏等。

2）压力控制阀应检测其调压状况（动作灵活性和可靠性等）、所调定的开启压力和闭合压力、外泄漏等。

3）流量控制阀应检测其调节状况、最小稳定流量、最大流量、外泄漏等。

检测合格后，将阀调到安全位置，如压力阀的调压螺钉应拧松，节流阀阀口应调到最大等。最后将阀口用堵头暂时封堵，用塑料袋包裹阀体后妥善放置，等待安装。

（4）准备安装材料，如密封件、连接件、安装工具等。

2. 液压阀装配方法和装配顺序

机械产品的装配方法一般可分为单件装配法、完全互换法、选配法（不完全互换法）、修配法和调整法五种。液压阀装配中，常用完全互换法和选配法来进行装配。

完全互换法是要求任何一个零件不再经过修配及补充加工，就能满足技术要求的装配方法。采用这种装配方法，零件制造精度要求较高，制造费用高，但有利于组织装配流水线和专业化协作生产，故多用于大批量生产。

选配法（不完全互换法）是指按照严格的尺寸范围将零件分成若干组，然后将对应的各组配合件装配在一起，以达到所要求的装配精度的装配方法。采用这种装配方法，零件的制造公差可适当放大，故多用于成批生产的某些精密配合件。

液压阀的装配次序一般是先下后上，先内后外，先难后易。通常是先重大后轻小，先精密后一般。处于同一方位的工作应集中安排，以免装配过程中零件翻身移位。使用同一工艺设备时也应集中安排，以免运输迂回或设备重复。

3. 液压阀安装注意事项

在安装液压系统过程中，阀的安装工作量相对较小（管路的配装工作量相对较大）。

（1）安装时应严格遵守安装顺序。

（2）应注意液压阀之间、阀与管路之间的连接形式，如有螺纹、法兰、板式、叠加、集成、插接等。连接方式虽然不同，但在对接处都有密封装置，并且都采用螺纹连接对阀体进行固定。

（3）由于密封材料多为耐油橡胶，安装时，为避免密封圈离槽、咬边，可在密封圈上涂液压油，或者在阀与阀的接合面上涂润滑脂。

（4）对于使用螺栓组连接的阀，拧紧方法与一般机械安装方法相同，即按对角顺序拧紧螺钉（或螺栓），且至少分两次将其拧紧，以使各个螺钉受力均匀。

（5）对于连接管路，一般采用配装法，即现场截取长度、现场扩口或焊接，这应该由有经验的人员操作。

（6）安装质量较大的阀时（有的大流量阀重达几十千克），应考虑吊装、临时支承措施。

四、液压阀的调试

1. 液压阀调试前的准备工作

（1）对于购置的液压阀，要严格按照安装说明书进行调试。

（2）对于自行设计的液压系统，调试前应明确调试目的、要求和性能指标（指标不一定太高，满足使用要求即可）。

（3）必须根据具体情况制定出详细的调试规程，并且详细记录调试过程及问题。

2. 液压阀一般调试顺序

（1）空载运行调试。空载运行中试操作换向阀，逐步加载调节压力阀，最后调试流量阀即调试执行元件的速度。调试压力阀之前，应将O型和Y型机能的换向阀处在常态位置；对于能使泵卸荷的换向阀，应使其停在工作位置上（液压缸处在完全收回状态)。

（2）调试压力。调试压力时，各待调节压力阀的调压弹簧都应该按从松到紧、压力值从低到高的顺序进行调节。应从压力调定值高的主要的溢流阀（如泵口溢流阀）开始，依次调整各个支回路的各种压力阀。调整完成后，将高压螺钉锁紧甚至加封。

（3）调试流量阀。调试流量阀（调执行元件的速度）时，应在正常工作压力和油温下进行。应关闭其余回路，依次对各个速度回路调试。

调试期间，对所用到的电磁换向阀，应用手动操纵。调试后，要求执行元件的启动、停止应平稳，在最低速度运动时不应出现爬行现象。

学习单元 2　液压系统的整体连接安装与调试

一、压力控制回路

1. 压力控制回路的基本功能

压力控制回路是利用压力控制阀控制液压系统压力的基本回路，可实现调压、限压、减压、卸荷和平衡控制功能。

2. 压力控制回路的基本类型

压力控制回路主要有减压回路、调压回路、卸荷回路、平衡回路和背压回路。

3. 典型压力控制回路的工作原理

（1）减压回路。图 2-4-23 所示为减压回路。减压回路的控制过程与调整要点如下。

1）作用。在液压系统中，当某个执行元件或某条支油路所需工作压力必须低于由溢流阀调定的主油路油压时，可采用减压回路。

2）控制过程。图 2-4-23 所示为用于定位、夹紧液压控制的减压回路。液压泵出口压力由溢流阀 1 调定，以满足主油路油压的需要。定位、夹紧的支油路油压由减压阀 2 调定，减压阀的调压值必须满足定位、夹紧所需的工作油压，调定后的减压阀出口压力基本不变。

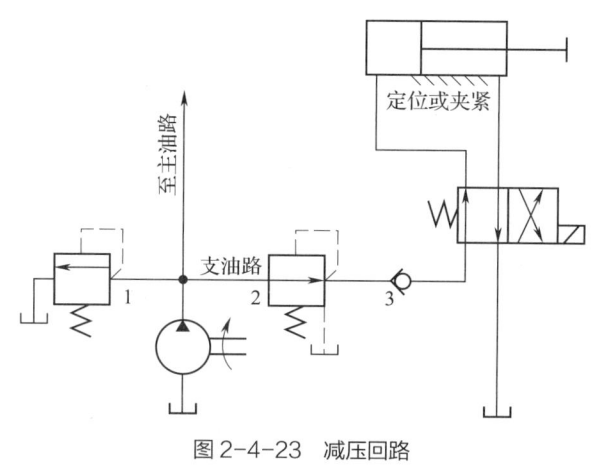

图 2-4-23　减压回路
1—溢流阀　2—减压阀　3—单向阀

3）调整。为使减压阀正常工作，减压阀的最低调压值应大于 0.5 MPa，调压的最高值至少应比溢流阀调压值低 0.5 MPa。在减压阀出口一般都接一个单向阀 3，目的是当主油路执行元件快进时，单向阀阻止支油路油液反流，这样支油路中定位、夹紧系统短时间内不会使处于夹紧状态的机械松开。

4）辅助设置。减压回路可在单向阀出口处设置蓄能器，目的是即使在停电状态下也能使支油路保证足够的油压，避免发生事故。

（2）调压回路。图 2-4-24 所示为调压回路。调压回路是液压系统供油环节压力控制的基本回路。

1）单级调压回路。图 2-4-24a 所示为单级调压定量泵供油系统。液压泵 1 的出口连接一个溢流阀 2，溢流阀的调压值根据负载需要的最高油压及系统的压力损失来确定，但不能调得太高，否则会增大功率损耗及油液发热。通常溢流阀调压值为系统中执行元件最大工作压力的 1.05 ~ 1.10 倍。

2）多级调压回路。图 2-4-24b 所示为二级调压定量泵供油系统。液压泵出口连接两个溢流阀，由一个二位二通电磁换向阀控制，起到远程调压作用。其远程控制的原理是，先导式 Y 型溢流阀 2 的远程控制口 K 接一个远程调压阀 3（即溢流阀），远程调压阀 3 的出口接二位二通电磁阀 4。当电磁阀 4 的电磁铁断电时（图示位置，左位接入系统），液压泵 1 出口压力由溢流阀 2 调定。当电磁阀 4 的电磁铁通电时（即右位接入系统），泵的出口压力由远程调压阀 3 调定。远程调压阀 3 调定的压力值应低于溢流阀 2 的调定值，否则远程调压阀 3 不起作用，也就得不到二级油压。适当采用控制阀还能实现三级调压甚至多级调压。

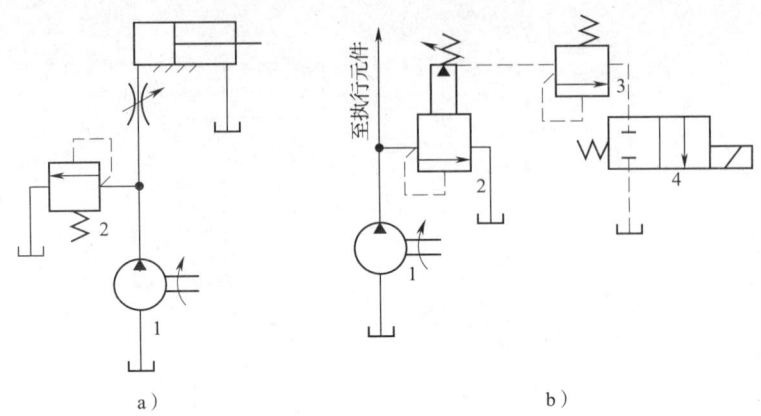

图 2-4-24 调压回路
a）单级调压回路 b）二级调压回路
1- 液压泵 2- 溢流阀 3- 远程调压阀 4- 电磁阀

（3）卸荷回路。图 2-4-25 所示为卸荷回路。卸荷回路的作用是在液压泵不停转的情况下使泵出口油液流回油箱，而泵在无压力或很低的压力下运转，以减小功率损耗，降低系统发热，延长液压泵和电动机的使用寿命。卸荷回路的控制过程如下。

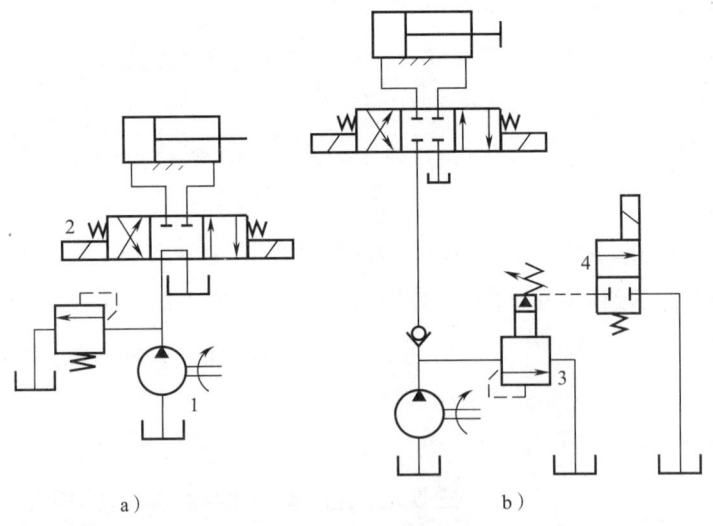

图 2-4-25 卸荷回路
1- 液压泵 2- 电磁换向阀 3- 溢流阀 4- 电磁阀

1）图 2-4-25a 所示卸荷回路，采用三位四通电磁换向阀 2 的 M 型中位滑阀机能（也可用 H 型）来实现液压泵 1 的卸荷。即电磁换向阀 2 处于中位时，泵出口油液通过电磁换向阀 2 直接流回油箱。

2）图 2-4-25b 所示是采用溢流阀 3 和电磁阀 4 组合实现卸荷的。当电磁阀 4 的电磁铁通电，即上位接入系统时，泵输出的油液由溢流阀 3 控制口 K 经电磁阀 4 流回油箱，溢流阀 3 主阀失去平衡而移动，进出油口连通，泵中的大量油液经溢流阀 3 出油口流回油箱。

3）卸荷回路也可用二位二通或二位三通电磁阀直接使泵卸荷（阀和泵的额定流量应一致）。还可采用双泵供油的方法，即当执行机构切削慢进时，小流量泵供油，从大流量泵出油口流回油箱。

（4）平衡回路。图 2-4-26 所示为平衡回路。在液压系统中，为防止竖直液压缸中活塞或缸体等运动部件因自重而下落或因载荷突然减小产生突然行进，可在运动部件下移的回路上设置平衡阀或液控单向阀。平衡回路的控制过程如下。

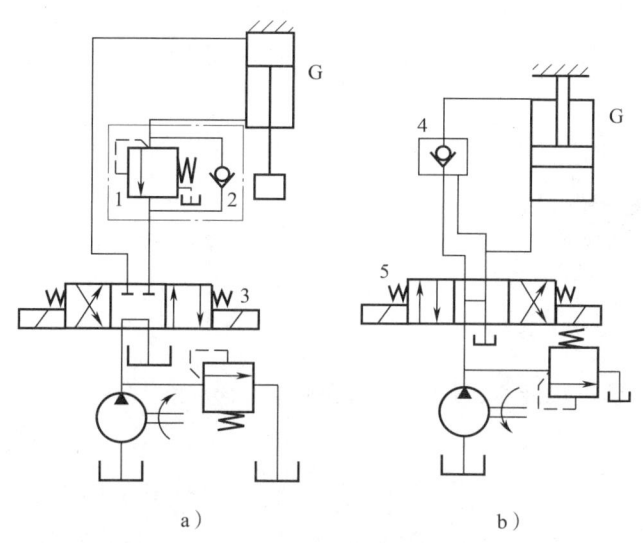

图 2-4-26 平衡回路
1- 顺序阀（平衡阀） 2- 单向阀 3、5- 换向阀 4- 液控单向阀

1）图 2-4-26a 所示为用顺序阀 1 作为平衡阀的平衡回路。顺序阀 1 的调压值应略大于液压缸 G 运动部件的自重在液压缸下腔形成的压力。当换向阀 3 处于中位、泵卸荷、缸不工作时，顺序阀 1 和单向阀 2 关闭，缸下腔油液无法流出，运动部件不会自行下滑。当换向阀右位接入系统，缸上腔通入液压油，使缸下腔产生的压力大于顺序阀的调压值，顺序阀打开，活塞等运动部件下行，不会产生超速下降现象。

2）图 2-4-26b 所示为采用液控单向阀 4 的平衡回路。当换向阀 5 中位接入时，液压泵和液控单向阀控制口卸荷，液控单向阀将液压缸 G 上腔回路切断，使液压缸 G

不会因自重而下滑。换向阀 5 中位滑阀机能应采用 H 型，使液控单向阀控制口油液卸掉。

（5）背压回路。在液压系统中，为了提高液压缸回油腔的压力（常称背压），增加进给运动时的平稳性，避免冲撞现象，一般在液压缸的回油路上设置顺序阀或溢流阀作为背压阀。

1）控制过程。图 2-4-27 所示为背压回路。当换向阀 3 的右位接入系统时，液压油进入液压缸 G 的右腔，左腔油液经换向阀 3 和背压阀 2 流回油箱。

2）调整。背压阀的调压值一般为 0.3～0.5 MPa，压力太低效果差，压力太高损失大。普通单向阀也可用作背压阀，不过弹簧应更换为刚度大一点的，确保开启压力达到 0.3～0.5 MPa。如图 2-4-27 所示，溢流阀 1 是系统的调压阀。

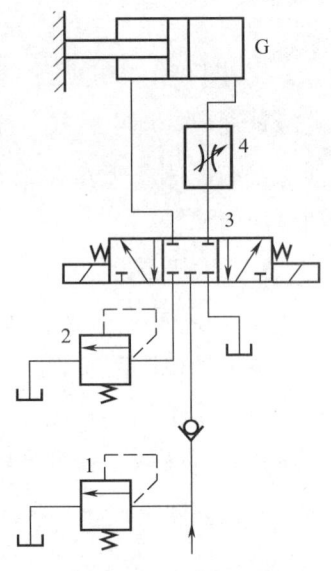

图 2-4-27 背压回路
1- 溢流阀 2- 背压阀
3- 换向阀 4- 调速阀

二、速度控制回路

1. 速度控制回路的基本功能

速度控制回路是控制液压系统中执行元件运动速度的回路，可实现调速、增速和速度换接等控制功能。

2. 速度控制回路的基本类型

（1）调速回路。有定量泵节流调速回路、变量泵节流调速回路、变量泵调速回路。

（2）增速回路。有差动连接增速回路、双泵供油增速回路。

（3）速度换接回路。有快速 - 慢速切换回路、慢速 - 慢速切换回路。

3. 典型速度控制回路的工作原理

速度控制回路是控制液压系统中执行元件运动速度的回路，常用的调速、增速和速度换接回路控制原理如下。

（1）调速回路。调速回路用于调节液压缸等执行元件的运动速度，以适应液压系统执行元件运动速度的需要。液压系统典型的调速回路见表 2-4-2。

表 2-4-2 液压系统典型调速回路

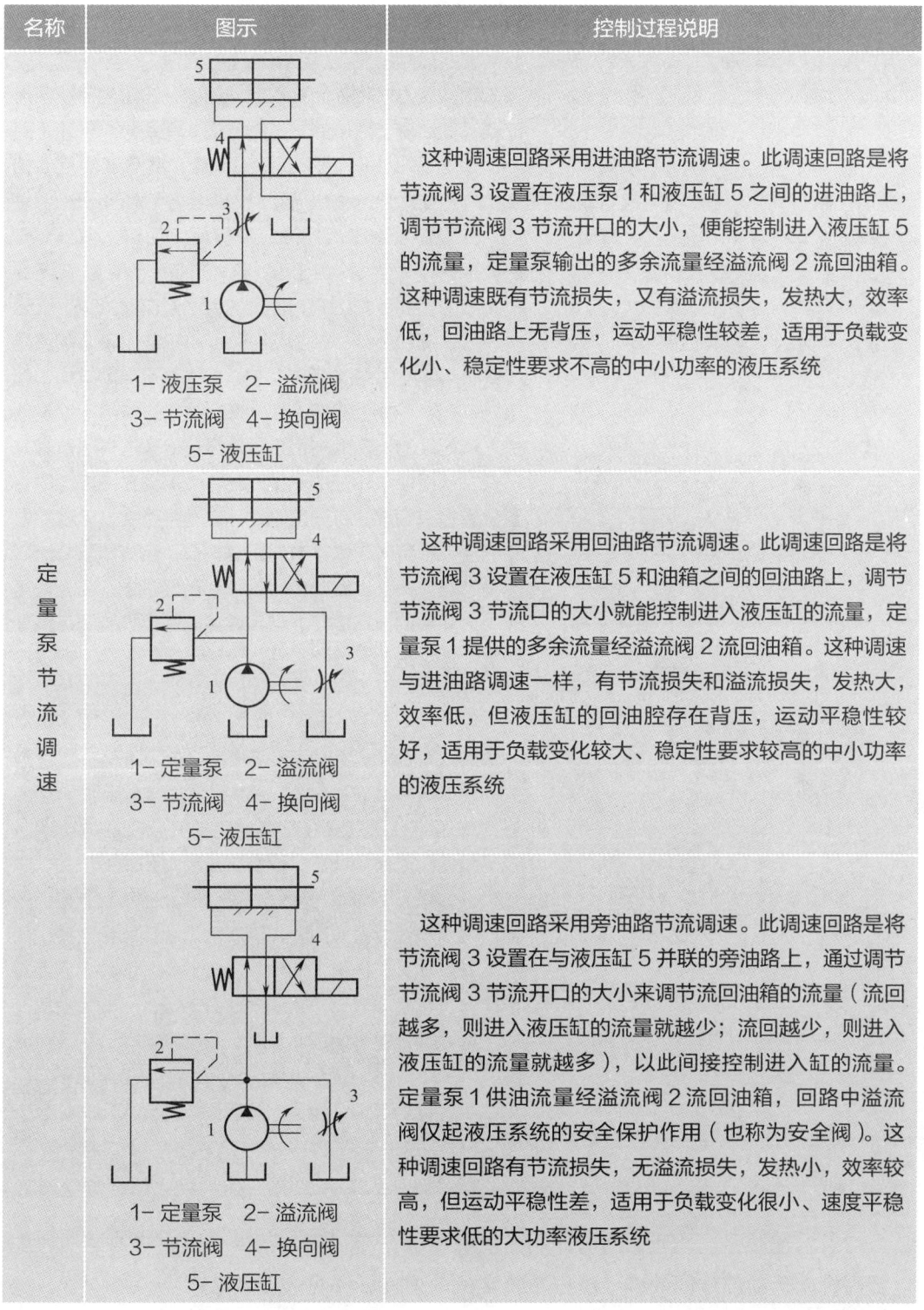

名称	图示	控制过程说明
定量泵节流调速	1-液压泵　2-溢流阀　3-节流阀　4-换向阀　5-液压缸	这种调速回路采用进油路节流调速。此调速回路是将节流阀3设置在液压泵1和液压缸5之间的进油路上，调节节流阀3节流开口的大小，便能控制进入液压缸5的流量，定量泵输出的多余流量经溢流阀2流回油箱。这种调速既有节流损失，又有溢流损失，发热大，效率低，回油路上无背压，运动平稳性较差，适用于负载变化小、稳定性要求不高的中小功率的液压系统
	1-定量泵　2-溢流阀　3-节流阀　4-换向阀　5-液压缸	这种调速回路采用回油路节流调速。此调速回路是将节流阀3设置在液压缸5和油箱之间的回油路上，调节节流阀3节流口的大小就能控制进入液压缸的流量，定量泵1提供的多余流量经溢流阀2流回油箱。这种调速与进油路调速一样，有节流损失和溢流损失，发热大，效率低，但液压缸的回油腔存在背压，运动平稳性较好，适用于负载变化较大、稳定性要求较高的中小功率的液压系统
	1-定量泵　2-溢流阀　3-节流阀　4-换向阀　5-液压缸	这种调速回路采用旁油路节流调速。此调速回路是将节流阀3设置在与液压缸5并联的旁油路上，通过调节节流阀3节流开口的大小来调节流回油箱的流量（流回越多，则进入液压缸的流量就越少；流回越少，则进入液压缸的流量就越多），以此间接控制进入缸的流量。定量泵1供油流量经溢流阀2流回油箱，回路中溢流阀仅起液压系统的安全保护作用（也称为安全阀）。这种调速回路有节流损失，无溢流损失，发热小，效率较高，但运动平稳性差，适用于负载变化很小、速度平稳性要求低的大功率液压系统

续表

名称	图示	控制过程说明
变量泵节流调速	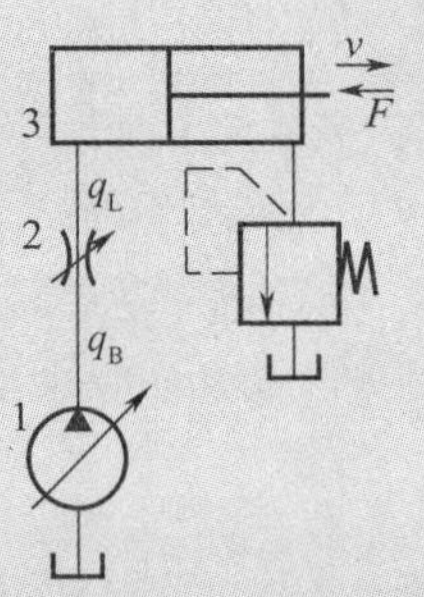 1-变量泵 2-节流阀 3-液压缸	这种调速方式也称为容积节流调速，它是用变量泵与流量阀联合调节速度的。压力反馈式变量泵1供油，用节流阀2调节进入液压缸3的流量来调节缸的运动速度，并使变量泵的输出流量自动与液压缸所需流量相适应。变量泵1输出液压油经节流阀2后进入液压缸3的流量为q_L。当泵输出流量q_B大于节流阀2的流量q_L时，泵的供油压力上升，使泵的供油量自动减少，直至$q_B \approx q_L$；反之，当泵输出流量q_B小于节流阀2的流量q_L时，泵的供油压力下降，使泵的供油量自动增加，直至$q_B \approx q_L$。由此可见，节流阀在这里的作用不仅是使进入液压缸的流量保持恒定，而且还使泵的供油量基本不变，从而使泵和缸的流量匹配。节流阀在油路上的安置位置也有两种，其速度刚性、运动平稳性、承载能力和调速范围都和定量泵节流调速相似，但变量泵节流调速没有溢流损失，发热少，功率利用好，效率高，适用于中大功率的液压系统。若用调速阀替代节流阀可提高速度刚性和运动平稳性
变量泵调速	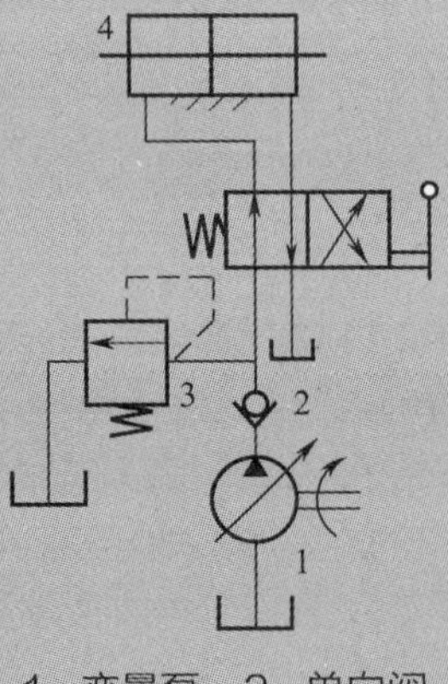 1-变量泵 2-单向阀 3-溢流阀 4-液压缸	这种调速方式也称为容积调速，它是用改变变量泵的输出流量来调节速度的。图中变量泵1输出油液直接进入液压缸4，根据液压缸4运动速度所需流量通过变量泵输出流量来调节，没有节流损失和溢流损失，发热少，效率高，功率利用好，工作压力随负载变化而变化，但由于变量泵有泄漏，液压缸运动速度会随负载的加大而降低，在低速下的承载能力很差。这种调速回路适用于负载功率较大、运动速度高的场合，如大型机床的主运动系统或进给运动系统。图中单向阀2用于在变量泵停止工作时防止系统中的油液倒回冲击泵而引起启动不平稳，溢流阀3用于限定回路中的最大压力，起安全保护作用

（2）增速回路。增速回路的作用是使液压缸在空行程时获得尽可能快的运动速度，以提高机床运动部件的效率。液压系统常见的增速回路见表2-4-3。

表 2-4-3 液压系统常见增速回路

名称	图示	控制过程说明
差动连接增速回路	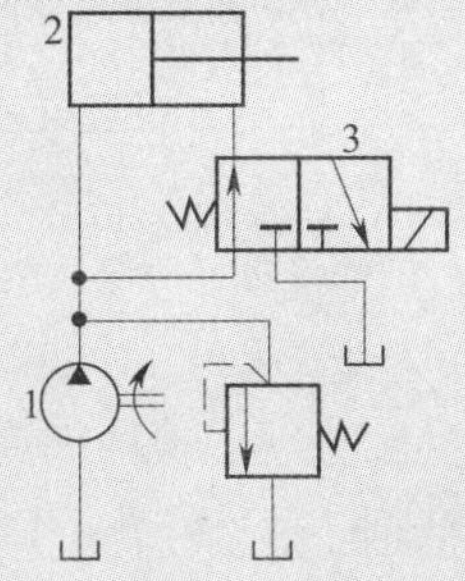 1- 液压泵　2- 液压缸 3- 电磁阀	如图所示为单活塞杆液压缸差动连接增速回路。二位三通电磁阀 3 电磁铁断电处于图示位置时，液压泵 1 供油进入液压缸 2 左右两腔连成差动形式，活塞快速向右运动。电磁阀 3 通电，右位接入系统，液压缸无杆腔进油，有杆腔回油，接成非差动形式。差动连接也可用三位四通换向阀 P 型中位机能或其他方法来实现
双泵供油增速回路	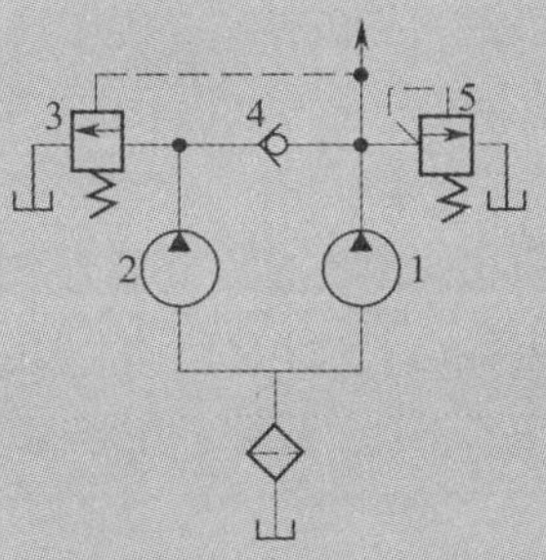 1- 小流量泵　2- 大流量泵 3- 液控顺序阀　4- 单向阀 5- 溢流阀	如图所示为双泵供油增速回路。回路中的供油动力可以是双联泵，也可以由两只泵并联而成（一只为小流量泵，一只为大流量泵）。小流量泵 1 的流量规格可按液压缸最大工作进给速度的需要确定，工作压力由溢流阀 5 调定，满足克服最大负载的需要。大流量泵 2 起增速作用，大流量泵 2 和小流量泵 1 的流量加在一起应满足液压缸空行程快速运动所需流量的要求。液控顺序阀 3 用于控制泵 2 卸荷，其调压值应比空行程快速运动时的工作压力高 0.5～0.8 MPa。工作过程如下：快速运动时，由于负载（阻力）小，系统压力低，液控顺序阀 3 关闭，泵 2 供油经单向阀 4 与小流量泵 1 的油流汇合在一起进入液压缸，实现快速运动；当液压缸实现切削进给运动时，系统压力升高，单向阀 4 被油压关闭，而液控顺序阀 3 被打开，大流量泵 2 输出油液经液控顺序阀 3 流回油箱卸荷，此时仅由小流量泵 1 向液压缸供油，实现切削进给运动。这种回路节省功率损耗，减少油液发热，传动效率较高

（3）速度换接回路。速度换接回路的作用是实现液压缸运动速度的切换，通常有快速转换成慢速（工进）、第一慢速转换成第二慢速两大类。液压系统典型的速度换接回路见表 2-4-4。

表 2-4-4　液压系统典型速度换接回路

名称	图示	控制过程说明
快速－慢速切换回路	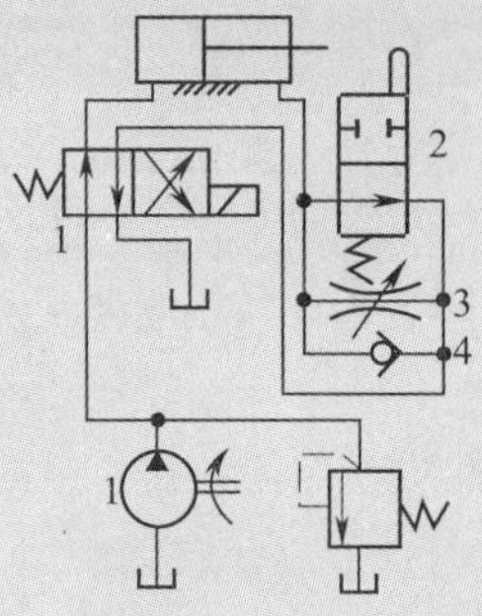 1－电磁阀　2－换向阀 3－节流阀　4－单向阀	如图所示为使用行程换向阀的切换回路。二位四通电磁换向阀左位接入系统，二位二通换向阀 2 下位接入系统，液压缸活塞快速向右运动。当活塞运动到挡块压下行程换向阀 2 时，换向阀 2 上位接入系统，行程阀关闭，液压缸回油必须通过节流阀 3，实现定量泵的节流调速，活塞由快速转换成慢速。这种切换回路，切换位置准确，速度转换比较平稳，但不能随意更改行程阀的安装位置。图中的行程阀改为电磁换向阀，并通过挡块压下电气行程开关来控制电磁换向阀工作，也可实现上述速度的切换，电磁换向阀的安装位置比较灵活，但切换平稳性和准确性都比行程阀差
第一慢速－第二慢速切换回路	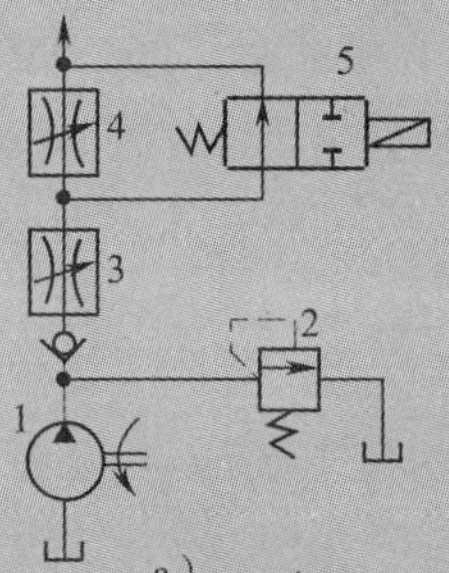 a) 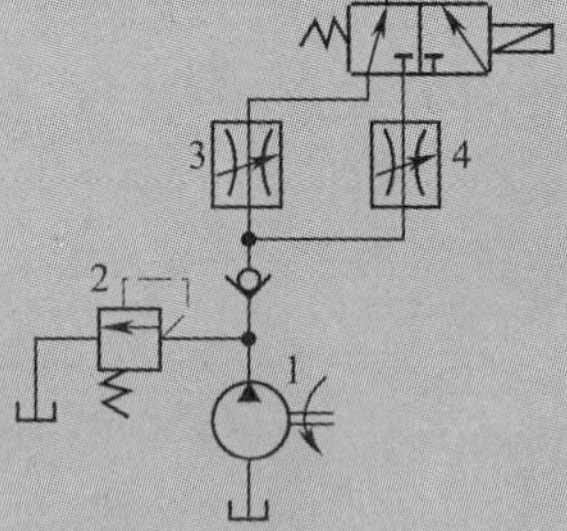 b) 1－液压泵　2－溢流阀 3、4－调速阀 5－电磁阀	图 a 所示为调速阀串联的二次进给回路。调速阀 3 用于第一次节流调速，调速阀 4 用于第二次节流调速。液压泵供油经调速阀 3 和二位二通电磁阀 5 进入液压缸，液压缸的运动速度由调速阀 3 调节，实现第一次进给。当电磁阀 5 电磁铁通电后（右位接入系统），泵供油经调速阀 3 和 4 进入液压缸，液压缸的运动速度由调速阀 4 调节，实现第二次进给。此运动的实现条件是调速阀 3 的节流开口必须大于调速阀 4 的节流开口 图 b 所示为调速阀并联的二次进给回路。液压泵 1 供油经调速阀 3 和二位三通电磁阀 5 进入液压缸，液压缸运动速度由调速阀 3 调节，实现第一次进给。当电磁阀 5 的电磁铁通电后（右位接入系统），泵供油经调速阀 4 和电磁阀 5 进入液压缸，液压缸运动速度由调速阀 4 调定，实现第二次进给。当一个调速阀工作时，另一个调速阀出口被封闭，这样，这个调速阀中的减压阀处于最大开口位置，当转入工作状态时，减压阀来不及反应，使调速阀的通过流量开始瞬间过大，会产生液压缸突然前冲的现象，但两只调速阀节流开口之间无须规定大小。一般第一次进给速度较快，用于粗加工；第二次进给速度较慢，用于精加工

三、顺序控制回路

1. 顺序控制回路的基本功能

在一个液压泵要驱动几个液压缸,而这些液压缸的运动又需要按一定的顺序要求依次动作时,采用顺序动作回路可实现液压缸的顺序动作控制功能。

2. 顺序控制回路的基本类型

典型的顺序控制回路有顺序阀控制的回路、压力继电器控制的回路、电气行程开关控制的回路。

3. 典型顺序动作回路的工作原理

液压系统典型顺序动作回路见表 2-4-5。

表 2-4-5 液压系统典型顺序动作回路

名称	图示	控制过程说明
用顺序阀控制的顺序动作回路	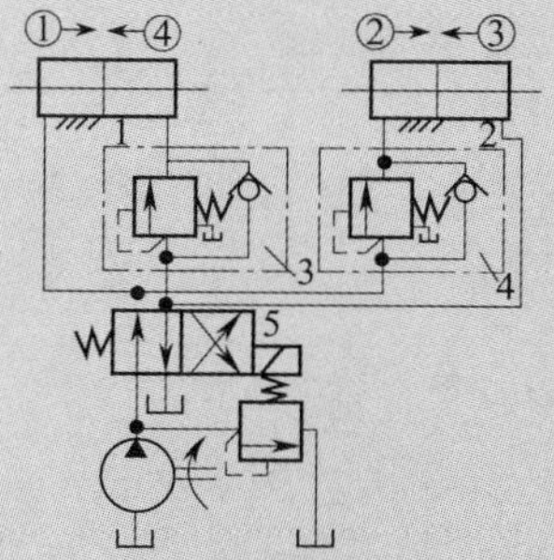 1、2—液压缸 3、4—单向顺序阀 5—换向阀	如图所示为顺序阀控制的顺序动作回路,回路中使用了两只单向顺序阀 3 和 4。液压泵供油进入液压缸 1 的左腔和单向顺序阀 4 的进油口,液压缸 1 先向右运动(①),此时进油路压力较低,阀 4 处于关闭状态。当液压缸 1 向右运动到行程终点碰到挡铁后,油压升高,达到和超过阀 4 中顺序阀的调压值时,顺序阀打开,液压油进入液压缸 2 的左腔,液压缸 2 向右运动(②)。当液压缸 2 向右运动到行程终点时,挡铁压下电气行程开关(图中未画出)发信,二位四通电磁换向阀 5 通电,右位接入系统,此时液压油进入液压缸 2 的右腔和单向顺序阀 3 的进油口,液压缸 2 向左返回(③),当液压缸 2 向左到达行程终点,油压升高到阀 3 中顺序阀的调压值时,顺序阀打开,液压缸 1 向左返回(④),由此实现了图中所示的液压缸 1 和液压缸 2 的顺序动作

续表

名称	图示	控制过程说明
		这里需要指出的是，使用顺序阀控制顺序动作回路时，顺序动作的准确可靠，很大程度上取决于顺序阀的性能和调压值。为保证顺序动作可靠有序，顺序阀调压值应比先动作缸所需的最大压力高 0.8～1 MPa，避免由于压力波动或外载变化而产生误动作。在接法上，顺序阀的进油口接先动作缸，出油口接后动作缸，才能确保先后动作。使用顺序阀时应并联一个单向阀或采用单向顺序组合阀才能实现液压缸的返回运动。这种回路适用于液压缸数少、阻力变化小的液压系统
用压力继电器控制的顺序动作回路	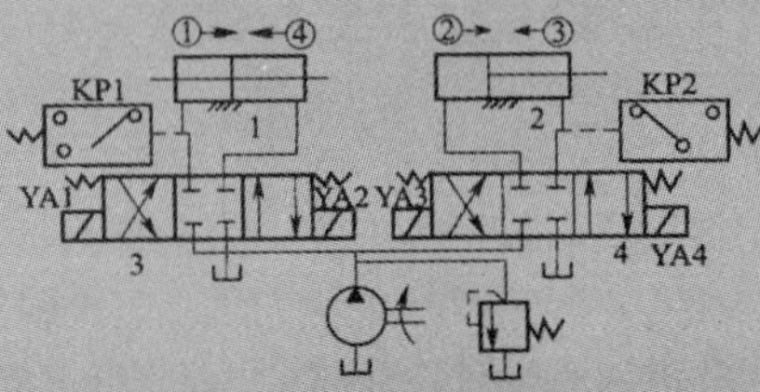 1、2- 液压缸 3、4- 换向阀	如图所示为压力继电器控制的动作回路，回路中用了两只压力继电器 KP1 和 KP2。当三位四通电磁换向阀 3 的电磁铁 YA2 通电时，换向阀 3 右位接入系统，液压油进入液压缸 1 左腔推动活塞向右运动（①）。当液压缸 1 行程终了时，油压升高，使压力继电器 KP1 动作发出电信号，使三位四通换向阀 4 的 YA4 通电，换向阀 4 右位接入系统，液压油进入液压缸 2 左腔推动活塞向右运动（②），实现液压缸 1 先动作，液压缸 2 后动作。当液压缸 2 行程到终点时，压力继电器发出电信号使 YA3 通电（YA4 断电），液压缸 2 向左返回（③）。当液压缸 2 向左行程终了时，油压升高，使压力继电器 KP2 动作发出电信号，使 YA1 通电（YA2 断电），液压缸 1 向左返回（④），实现液压缸 2 先动作，液压缸 1 后动作。由于压力继电器的控制，使图中的两只液压缸依次先后顺序动作。为了防止压力继电器发生误动作，压力继电器性能应予保证，其在回路中的调整压力应比先动作的液压缸的最高工作压力高 0.3～0.5 MPa，但应比溢流阀的调压值低 0.3～0.5 MPa

续表

名称	图示	控制过程说明
用电气行程开关控制的顺序动作回路	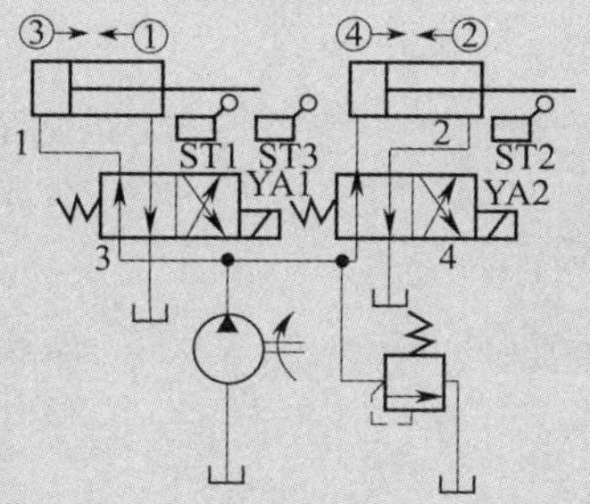 1、2—液压缸　3、4—换向阀	如图所示为电气行程开关控制的顺序动作回路。这种回路是利用运动部件到达一定位置时电气行程开关发出电信号来控制液压缸的顺序动作。当电磁铁 YA1 通电时，液压缸 1 活塞向左运动（①）。当液压缸 1 行程终了时，触动电气行程开关 ST1 发出电信号，使 YA2 通电，液压缸 2 活塞向左运动（②），实现液压缸 1 先动作，液压缸 2 后动作。当液压缸 2 向左行程终了时，ST2 发出电信号，使 YA1 断电，液压缸 1 活塞向右返回（③）。当液压缸 1 向右行程终了时，ST3 发出电信号，使 YA2 断电，液压缸 2 活塞向右返回（④），实现液压缸 1 先动作，液压缸 2 后动作。由于电气行程开关的控制，使两只液压缸依次先后顺序动作。这种回路，液压缸的顺序动作比较可靠，若要改变液压缸的顺序，调整也比较方便

四、方向控制回路和同步回路

1. 基本功能

方向控制回路可实现液压缸启动、停止或换向的控制功能。同步回路可实现两个以上液压缸同位、同速移动的控制功能。

2. 工作原理

液压系统典型方向控制回路与同步回路见表 2-4-6。

表 2-4-6　液压系统典型方向控制回路与同步回路

名称	图示	控制过程说明
换向回路	—	换向回路用来改变液压缸的运动方向，可用机动、电动和电液动等各种换向阀来实现，尤其是电磁换向阀在自动化程度要求较高的机床上应用较多

续表

名称	图示	控制过程说明
锁紧回路	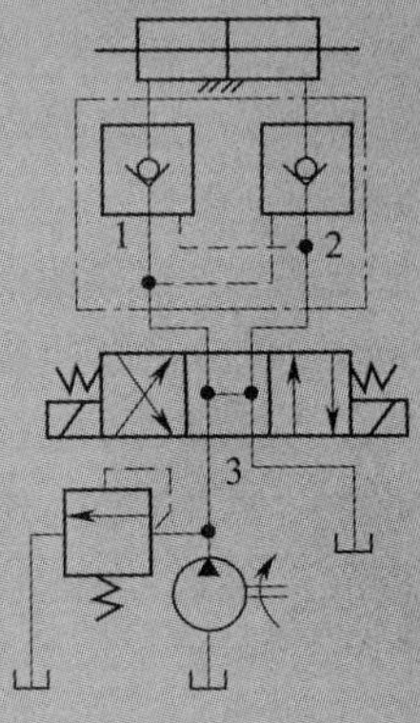 1、2-液控单向阀 3-换向阀	锁紧回路用来使液压缸停止在规定位置而不因外力作用发生漂移或窜动。如图所示为采用两只液控单向阀（液压锁）的锁紧回路。当三位四通换向阀3处于中位时，H型中位滑阀机能使两只液控单向阀1和2的控制油液流回油箱，液压缸左、右两腔油液被封闭。锁紧回路也可直接用三位换向阀的O型或M型中位机能锁紧液压缸，由于间隙泄漏的原因，锁紧效果不如液控单向阀
同步回路	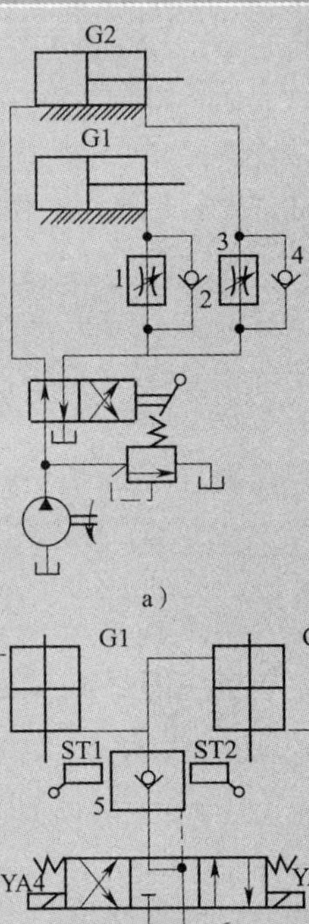 a) 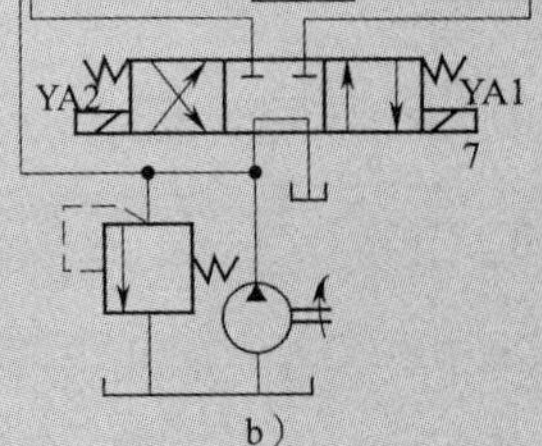 b) 1、3-调速阀 2、4-单向阀 5-液控单向阀 6、7-换向阀	图a所示是采用缸G1、G2并联，分别用调速阀1、3调节运动速度 图b所示是采用缸G1、G2串联带有补偿装置的同步回路。若缸G1先到达行程终点，挡块触动电气行程开关ST1发出电信号，使YA3通电，电磁换向阀6右位接入，液压油经液控单向阀5进入缸G2上腔补液，使缸G2继续下行而消除位置误差。若缸G2先行到达，其挡块使ST2发出电信号，使YA4通电，电磁换向阀6左位接入，液控单向阀5打开，缸G1下腔接通油箱，使缸G1继续下行而消除位置误差

五、液压系统的整体连接安装与调试

液压系统的安装主要是指动力元件（液压泵和电动机）、执行元件（液压缸或液压马达）、控制元件（各种控制阀）和辅助元件及管路的安装。除了各个部分的安装外，在整个系统安装前，应注意做好安装的各项准备工作。

1. 液压系统安装前的准备工作

液压系统的安装应按照液压系统工作原理图、管道连接图，有关的泵、阀、辅助元件使用说明书的要求进行。安装前应对上述资料进行仔细研究分析，按图样准备好所需的液压元件、部件、辅件，以及各种专用、通用工具。一些设备可能有随机配件和专用工具可以使用，对一些特殊部位、特殊元件的装拆尽可能使用专用工具，并逐一检查它们的完好程度。

2. 液压元件的安装和测试

液压元件安装前要用煤油清洗，自制的重要元件应进行密封和耐压试验。液压元件装配要点及测试性能指标见表 2-4-7。

表 2-4-7 液压元件装配要点及测试性能指标

类别	装配要点	测试性能指标
泵类	（1）零件退磁，去除表面毛刺。在特定的锐角处，做 0.2 ~ 0.3 mm 的修圆，不能倒角 （2）清洗及清理零件 （3）仔细检验和测量零件 （4）装配油泵 （5）检验各种间隙：CB 型齿轮泵的径向间隙为 0.13 ~ 0.16 mm，轴向间隙为 0.03 mm；YB 型叶片泵的轴向间隙为 0.04 ~ 0.07 mm，叶片在槽内的间隙为 0.015 ~ 0.025 mm。注意叶片泵的转子和叶片在定子中的装配方向。紧固螺钉时用力要均匀，装配后用手转动主轴，应灵活无阻滞现象	进行油泵性能试验时要注意： （1）压力从零逐渐升高到额定值，各接合面不得漏油，无异常声音 （2）在额定压力下，能达到规定的输油量。压力波动不得超过规定值：CB 型齿轮泵为 ±0.15 MPa；YB 型叶片泵为 ±0.2 MPa

续表

类别		装配要点	测试性能指标
阀类	压力阀	（1）清洗零件，尤其是各阻尼孔和回油孔 （2）阀体与阀座的配合间隙应符合要求，在全行程上移动灵活，无阻滞 （3）严格按密封面的形状配做纸垫 （4）压力阀的安装位置应尽量靠近油泵，回油管长度宜短，接头要拧紧，以防吸入空气	（1）试验前松开调整螺栓。试验时压力值由低缓缓升到工作压力 （2）压力波动值要小于 ±0.15 MPa （3）压力阀在机床中做循环试验时，要注意观察其运动部件情况，换向要平稳，无明显的冲击和噪声，在最大工作压力时不允许漏油
	节流阀	节流阀的装配与压力阀的装配要点基本相同，但应严格控制滑阀和阀体的配合间隙，一般在 0.015 mm 以内	
	方向阀	方向阀的滑阀与阀体的配合间隙不应超过 0.015 mm	
油缸		（1）保证与机床上相关导轨面的平行度，其平行度一般在导轨全长内不得超过 0.1 mm （2）为了防止热胀的影响，在行程大和温度高时，双出杆液压缸的活塞杆一端必须保持浮动	检验导轨和油缸的质量，应符合要求

3. 液压系统辅助元件的安装

（1）管接头的安装要点。管接头是油管与油管、油管与液压元件之间可拆卸的连接件，装配中应达到连接牢固、密封可靠、液体阻力小、结构紧凑、拆装方便等要求。管接头的装配方法与要点见表 2-4-8。

表 2-4-8　管接头的装配方法与要点

名称	图示	装配要点
球形或锥面管接头	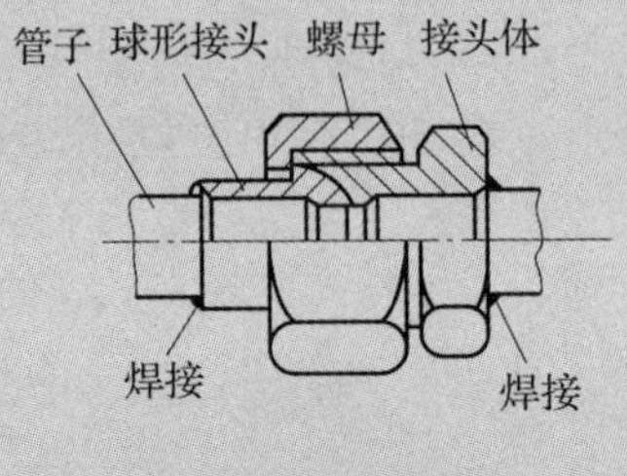 管子　球形接头　螺母　接头体 焊接　　　　　　　焊接	（1）拧紧螺母时松紧要适当，以防损坏螺纹 （2）压力较大的接头接合球面或锥面研配涂色检查时，非接触面宽度不大于 1 mm 球形或锥面管接头适用于中高压系统

续表

名称	图示	装配要点
扩口薄管接头	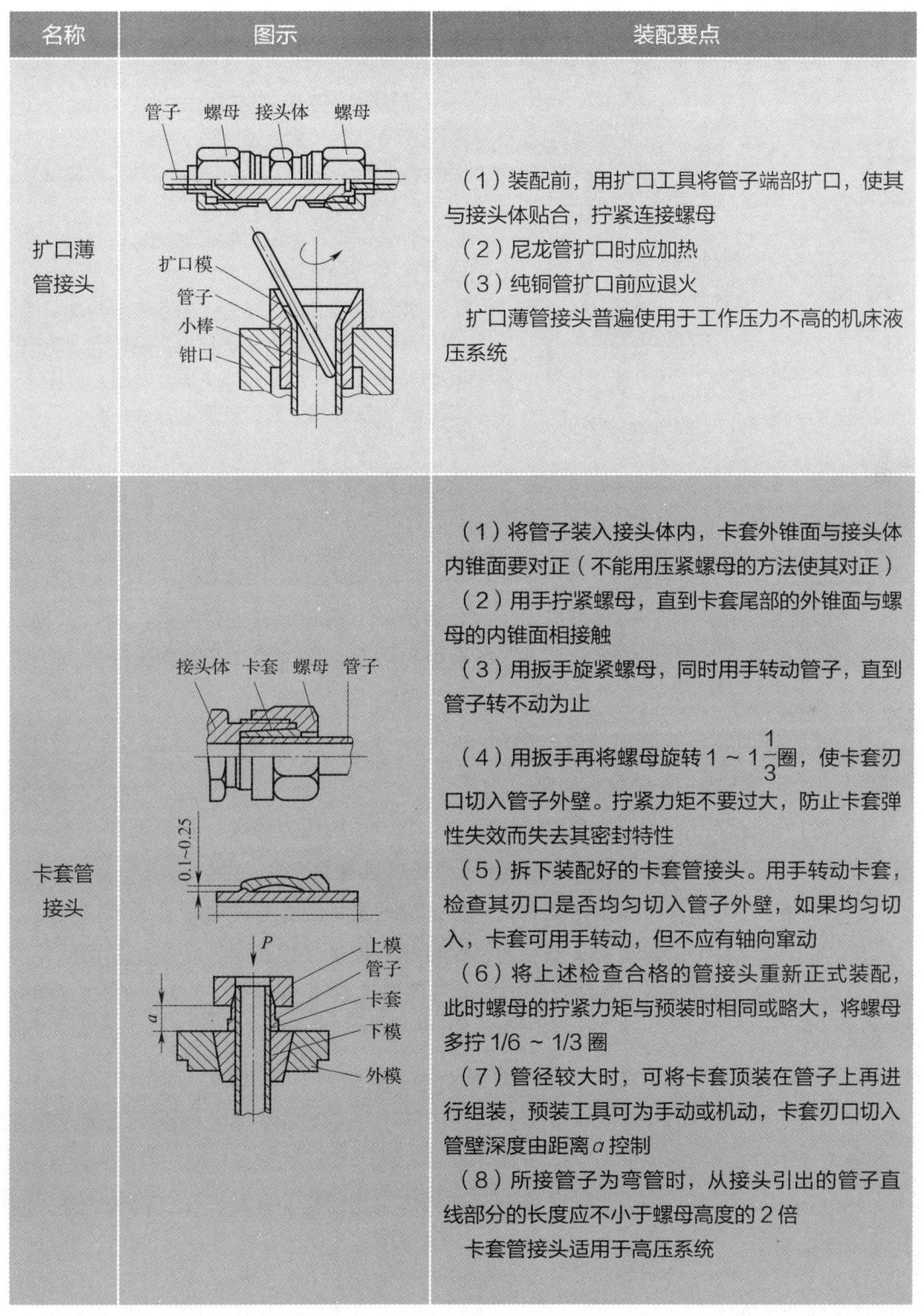	（1）装配前，用扩口工具将管子端部扩口，使其与接头体贴合，拧紧连接螺母 （2）尼龙管扩口时应加热 （3）纯铜管扩口前应退火 扩口薄管接头普遍使用于工作压力不高的机床液压系统
卡套管接头		（1）将管子装入接头体内，卡套外锥面与接头体内锥面要对正（不能用压紧螺母的方法使其对正） （2）用手拧紧螺母，直到卡套尾部的外锥面与螺母的内锥面相接触 （3）用扳手旋紧螺母，同时用手转动管子，直到管子转不动为止 （4）用扳手再将螺母旋转 $1\sim1\frac{1}{3}$ 圈，使卡套刃口切入管子外壁。拧紧力矩不要过大，防止卡套弹性失效而失去其密封特性 （5）拆下装配好的卡套管接头。用手转动卡套，检查其刃口是否均匀切入管子外壁，如果均匀切入，卡套可用手转动，但不应有轴向窜动 （6）将上述检查合格的管接头重新正式装配，此时螺母的拧紧力矩与预装时相同或略大，将螺母多拧 1/6～1/3 圈 （7）管径较大时，可将卡套顶装在管子上再进行组装，预装工具可为手动或机动，卡套刃口切入管壁深度由距离 a 控制 （8）所接管子为弯管时，从接头引出的管子直线部分的长度应不小于螺母高度的 2 倍 卡套管接头适用于高压系统

续表

名称	图示	装配要点
胶管接头	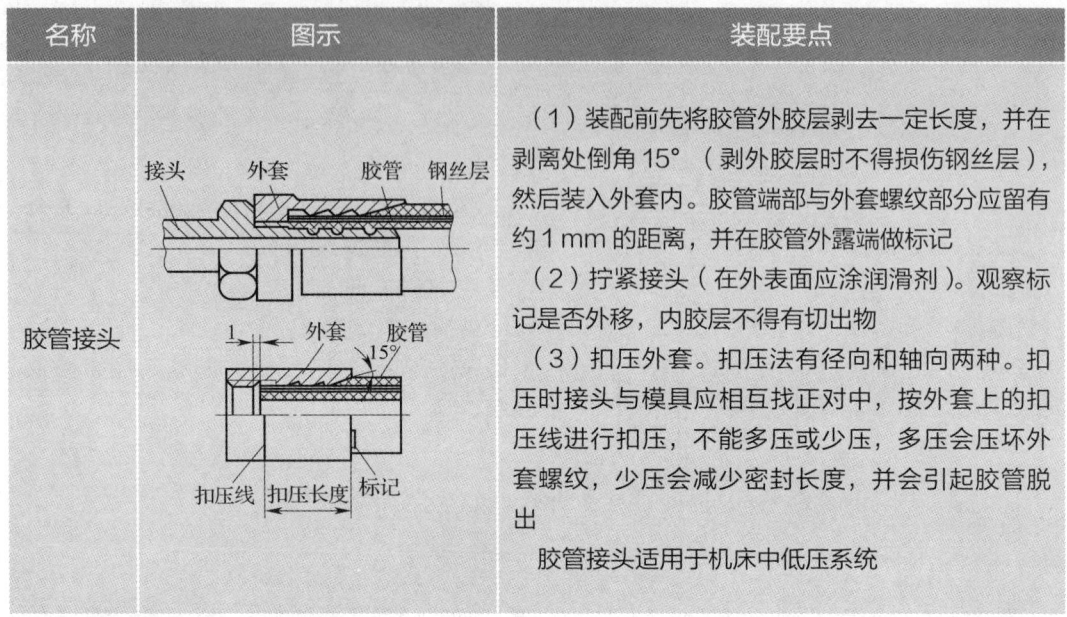	（1）装配前先将胶管外胶层剥去一定长度，并在剥离处倒角15°（剥外胶层时不得损伤钢丝层），然后装入外套内。胶管端部与外套螺纹部分应留有约1mm的距离，并在胶管外露端做标记 （2）拧紧接头（在外表面应涂润滑剂）。观察标记是否外移，内胶层不得有切出物 （3）扣压外套。扣压法有径向和轴向两种。扣压时接头与模具应相互找正对中，按外套上的扣压线进行扣压，不能多压或少压，多压会压坏外套螺纹，少压会减少密封长度，并会引起胶管脱出 **胶管接头适用于机床中低压系统**

（2）液压管路的安装要点

1）液压系统的全部管路在正式安装前，要准确下料和弯制进行配管试装，试装后拆开油管进行清洗（稀酸溶液酸洗→苏打水中和→温水清洗）、干燥和涂油后再正式安装。

2）管路排列要整齐美观，便于识别和安装。管道布置要整齐，油路走向应平直、距离短，尽量少转弯，并做好标识。

3）管径不宜选得过大，以免使结构庞大，造成系统压力损失。管道长度要短，过渡要光滑，转弯次数要少，管道的方向和截面要尽量避免突变。

4）弯曲时，可在管内填黄沙或塞进一根螺旋弹簧，防止弯曲时将管子挤扁。

5）油管安装要牢固，管接头安装要密封可靠。用螺纹连接时，在连接处用尼龙薄膜作填料。用法兰连接时，接合面处用石棉、橡胶或软金属衬垫。系统中所有元件应能单独拆卸。

6）吸油管上应有过滤器；回油管应插入油箱的油面以下，以防飞溅形成泡沫而混入空气。凡有外泄油管的阀（减压阀、顺序阀等），其泄油路都应单设回油管，并且不能插入油中。

7）系统中蓄能器、压力表、流量计等辅件应采用活接头连接，保证拆装方便，对其他元件无影响。

4. 液压系统的清洗

液压系统安装以后，在试机以前必须对管路系统进行清洗。对于较复杂的系统可分区域对各部分进行清洗，要求高的系统可以分两次清洗。

第一次清洗时，将油箱洗净后注入油箱容量60%～70%的工作油或试机油（不能用煤油、汽油、酒精、蒸汽等）。油温升至50～80℃时进行清洗效果较好。清洗时在系统回油口处设置孔径为0.18 mm的滤油网，清洗0.5 h后再换孔径为0.1 mm的滤油网。为提高清洗质量，应使液压泵间断转动，并在清洗过程中轻击管路，以便将管内附着物洗掉。清洗时间根据液压系统的复杂程度、过滤精度及系统的污染情况而定，通常为十几小时。

第二次清洗时，将实际使用的工作油液注入油箱，系统进入正式运转状态，使油液在系统中进行循环，空负载运转13 h，直到过滤器的滤网上无杂质时结束清洗。这次清洗后的油液可以继续使用。

5. 液压系统的调试

液压设备在安装完毕或在维修、重新装配以后，必须经过调试才能使用。液压设备在调试时，要仔细观察设备的动作和自动工作循环，有时还要对各个动作的运动参数（如压力、转矩、速度、行程等）进行必要的测定和调试，以保证系统工作可靠。此外，对液压系统的功率损失、油温等要进行必要的计算和测定，防止因电动机超载和温升过高而影响液压设备的正常运转。

（1）调试前的检查

1）油液检查

①所用的油液是否符合机床说明书的要求。

②油箱中储存的油液是否达到油标高度。

2）元件检查

①各液压元件规格、型号是否符合要求。

②各液压元件的安装是否正确。

3）管路检查

①各处管路的连接是否可靠。

②液压泵和各种阀的进出油口、泄油口的位置是否正确。

4）电气检查

①电动机的转向是否符合泵的转向要求。

②电动机和电磁阀电源的电压、频率及其波动值是否符合要求。

5）检测仪表和控制部分的检查

①各控制手柄应处于关闭或卸荷位置。

②各压力阀的调压弹簧应松开。

③各行程挡块应移至合适位置。

④运动部件涉及的空间应满足运动范围要求。

⑤各检测仪表的起始位置和测量精度应符合系统要求。

（2）空载调试

1）液压泵电动机启动

①从断续直至连续启动电动机，观察其运动方向是否正确，运转是否正常，有无异常噪声；检查液压泵是否漏气，排油是否正常。

②有两个以上电动机的，应先后启动，以免同时启动电路过载而跳闸。

③控制油路由控制液压泵单独供油的，应先启动控制液压泵。

④液压泵在卸荷状态下，其卸荷压力应在规定范围内。

2）压力阀和压力继电器的调整

①各压力阀按其在原理图上的位置，从泵源附近的压力阀开始依次进行调整。

②在运动部件停止或低速运动状态下调整。

③根据压力表示值调试压力控制阀，逐渐升高系统压力至规定值，调整过程中注意系统各管路接头和液压元件接合面处是否泄漏。

④调整压力继电器时应先返回区间，后调整主弹簧。

⑤调整完毕应拧紧锁紧螺母，并关闭相应的压力表油路。

⑥压力调整的参考数据：

a. 主油路液压泵出口处安全阀的调整压力一般比推动执行元件所需工作压力高 10% ~ 25%。

b. 快速运动液压泵的压力阀调整压力一般比所需压力高 10% ~ 20%。

c. 卸荷压力一般小于 0.3 MPa。

d. 用卸荷液压油给控制油路和润滑油路供油时应保持 0.3 ~ 0.6 MPa。

e. 压力继电器的调整压力一般低于供油压力 0.3 ~ 0.5 MPa。

3）行程控制元件的位置调整

①按行程控制阀、行程开关和微动开关等控制元件的位置要求调整挡块位置，并将其紧固在预定位置。

②系统中的固定挡块应预先按要求调整好。

③具有延时继电器的系统,应按要求调整好延时时间。

4)液压缸与运动部件的调试

①开启开停阀,调节节流阀,使液压缸动作和运动部件的速度由低到高,行程由小到大,逐步达到全行程快速往复运动。

②系统内装有排气装置的应在液压缸往复运动时打开排气阀或排气塞,待排气口的泡沫状油气混合物转为透明、无气泡油液时,关闭液压缸排气阀或装上排气塞。

③排气过程中,压力高的系统应适当降低压力,一般为 0.5 ~ 1 MPa,以能推动液压缸往复运动为宜。

5)调整流量阀

①调节流量阀的工作速度,应先使液压缸速度达到最大,然后逐步关小流量阀,观察系统能否达到最低稳定速度,随后按工作要求速度进行调节。

②调节控制润滑流量的流量阀时应注意润滑油的适量程度,既要达到润滑要求,又不能使运动部件"漂浮"而影响运动精度。

③调节控制换向时间和起缓冲作用的流量阀时,应先将节流口调节至较小位置,然后逐渐调大节流口,直至达到要求。

6)空载运行检查

①检查各管路连接处、液压元件接合面及密封处有无泄漏。

②检查油箱中的油液是否因进入液压系统而减少太多,若油液不足应及时补充,使液面高度始终保持在油标指示位置。

③检查各工作部件是否按工作顺序工作,动作是否协调、平稳。在空载运动 2 ~ 4 h 后,油温及各工作部件的精度达到要求时,可进行负载调试。

(3)负载调试

1)系统能否达到规定的负载和速度工作要求。

2)振动和噪声是否在允许范围内。

3)检查各管路连接处、液压元件的内外泄漏情况。

4)检查工作部分运动和换向时的平稳性。

5)油液温升是否在规定范围内。

课程 2-5 部件和整机装配

学习内容

学习单元	课程内容	培训建议	课堂学时
（1）旋转体动平衡	1）动平衡的基本知识 2）动平衡机 3）旋转体动平衡试验	（1）方法：讲授法、演示法、练习法、案例教学法 （2）重点、难点：动平衡调整原理	6
（2）机床主轴部件装配	1）主轴部件的精度要求 2）滚动轴承的定向装配工艺 3）卧式镗床主轴部件装配调整	（1）方法：讲授法、演示法、练习法、案例教学法 （2）重点、难点：滚动轴承的定向装配	10
（3）精密机械设备部件装配	1）外圆磨床部件装配 2）内圆磨床部件装配 3）平面磨床部件装配	（1）方法：讲授法、演示法、练习法、案例教学法 （2）重点、难点：磨床的液压传动系统装配	20
（4）精密机械设备整机装配	1）总装顺序 2）各部件装配要点	（1）方法：讲授法、演示法、练习法、案例教学法 （2）重点、难点：整机装配的精度保证	18

学习单元 1　旋转体动平衡

一、动平衡的基本知识

1. 概述

日常使用的很多机械中，含有大量做旋转运动的零部件，如各种传动轴、电动机转轴、汽轮机转子、水泵叶轮、柴油机（压缩机）曲轴、传动带轮、风机叶轮、砂轮等，这些做旋转运动的零部件称为旋转体。旋转体在理想状态下，旋转时和不旋转时对轴承或轴产生的压力是一样的，这样的旋转体就是平衡的旋转体。但是在工程中的各种旋转体，往往由于材料密度不均匀或毛坯缺陷，加工和装配时的误差，运行过程中的磨损、变形，甚至设计时就具有非对称的几何形状等各种原因，使得旋转体在旋转时，旋转体上每个微小质点产生的离心力不能相互抵消，使重心与旋转中心发生偏移，旋转零部件在高速旋转时将产生很大的离心力。受到此离心力的影响，旋转体两端的轴承受到一个周期性变化的干扰力，这种周期性的干扰力是使机器产生振动的主要原因。另外，噪声也会增大，轴承负荷随之加重。特别是机器的振动，对任何一种机械都是有害的，可使零件易磨损、疲劳，使机器使用寿命缩短或导致严重事故。所以，对旋转体进行平衡调整是一项非常重要的工作。

（1）离心力。如前所述，由于各种原因，导致旋转体的重心和旋转体的旋转中心发生偏移。因为重心的偏移，使旋转零部件在运转时产生一个离心力。

当一旋转零件在离旋转中心 50 mm 处有 50 N 的偏重时，若此旋转体转速为 1 400 r/min，则其离心力为：

$$F = \frac{W}{g} e \left(\frac{\pi n}{30}\right)^2 = \frac{50}{9.81} \times 0.05 \times \left(\frac{3.14 \times 1\,400}{30}\right)^2 = 5\,470 \text{（N）}$$

式中　F——离心力，N；

W——旋转零件的偏重，N；

g——重力加速度，9.81 m/s^2；

e——质量偏心距，m；

n——转速，r/min。

如某磨床的砂轮偏重为 150 N，当偏心距为 1 mm，转速为 1 610 r/min 时，其偏重的离心力为：

$$F = \frac{W}{g} e \left(\frac{\pi n}{30}\right)^2 = \frac{150}{9.81} \times 0.001 \times \left(\frac{3.14 \times 1\,610}{30}\right)^2 = 430\ (\text{N})$$

由以上两个例子可见，旋转体因偏重而产生的离心力是很大的，这个离心力将使轴承在径向上附加一个交变的径向力 F_a 和 F_b（见图 2-5-1），故轴承容易磨损，导致机器发生剧烈振动，从而降低机器的使用寿命，严重时机器将会完全损坏。

（2）不平衡情况。旋转体上有不平衡量是客观存在的。若不平衡量所产生的离心力或几个不平衡量产生的离心力的合力通过旋转体的重心，或者说偏重产生的离心力 F 是在轴线一侧的，旋转体旋转时只会使轴弯曲，在径向截面上其不平衡量产生的力矩使旋转体产生垂直于轴线方向的振动（见图 2-5-2a），这种不平衡称为静不平衡。

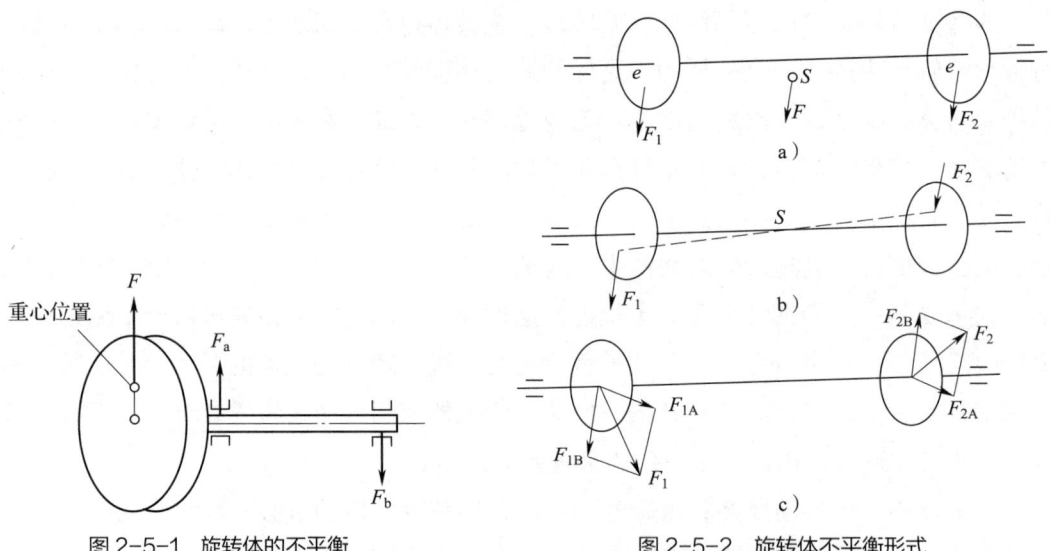

图 2-5-1 旋转体的不平衡

图 2-5-2 旋转体不平衡形式

旋转体上不平衡量所产生的离心力，如果形成力偶，则旋转体在旋转时不仅会产生垂直于旋转轴轴线方向的振动，还会使轴线产生倾斜的振动，通俗地讲将使旋转体产生摆动（见图 2-5-2b），这种不平衡称为动不平衡。

如图 2-5-2c 所示，旋转体偏心距 e 不相等，重心也不在通过轴线的同一平面内，旋转体既是静不平衡，又是动不平衡，叫作动静混合不平衡。根据力学原理，静不平衡是由 F_{1A} 和 F_{2A} 离心力组成的，动不平衡是由 F_{1B} 和 F_{2B} 组成的，可见动不平衡的旋转体一般都同时存在静不平衡。

旋转体上不平衡量的分布是复杂的，也是无规律的，但它们最终产生的影响总是属于静不平衡和动不平衡这两种。

2. 动平衡调整原理

（1）动平衡调整的力学原理。动平衡调整按照被平衡旋转体的性质，可分为刚性旋转体的平衡和柔性旋转体的平衡。刚性旋转体是假设组成旋转体的材料是绝对刚性的（事实上是不存在的），这样就可以简化很多问题。动平衡调整的力学分析，就是以刚性旋转体为对象。图 2-5-3 所示为一根刚性旋转体，假定它存在两个不平衡质量 m_1、m_2。当旋转体旋转时，它们产生的离心力分别为 F_1、F_2。F_1 和 F_2 都应垂直于旋转体的中心线，但不在同一纵向平面中。如图 2-5-3 所示，F_1 处于 B_1 平面上，F_2 处于 B_2 平面上。为了平衡这两个力，可在旋转体上选择两个与轴线垂直的横断面Ⅰ和Ⅱ作为动平衡校正面，将离心力 F_1 和 F_2 分别分解到Ⅰ平面和Ⅱ平面上，如图 2-5-4 所示。

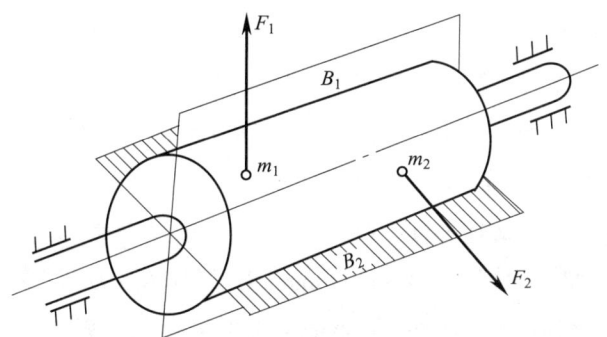

图 2-5-3 刚性旋转体不平衡质量

根据静力学原理，它们应满足如下的联立方程：

$$F_1 = F_{1A} + F_{1B}$$
$$F_{1A}l_1 = F_{1B}(l-l_1)$$
$$F_2 = F_{2A} + F_{2B}$$
$$F_{2A}l_2 = F_{2B}(l-l_2)$$

由此解得：

$$F_{1A} = \left(1 - \frac{l_1}{l}\right)F_1$$
$$F_{1B} = \frac{l_1}{l}F_1$$
$$F_{2B} = \frac{l_2}{l}F_2$$

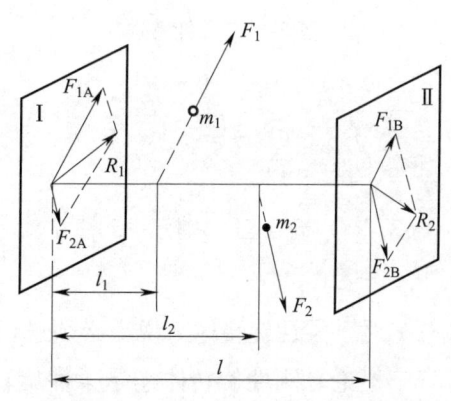

图 2-5-4 不平衡质量离心力的分解

$$F_{2A}=\left(1-\frac{l_2}{l}\right)F_2$$

这里 F_{1A}、F_{1B} 与 F_1 同在一个纵向平面内，F_{2A}、F_{2B} 与 F_2 同在一个纵向平面内。在Ⅰ平面内将 F_{1A}、F_{2A} 合成，得合力 R_1；在Ⅱ平面内将 F_{1B}、F_{2B} 合成得 R_2。对刚性旋转体来说，作用在Ⅰ、Ⅱ面上的两个合力 R_1、R_2，与不平衡量的离心力 F_1、F_2 是等效的。由此可知，如果在 R_1 和 R_2 两力的对侧加上平衡重量 G_1、G_2，使它们产生的离心力分别为 $-R_1$、$-R_2$，那么旋转体就能获得动平衡。同理，可以在 R_1、R_2 方向上减去相同的重量，也能使旋转体获得动平衡。

从以上分析可得结论：对任何不平衡的刚性旋转体，都可将其不平衡力分解到两个任意选定的与轴线垂直的平衡校正面上，因此，只需在两个校正面上进行平衡校正，就能使任意不平衡的刚性旋转体获得动平衡。

（2）平衡方法。对旋转零部件做消除不平衡的工作，叫作调（整）平衡。显然，要使一个不平衡的旋转体成为平衡的旋转体，就需要重新调整其质量分布，使其旋转轴线与中心主惯性轴线相重合。

平衡分为静平衡和动平衡两种。静平衡是使旋转轴线通过旋转体的重心，消除由于质量偏心引起的离心力。而动平衡除了要求达到力的平衡外，还要求调整由于力偶的作用而使主惯性轴绕旋转轴线产生的倾斜。

对于刚性旋转体，当转速 $n<1\,800$ r/min 和长径比 $L/D<0.5$，或者转速 $n<900$ r/min 时，只需做静平衡调整；而当转速 $n>900$ r/min 和长径比 $L/D>0.5$，或者转速 $n>1\,800$ r/min 时，则必须进行动平衡调整。动平衡调整适应条件可参照表 2-5-1。

表 2-5-1 动平衡调整适应条件

序号	判断项目	条件
1	旋转体的工作转速	旋转体净长度大于最大外径，转速在 1 000 r/min 以上时，要求做动平衡调整
2	轴承上所受离心力	旋转体轴承上所受到的不平衡离心力大于该侧轴承上所受转子重量的 5%，要做动平衡调整
3	机组运行中轴承振动情况	当机械运动中，任何一侧轴承振幅大于 0.02 mm 时，其旋转部件要做动平衡调整

对于柔性旋转体来说，必须进行动平衡调整。

不论是刚性旋转体还是柔性旋转体，也不论是静平衡调整还是动平衡调整，其调整具体做法均可划分为加重、去重和调整校正质量三类方法。

1）加重。加重就是在已知校正面上折算的不平衡量 U 的大小及方向后，有意在 U 的负方向上给旋转体附加上一部分质量 m，并使该质量 m 到旋转轴线的距离 r 与质量 m 的乘积等于 $|U|$，即 $mr=|U|$，显然，该校正面上的不平衡被消除了。加重可采用补焊、喷镀、胶接、铆接和螺纹连接等多种工艺方法。加重时，若附加质量体积较大，应准确计算出其质心位置，并按此位置计算距离 r。

2）去重。去重就是在已知校正面上折算的不平衡量 U 的大小及方向后，有意在 U 的正方向上从旋转体上去除一部分质量 m，当 $mr=|U|$ 时，去除的质量 m 产生的不平衡量就是 U，因而该校正面上的不平衡也被消除了。去重可采用钻、磨、铣、錾及激光打孔等多种工艺方法。

3）调整校正质量。调整校正质量则是预先设计出各种结构，如平衡槽、偏心块、可调整径向位置的螺纹质量堵头等，通过调整各种结构中校正质量块的数量、径向位置或角度分布，达到抵消不平衡量 U 的目的。

不论是哪一种校正方法，要求加上、去掉或进行调整的不平衡量的大小和方向应该准确。有些工艺过程需要进行一定的数学计算，才能精确地控制调整量。

二、动平衡机

不管是采用加重或是去重来调整旋转体的平衡，都必须测量出其不平衡量的质量及方向，一般使用动平衡机来实现。在动平衡机上对旋转体进行动平衡调整叫作平衡机法。

1. 动平衡机的分类

动平衡机有不同的结构形式，支承方法、测量路线和显示装置也有区别，所以动平衡机的类型和规格品种较多。

（1）根据调整方式分类

1）误差式动平衡机。这种动平衡机，只能测出因不平衡而产生的振动情况，不能测出不平衡量的绝对值。

2）可调整式动平衡机。能测出每一平衡平面的不平衡数值和相位。

3）永久调整式动平衡机。能直接测出旋转体上不平衡量的大小和相位。

（2）根据工件的正反形状和尺寸特点分类

1）卧式动平衡机为通用形式。

2）立式动平衡机为专用形式。

2. 动平衡机的型号

动平衡机型号，通常表示允许平衡旋转体的最大质量千克数。如 YYW-100、YYW-300、…、YYW-10000 等，"100""300""10000"表示允许旋转体的最大质量为"100 kg""300 kg""10 000 kg"。

3. 动平衡机的工作原理

（1）框架式平衡机的原理。图 2-5-5a 所示为框架式平衡机的原理。在机床的活动部分 1 带有回转轴和弹簧 5，在轴承 2 和轴承 4 中安放着被平衡的旋转体零件 3。用外界的动力使旋转体转动，则框架和零件将围绕平面 I 上的轴线振动。根据回转零件的动平衡原理，任一回转零件的动不平衡，都可以认为是由分别处于两任选平面 I、II 内，回转半径分别为 r_1 和 r_2 的两个不平衡质量 G_1 和 G_2 所产生的，如图 2-5-5b 所示。因此进行动平衡时，只需针对 G_1、G_2 进行平衡就可达到目的。又因平面 I 的不平衡离心力 G_1 对框架振摆轴线的力矩为零，不影响框架的振动。由于旋转体 3 不平衡，所以轴承 2 和轴承 4 受到动压力的作用，该动压力的向量是转动的，致使机床发生振动。当产生共振时，出现最大振幅，用指针 7 把最大振幅记录在熏过的纸 6 上，经测定和计算后，可确定平衡平面 II 上的不平衡量的大小和方向。在平面 II 上加上平衡载重便可抵消平面 II 上的不平衡。然后将零件反装，用同样的方法经测定和计算后，可得出平面 I 上不平衡量的大小和方向，再在平面 I 上加平衡载重抵消平面 I 上的不平衡。这样就可使旋转体实现静平衡和动平衡。

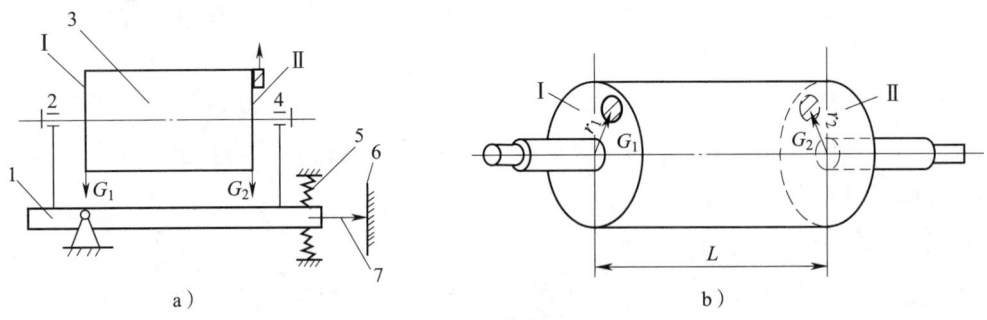

图 2-5-5 框架式平衡机原理
1—机床的活动部分 2、4—轴承 3—被平衡的旋转体 5—弹簧 6—熏过的纸 7—指针

（2）闪光式动平衡机的结构与原理。如图 2-5-6 所示，测试时，将被测零件放在两只轴承上，支架在水平方向是与机座弹性连接的。当零件因不平衡而振动时，支架便发生前后摆动，并带动线圈 7 在具有强磁场的永久磁铁 6 中往复运动，由此在线圈中产生交流感应电动势。此电动势经放大后，一方面在不平衡指示表 4 中显示出不平

衡量的大小；另一方面由闪光灯 3 同步发出闪光，照射工件被测面重心偏移位置。闪光灯进行同步定位闪光，是基于工件不平衡所在半径通过水平位置时交流电动势的换向，通过电子控制箱可使闪光灯每当交流电由正变负（或由负变正）时闪光一次。因此闪光灯总是周期地在工件转到同一位置时发出闪光。若事先在被测面的圆周上标出数字，闪光灯总是照射着同一数字，便可确定重心偏移的方位。

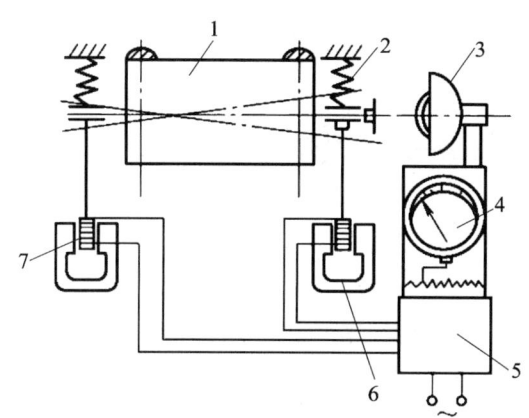

图 2-5-6　闪光式动平衡机的结构与原理
1- 工件　2- 弹性支架　3- 闪光灯　4- 不平衡指示表　5- 控制箱　6- 永久磁铁　7- 线圈

三、旋转体动平衡试验

1. 动平衡机的使用与调整

图 2-5-7 所示是 YYW-300 型硬支承动平衡机的外观图，现说明其组成和使用调整方法。

（1）YYW-300 型硬支承动平衡机的组成。如图 2-5-7 所示，该机主要由床身 1、车头箱 2、主轴 6、万向联轴器 7、左摆架 8、右摆架 9、电测箱 4 等部件组成。主轴 6 由车头箱 2 内的双速电动机经双级塔轮 V 带驱动旋转，支承在左右摆架上的工件，则由主轴经万向联轴器 7 直接带动旋转。由于工件不平衡产生的离心力迫使摆架振动，通过传感器将振动信号转换成电信号，输入电测箱 4。另一方面，在车头主轴尾端用联轴器连接有一小型基准电压发电机 3，它发出与工件转速同频率并和主轴上刻度盘 5 的零位保持相对相位，互成 90°的两组基准电流输入电测箱。由左右传感器输入的不平衡信号及基准发电机输入的基准信号，经电测箱运算放大后，送入左右两个光点矢量瓦特表，以显示出左右两个校正平面上的不平衡量的大小和相位。

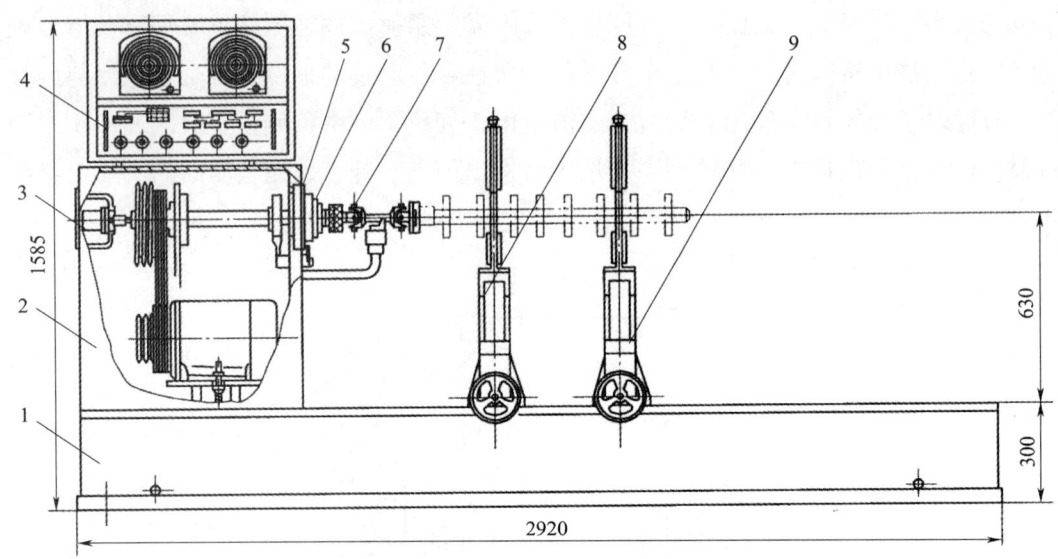

图 2-5-7 YYW-300 型硬支承动平衡机外观图
1—床身 2—车头箱 3—发电机 4—电测箱 5—刻度盘
6—主轴 7—万向联轴器 8—左摆架 9—右摆架

（2）不平衡量的示值定标。不平衡的旋转体在绕轴旋转时，将会产生不平衡离心力而发生振动。如图 2-5-8 所示，当旋转体在硬支承摆架上运转时，摆架所产生的振动位移量 Y_0 可由下式表示：

$$Y_0 = \frac{mr\omega^2}{K}$$

式中　Y_0——振动位移量；

　　　mr——旋转体上不平衡量的质径积；

　　　ω——旋转体旋转的角速度；

　　　K——摆架总刚度。

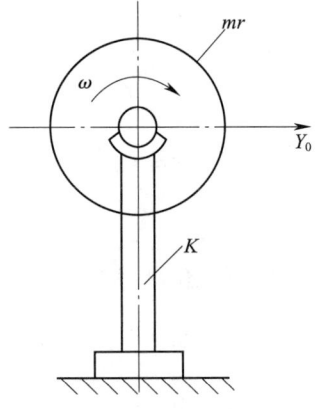

图 2-5-8 摆架振动系统示意图

由上式可以看出，当支架刚度足够大时，硬支承动平衡机的摆架振动位移正比于旋转体不平衡产生的离心力。对于不同质量的旋转体来说，只要平衡转速不变，相同的不平衡量所产生的支架振动位移总是相同的，因此，对平衡机上用以反映不平衡量的指示表盘的刻度量值，制造厂可实现一次性校正定标，使用者一般不需要再加以调整。

（3）不平衡相位的示值定标。在一个平衡的旋转体上，按照某一精确角度（例如 45°，由平衡机主轴上的刻度盘示出）装一配重，相对主轴旋转调整基准相位发电机，直至光点角度位置同所加配重的角度位置一致（按例 45°），然后将配重取下加在 45°+90°=135° 处，则光点应指示在 135°。如在 315°，应将发电机两个出线互换位置。最后拧紧基准相位发电机的两只紧固螺钉，使其固定。

（4）使用前的准备工作。平衡机在使用前，应做好以下几方面的工作：

1）使用前须对传动部分做好清洁工作，特别是滚轮表面和旋转体轴颈，在安装前必须擦拭干净。安装工件（被测旋转体）时要避免与滚轮撞击，旋转体安装好后在轴颈和滚轮上加少量清洁的润滑油。

2）调整两摆架距离并紧固，以适应旋转体两端轴承间的距离。按旋转体的轴颈尺寸，参照滚轮架上的标尺（标尺上大圈指大滚轮，小圈指小滚轮，内外指滚轮座的内外中心距），调节好滚轮架高度，并加以紧固。硬支承摆架结构如图 2-5-9 所示。

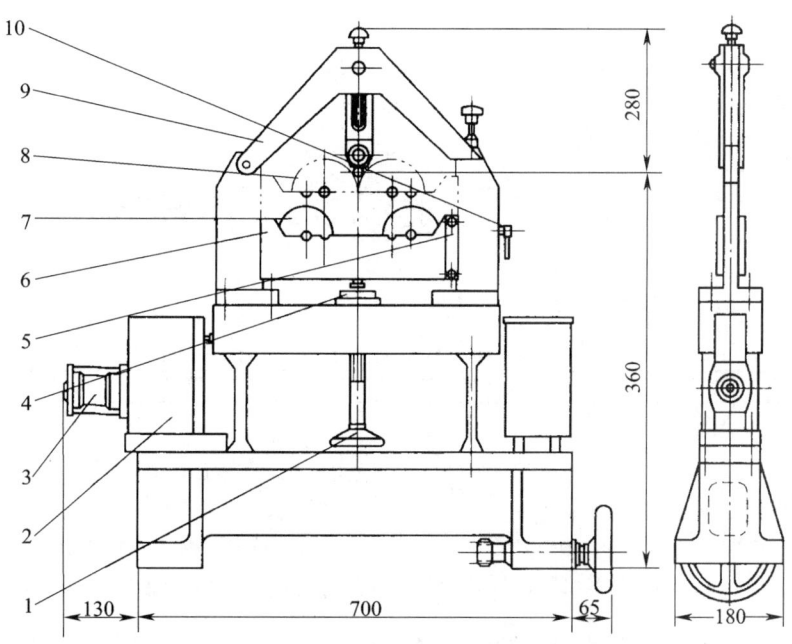

图 2-5-9 硬支承摆架结构

1- 升降手轮　2- 信号放大机构　3- 传感器　4- 锁紧螺母　5- 标尺
6- 滚轮架　7- 小滚轮　8- 大滚轮　9- 压紧安全架　10- 锁紧手柄

3）将工件与万向联轴器连接后紧固，旋紧万向联轴器的行程调节紧固螺钉。

4）对平衡重心在左右两轴摆架支承外侧的工件，工件安装后可用压紧安全架将压紧滚轴压于工件轴端的轴颈上，进行平衡校验。

5）为了减小不平衡指示仪表上的光点晃动，保持读数准确，应使工件轴颈和滚轮外径尺寸的比值尽可能避开同频或近同频的干扰，最好控制在 0.8 以上或 1.2 以上。YYW 型机上备有大小两种滚轮外径（$\phi 89$ mm 和 $\phi 109$ mm）和两个中心距的滚轮座，可取得四种滚轮支承的工作状态尺寸。

（5）动平衡机的使用与调整。操纵调整动平衡机工作的开关和旋钮，均安排在动平衡机电测箱面板上，如图2-5-10所示。各开关旋钮的作用及调节顺序如下。

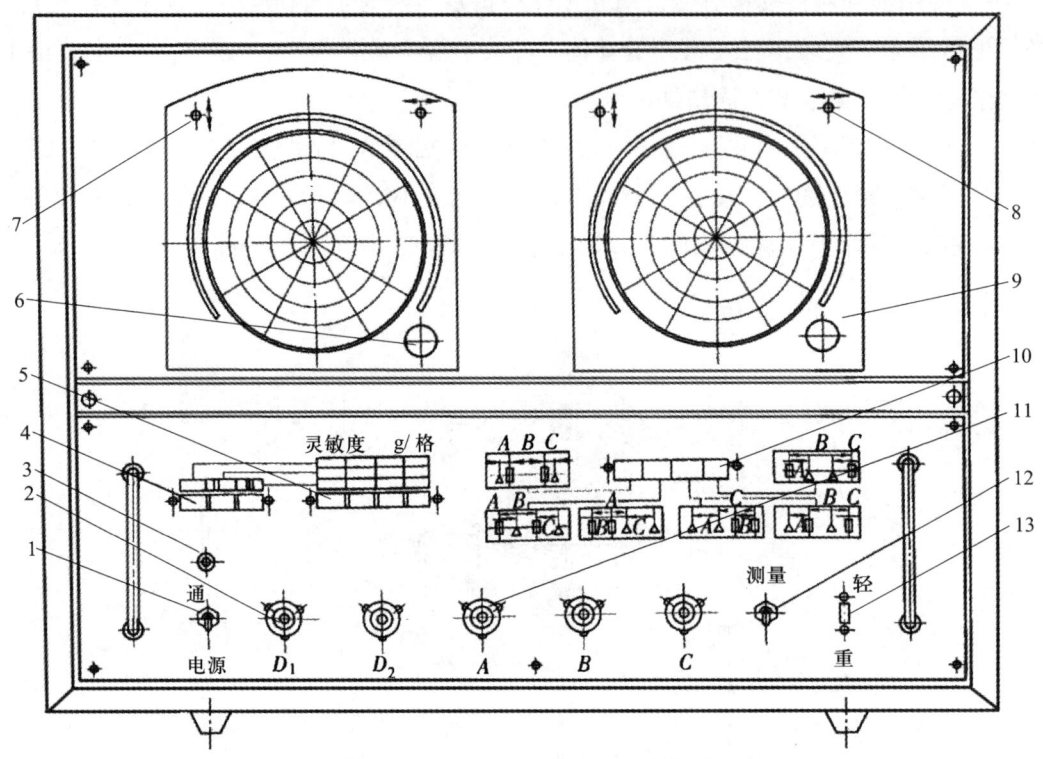

图2-5-10　YYW-300型动平衡机电测箱面板

1-电源开关　2-直径电位器　3-指示灯　4-转速选择开关　5-灵敏度开关　6-光源插头
7-纵向零位调节器　8-横向零位调节器　9-光点矢量瓦特表　10-工作状态选择开关
11-距离电位器　12-测量记忆开关　13-轻重相位开关

1）电源开关1作为电测箱电源的通断切换用。在平衡旋转体前，应先接通电测箱电源（指示灯3亮），预热15 min后方可开始校平衡。

2）转速选择开关4位于面板的左上侧，根据所选定的转速按下相应的按钮，使指示不平衡偏重的仪表刻度灵敏度（g/格）与实际采用的平衡转速相对应。其中按钮Ⅰ为高速（1 300 r/min），按钮Ⅱ为中速（650 r/min），按钮Ⅲ为低速（325 r/min）。

3）工作状态选择开关10位于面板的右上侧，根据旋转体六种不同的装载形式（见图2-5-11）按下相应的按钮。

4）平面分离旋钮A、B、C（距离电位器11）。其中，A代表旋转体左校正平面至左支承之间的距离，调节范围为0～1 000 mm；C代表旋转体右校正平面至右支承之

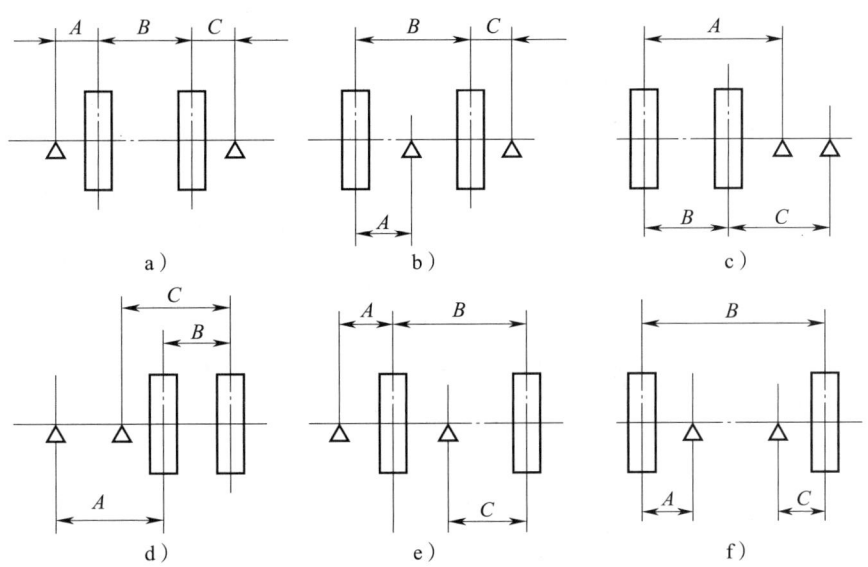

图 2-5-11 旋转体的六种装载形式

间的距离，调节范围为 0～1 000 mm；B 代表旋转体左右校正平面之间的距离，调整范围为 100～1 000 mm。使用时必须按照工作状态选择开关所指示的装载形式，量出平衡旋转体装载时的实际尺寸 A、B、C，调节好三个对应旋钮的刻度。刻度值单位可以用 cm 或 mm，只要 A、B、C 三者单位一致，在平衡校正时，工件的不平衡量就能按不同的装载情况和不同的尺寸关系，准确地变换在规定的校正平面上。

5）校正平面直径旋钮 D_1、D_2（直径电位器2）。其中 D_1 代表左校正平面修正位置处的直径，D_2 代表右校正平面修正位置处的直径。必须按照被平衡的旋转体量出 D_1、D_2 的实际尺寸来调节好旋钮的刻度位置，使旋转体变换在校正平面上的不平衡量质径积，可直接得到在已定的修正直径上的不平衡质量值。刻度可以用 cm 或 mm 为单位，但二者单位必须一致。

6）灵敏度开关5位于转速开关的左侧。瓦特表刻度盘每格所表示的不平衡质量由灵敏度开关上的指示数决定。灵敏度开关共有四级，每级代表不同的灵敏度，衰减倍率为 1、2、5、10，使用时选择其中一个按下即可，以光点指示值不超过瓦特表刻度盘的满刻度为准则。

当灵敏度开关按钮一个也不按下时，就表示电测箱处于输入端接地状态（输入信号为零）。在对旋转体校平衡前，必须在所有开关位置与旋钮位置已调好的情况下，先调整电测箱的光点零位。此时，将灵敏度开关接地（即按钮一个也不按下），再按下启动按钮，使旋转体转动，旋动光点矢量瓦特表上端左右两个调节器7、8，使光点位于刻度盘的圆心。当变换转速或改变旋转体装载形式时，需重新检查和调整光点零位。

平衡的补偿量（或称校正量）为光点在瓦特表刻度盘上的指示值读数（以格数表示）与灵敏度开关按钮所表示的灵敏度（g/格）的乘积。

7）轻重相位开关13位于面板的右下侧，其位置的选择可按工件平衡时是采用配重还是去重的方法进行修整而确定。当开关指示在轻位置时，仪器所指示的不平衡相位是旋转体的轻方向，相当于缺重引起的不平衡，这个缺重由外加材料来补偿；当开关指示在重位置时，仪器所指示的不平衡相位是旋转体的重方向，相当于超重引起的不平衡，这个超重由去除材料来补偿。

8）测量记忆开关12位于面板右下侧。当平衡机开动至转速稳定时，可将该开关拨至测量位置，指示仪表即工作；当读数稳定后，即可拨至记忆位置，使仪表停止工作并将读数锁定，然后停机。这样一方面便于读数，减小对仪表指示值的记忆误差；另一方面，在仪表完成正常工作后即停止工作，有利于对仪表的保护。

在通过动平衡试验（调整），测得不平衡量的大小和位置后，用加重或去重法使零件得到平衡。

2. 平衡精度

平衡精度是指转子（旋转体）从原来的不平衡状态，经过平衡调整后所达到的平衡优良程度。也就是说，转子经过调整平衡后是达不到绝对平衡的，总存在一些剩余不平衡量，平衡精度就是指这个剩余不平衡量所允许的大小值。由于机器的结构特点、使用要求和工作条件等的不同，故其平衡精度要求也不同。实际做法是，只能在保证经济运转的前提下，规定某一种机器的合理平衡精度。

平衡精度一般有以下两种方法表示。

（1）许用剩余不平衡力矩 M

$$M=TR=We$$

式中　T——剩余不平衡质量，g；

　　　R——剩余不平衡量所在位置的半径，mm；

　　　W——旋转体质量，g；

　　　e——旋转体重心偏心距，mm。

表2-5-2所列为几种旋转体的许用不平衡力矩。从表中可知，用剩余不平衡力矩来表示平衡精度时，由于质量大的旋转体不平衡引起的振动要比质量小的旋转体引起的振动小，故对质量小的旋转体其平衡精度要求要高。

表 2-5-2　几种旋转体的许用不平衡力矩

序号	旋转体名称	质量 m(kg)	工作转速 n(r/min)	旋转体外形尺寸 $D \times L$(mm×mm)	许用不平衡力矩 M(g·cm)
1	10 000（m³/h）制氧透平压缩机转子	1 853	6 000	ϕ1 000×3 170	370
2	10 000（m³/h）制氧透平压缩机转子	230	14 500	ϕ400×1 800	20
3	D300-31 型离心鼓风机转子	273	6 000	ϕ590×1 730	30
4	35ZP 型轴流式增压器转子	26	19 500	ϕ301×730	5
5	5GP 型径流式增压器转子	1	80 000	ϕ120×220	0.1

（2）许用偏心速度 v_e。因旋转体的重心偏离旋转中心，故偏心速度就是指旋转体在重心的振动速度，即：

$$v_e = \frac{e\omega}{1\,000}$$

式中　v_e——许用偏心速度，mm/s；

　　　e——偏心距，μm；

　　　ω——旋转体角速度$\left(\omega = \frac{\pi n}{30}，n\text{ 为转速，单位 r/min}\right)$，rad/s。

（3）平衡精度等级。许用偏心速度的标准规定，按国际标准化组织推荐的，以重心 C 点在旋转时的线速度作为平衡精度等级，记为 G，单位为 mm/s；并以 G 的大小作为精度标号，精度等级之间的公比为 2.5，共分为 G4000、G1600、G630、G250、G100、G40、G16、G6.3、G2.5、G1.0、G0.4 十一级，G0.4 为最高级，G4000 为最低级。表 2-5-3 所列为一些典型旋转体的平衡精度等级及其应用，以供参考。在具体应用时，是这样掌握的：机械的旋转精度和使用寿命等要求越高，其平衡精度等级也越高。另外，对于单面平衡的旋转体来说，其许用值取表中的数值。若为双面平衡的旋转体，当轴向对称或近似对称时，取表中数值的 1/2；当轴向不对称时，则根据转子质量沿轴向的分布情况来决定许用值的分配。

表 2-5-3 典型旋转体平衡精度等级及其应用

动平衡精度	精度代号	精密数值范围（mm/s）	转子类型举例	工作转速范围 n（r/min）
一级	G0.4	0.16～0.40	精密磨床转子，陀螺转子	
二级	G1.0	0.40～1.00	特殊要求的小型电动机转子，磨床驱动件	1 500～60 000
三级	G2.5	1.00～2.5	汽轮机、燃气轮机、增压器转子，机床主轴	600～30 000
四级	G6.3	2.5～6.3	电动机、水轮机转子，机床等一般转动部件	<30 000
五级	G16	6.3～16	螺旋桨、传动轴、多缸发动机曲轴	<15 000
六级	G40	16～40	火车轮轴、变速箱轴	<6 000
七级	G100	40～100	多缸和高速发动机曲轴、汽车发动机整机	<3 000
八级	G250	100～250	高速四缸柴油机曲轴驱动件	<3 000
九级	G630	250～630	弹性支承船用柴油机曲轴驱动件	<1 000
十级	G1600	630～1 600	大型四冲程柴油机曲轴驱动件	<1 000
十一级	G4000	1 600～4 000	单数气缸低速船用柴油机曲轴驱动件	<600

从平衡精度 $G=e\omega$ 来看，若已知 G、e 或 ω 中的两个参数，则很容易从图 2-5-12 中查出第三个参数来。

例如，某一旋转体规定平衡精度等级为 G2.5，则表示平衡后的许用偏心速度为 2.5 mm/s。

又如某一旋转体质量为 1 000 kg，转速为 10 000 r/min，平衡精度等级规定 G1，则平衡及允许的偏心距 e 为：

$$e=\frac{1\ 000 v_e}{\omega}=\frac{1\ 000\times 1\times 60}{2\pi\times 10\ 000}\approx 0.95\ (\mu m)$$

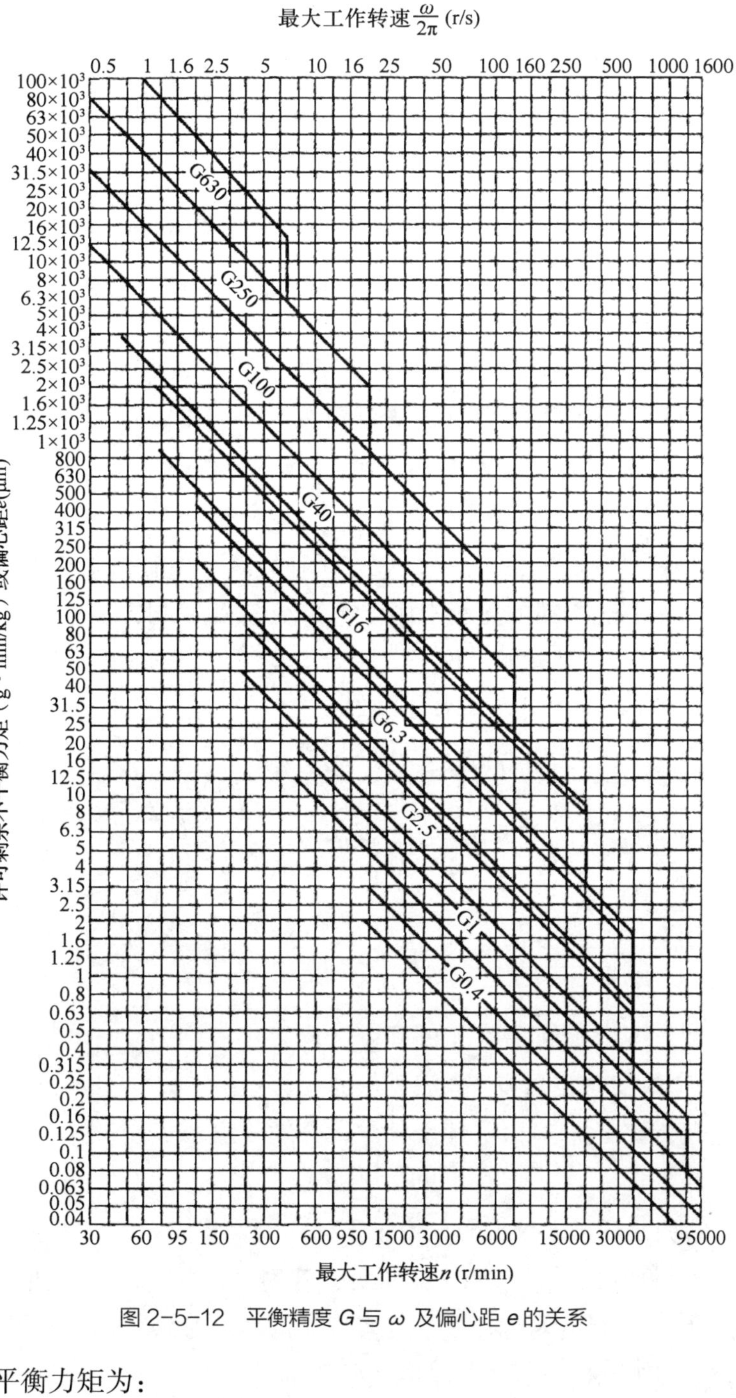

图 2-5-12 平衡精度 G 与 ω 及偏心距 e 的关系

其剩余不平衡力矩为：

$$M=TR=We=1\,000 \times 0.95=950（g \cdot mm）$$

假定此旋转体两个动平衡校正面在轴向是与旋转体的重心等距的，则每一校正面上允许的不平衡力矩可取 $M/2=475\ g \cdot mm$，这相当于在半径 475 mm 处允许的剩余不平衡量为 1 g。

【例 2-5-1】某一电动机转子的平衡精度为 G6.3，转子最高转速为 $n=3\,000$ r/min，质量为 5 kg，平衡后的不平衡量为 80 g·mm，是否达到要求？

解：由 $G=e\omega/1\,000$，得

$$e=\frac{1\,000G}{\omega}=\frac{6.3\times1\,000}{3\,000\times3.14/30}\approx20\ (\mu m)$$

由 $TR=We$，得

$$e=\frac{TR}{W}=\frac{80}{5}=16\ (\mu m)$$

查图 2-5-12，在给定转速下 G6.3 的范围为 2.3～9.2 μm，故表明平衡达到所需要的精度等级。

【案例】周移配重法平衡实验

有一通风机转子需要调整动平衡。先在工作转速下用海绵振动斗测出通风机轴承中的最大振幅 S_A，在这一端的轮盘上画上一个配重圆，如图 2-5-13 所示。把圆周分成若干等份（六等份），并按顺序编号，然后按经验公式近似地求出配重 W（单位为 N），则：

$$W=250S_A\frac{G}{D^2}\left(\frac{1\,000}{n}\right)^2$$

式中　S_A——未加配重时的最大初振幅，mm；

　　　G——转子重，N；

　　　D——配重圆直径，mm；

　　　n——转子公称转速，r/min。

将求得的配重 W，用硬金属和可卸方法固定在圆周 "1" 上（橡皮泥也可以），启动转子，记

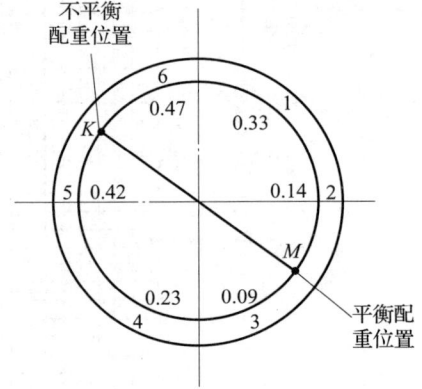

图 2-5-13　周移配重法配重圆

下振幅 S_1。同理，依次将 W 移至其余各点，分别测出振幅 S_2、S_3、…、S_i，最后取下 W。

根据测得的振幅记录，以振幅 S 为纵坐标，配重圆周等分点为横坐标，在直角坐标系上绘制一光滑曲线，如图 2-5-14 所示。若测量正确，此曲线便为正弦曲线，且 S_{max} 和 S_{min} 应在转子直径的对称位置上。若用加重法，则在 S_{min}（M 点）上配平衡重量 W；若用减重法，则在 S_{max}（K 点）上除去平衡重量 W。

试加重试验做完后，再求平衡配重 P_1。先求平均振幅 S_P。

$$S_P=\frac{1}{2}(S_{max}+S_{min})$$

当 $S_P \leqslant S_A$ 时：

$$P_1 = \frac{S_P W}{S_P - S_{\min}}$$

当 $S_P > S_A$ 时：

$$P_1 = \frac{S_P - S_{\min}}{S_P} \times W$$

将若干块比 P_1 稍大或稍小的 P_1、P_2、P_3、…、P_i，逐块轮流加在图 2-5-13 所示的 M 点位置上，并测出各个配重时的相应振幅 S_1、S_2、S_3、…、S_i，然后绘制出平衡配重与振幅图，如图 2-5-14 所示。如果曲线上的最大振幅 $S_{\max}$ 小于给定要求，则已达到平衡精度。

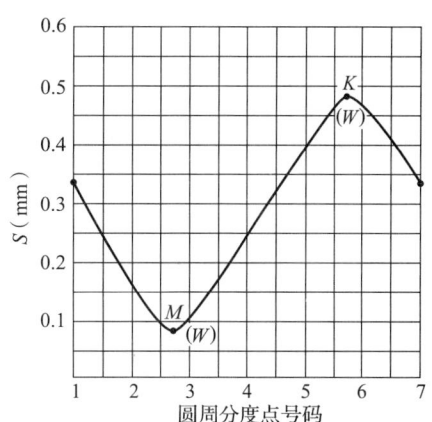

图 2-5-14　平衡配重与振幅图

如果需要在另一端也找动平衡时，另一端也按此程序反复操作，一直到两端振幅都符合要求为止。

【例 2-5-2】若已知通风机转子重量 $G=5\,000$ N，配重圆直径 $D=1\,000$ mm，转速 $n=3\,000$ r/min，初振幅 $S_A=0.32$ mm。用周移配重法求出不平衡重量和振幅值。

解：按经验公式，试配重量 W 为：

$$W = 250 \times 0.32 \times \frac{5\,000}{1\,000^2} \times \left(\frac{1\,000}{3\,000}\right)^2 \approx 0.04 \text{（N）}$$

将试加重量置于各点后，所测得振幅如图 2-5-14（此图就是按本题绘制的）所示，找到 $S_{\min}=0.08$ mm，$S_{\max}=0.48$ mm，于是平均振幅为：

$$S_P = \frac{1}{2}(S_{\max}+S_{\min}) = \frac{1}{2}(0.48+0.08) = 0.28 \text{（mm）}$$

$S_P \leqslant S_A$，所以平衡配重 F_1 为：

$$F_1 = \frac{0.28 \times 0.4}{0.28 - 0.08} = 0.56 \text{（N）}$$

取 $F_2=0.5$ N，$F_3=0.52$ N，$F_4=0.54$ N，$F_5=0.58$ N，$F_6=0.6$ N，$F_7=0.62$ N，测得的振幅 S_1-S_i 绘于图 2-5-15 中。从图中求得两直线交点配重为 0.55 N，振幅为 0.04 mm，即为所得结果。然后将 0.55 N 加于 M 点上，重新验证其振幅是否符合精度要求。

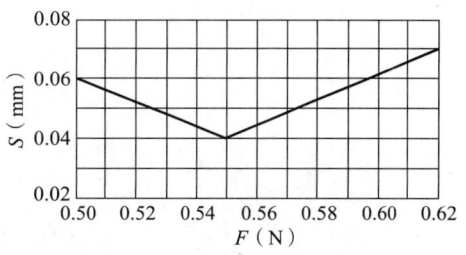

图 2-5-15　周移配重的振幅曲线

学习单元 2 机床主轴部件装配

一、主轴部件的精度要求

1. 主轴装配精度检测要求与方法

精密机床的主轴部件精度要求比较高。以图 2-5-16 所示 TC630 型卧式加工中心的主轴部件为例，主轴轴承采用精密向心推力球轴承，前后轴承配对成套，并经过预紧，装配时不需要再进行调整；轴承润滑采用脂润滑。主轴装配精度检验要求与方法见表 2-5-4。

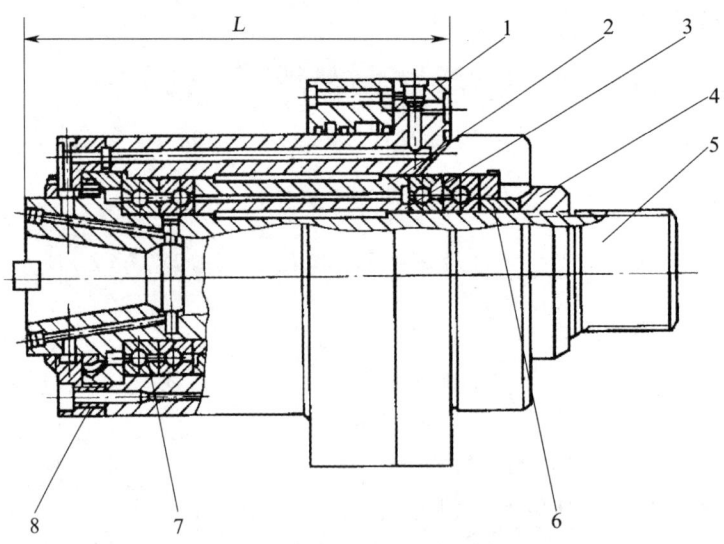

图 2-5-16 TC630 型卧式加工中心主轴结构
1- 主轴套筒 2、3- 轴承隔套 4- 螺母
5- 主轴 6- 套 7- 轴承 8- 法兰盘

表 2-5-4　TC630 型卧式加工中心主轴装配精度检验要求与方法

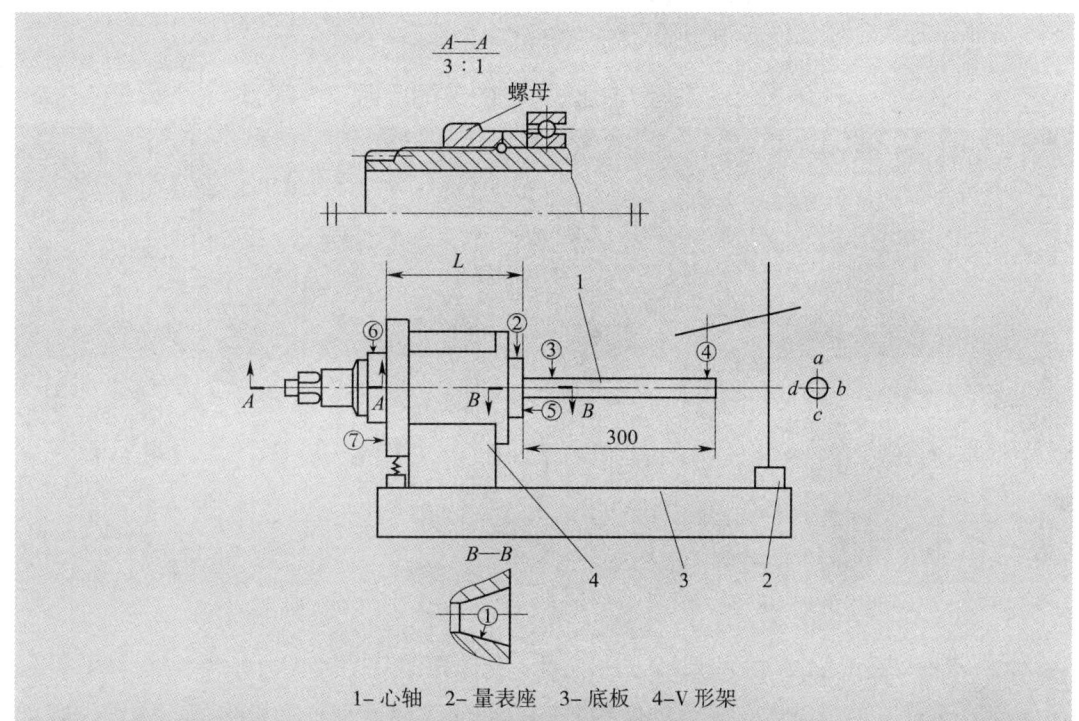

1-心轴　2-量表座　3-底板　4-V 形架

项目	要求（mm）
内锥孔的径向圆跳动公差	0.005
外径的径向圆跳动公差	0.01
心轴根部的径向圆跳动公差	0.005
心轴 300 mm 处的径向圆跳动公差	0.012
主轴端面圆跳动公差	0.005
后部外圆的径向圆跳动公差	0.01
安装基面的端面圆跳动公差	0.01
距离 L 的极限偏差	±0.05

2. 轴承与相配零件的选配与调整

精密机床的主轴部件对轴承与相配零件的精度及相互之间的配合精度要求很高，而加工精度往往不能满足需要。因此，在装配时需要进行选配（见表 2-5-5），必要时应提高某些零件的精度。

（1）轴承内外圈与轴颈及壳体孔配合精度的选择。表 2-5-5 给出了一定的范围，选配时应根据主轴部件的精度要求、受力大小、转速高低、允许温升、壳体孔壁厚、散热条件等因素合理选择。

表2-5-5 轴承与相配零件的选配项目及推荐值　　μm

轴承精度等级及公称直径（mm）		装于同一孔内轴承内外径等尺寸允差	配合精度		配合表面形状精度		同轴度		定位肩面跳动	垫圈两端面平行度
			轴承内圈与轴配合（过盈或间隙）	轴承外圈与壳体孔配合（间隙）	轴	壳体孔	轴	壳体孔		
/P5与/P4	≤φ80	2	5	2～6	2	3	3	5	3	3
	>φ80	3	8	3～10	3	5	5	8	5	5
/P2[①]	≤φ80	1	3	1～5	1	1	1	3	1	1
	>φ80	2	5	1～8	2	2	2	5	2	2

① /P2精度轴承可根据企业标准选用。

（2）轴承内外径等尺寸的选择方法。同一壳体孔内几个轴承内外径等尺寸的选择，是保证轴承对于轴及壳体孔配合精度的基础，即使采用高精度轴承也不能忽视。轴承外径等尺寸的选择，可通过千分尺达到1μm的精度。轴承内径等尺寸的选择，可用专用测量心轴测量。测量心轴制成每一阶梯相差1μm或2μm的阶梯轴。也可制成1∶10 000～1∶20 000的锥度心轴，直径每差1μm刻一标线。使用锥度心轴测量时，轴承套入心轴的力不能过大。

用内径比较仪与内径标准规校正好零位，然后再与轴承内径作比较，同样能测出轴承内径的实际尺寸。

（3）主轴及壳体孔尺寸精度的测量和提高。为保证轴承内外圈的配合精度，主轴颈及壳体孔一般都在选择轴承后，以轴承内外径的实际尺寸为基准进行最后的精加工。检查主轴精度时，测出主轴径向圆跳动的最高点。必要时可用研磨工具将主轴提高到装配所需要的精度。对于套筒型壳体，用精密平口钳在精密磨床上能得到1μm的精度。对于箱体型壳体，常需在精镗后用研磨工具精研，可用任一孔导向来研磨另一个孔。可使用可调式研磨棒进行内孔研磨。

（4）轴承锁紧螺母的调整。精密主轴轴承锁紧螺母的端面与其螺纹中心线的垂直度误差及螺纹牙型误差，很可能在螺母拧紧后造成主轴弯曲及轴承内外圈倾斜，对主轴回转精度有很大影响。例如，高精度万能外圆磨床的内圆磨具在拧紧螺母后，应测量主轴的回转精度，找出主轴跳动的最高点，并在其反向180°处的螺母上做出标记以便调整。调整时拧下螺母,在做标记处修刮螺母的接合面,再装上螺母,重复测量调整,至主轴回转精度合格为止。此外,螺母与主轴的螺纹配合应松些,使其有较大的间隙,以便螺母在拧紧时能自动调位,避免造成主轴弯曲。绝不允许用敲打锁紧螺母的方法来调整主轴的回转精度。

采用阶梯套筒代替锁紧螺母可克服上述缺陷。阶梯套筒先热套在主轴上。调整时在阶梯套筒中通高压油使其胀大,再用轴承后面的螺母调整好轴承的游隙,卸掉高压油,拆下螺母,由阶梯套筒承受轴向力而锁紧轴承。拆卸时,只需在阶梯套筒上接高压油,由于套筒两端受压面积不同,套筒会自行轴向退出。

二、滚动轴承的定向装配工艺

滚动轴承的内外圈都具有不同程度的径向跳动;主轴轴端如有定心锥孔,轴孔与轴颈也容易产生一定的偏差。因此,在轴承部件装配时可采用定向装配,以提高主轴的回转精度。对于箱体型壳体,测量轴承孔偏差较费时,可只将前后轴承外圈的最大径向跳动点在壳体孔内装成一直线。另外,内圈径向跳动量较大的轴承一般安装于部件的后支承上。

滚动轴承定向装配就是合理组合,人为地控制各装配件径向圆跳动误差的方向,以提高装配精度的一种方法。装配前需对主轴轴端锥孔中心线偏差及轴承的内外圈径向圆跳动进行测量,确定误差方向并做好标记。

1. 装配件误差检查方法

(1)滚动轴承外圈径向圆跳动的测量。如图 2-5-17 所示,测量时,转动外圈并沿百分表方向压迫外圈,百分表的最大读数即为外圈最大径向圆跳动量。

(2)滚动轴承内圈径向圆跳动的测量。如图 2-5-18 所示,测量时外圈固定不转,内圈端面上加以均匀的测量负荷 F(不同于滚动轴承实现预紧时的预加负荷),旋转内圈一周以上,便可测得内圈内孔表面的径向圆跳动量及其方向。

(3)主轴锥孔中心线偏差的测量。如图 2-5-19 所示,将主轴轴颈置于 V 形架上,在主轴孔中插入测量用心棒,转动主轴一周以上,便可测得锥孔中心线的偏差数值及方向。

2. 滚动轴承定向装配要点

(1)主轴前轴承的精度应比后轴承的精度高一级。

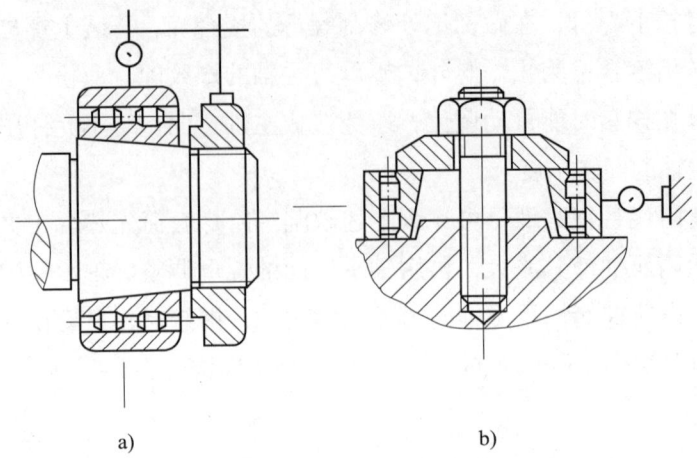

图 2-5-17 测量滚动轴承外圈径向圆跳动
a）在主轴上测量　b）在工具上测量

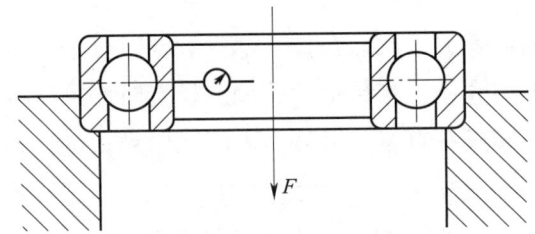

图 2-5-18 测量滚动轴承内圈径向圆跳动

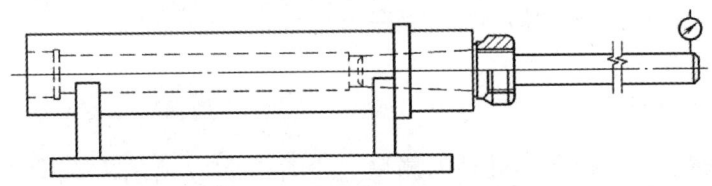

图 2-5-19 测量主轴锥孔中心线偏差

（2）前后两轴承内圈径向圆跳动量最大的方向置于同一轴向截面内，并位于旋转中心线的同一侧。

（3）前后两轴承内圈径向圆跳动量最大的方向与主轴锥孔中心线的偏差方向相反。

按定向装配法装配后的轴承，应保证其内圈与轴颈不再发生相对转动，否则将丧失已获得的调整精度。

按不同方法进行装配后的主轴精度比较，如图 2-5-20 所示。图中：

δ——主轴检验处的径向圆跳动量；

δ_1——前轴承内圈的径向圆跳动量；

δ_2——后轴承内圈的径向圆跳动量；

δ_3——主轴锥孔中心线的误差量。

如图 2-5-20a 所示,按定向要求进行装配的主轴精度情况,此时主轴检验处的径向圆跳动量 δ 最小,即 $\delta<\delta_3<\delta_1<\delta_2$。

如图 2-5-20b 所示,主轴锥孔中心线误差方向与两轴承径向圆跳动量最大的方向相同。

如图 2-5-20c 所示,两轴承径向圆跳动量最大的方向在旋转中心线的两侧,主轴锥孔中心线误差方向与前轴承径向圆跳动量最大的方向相反。

如图 2-5-20d 所示,两轴承径向圆跳动量最大的方向在旋转中心线的两侧,主轴锥孔中心线的误差方向也与前轴承径向圆跳动量最大的方向相同,此时主轴检验处的径向圆跳动量 δ 最大,即 $\delta>\delta_2>\delta_1>\delta_3$。

如图 2-5-20e 所示,主轴后轴承的径向圆跳动量比前轴承的小,此时主轴检验处的径向圆跳动量反而增大。

按定向装配后的轴承,应严格保持其内圈与轴不发生相对转动,否则将丧失已获得的旋转精度。

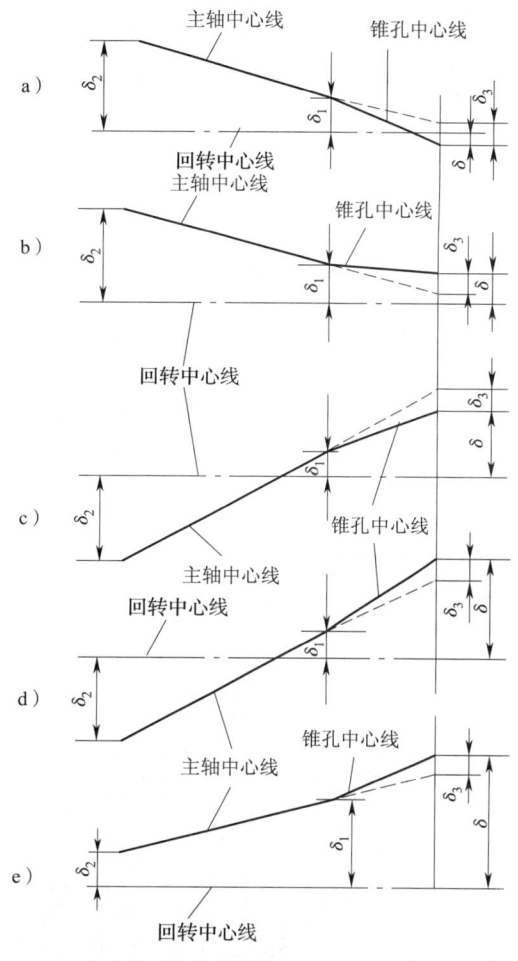

图 2-5-20 轴承定向装配后的主轴精度比较

对于箱体部件,由于测量轴承孔偏差较费时,只将前后轴承外圈的最大径向圆跳动点在箱体孔内装成一条直线即可。

三、卧式镗床主轴部件装配调整

1. 主轴部件

图 2-5-21 所示是 T68 型卧式镗床主轴部件的结构。主轴 5 装在主轴套筒 4 中。平旋盘主轴 3 安装在主轴箱左壁和中间支承板孔中的精密圆锥滚子轴承中。主轴套筒 4 用两个精密圆锥滚子轴承支承,其前轴承装在平旋盘主轴 3 的前孔中,后轴承装在

主轴箱右壁的孔中。在主轴套筒4的两端压入精密衬套8、7和6,用以支承主轴5。主轴5前端有5号莫氏锥孔,用以安装刀具或刀杆。

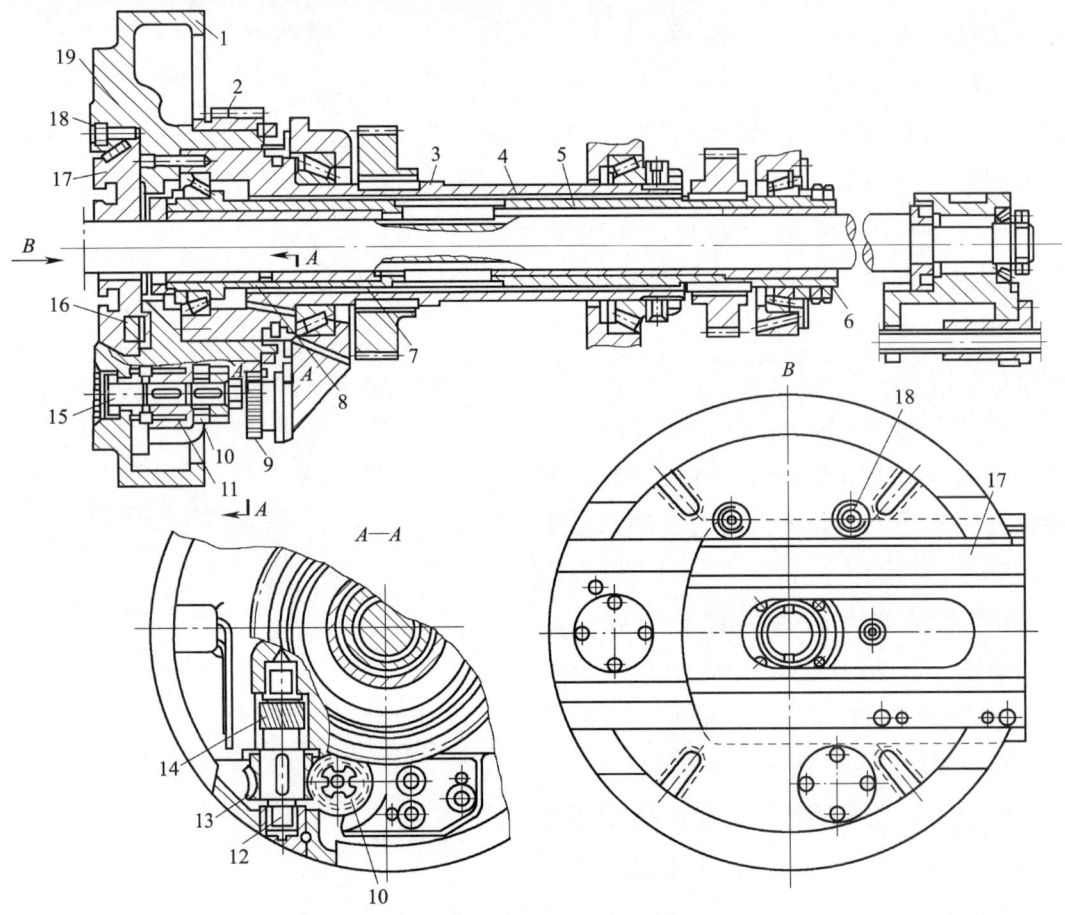

图2-5-21 T68型卧式镗床主轴部件结构图
1-平旋盘 2、9、10、14-齿轮 3-平旋盘主轴 4-主轴套筒
5-主轴 6、7、8-衬套 11-蜗杆 12、15-轴 13-蜗轮
16-齿条 17-径向刀架 18-螺钉 19-销

镗床的平旋盘主轴3用38CrMoAlA钢制造,表面经渗氮处理,有极高的硬度和极好的耐磨性。衬套6、7、8用GCr15钢制造,经过淬火处理。衬套与主轴的配合精度很高,配合间隙约为0.01 mm。因各衬套的长度较长,使主轴能在较长的时间内保持较高的导向精度,并且使主轴有较高的刚度。

平旋盘1以圆柱孔与平旋盘主轴3的前端轴颈配合,用六个螺钉紧固在平旋盘主轴3的前端面上,用圆锥销定位。在平旋盘1的外端面上铣有四条径向T形槽,供紧固刀夹或刀盘使用;在燕尾导轨内装有径向刀架17,刀架上有两条供紧固刀具或刀夹用的 T 形槽，燕尾导轨用镶条保证径向刀架运动的平稳性和导向的正确性。在径向刀架 17 右端面槽中固定有齿条 16（$m=3$ mm）。齿条 16 通过齿轮 14（$z=16$）传动，使刀架做径向运动。在刀架上安装刀具镗削大直径孔时，切削过程中径向刀架 17 不做径向运动。为了提高径向刀架的刚度，可拧紧螺钉 18，通过销 19 将刀架固定。

在平旋盘 1 上装有径向刀架 17 的传动机构，它包括齿轮 2（$z=16$）和齿轮 10（$z=22$），蜗杆 11 和蜗轮 13（$z=22$），齿轮 14 和齿条 16，以及相关的轴 12、15 等零件。齿轮 2 空套在平旋盘 1 的轮毂上，用挡圈限制其轴向位置。齿轮 10 与齿轮 2 啮合并通过蜗杆 11 与蜗轮 13，齿轮 14 与齿条 16 保持传动关系。当齿轮 9（$z=24$）带动齿轮 2，其转速和转向与平旋盘 1 的转动相同时，齿轮 2 与齿轮 10 之间无相对运动，齿轮 10 并不转动，刀架无径向进给；若齿轮 2 与平旋盘 1 转速不相等，则齿轮 10 转动，并带动刀架径向运动。

2. 主轴、平旋盘的装配调整

（1）主轴可能存在的问题。主轴在加工过程中受力复杂，结构庞大，动作反复，又要求一定的回转精度，在镗床的设计、使用、维修中都占主要的地位。长期使用中由于主要零件、轴承磨损和变形，都可能影响主轴的回转精度。其中以主轴和衬套更为关键。主轴和衬套是滑动摩擦，由于变形、拉伤以及咬痕都可能造成抱轴，使间隙变大，甚至丧失回转精度。

（2）平旋盘的修整。主轴传动机构经差动机构将合成运动传入平旋盘（见图 2-5-22）内，通过蜗杆蜗轮副降速使滑座实现径向进给。图 2-5-23 所示为滑座、平旋盘座的表面示意图。

滑座 1、2 面推荐用平面磨床加工。当磨削 1 面时须考虑其与齿条安装面 3 的平行度要求，以保持齿轮齿条副的啮合性能。同样，刮削斜面 4 也应考虑对齿条安装侧面的平行度要求。配刮滑座和平旋盘座时，因平面加工的要求，从滑座的进给方向 A 端刮低 0.01～0.02 mm，以达到加工平面中间凹的目的。

（3）主轴箱的修整要点（见图 2-5-24）

1）主轴箱的三个通孔一般反映的是制造精度，若发现轴承外圈和孔的配合过松，一般可采用镀镍的方法进行修整，否则在镗孔时会产生振动，影响孔加工质量。

2）主轴箱的导向压板面与主轴中心的垂直度是主要修整项目，否则主轴进给镗削前后箱体孔时，将引起同轴度误差，孔与端面基准的垂直度也无法保证。

3）与立柱配刮导轨面，将主轴箱清洗后装入轴，要求转动自如。将检验后的平旋盘主轴和圆锥滚子轴承装入轴承孔内，调整好间隙作为测量基准来检测导向压板面与主轴中心线的垂直度。

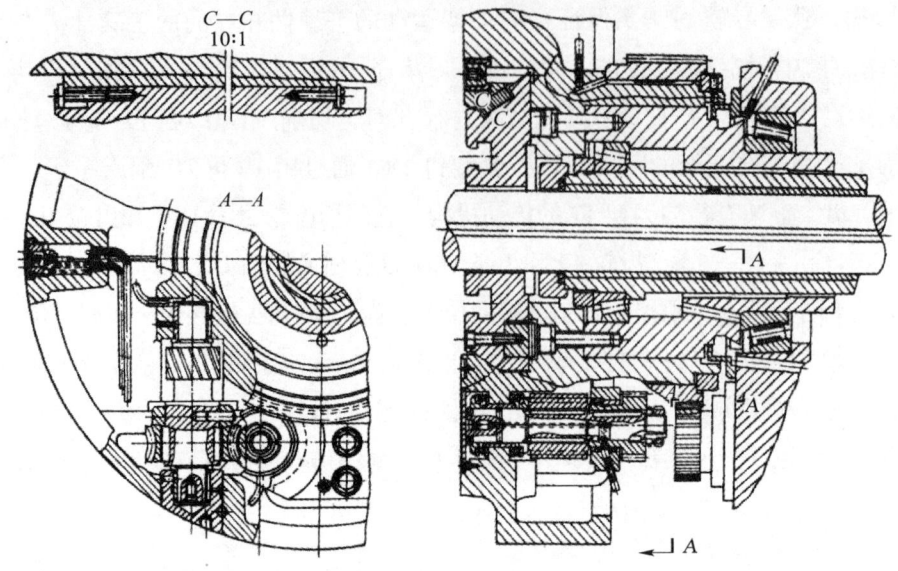

图 2-5-22 平旋盘结构

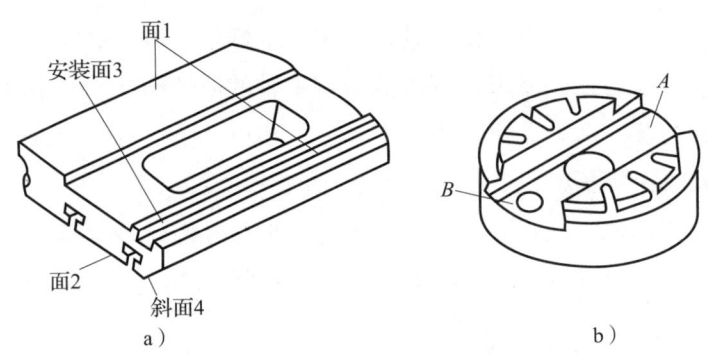

图 2-5-23 滑座、平旋盘座表面示意图
a）滑座 b）平旋盘座

4）箱体修整与立柱配刮，主轴中心线对导轨面的平行度不预先测量，在总装立柱时用立柱找正主轴，保证主轴和床身导轨的平行度要求。

5）主轴箱研刮结束后，应检查、清洗、安装各轴零件，待箱体装上立柱后装配主轴。

（4）主轴部件的装配。主轴部件在主轴箱和平旋盘研刮结束后可以开始装配。由于主轴部件的装配质量对主轴回转精度等有直接影响，在主轴零件精度合格后试机时因零件误差的存在和累积，精度检查还会超差。装配时，必须使结构中

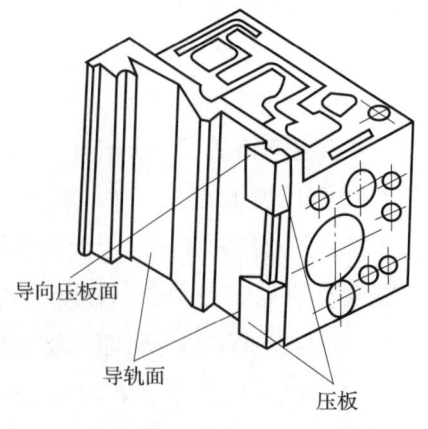

图 2-5-24 主轴箱的修整要点

两个相配零件的上下极限偏差重叠，以消除累积误差。具体方法如下：

1）将主轴套筒轴承外圈径向振摆的最低处和平旋盘孔的最大径向振摆处相装配。

2）将主轴套筒的最低径向振摆处分别和两轴承内圈的最大径向振摆处相装配。

3）主轴孔若三孔有微量的同轴度误差，也可按径向振摆允差的相位予以补偿。

4）装轴承时先将轴承放入 60～100 ℃ 润滑油中浸 15 min，然后取出装配。

5）装好主轴套筒的轴承后，衬套内孔与主轴应保持 0.015～0.020 mm 的间隙。

6）主轴装配在主轴箱并装上立柱后装入主轴套筒。装配时悬吊卧放主轴的前端，尾端伸入主轴套筒孔内，找正所配对的键槽位置后，顺势推入孔内。由于主轴套筒上两条键槽是单配的，装配时应注意其方向性。主轴副的接触长度大，配合间隙又小，为了减小阻力，装配时宜施加薄而量多的润滑油，建议用 L-AN15 全损耗系统用油。

7）T68 型镗床是比较早期的产品，机床结构修改变动较大，因此主轴结构有几种不同类型，在更换新轴时应加以识别，按具体情况选择备件或制造新件后进行装配。图 2-5-25 所示是前部油封防尘的旧结构，图 2-5-26 所示是平旋盘前端带锥度的主轴结构，图 2-5-27 所示是主轴与主轴套筒。

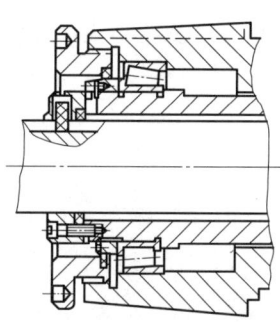

图 2-5-25　油封防尘装置

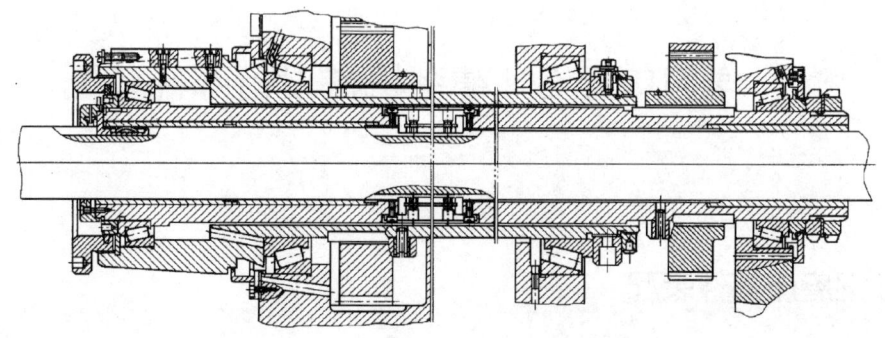

图 2-5-26　平旋盘前端带锥度的主轴结构

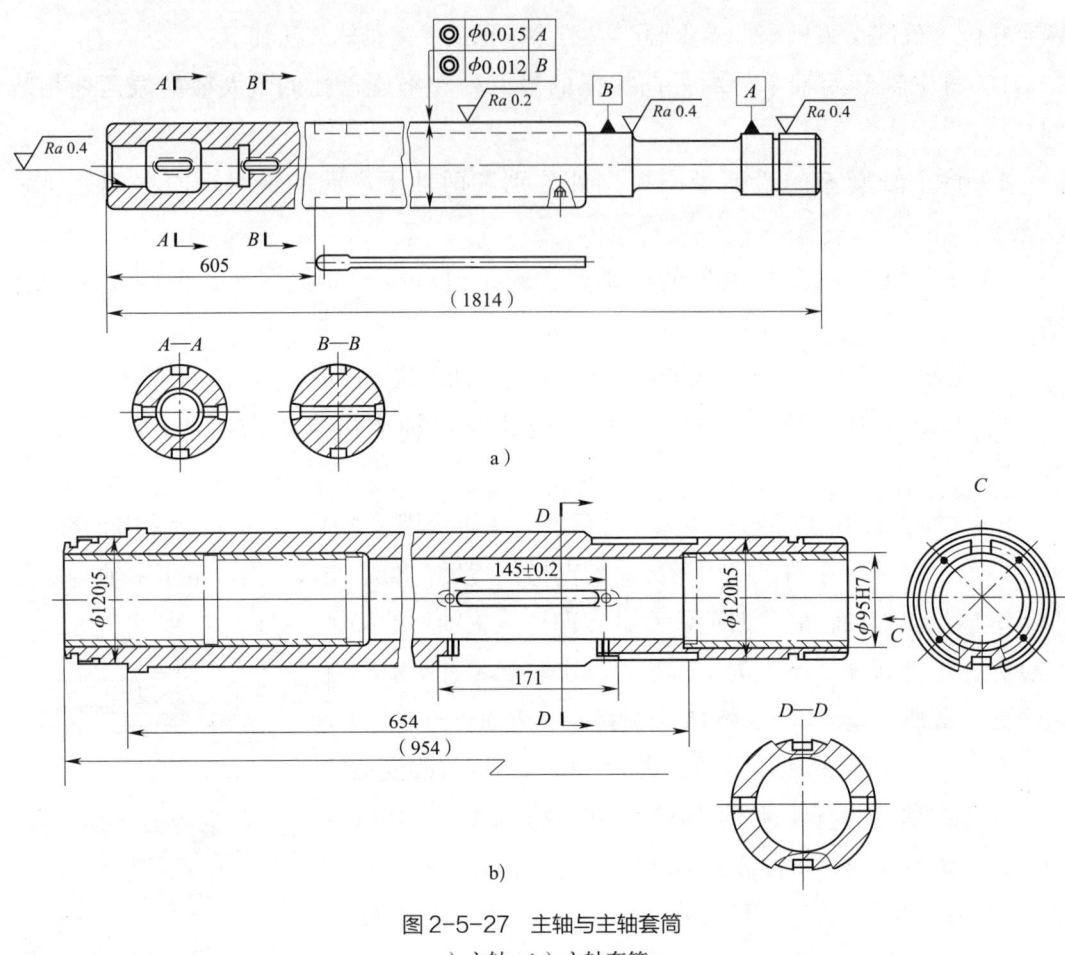

图 2-5-27 主轴与主轴套筒
a）主轴 b）主轴套筒

学习单元 3 精密机械设备部件装配

一、外圆磨床部件装配

1. 外圆磨床的结构和工作原理

（1）M1432A 型万能外圆磨床主要结构如图 2-5-28 所示。

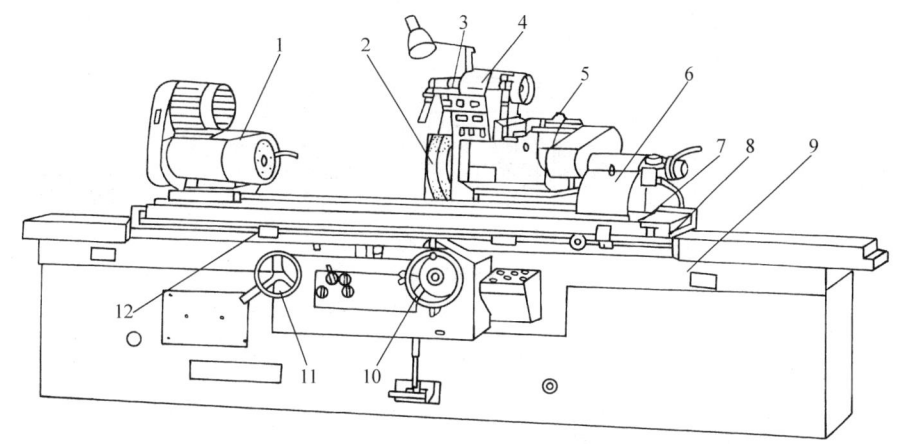

图 2-5-28　M1432A 型万能外圆磨床
1- 头架　2- 砂轮　3- 内圆磨具　4- 磨架　5- 砂轮架　6- 尾座　7- 上工作台
8- 下工作台　9- 床身　10- 横向进给手轮　11- 纵向进给手轮　12- 换向撞块

M1432A 型万能外圆磨床由以下部件组成。

1）床身。床身是磨床的基础支承件，用以支承和定位机床的各个部件。

2）头架。头架用于装夹、定位工件，并带动工件做旋转运动。当头架旋转一个角度时，可以磨削短锥面。

3）工作台。工作台由上下两部分组成。上工作台可根据工件加工的需要调整至某个角度，用来磨削较小锥度的长圆锥面。工作台面上安装的头架和尾座随工作台一起沿床身做纵向往复运动。

4）内圆磨具。当进行内圆磨削时，可将内圆磨具放下并固定。内圆磨具的主轴由独立的内圆砂轮电动机驱动。

5）砂轮架。砂轮架安装在滑鞍上，用于支承砂轮，并使砂轮高速旋转。砂轮可根据加工需要做 ±30° 旋转，用来磨削短圆锥面工件。

6）滑鞍及横向进给机构。转动横向进给手轮，可通过横向进给机构带动滑鞍和砂轮横向移动；也可利用液压装置通过脚踏板使滑鞍和砂轮架快速进退或做周期性自动切换进给。

7）尾座。当磨削较长工件时，尾座上的后顶尖与头架上的前顶尖一起支承工件。

（2）M1432A 型万能外圆磨床机械传动系统。M1432A 型万能外圆磨床机械传动系统如图 2-5-29 所示。机床的主要运动如下。

1）砂轮转动。外圆磨削时，由电动机 M1 通过带轮 1、2 带动主轴旋转；内圆磨削时，由电动机 M2 经带轮 4、3 带动内圆磨具主轴旋转。

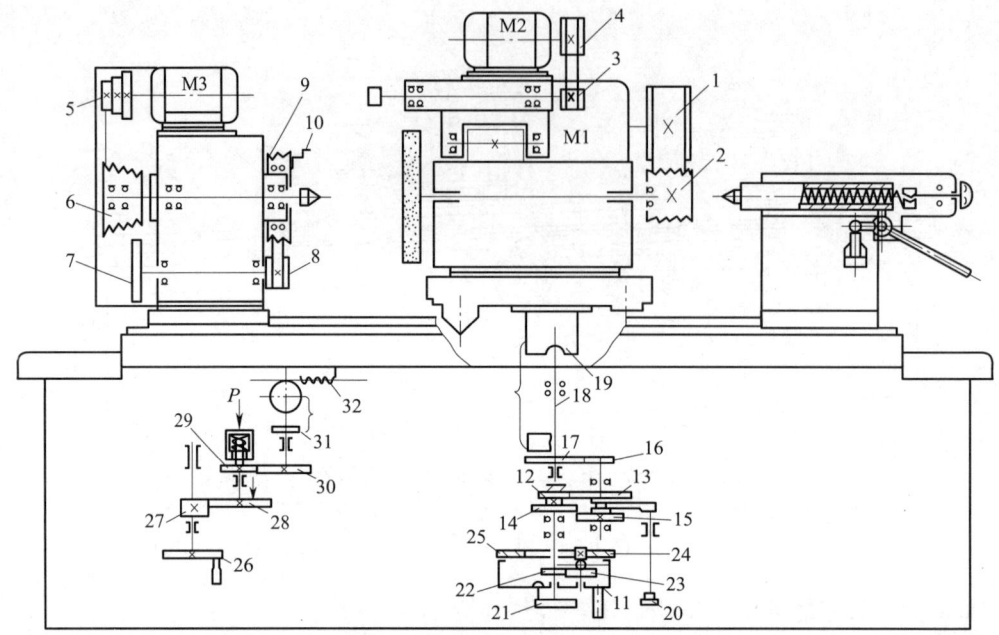

图 2-5-29　M1432A 型万能外圆磨床机械传动系统

1、2、3、4、7、8、9- 带轮　5、6- 塔轮　10- 拨盘　11、26- 手轮　12、13、14、15、16、17、22、23、24、27、28、29、30、31- 齿轮　18- 传动丝杠　19- 半螺母　20- 手柄　21- 旋盘　25- 内齿轮　32- 齿条

2）工件的旋转运动。由电动机 M3 通过塔轮 5、6 和带轮 7、8、9，由拨盘 10 带动工件转动。

3）磨头进给运动。磨头的进给运动有粗进给、细进给和微量补偿进给三种。

① 粗进给。将手柄 20 按箭头方向推进，转动手轮 11，通过齿轮 14、15、16、17 带动传动丝杠 18 和半螺母 19。手轮每转动一转，磨头进或退 2 mm。

② 细进给。将手柄 20 拉出，转动手轮 11，通过齿轮 12、13、16、17 带动传动丝杠 18 和半螺母 19。手轮每转动一转，磨头进或退 0.5 mm。

③ 微量补偿进给。向外拉出旋盘 21 并顺时针旋转，由于手轮 11 的销子与旋盘 21 已脱开，故手轮不会转动，齿轮 22 通过齿轮 23、24 带动内齿轮 25 逆时针旋转，旋转到加工所要求的进给量后将旋盘推入。再转动手轮 11，使磨头得到定程进给，直至内齿轮 25 上的撞块碰到定位块为止。此时磨头的进给量即为所要求的补偿进给量。

4）工作台手摇移动。转动手轮 26，通过齿轮 27、28、29、30、31 及工作台的齿条 32，带动工作台左右移动。手轮每转一转，工作台移动 5.9 mm。

2. M1432A 型万能外圆磨床液压传动系统

M1432A 型万能外圆磨床液压传动系统如图 2-5-30 所示。该液压传动系统除进行液压传动外,还利用液压力消除间隙和进行液压自动润滑。系统中的主要液压元件见表2-5-6。

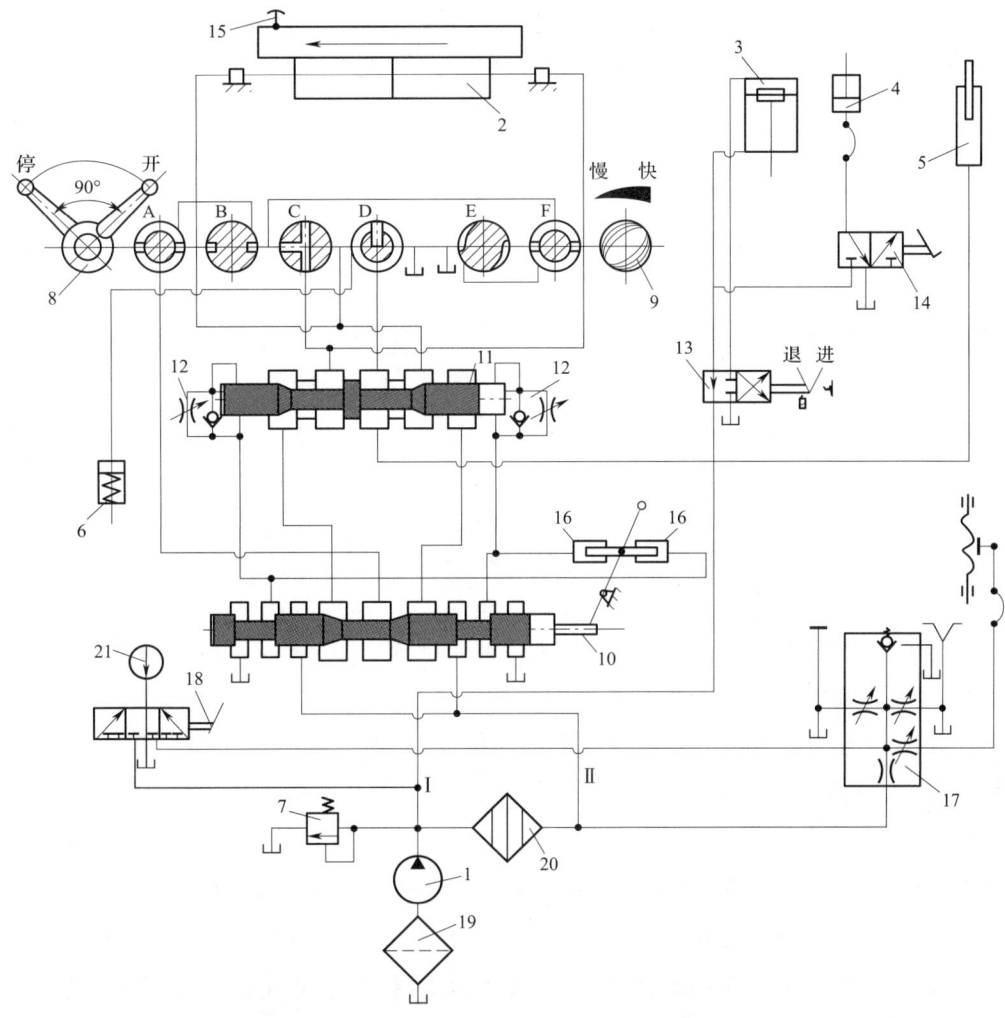

图2-5-30 M1432A型万能外圆磨床液压传动系统

1-齿轮泵 2-工作台 3-快速进退液压缸 4-尾架缸 5-闸缸 6-手摇机构缸 7-溢流阀 8-开停阀 9、12-节流阀 10-先导阀 11-换向阀 13-快速进退阀 14-二位三通阀 15-放气阀 16-撞块 17-润滑油稳定器 18-压力表开关 19-过滤器 20-线隙式滤油器 21-压力表

表2-5-6 主要液压元件表

序号	型号	名称	规格	
			流量(L/min)	压力(MPa)
1	25/HR43-2	普通滤油器	25	—
2	BC16	齿轮泵	16	25
3	HYYJI/1P·35	溢流阀	35	25

续表

序号	型号	名称	规格	
			流量（L/min）	压力（MPa）
4	HYY4J/1G-5-200	线隙式滤油器	5	—
5	HYY81/1P·1	润滑油稳定器	1	—
6	HYY48/1P·16	压力计座	—	16
7	HYY21/3P-25T	操纵箱	25	25
8	HYY62/1	液压筒	（内径×长度，mm）70×1 000，70×1 500	
9	HYY43/JG-Y	放气阀	—	—
10	HYY72/3P-16	快速进退阀	16	—
11	M1432A-52/1	快速进退液压缸	—	—
12	HYY67/3-28×280	闸阀		
13	HYY72/1P-6	二位三通阀	6	
14	HYY47/1G	抖动阀	—	—

（1）工作台纵向运动。扳转开停阀8，由液压泵输出的压力油通过换向阀11，一路进开停阀截面D后进入手摇机构使手轮脱开，另一路出换向阀11后进入工作台液压缸左腔推动工作台右移。液压缸右腔回油经换向阀11到先导阀10，再到开停阀截面A、B，到节流阀9的截面F、E回到油箱。当工作台上的撞块16推动先导阀的换向杠杆，使先导阀向右移动，其上的制动锥将回油关小，工作台开始制动；与此同时，由线隙式滤油器20出来的辅助油由辅助油管Ⅱ流经先导阀10顶开单向阀，进入换向阀11左端，推动换向阀右移，其右端回油第一步经先导阀回油箱。这时换向阀中间轴肩处于操纵箱体沉割槽的中间，使工作台液压缸的左右腔均通压力油，因两腔作用力平衡，工作台处于瞬时停顿，即换向停留。回油第二步经停留阀（节流螺钉）到先导阀再回油箱。通过调整停留阀的节流螺钉来控制工作台的换向停留时间。回油调节得越小，则换向阀移动得越慢，轴肩处于沉割槽中的时间也越长，也就是工作台停留时间越长；反之，时间就短。回油第三步是经过换向阀上的环形槽，再经先导阀回油箱；同时将工作台液压缸左腔的回油打开，使回油通过换向阀，经先导阀进入开停阀的截面A、B，再到节流阀9的截面F、E后回油箱。这时工作台已换向，向右移动。当撞块推动先导阀上的杠杆，使先导阀左移，液压动作如上述，工作台再向左移动。如此实现工作台的纵向运动。

在关闭开停阀时，其回油到节流阀被切断，压力油经换向阀到开停阀的互通截面

C，两腔都通压力油，则工作台停止运动，手摇工作台机构中由于弹簧的作用，将先前进来的压力油推回至开停阀截面 D 而回油箱，齿轮重新啮合，便可手摇工作台移动。

（2）磨头快速进退运动。扳动快速进退阀 13 至"进"位置，由主油管 I 输送的压力油经快速进退阀 13 至快速进退液压缸 3 的后腔，推动活塞和丝杠向前，带动磨头快速向前至丝杠前端撞到定位螺钉，磨头的快速进给运动完成。扳动快速进退阀 13 至"退"位置，则主油管 I 输送的压力油经快速进退阀 13 进入快速进退液压缸 3 的前腔，推动活塞和丝杠向后，带动磨头快速后退至活塞后端与液压缸端盖相碰，磨头的快速后退运动完成。

（3）尾座套筒自动伸缩运动。在磨头快速后退时，主油管 I 输送的压力油经过快速进退阀 13 后，一路进入快进退液压缸，另一路进入二位三通阀 14。用脚踏动阀 14 的阀杆，可使压力油经该阀进入尾座内的液压缸，由于液压力的推动使尾座套筒后移（缩进），工件即可取下。在磨头处于进的位置时，主压力油通过快速进退液压缸后只有一路进入快速进退液压缸的后腔，无油进入二位三通阀 14，此时即使用脚踏动该阀，因无压力油通过，尾座不会动作，起到自锁作用。

（4）液压力消除间隙机构。当机床启动液压泵产生主压力油时，就始终有一路油进入闸缸 5，推动活塞顶着磨头向后退，由于丝杠的作用是向前推进磨头做进给运动，因此正好消除了磨头底面上半螺母与丝杠的间隙，使二者始终闭合，保证了砂轮进给的准确性。

（5）液压自动润滑。从线隙式滤油器 20 出来的润滑油进入润滑油稳定器 17，分别到机床的 V 形导轨、平导轨和横向进给丝杠副，调整溢流阀可以调整润滑油的压力，调整三个节流阀可以控制三路润滑油量的大小。

3. M1432A 型万能外圆磨床横向进给机构装配

M1432A 型万能外圆磨床的横向进给机构分两大部分，一部分为手摇进给操纵部分，另一部分为丝杠螺母和快速进退液压缸，如图 2-5-31 所示。手摇进给操纵部分主要包括手轮 1、刻度盘 2、双联齿轮 8 与 9、双联齿轮 10 与 11，主要功能是通过手轮和刻度盘来操纵和控制进给动作。另一部分主要包括横向进给丝杠 14、半螺母 15、快速进退液压缸 18、闸缸 20 和定位螺钉 21，主要功能是完成操纵手轮所要求的进给量和保证良好的定位精度，确保整个横向进给机构在精加工时对磨削尺寸精度的控制。前一部分只要求手轮转动灵活，无阻滞和时轻时重现象，刻度盘调整灵活方便，双联齿轮 8 与 9、10 与 11 啮合合理即可。而对后一部分就有一定的要求。首先对横向进给丝杠 14 应仔细检查，由于长期使用，一般在中间经常使用的部分有明显的磨损，此时应予以更换（半螺母 15 与丝杠一起更换）。再检查定位螺钉 21 和定位头 22，由于长期互相碰撞其接触部位会变形、毛糙，直接影响定位精度。这时可更换定位头 22，将定位螺钉 21 的表面放到平面磨床上磨到变形痕迹全部消除为止，即可修复使用。为提高生产率、缩短辅助时间，M1432A 型万能外圆磨床的横向进给部分设计有快速进退液压缸，在修理时一般采用研缸体孔，另配活塞予以修复使用。闸缸是柱塞缸结构，主要采用更换封油铜套来提高封油性能。闸缸的功能是消除半螺母和丝杠间的间隙，保证磨头在工作过程中进给稳定可靠，其修复应予以足够重视。

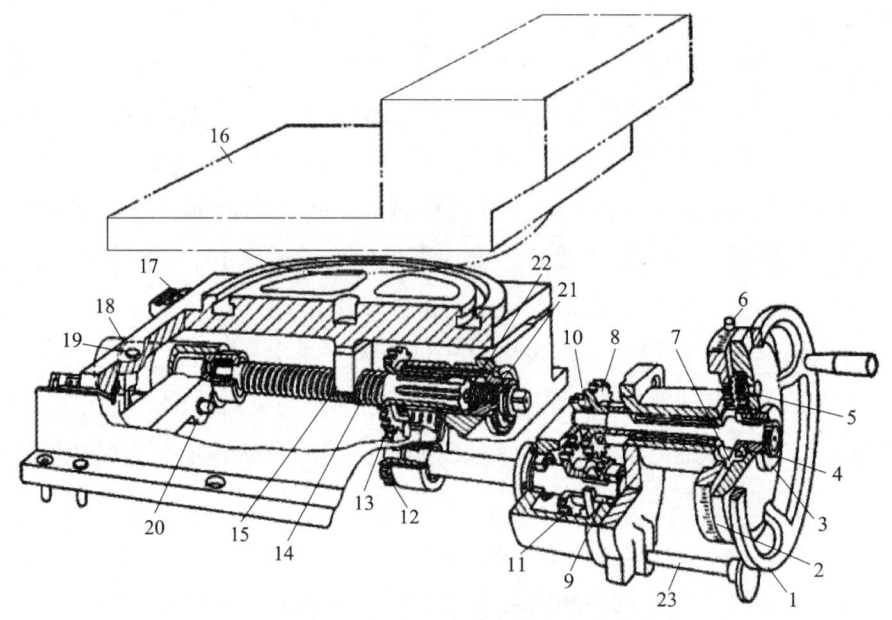

图 2-5-31　横向进给机构

1—手轮　2—刻度盘　3—捏手　4—定位销　5、8、9、10、11—双联齿轮　6—零位撞块
7—阻尼头　12、13—齿轮　14—丝杠　15—半螺母　16—磨头　17—滚柱
18—快速进退液压缸　19—圆柱挡块　20—闸缸　21—定位螺钉
22—定位头　23—手柄

横向进给丝杠装配时要注意以下两个问题。

（1）丝杠前部的花键部分与齿轮 13 的花键孔配合良好，滑动时无阻滞和轻重不一现象。

（2）丝杠尾部与快速进退活塞相连接的两个 46207 轴承应预加载荷，并保证无轴向窜动，使丝杠在活塞中只有轻松的转动而无轴向窜动。

横向进给机构的定位是以丝杠前端的定位头与垫板前部的定位螺钉相碰撞而定位的，如图 2-5-32 所示。因为定位头和定位螺钉的接触面积较小，接触刚度低，寿命较短，为此，M1432A 型万能外圆磨床横向进给机构中，快速进退液压缸的活塞端面与前端盖的接触也起定位作用，所以称作双定位。具体的调整方法是：先把定位螺钉放松，快速进退液压缸的活塞前端面靠牢液压缸前端盖，然后将定位螺钉往里拧，使其顶着丝杠前端的定位头，使砂轮后退 0.01 ~ 0.02 mm（可从百分表中测知），最后用螺母锁紧定位螺钉。这样在使用一段时间后，定位头逐渐磨损，使活塞端面与液压缸前端盖、丝杠定位头与定位螺钉同时接触定位，既减小定位面接触压力，提高定位刚度，还可以减小定位面的磨损，延长使用寿命。装配后快速进退连续 10 次，要求定位误差的平均值小于或等于 0.005 mm。

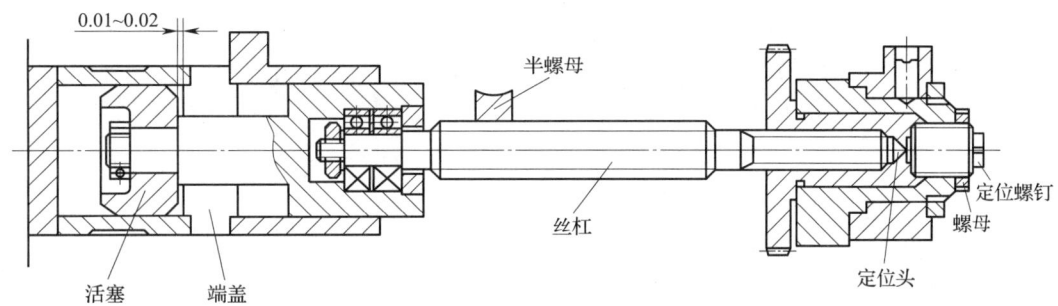

图 2-5-32　横向进给双定位

二、内圆磨床部件装配

1. 内圆磨床的结构和工作原理

（1）M2110 型内圆磨床主要结构。M2110 型内圆磨床可磨削圆柱孔和圆锥孔，它的主要组成部件包括床身 12、工作台 2、床头箱 5、内圆磨具 7 和砂轮修整器 6 等，如图 2-5-33 所示。

床头箱 5 通过底板 3 固定在工作台 2 的左端。床头箱主轴的前端装有卡盘或者其他夹具，以夹持并带动工件旋转。床头箱可相对底板绕垂直轴线转动一定角度，以便磨削圆锥孔。底板可沿着工作台面上的纵向导轨调整位置，以适应磨削各种不同的工件。磨削时，工作台由液压传动，沿着床身上的纵向导轨做直线往复运动（由撞块 4 自动控制换向），使工件实现纵向进给。装卸工件或磨削过程中测量工件尺寸时，工作台需要向左退出较大距离。为了缩短辅助时间，当工件退离砂轮一段距离后，安装在工作台前侧的压板可自动控制油路转换为快速行程，使工作台很快地退至左边极限位置。重新开始工作时，工作台先是快速向右，而后自动转换为进给速度。另外，工作台也可用手轮 1 驱动。

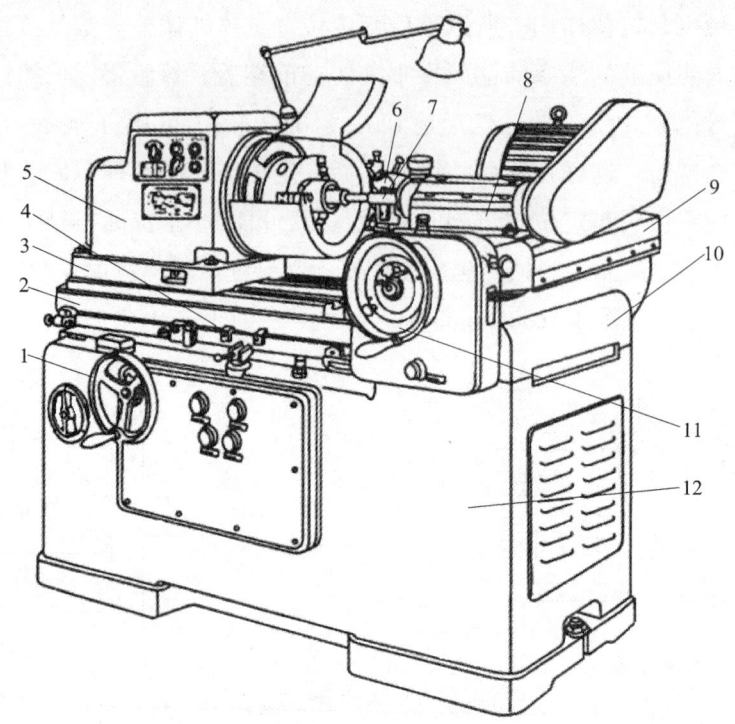

图 2-5-33　M2110 型内圆磨床的主要结构

1、11-手轮　2-工作台　3-底板　4-撞块　5-床头箱　6-砂轮修整器
7-内圆磨具　8-磨具座　9-横向滑板　10-桥板　12-床身

内圆磨具 7 安装在磨具座 8 中，它可以根据磨削孔径的大小进行调换（磨床上备有两套规格不同的内圆磨具）。砂轮主轴由电动机经平带直接传动。磨具座 8 固定在横向滑板 9 上，后者可沿床身 12 上固定的桥板 10 上面的横向导轨移动，使砂轮实现横向进给运动。砂轮的进给有手动和自动两种，手动进给由手轮 11 实现，自动进给由固定在工作台上的撞块操纵横向进给机构实现。

砂轮修整器 6 是修整砂轮用的。它安装在工作台中部台面上，根据需要可调整其纵向和横向位置。修整器上的金刚石杆可随着修整器的回旋头上下翻转，修整砂轮时放下，磨削时翻起。

（2）M2110 型内圆磨床机械传动系统。M2110 型内圆磨床的头架主轴由装入式三速电动机（转速为 1 000 r/min、1 500 r/min、3 000 r/min）经两级 V 带传动，用鼓形开关转换转速。内圆磨具由单独的电动机经平带传动，它是一个独立的部件，机床上备有两套转速不同（11 000 r/min、18 000 r/min）的内圆磨具，以磨削不同直径范围的内孔。工作台由液压传动，运动速度可无级调整。工件退离或趋近砂轮时，能自动转换为快速行程。磨具座可由装在工作台前侧的凸轮块控制自动周期横向进给，或用手轮手动进给。

M2110 型内圆磨床的机械传动系统如图 2-5-34 所示，它可实现如下几种运动。

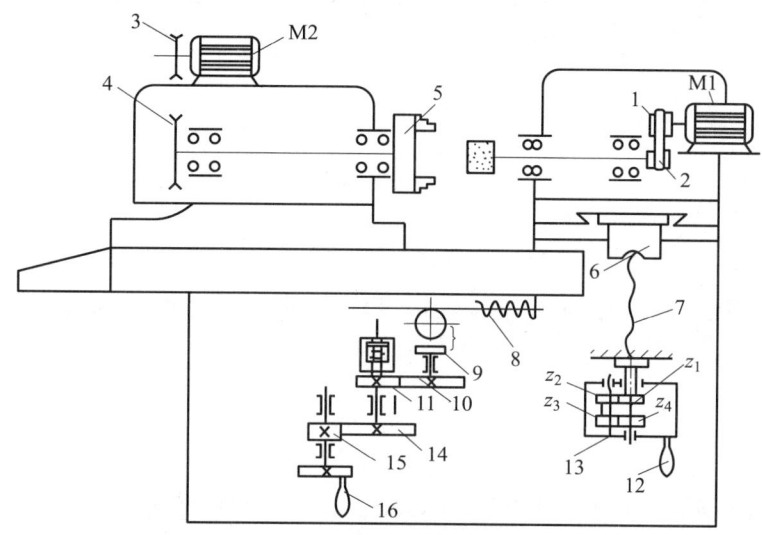

图 2-5-34　M2110 型内圆磨床的机械传动系统

1、2-平带轮　3、4-V 带轮　5-卡盘　6-螺母　7-丝杠　8-齿条
9-小齿轮　10、11、14、15-齿轮　12、16-手轮　13-偏心轴

1）砂轮旋转运动。内圆磨床砂轮主轴由电动机 M1 经平带轮 1 和 2 用平带直接传动旋转。

2）工件旋转运动。工件由电动机 M2 经 V 带轮 3 和 4 带动头架主轴和卡盘，从而使卡盘夹住工件一起旋转。变换电动机 M2 的转速，可使工件获得三种不同的转速。

3）工作台手动纵向进给运动。转动手轮 16，通过齿轮 15、14、11 和 10，由小齿轮 9 带动固定在工作台上的齿条 8，使工作台纵向运动。

4）砂轮架横向进给运动。有手动进给和自动进给两种，手动进给又分粗、细两挡。粗进给时，转动手轮 12，便可使丝杠旋转，从而带动砂轮架横向进给。细进给时，拉出偏心轴 13 并转过 180°，使行星齿轮 z_2、z_3 与中心轮 z_1 及 z_4 啮合，此时转动手轮 12，手轮壳体带着齿轮 z_2、z_3 绕齿轮 z_1、z_4 滚转（行星传动），即一方面绕中心齿轮 z_1 与 z_4 的轴线公转，同时又绕自身的轴线自转，由此带动齿轮 z_4 转动，然后再经丝杠螺母带动砂轮架细进给。

行星机构有较大的降速比，其速比 i 可按下面公式计算：

$$i=\frac{n_4-n_0}{n_1-n_0}=(-1)^2\times\frac{z_1}{z_2}\times\frac{z_3}{z_4}=\frac{29}{29}\times\frac{28}{30}=\frac{14}{15}$$

式中　n_1——中心齿轮 z_1 的转速；

n_4——中心齿轮 z_4 的转速；

n_0——壳体（手轮）的转速。

由于中心齿轮 z_1 固定在进给机构的壳体上不能转动，故 $n_1=0$，将其代入上式并化简，即可求得中心齿轮 z_4 与手轮的速比为：

$$i = \frac{n_4}{n_0} = \frac{1}{15}$$

丝杠的螺距为 3 mm，故手轮转一圈，磨具座横向移动量为：

$$s = 1 \times \frac{1}{15} \times 3 = 0.2 \text{（mm）}$$

手轮上刻度有 100 格，因此手轮每转一格，砂轮进给 0.002 mm（直径上的磨削量为 0.004 mm）。

2. M2110 型内圆磨床液压传动系统

M2110 型内圆磨床的液压传动系统，用于完成工作台的自动纵向往复运动，工作台的快速退离与趋近，砂轮修整器修整头的倒向工作位置，以及床身导轨的自动润滑等，如图 2-5-35 所示。

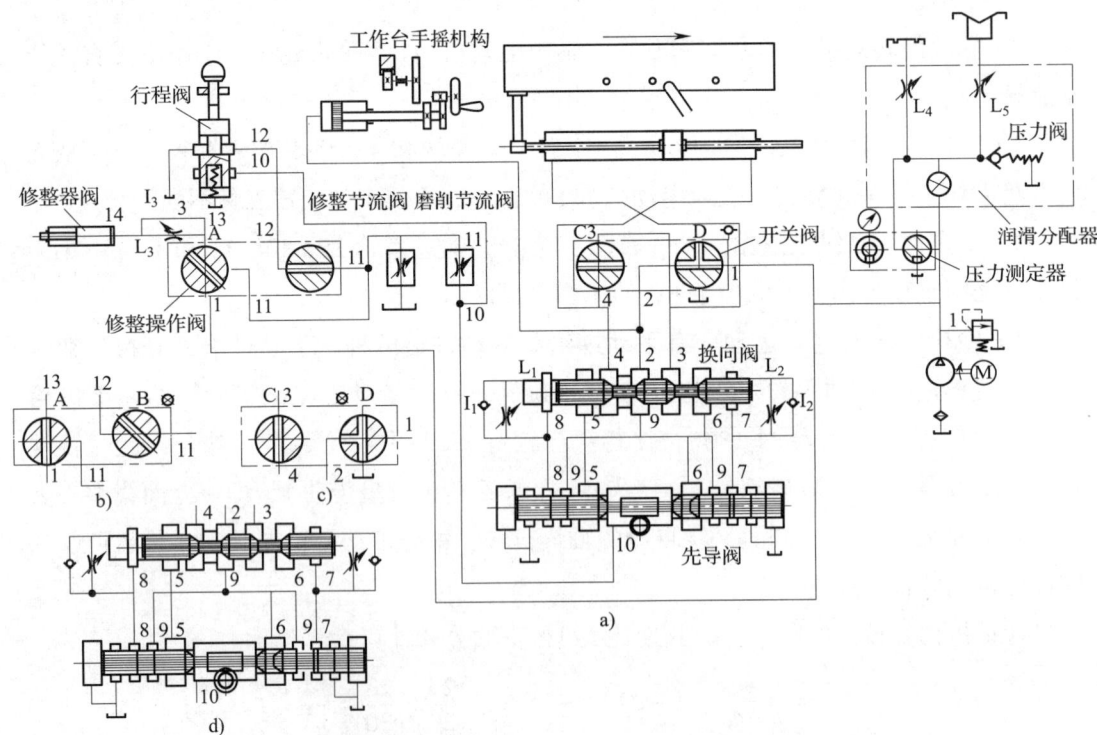

图 2-5-35 M2110 型内圆磨床的液压传动系统

液压系统由齿轮泵供给压力油,系统工作压力油溢流阀调整为 0.8 ~ 1.0 MPa。

(1)磨削时工作台自动往复运动。当各操纵阀在图 2-5-35a 所示位置时,工作台向右移动。其液压回路为:

进油路:液压泵→1→开关阀 D 断面→2→换向阀→3→工作台液压缸左腔,活塞推动工作台向右运动。

回油路:工作台液压缸右腔→4→换向阀→5→先导阀→10→磨削节流阀→11→修整操纵阀 B 断面→12→行程阀→油箱。

工作台右行至调定位置时,工作台上的撞块拨动换向杠杆,再通过齿轮齿条使先导阀向右移动。在其移动过程中,它上面的制动锥将主回油路的通道 5→10 逐渐关小,工作台开始制动。当先导阀移动至通道 9→7 关闭,8→油箱关闭,9→8 接通,7→油箱接通时,压力油由 1→开关阀 D 断面→2→换向阀→9→先导阀→8→单向阀 I_1→换向阀左端油腔,推动换向阀快速向右移动。换向阀右端油腔回油→7→先导阀→油箱。换向阀快速移至中间位置时,工作台进一步制动,并完全停止。此时,由于换向阀右端通道 7 被遮盖住,回油需经节流阀 L_2→7→先导阀→油箱,故移动速度减慢。当换向阀右移至通道 2→4 接通,3→6 接通时(见图 2-5-35d),工作台液压缸右腔通压力油,右腔通油箱,于是工作台开始反向启动,并随着换向阀继续右移,通道 2→4 开大,3→6 开大而加快至预定速度。

调节磨削节流阀,可以使工作台运动速度在 1.5 ~ 6 m/min 范围内无级调整。

工作台换向时,由于有先导阀的预制动和换向阀的终制动,故换向精度较高。在 1.5 ~ 6 m/min 速度范围内,每端的行程差不大于 1 mm,在同一速度下每端的行程差不大于 0.1 mm。另外,由于换向阀在快跳结束后,由两端节流阀 L_1 和 L_2 控制,以较慢速度移动,因而可使工作台反向启动时逐渐加速,从而可保证换向时的平稳性。

(2)修整砂轮时的液压回路。修整砂轮时,需将修整操纵阀转至"修整"位置,如图 2-5-35b 所示。此时,压力油由 1→修整操纵阀 A 断面→13→节流阀 L_3→14→修整器阀右端油腔,使砂轮修整器的修整头倒下。工作台自动往复运动,便可以进行砂轮修整。由于修整操纵阀在"修整"位置时,主回油通道 11→12 被关闭,工作台液压缸回油经 10→磨削节流阀→11→修整节流阀→油箱,所以回油时受串联的两个节流阀控制。为了避免磨削时重新调整工作台速度,修整砂轮时工作台速度只应该用修整节流阀调整,磨削节流阀则保持原来调整位置不变。

修整结束后,修整操纵阀回至"停止"位置(见图 2-5-35a),此时修整器阀右端油腔回油经 14→单向阀 I_3→13→修整操纵阀 A 断面→11→B 端面→12→行程阀→油箱，修整头在弹簧作用下抬起。

（3）工作台快速行程。工作台工作行程结束后，用手抬起换向手把，使其越过右换向撞块，工作台继续左行，当工作台上的长压板将行程阀压下，10→油箱接通，工作台液压缸回油便直接经行程阀流回油箱，于是工作台即转为快速行程，工件迅速退离砂轮，直到活塞碰到液压缸端盖为止。重新开始磨削时，需用手扳动换向手把，使工作台快速右移，然后当长压板松开行程阀时，又自动转为工作行程。

（4）工作台液动和手动的联锁。工作台由液压传动时，压力油由 1→开关阀 D 断面→2→手摇机构液压缸，活塞推动传动齿轮脱离啮合，因此手摇机构不起作用。当液压开关阀处于"关闭"位置时（见图 2-5-35c），手摇机构液压缸通过开关阀 D 断面上的径向孔与油箱接通，活塞在弹簧作用下复位，传动齿轮啮合；同时工作台液压缸左右腔通过开关阀 C 断面上的径向孔互通，且经由 3（或 4）→换向阀→2→开关阀 D 断面→油箱，因而可以用手轮摇动工作台移动。

（5）床身导轨润滑。由油泵输出的压力油，有一路进入润滑分配器，供润滑床身导轨用。润滑系统的油压为 0.1 MPa，需用压力阀进行调整。导轨上的润滑油量分别用两个节流阀 L_4 和 L_5 调节。

3. M2110 型内圆磨床液压传动系统的装配

M2110 型内圆磨床的液压传动系统如图 2-5-35 所示，各液压元件分布在机床的各个部位，它们之间由油管、管接头等有机地连接起来成为一个完整的液压系统。因此，液压系统安装是否可靠、合理和整齐等，对液压系统的工作性能有着一定的影响。

（1）安装前的准备工作和要求

1）对各液压元件进行校验，有条件的可在相应的液压元件试验台上进行，没有试验台的可在机床试车时综合考核。

2）对于系统中所用的仪器仪表（如压力表等）应严格调试，使其达到灵敏、准确、可靠，避免试车时指示不准确，甚至发生事故。

3）检查各密封件是否完好，不符合要求的应予修复或换新，否则会造成漏油、空气混入，影响液压系统工作的稳定性。

4）仔细检查所用油管是否有缺陷。一般情况下，若发现以下缺陷，不能再继续使用。

①管子内外壁已腐蚀或有显著变色。

② 伤口裂痕深度为壁厚的 10% 以上。

③ 管子壁内有小孔。

④ 管子弯曲部分内外壁有锯齿形，曲线不规则，内壁扭坏或压坏及波纹凹凸不平。

⑤ 管子表面凹入达管子直径的 20% 以上。

⑥ 扁平弯曲部分的最小外径为原管外径的 70% 以下。

5）在安装前必须将所需安装的油管进行清洗，一般先用 20% 硫酸或盐酸溶液进行清洗，再用温水清洗，然后干燥。

6）在安装各种泵和阀时，应注意进回油口方位，如安装错误，将使系统动作失灵，甚至发生事故。

7）液压泵和电动机柔性连接时，其同轴度应在 0.1 mm 以内（刚性连接时，其同轴度应小于 0.05 mm），倾斜角不得大于 1°，否则会引起噪声、发热、降低使用寿命等。

8）安装前后均应检查各控制滑阀（转阀）移动（转动）是否灵活。若出现阻滞现象，应检查接触面是否有脏物及接触面的直线度，若直线度不好，应修磨或研磨修整。

9）要特别注意检查液压缸和仿形靠模板等要求较高的零部件的安装精度。

（2）压力管道的安装和要求

1）平行或交叉的管子之间及管子和设备主体之间应相距 10 mm 以上，防止互相干扰及振动时引起敲击。

2）为了防振，管子安装应牢靠，连接处要拼紧。在振动处要加阻尼，如用木块、硬橡胶等衬垫，以减振和消振。

3）对于细长油管应用管夹固定好。

4）管道安装要求尽量短，布管整齐，直角拐弯少，其目的是力求美观和减少沿程损失，检修时方便等。

5）对于较复杂的油路系统，在拆卸管道时，为了避免重新安装时装错，可着色或编号加以区分。

（3）进油管道的安装和要求

1）进油管与泵进油口连接处应密封良好，否则会混入空气，影响液压系统工作性能。

2）泵的进油高度对各种泵有不同的要求，一般不得高于 500 mm。若太高，则进油困难，会产生空穴现象。

3）一般进油管处设置滤油器，滤油器的过滤精度一般为 80 ~ 180 μm（齿轮泵约为 180 μm，叶片泵约为 150 μm，要求较高的精密机床例外），通油面积应大于泵的 3 倍。

4）进油管处的滤油器工作条件较为恶劣，最易堵塞，应经常拆下清洗（一般定期清洗，周期为三个月）。

5）为增加进油管进油口处面积，可将进油管进口处斜切 45°。

（4）回油管道的安装和要求

1）回油管道应伸至油箱油面以下（但不能贴近底面），以防飞溅形成气泡。

2）回油管和进油管尽可能隔开或相距远一些。

3）回油管在伸入油中的一端管口应切成 45° 的斜面，并朝箱壁，使回油不致直冲箱底。

4）溢流阀的回油管不许和泵的入口连通，要单独接回油箱或与冷却器连接；若与泵的入口连接，将引起油温升高。

5）凡具有外部泄漏的阀，如减压阀、直控顺序阀等，其泄油口与回油管连通时不许有背压，否则应单独接油箱。

（5）液压泵的装配。安装液压泵前，应先检查其性能，检查方法为：用手转动主动轴（齿轮泵）或转子（叶片泵），应转动灵活、无阻滞现象；在额定压力下工作时，能达到额定的输出量；压力从零逐渐升到额定值，各接合面不准有漏油和异响；在额定压力下工作时，其压力波动值不准超过规定值。

液压泵的装配方法及要点主要有以下几个方面。

1）在安装时，油泵、电动机、支架、底座各元件相互接合面上必须无锈，无凸出斑点和油漆层。在这些接合面上应涂一薄层防锈油。

2）安装液压泵、支架和电动机时，液压泵与电动机轴线应有较高的同轴度，同轴度误差要求不大于 0.1 mm，倾斜角不大于 1°，一般可采用挠性联轴器连接。在安装联轴器时不可敲打泵轴，以免损坏泵的转子。

3）直角支架安装时，泵支架的支口中心允许比电动机的中心略高 0～0.8 mm，这样在调整泵与电动机的同轴度时，可只垫高电动机的底面。允许在电动机与底座的接触面之间垫入图样未规定的金属垫片（垫片数量不得超过 3 个，总厚度不大于 0.8 mm）。一旦调整好后，电动机一般不再拆动；必要时只拆动泵支架，而泵支架应由定位销定位。

4）液压泵一般不得用 V 带传动，最好由电动机直接传动。

5）调整完毕，在泵支架与底板之间钻、铰定位销孔，再装入联轴器的弹性耦合件，然后用手转动联轴器，此时，电动机、泵和联轴器都应能轻松、平滑地转动，无异常声响。

（6）液压缸的装配。液压缸装配主要应保证液压缸和活塞相对运动时既无阻滞又无泄漏，应注意以下几点。

1）严格控制液压缸与活塞之间的配合间隙，这是防止泄漏和保证运动可靠的关键。活塞上没有 O 形密封圈时，其配合间隙应为 0.02～0.04 mm；带 O 形密封圈时配合间隙应为 0.05～0.10 mm。

2）保证活塞与活塞杆的同轴度及活塞杆的直线度。为保证活塞或液压缸直线运动的准确和平稳，活塞与活塞杆的同轴度误差应小于 0.04 mm，活塞杆在全长范围内的直线度误差不大于 0.20 mm。装配时，可将活塞和活塞杆连成一体，放在 V 形铁上，用百分表检验并校正，如图 2-5-36 所示。

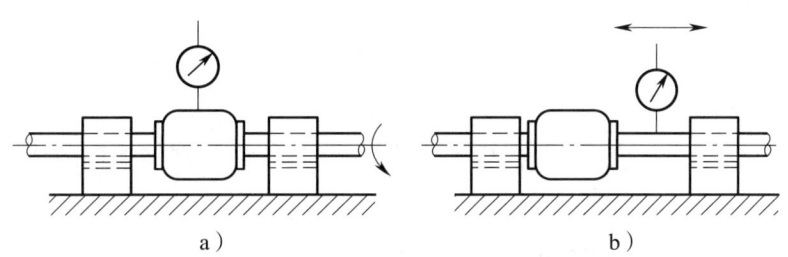

图 2-5-36　校正活塞杆的方法

3）活塞与液压缸配合表面应保持清洁，装配前要用纯净煤油清洗液压缸、活塞及活塞杆。

4）装配后，活塞在液压缸全长内移动时应灵活无阻滞。

5）液压缸两端盖装上后，应均匀拧紧螺钉，使活塞杆在全长范围内移动时无阻滞和轻重不一现象。在设备上安装液压缸时，还应保证液压缸的运行能满足安装技术要求。如在机床上安装液压缸，则必须注意液压缸和机床导轨的直线度和平行度是否超差。测量方法如图 2-5-37 所示，将专用百分表固定在机床导轨上，测量油缸上母线和侧母线，要求平行度误差在规定的技术要求范围之内，如果超差，则可修整液压缸的支架底面，或修刮机床的接触面。

6）液压缸装配后应做如下性能试验：在规定压力下，观察活塞杆与液压缸端盖、端盖与液压缸体接合处是否有渗漏；检查油封装置是否过紧而使活塞或液压缸移动时阻滞，或过松而造成漏油；测定活塞或液压缸移动速度是否均匀。

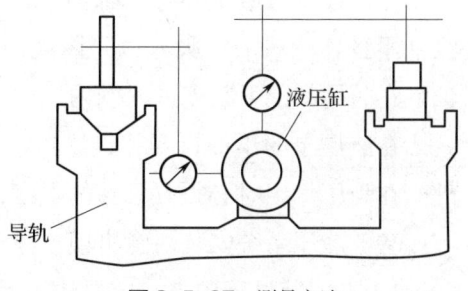

图 2-5-37　测量方法

（7）压力控制阀的装配。用于液压传动的控制阀种类较多，按其功用分为压力控制阀、方向控制阀和流量控制阀等，按其连接方式分为板式连接、管式连接等。其中，压力控制阀又分为溢流阀、减压阀、顺序阀、压力继电器等。但就其装配要点而言，则大同小异。压力控制阀装配的要点如下。

1）压力控制阀在装配前，应仔细清洗零件，特别是阻尼孔道应用压缩空气清除污物。

2）阀芯与阀座的密封应良好，可用汽油试漏。

3）弹簧两端须磨平，使两端与中心线垂直。

4）阀体接合面应加耐油纸垫，以确保密封。

5）阀芯与阀体的配合间隙应符合要求，在全程上移动灵活无阻滞。

6）装配完成后进行测试时，将压力调节螺钉尽可能全部松开，然后调整压力调节螺钉从最低数值逐步升高至系统所需工作压力，随着调节螺钉的旋动，压力应均匀变化，不得有突跳和噪声。

7）当压力控制阀在机床中做循环试验时，观察其运动部件换向时应无明显的冲击。

8）压力控制阀在卸荷位置时，压力应不超过 0.15 MPa。

9）在最大压力下工作时，不允许接合处有渗漏，内泄漏应尽可能小，一般应小于 30 mL/min。

10）压力控制阀的压力振摆值要求小于 ± 0.2 MPa。

11）压力控制阀的压力损失应小于 0.3 MPa。

12）安装时应尽可能靠近泵，回油管道越短越好，以便能调到最低压力。

13）压力控制阀的进出油管接头处应拧紧，防止空气混入。

14）应经常保持工作油液清洁，避免滑阀卡住、小孔堵塞，引起压力控制阀失灵。

（8）过滤器的安装。安装过滤器可使系统液压元件得到保护，但安装在不同部位，其安装要求是不同的。

通常在安装吸油口过滤器时，网的底面不宜同油管的吸油口靠得太近，这样会使吸油不畅，一般油管吸入口是网底面的 2/3 高，并使过滤器全部浸入油面以下，以使油液在四周和上下都能进入网内。

在液压泵的出油口安装过滤器，可使液压泵之外的元件都有保护作用，但过滤器外壳在高压作用时必须有足够的强度，促使过滤器质量加大。

（9）液压系统安装注意事项。在液压系统安装过程中，应注意以下事项。

1）在安装过程中，一定要注意保护管路系统。禁止使用强力作用于液压系统，以避免管路系统和元器件承受横向作用力及内部应力,而导致液压系统损坏。

2)禁止使用麻线、胶黏剂作为密封材料,否则会污染系统,并可能造成系统故障。

3)应正确布置软管,以避免软管扭转、别劲、擦伤和磕碰。

4)系统的连接一定要符合推荐标准,全部系统管路要连接和密封可靠,无渗漏现象出现。

(10)液压传动系统的运行及调试。液压系统按要求安装完毕并检查合格后,就可以开始投入运行,进行液压系统调试。液压系统调试是液压系统安装后投入正常运行的最后一环,只有按照正确的操作方法进行,才能充分地保护泵、马达等液压元件,使其发挥最大功能,通常调试的步骤及要求主要有以下几个方面。

1)在调试前,液压油箱中要加入尽可能多的干净液压油,同时要对泵和马达壳体、主系统管路等进行注油,这是因为若油的黏度大、管道长,液压泵吸油管路中的空气排不出去,如果再加上调试时安装工人在 30 s 内将设备的转速从启动急升速到最高转速,补油泵的早期磨损就不可避免。

2)在系统最初启动时,最好按下述规程进行操作,以便最大限度地保护泵、马达等液压元件。

①在补油压力测压口安装适当量程的压力表,以便在启动调试过程中检测补油压力。

②断开泵的输入控制信号,如机械连杆、液控管路、电控插头等,以确保泵处在中位状态。

③采取必要的方式卸掉系统载荷(架起主机使驱动轮离开地面,断开马达负载的连接等)。

④以转速尽可能低的方式启动电动机,直至建立起补油压力。

⑤补油压力建立起来之后,将电动机增至额定转速,检测补油压力数值。如果补油压力不符合要求,要立即关掉电动机,查明原因并予以解决;如补油压力正常,则关掉电动机,连接好泵的控制信号并重新启动电动机,检查泵的中位状态是否良好。

⑥将电动机增至额定转速,向泵输入控制信号,使系统尽可能慢地投入工作并检查系统的正反向工作状况。

⑦连续慢慢地让系统正反向交替工作至少 5 min。

⑧关掉电动机,检查油箱油面,如有必要,加油至规定值。

⑨如果油液中气泡较多,需等待气泡消失后再次启动电动机,让系统正反向交替工作几分钟,然后再关掉电动机。如有必要,这个过程要反复进行多次,直至气泡完

全消失。

⑩检查所有的管路和接头，确保无渗漏和松动现象。确保油箱不会进水和其他杂质。

三、平面磨床部件装配

1. M7120A型卧轴矩台平面磨床的主要组成部件

M7120A型卧轴矩台平面磨床是用砂轮的周面磨削平面。它由床身1、工作台2、立柱8、磨头4和砂轮修整器7等部件组成，如图2-5-38所示。

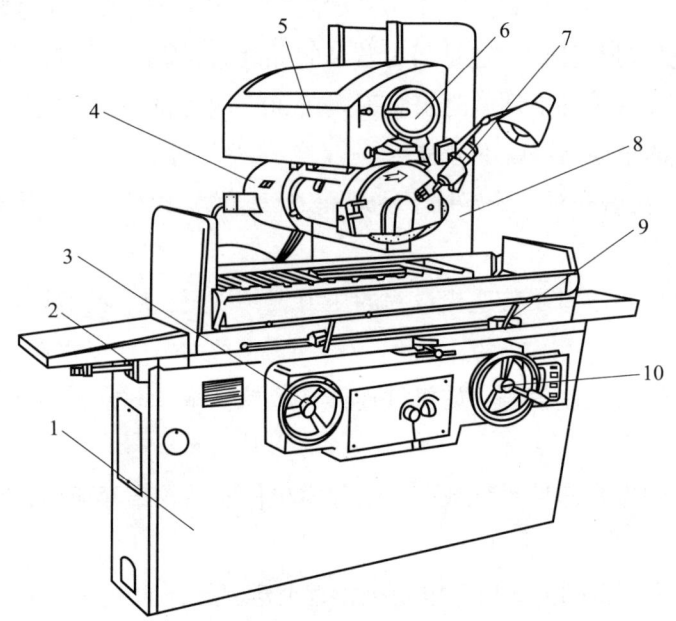

图2-5-38　M7120A型卧轴矩台平面磨床的主要组成部件
1-床身　2-工作台　3、6-手轮　4-磨头　5-滑板
7-砂轮修整器　8-立柱　9-撞块　10-转动手轮

长方形的工作台2装在床身的水平纵向导轨上，由液压传动做直线往复运动（由撞块9自动控制换向），也可用手轮3移动以进行调整。工作台上装有电磁吸盘或其他夹具以装夹工件，必要时也可把工件直接装在工作台上。

装有砂轮主轴的磨头4的上部有燕尾形导轨，磨头可沿着滑板5上的水平导轨横向间歇进给（磨削时间）或连续移动（修整砂轮或调整位置时用），这一运动可由液压传动，也可以用手轮6移动。

滑板5可沿着立柱8的导轨垂直移动，以调整磨头4的高低位置来完成垂直进给运动，这一运动靠转动手轮10实现。

M7120A型卧轴矩台平面磨床各操纵手柄的位置如图2-5-39所示。

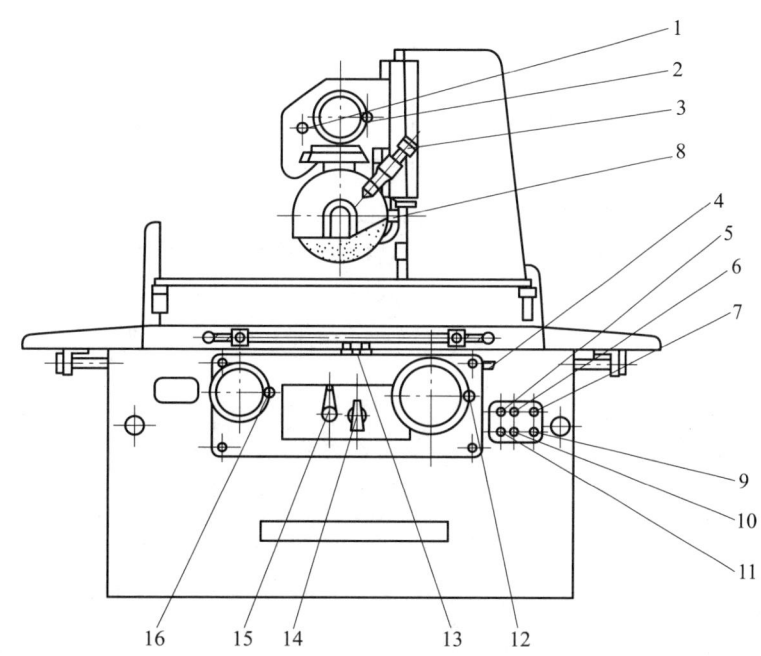

图2-5-39　M7120A型卧轴矩台平面磨床操纵手柄的位置

1-磨头横向进给换向拉杆　2-磨头横向进给手轮　3-砂轮修整器旋钮　4-磨头微量垂直进给手柄
5-液压泵电动机按钮　6-电磁台面开关　7-砂轮及冷却泵电动机启动按钮　8-切削液开关
9-总停止按钮　10-退磁器插座　11-电源接通按钮　12-磨头垂直进给手轮
13-工作台往复移动换向手柄　14-磨头横向进给、间歇进给开关及调速按钮
15-工作台液动开关及调速手柄　16-工作台往复移动手轮

2. M7120A型卧轴矩台平面磨床的机械传动系统

本机床的机械传动系统用于实现砂轮主轴的旋转，砂轮架的垂直和横向手动进给，工作台的手动纵向移动，如图2-5-40所示。砂轮主轴由装入式电动机M_1直接传动旋转。

转动手轮9，经蜗杆13和蜗轮12，由小齿轮11带动齿条10（固定在砂轮架壳体上），使砂轮架横向周期进给或连续移动。当横向进给由液压传动时，压力油进入液压缸14，使小齿轮11与齿条10脱开，手摇机构不起作用；液压传动停止工作时，在弹簧力作用下，通过活塞使小齿轮与齿条重新啮合。

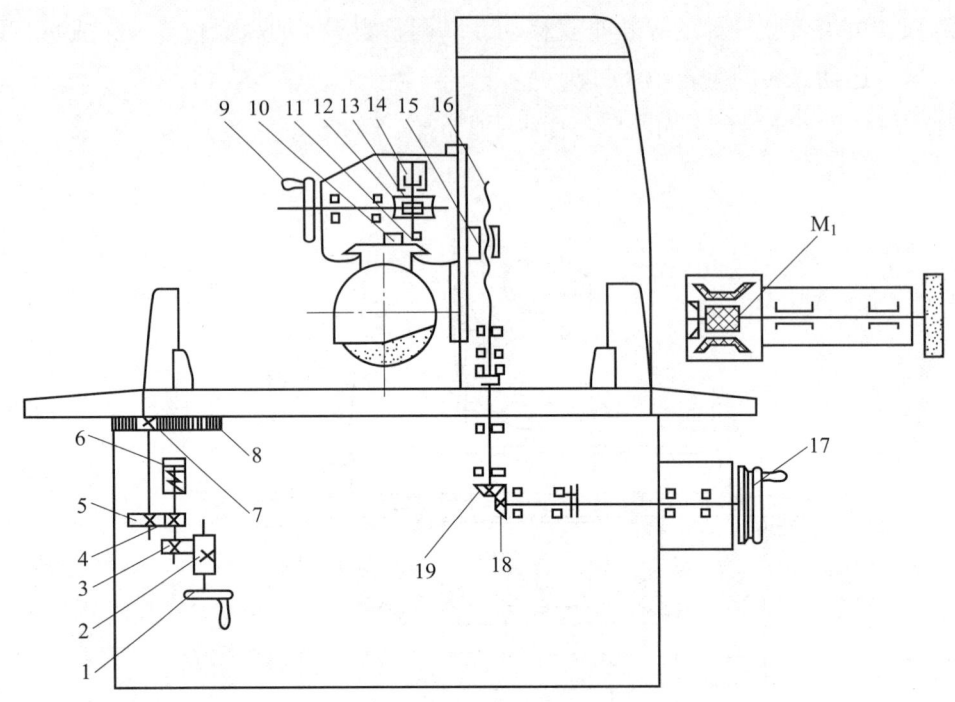

图 2-5-40　M7120A 型卧轴矩台平面磨床机械传动系统

1、9、17-手轮　2、3、4、5-齿轮　6、14-液压缸　7、11-小齿轮　8、10-齿条　12-蜗轮　13-蜗杆　15-螺母　16-丝杠　18、19-锥齿轮

转动手轮 17，通过一对锥齿轮 18 和 19、联轴器、丝杠 16 以及固定在砂轮架滑板上的螺母 15，可使砂轮垂直进给。

转动手轮 1，经过齿轮 2、3、4 和 5，由小齿轮 7 带动固定在工作台上的齿条 8，可使工作台纵向移动。工作台由液压传动时，压力油进入液压缸 6，通过活塞使齿轮 4 和 5 脱离啮合，工作台手摇机构（见图 2-5-41）即不起作用。

3. M7120A 型卧轴矩台平面磨床主要部件结构

（1）立柱。如图 2-5-42a 所示，机床的立柱体为一箱形结构，在其内腔布有纵横方向加强肋以增强它的刚度。立柱前部有两条垂直方向的平导轨，在它们中间竖立着砂轮架垂直进给丝杠 3，通过滚柱螺母 1，使滑板 2 沿着平导轨上下移动。立柱下部有一个凸出的圆台，上面装有轴承法兰套 4，套内装有一对带球面座圈推力球轴承和一个深沟球轴承（见图 2-5-42b），作为丝杠 3 的轴向和径向支承，轴承的轴向间隙用螺母 5 调整。丝杠 3 下端经十字滑块联轴器 7 与垂直进给减速器 8 的齿轮轴连接。十字滑块联轴器可补偿两轴线同轴度误差，使装配工作简化。立柱前部装有叠合式的防护罩 6，用以防止切削液、灰尘等侵蚀导轨和丝杠表面。

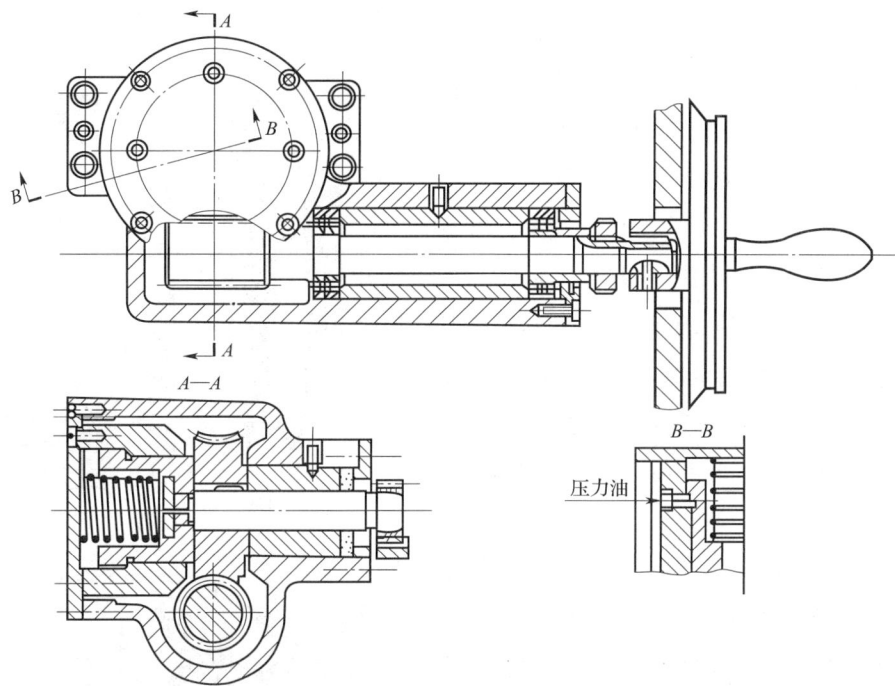

图 2-5-41 砂轮架横向进给手摇机构

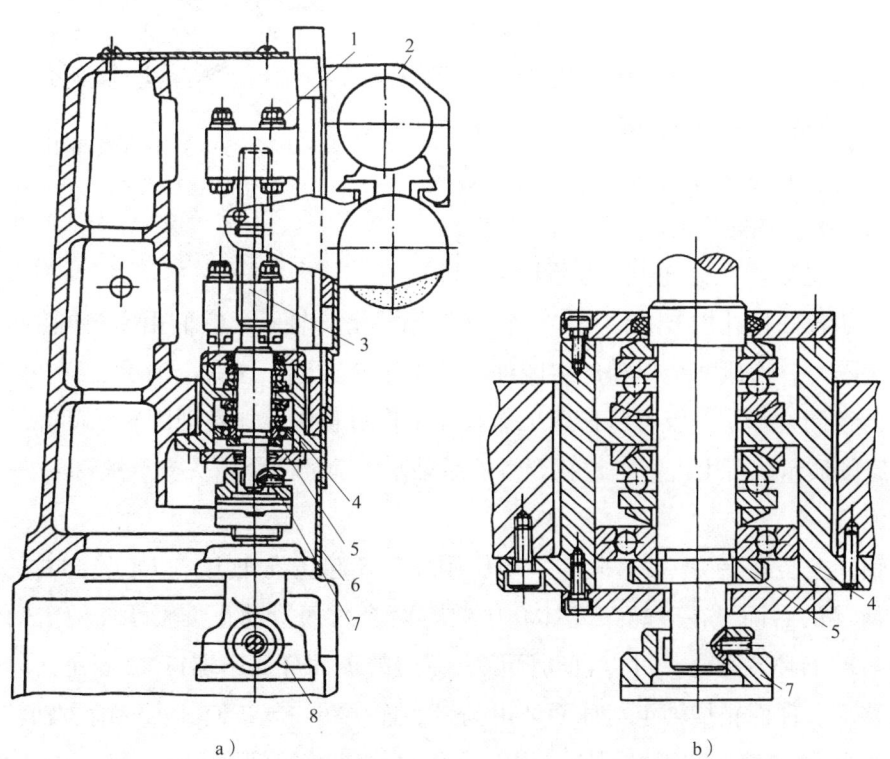

图 2-5-42 立柱的结构

1、5-螺母 2-滑板 3-丝杠 4-法兰套 6-防护罩 7-联轴器 8-减速器

（2）滚柱螺母。机床传动砂轮架滑板垂直移动的螺母采用滚柱螺母结构（见图2-5-43），它由装在壳体3中的三个圆齿条形的滚柱7组成。滚柱外圆上有截面形状与丝杠2螺纹轮廓相同的环形槽，三个滚珠相隔120°均布在丝杠的周围。它们的环形槽在轴向相互错开丝杠螺距的1/3，随着丝杠的螺旋线相应升高。通过修磨垫圈4和8，可准确地调整滚柱的轴向位置，使环形槽与丝杠螺纹啮合良好。滚柱装在轴9和10的滚针轴承6上，轴向用上下两个角接触推力球轴承5支承。丝杠转动时，滚柱可在轴承上轻便地转动，这样，丝杠与螺母间的滑动摩擦就变成了滚动摩擦。摩擦阻力减小，就会使砂轮架灵活移动。

轴9上装滚柱部分的外圆和它的两端支承轴颈间有1mm偏心距，因此转动它的位置就可调整丝杠螺母间的间隙。丝杠螺母的润滑是利用从砂轮架分油器流出，经油管及通道进入的润滑油完成的。

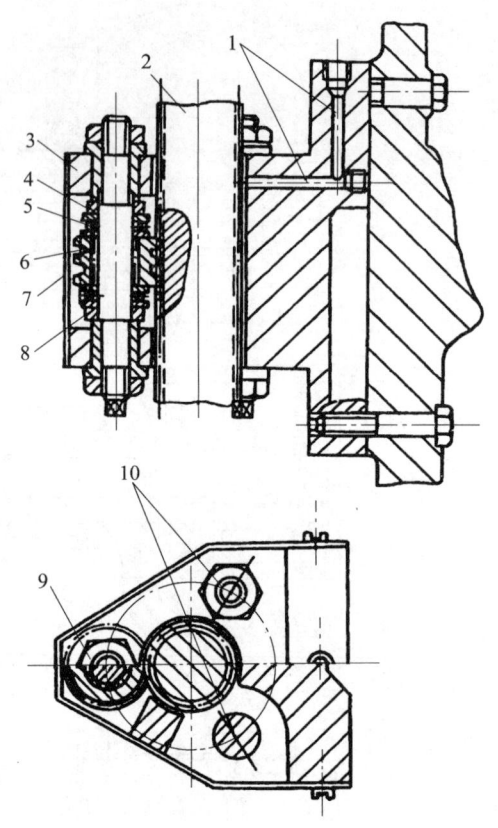

图2-5-43 滚柱螺母的结构
1—油管 2—丝杠 3—壳体
4、8—垫圈 5、6—轴承
7—滚柱 9、10—轴

（3）砂轮架。在砂轮架（见图2-5-44）壳体1前部长圆柱孔内装有两个"短三瓦"油膜滑动轴承，它们由密封圈2（前后各有一套）隔开，形成两个单独的封闭油室，主轴9支承在这两个轴承上旋转。轴承在制造厂已经调整好，一般可以长期工作。在工作过程中，如发现因轴承间隙调整失效而影响磨削质量，可由机修工重新调整前后轴承上面的两个球头支承螺钉17来获得合适的间隙。

主轴9上装有平衡环3，除起平衡作用外，还起止推作用，以承受向右的轴向载荷。平衡环的右面，在砂轮架壳体孔中装有两个球面滑动止推轴承4使主轴轴向定位，它与球面环6配合，可以自动调位。左边的球面环6用螺钉22固定，以防转动和轴向移动。球面止推轴承与球面环由销钉5连接在一起，使其不能随主轴转动。两球面环之间的弹簧7和圆柱销8，用以消除止推轴承的间隙和防止右边的球面环转动。

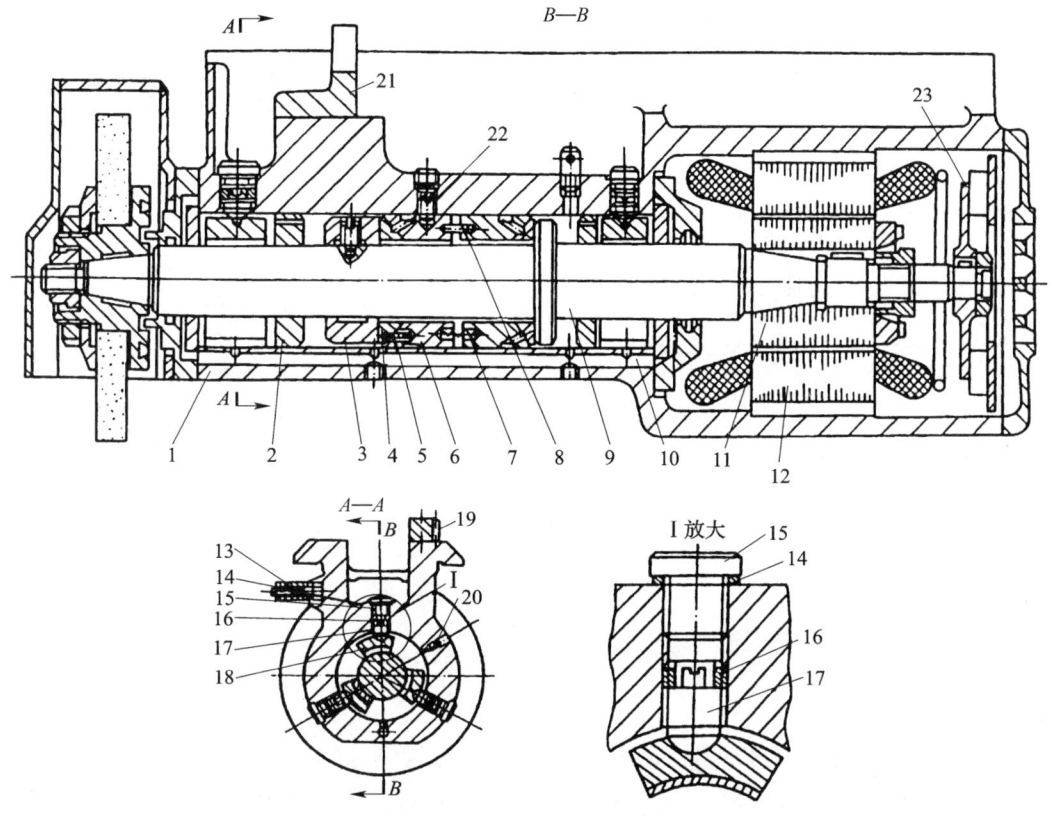

图 2-5-44　砂轮架的结构

1- 壳体　2- 密封圈　3- 平衡环　4- 止推轴承　5- 销钉　6- 球面环　7- 弹簧　8- 圆柱销
9- 主轴　10- 纵向孔　11- 转子　12- 定子　13- 撞块　14- 垫圈　15- 螺母
16- 螺母　17- 支承螺钉　18- 平衡块　19- 齿条　20- 进油孔道
21- 支架　22- 螺钉　23- 风扇

主轴轴承采用循环润滑方式。由液压泵输出的润滑油，从油管接头进入纵向进油孔道 20，再经径向油孔进入左右轴承，使轴承全部浸入润滑油中。轴承中的润滑油从径向油孔流入砂轮架壳体下部纵向孔 10 中，然后由另一个液压泵将其吸出，形成循环润滑。止推轴承也从纵向进油孔道 20，经径向孔获得润滑油（图中未画出），在球面止推轴承 4 与主轴止推面（平衡环 3 和主轴上台肩的端面）间形成润滑油膜。

主轴 9 的尾部装有电动机转子 11，电动机定子 12 装在壳体 1 后部的孔中。为冷却电动机，在主轴末端装有风扇 23。

砂轮架壳体 1 的上部有燕尾形导轨，可以与滑板导轨配合做横向移动。在前部凸台面上固定着支架 21，与固定在滑板上的横向进给液压缸活塞杆相连接。在侧面装有撞块 13，用来控制砂轮架的横向进给行程。在顶部装有齿条 19，与手摇机构的小齿轮啮合，在手摇横向进给传动时使用。

（4）砂轮修整器。砂轮修整器（见图2-5-45）装在滑板前面，有可移动轴套1，其中心线倾斜45°（见图2-5-45），不通过砂轮中心，并与金刚石尖端及砂轮中心的连线成10°的倾角。

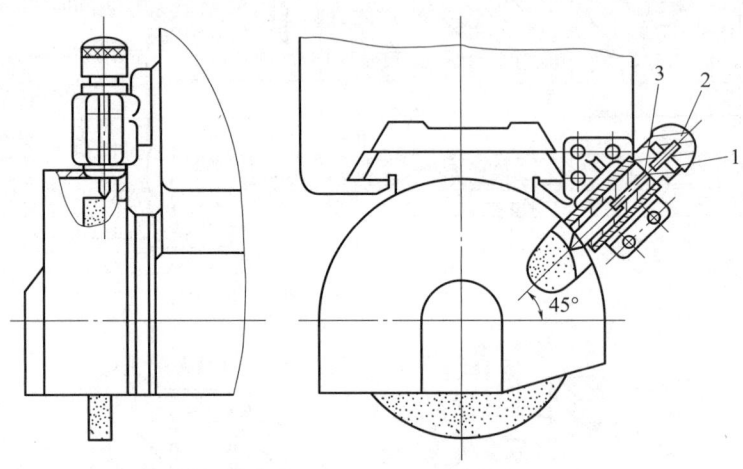

图2-5-45 砂轮修整器的结构
1- 轴套　2- 把手　3- 内套筒

内套筒3在轴套内滑动。当转动把手2时，通过倒牙螺纹使内套筒3沿销槽直线运动。砂轮的修整值由把手2上的刻度来决定，把手每格的刻度值为0.01 mm。

4. M7120A型卧轴矩台平面磨床液压传动系统

机床的液压传动系统用于实现工作台的往复直线运动，以及砂轮架的横向连续进给和断续进给，如图2-5-46所示。整个系统所需要的压力油由液压泵A供给，工作压力为0.9～1.2 MPa，由溢流阀B调节。

（1）工作台的往复运动。工作台的往复运动由M7120A-56/1A型操纵箱控制，该操纵箱由工作台开停节流阀C、工作台先导阀E、工作台换向阀D、砂轮架断续进给阀F、选择阀G等组成。

1）工作台往复运动液压回路。开停节流阀C、工作台换向阀D和先导阀E在图2-5-46所示位置时，启动液压传动系统，工作台即向右运行，其液压回路为：

进油路：压力油由1→开停节流阀C-Ⅲ断面→2→换向阀D→4→液压缸Ⅰ左腔，推动活塞带着工作台（图中未示出）右移。

回油路：液压缸Ⅰ右腔→3→换向阀D→5→开停节流阀C-Ⅰ断面→径向孔和轴向孔→油箱。此时压力油由1→开停节流阀C-Ⅲ断面→轴向槽→开停节流阀C-Ⅱ断面→8→工作台手摇机构液压缸Ⅲ，通过活塞使传动齿轮脱开，实现工作台手摇与液动联锁。开停节流阀 C 的形状如图 2-5-47 所示。

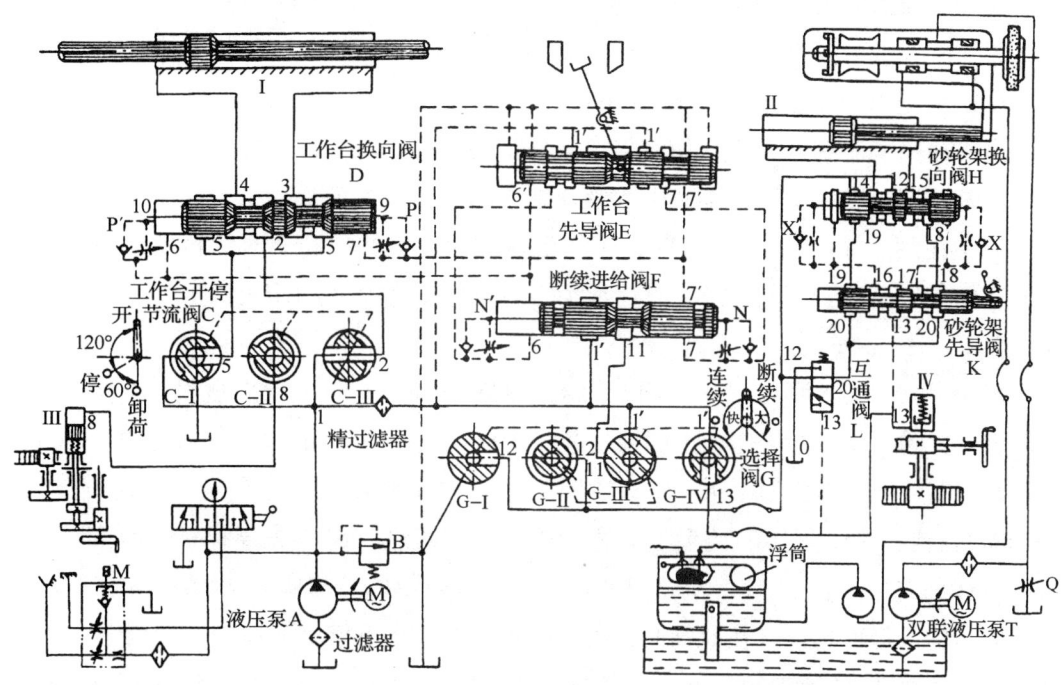

图 2-5-46　M7120A 型卧轴矩台平面磨床液压传动系统

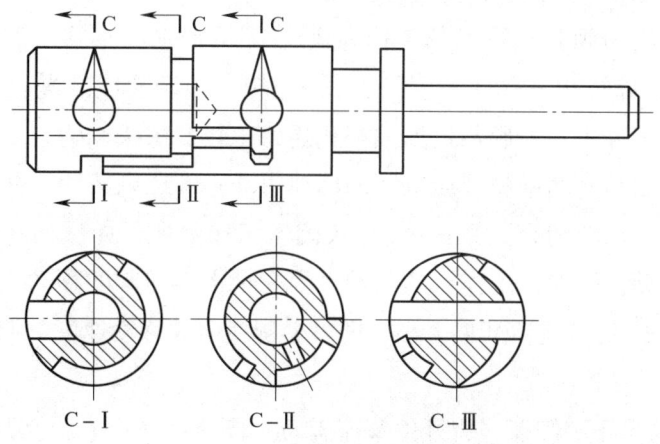

图 2-5-47　开停节流阀 C 的形状

工作台右行到调定位置时，工作台撞块将先导阀 E 拨至左位。在压力油推动下，换向阀 D 也移至左位，液压缸 Ⅰ 的油路变换，工作台开始向左移动。

进油路：压力油由 1→开停节流阀 C-Ⅲ 断面→2→换向阀 D→3→液压缸 Ⅰ 右腔，活塞带着工作台左行。

回油路：液压缸Ⅰ左腔→4→换向阀D→5→开停节流阀C-Ⅰ断面→径向孔→轴向孔→油箱。

开停节流阀C除用于开动和停止工作台液压传动外，还可用来调速和卸荷。由图2-5-46、图2-5-47可知，开停阀断面C-Ⅲ和C-Ⅰ上都有三角节流槽，所以工作台液压缸是进回油双重节流。但C-Ⅰ断面上的节流槽比C-Ⅲ断面上的节流槽小，故调速以回油路节流调速为主，使工作台运动平稳。进油路节流的作用是在开动工作台时，此时即使操纵太快，也不致引起液压缸中的压力突然变化而造成开车冲击。当开停节流阀在图2-5-46所示位置时，工作台运动速度最快。若逆时针转动手柄，工作台速度便无级下降，当转过90°时速度为零。机床工作时实际使用的工作台运动速度通常在1~18 m/min。

2）工作台的自动换向。以工作台右行至终点时为例说明其换向过程。工作台右行至调定位置时，固定在工作台上的撞块经换向杠杆拨动先导阀，从右端移到左端位置，使控制油路切换。压力油由1→精过滤器→1′→先导阀E→7→单向节流阀N→断续进给阀F右腔，推动阀芯向左移动。进给阀F左腔回油→6′→先导阀E→油箱。当进给阀左移到遮住通道6′时，左腔回油路即改变为由单向节流阀N′→6→先导阀→油箱，阀芯转为慢速移动。在此同时，进给阀阀芯右端环形槽将通道7→7′接通，控制油路的压力油由1′→先导阀E→7→进给阀F环形槽→7′→单向节流阀P→换向阀D的右腔，推动阀芯向左移动；换向阀左腔回油→6′→先导阀E→油箱。由于这时回油没有阻尼，故换向阀D快速左移（称为快跳）。当阀芯将通道6遮住时，左腔回油改经10→单向节流阀P′→6′→先导阀E→油箱，移动速度减慢。当换向阀D到达中间位置时，液压缸Ⅰ左右腔与进回油都相通，工作台失去动力，仅靠惯性运动。换向阀继续左移时，其制动锥将液压缸回油路通道3→5逐渐关闭，使工作台制动，而后随着通道2→4完全闭合、3→5完全关闭，工作台便开始反向运动。由于这里没有先导阀的预制动，因而，工作台的制动过程完全由换向阀的移动快慢来控制。调节单向节流阀P和P′的节流器开口大小，即可控制换向阀移动速度，调节工作台的制动时间。

3）工作台的停止和卸荷。将开停节流阀C从图2-5-46所示位置逆时针转120°时（见图2-5-48a），1→2接通、1→5接通，同时2→5通过开停节流阀上的轴向槽也接通，因此液压缸Ⅰ的左右两腔均通压力油且相互接通，所以工作台停止。这时工作台手摇机构液压缸Ⅲ的油液经8→开停节流阀C-Ⅱ断面径向孔→中心孔→C-Ⅰ断面中心孔→油箱，在弹簧力作用下手摇机构传动齿轮啮合。此时整个液压系统仍保持原来压力，所以其他动作如砂轮架的移动、润滑等仍可照常进行。

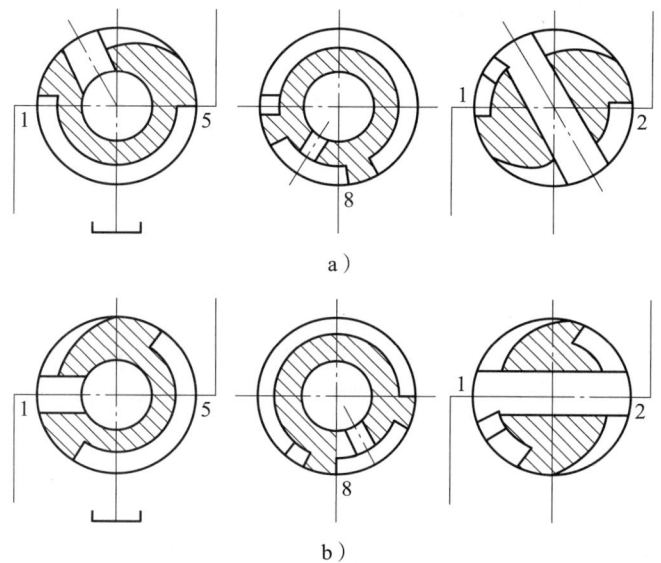

图 2-5-48 工作台停止和卸荷时开停节流阀的位置

当开停节流阀 C 从图 2-5-46 所示位置逆时针转过 180° 时（见图 2-5-48b），液压泵 A 输出的油液经 1→开停节流阀 C-Ⅰ断面→中心孔→油箱，整个系统卸荷。液压缸Ⅰ左右两腔通过开停节流阀互通，手摇机构液压缸Ⅲ仍通油箱，故可手摇工作台移动。

（2）砂轮架的横向进给运动。机床磨削过程中，工作台在左右两端换向时，砂轮架需做横向断续进给。在修整砂轮和调整机床过程中，砂轮架需做横向连续运动。砂轮架的连续运动、断续进给或停止由选择阀 G 控制，如图 2-5-49 所示；进给运动方向的变换由砂轮架先导阀 K 和换向阀 H 来控制。

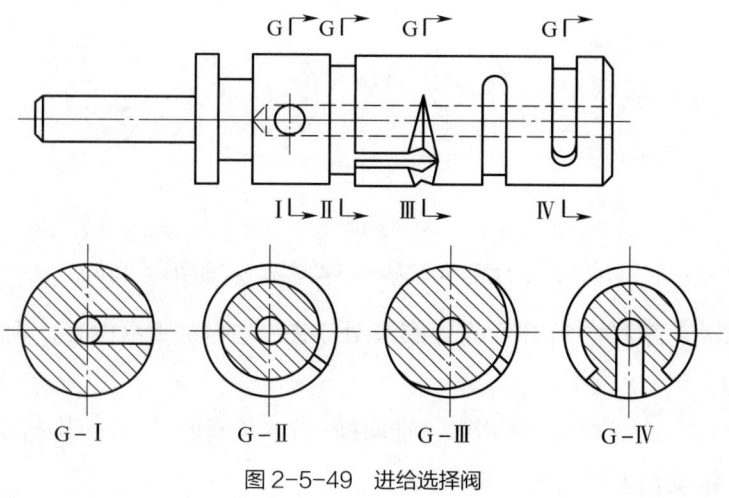

图 2-5-49 进给选择阀

1)砂轮架停止。选择阀在图 2-5-46 所示位置时,砂轮架停止进给。此时,连续进给油路 1′ 和断续进给油路 11 都被选择阀 G-Ⅲ 断面堵死,压力油不能流向砂轮架液压缸Ⅱ,故砂轮架停止。同时,砂轮架手摇机构液压缸Ⅳ和互通阀 L 的控制油经油路 13→选择阀 G-Ⅳ 断面径向孔→中心孔→油箱,在弹簧作用下手摇机构接通。

互通阀 L 处于图 2-5-46 所示位置时,砂轮架液压缸Ⅱ的两腔互通,且都通油箱。其油路为:液压缸Ⅱ右腔→15→砂轮架换向阀 H→18→砂轮架先导阀 K→20→互通阀 L→12→选择阀 G-Ⅰ 断面径向孔→中心孔→油箱;液压缸Ⅱ左腔→14→换向阀 H→12→选择阀 G-Ⅰ 断面径向孔→中心孔→油箱。因此,可手摇移动砂轮架。

为了防止液压缸停止运动时油位降低、空气进入系统,应将砂轮架液压缸的回油与溢流阀的回油连接起来。

2)砂轮架连续进给。当选择阀 G 从图 2-5-46 所示位置逆时针转到连续进给位置时(见图 2-5-50a),连续进给油路 1′→12 接通,12→油箱关闭,同时压力油经油路 1′→选择阀 G-Ⅳ 断面→13→互通阀 L,将其推到上方位置,其下位接入系统,使液压缸Ⅱ两腔不再连接。另外,压力油进入液压缸Ⅳ,使砂轮架手摇机构脱开。

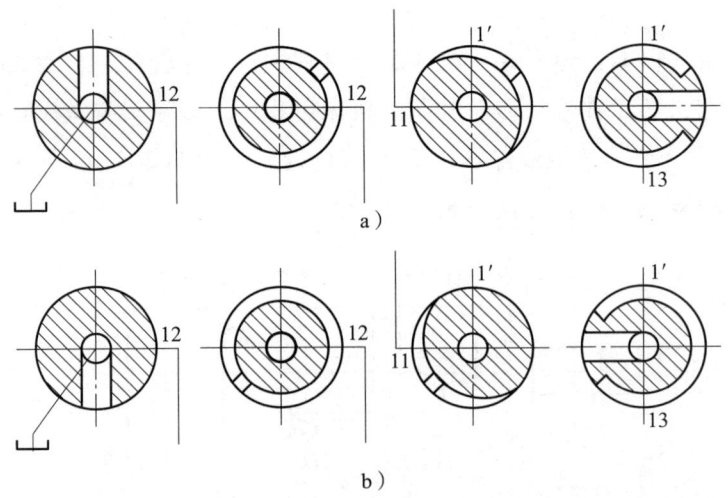

图 2-5-50 砂轮架连续进给和断续进给时选择阀的位置

此时,若砂轮架换向阀 H 和先导阀 K 处于图 2-5-46 所示位置,则砂轮架向右移动。其油路为:

进油路:1′→选择阀 G-Ⅲ 断面→轴向槽→G-Ⅱ 断面→12→换向阀 H→14→液压缸Ⅱ左腔,推动活塞带着砂轮架右行。

回油路：液压缸Ⅱ右腔→15→换向阀H→18→先导阀K→20→互通阀L→油箱。

当砂轮架右行到调定位置时，固定在砂轮架上的撞块碰撞先导阀K的杠杆，使阀芯移到左端位置，换向阀H的控制油路换向。压力油由13→先导阀K→17→单向节流阀X→换向阀H右腔，推动阀芯向左移动；回油由换向阀左腔→单向节流阀X′→16→先导阀K→20→互通阀L→油箱。

换向阀H移到左端位置时，液压缸Ⅱ的油路切换，砂轮架向左移动，其油路为：

进油路：1′→选择阀G-Ⅲ断面→轴向槽→G-Ⅱ断面→12→换向阀H→15→液压缸Ⅱ右腔，推动活塞带着砂轮架左行。

回油路：液压缸Ⅱ左腔→14→换向阀H→19→先导阀K→20→互通阀L→油箱。

砂轮架连续进给的速度，由选择阀G-Ⅲ断面上的三用节流槽来调节。将选择阀G从停止位置按逆时针方向转过角度越大，节流口开得就越大，砂轮架移动速度就越快。

3）砂轮架断续进给。当选择阀G从图2-5-46所示位置顺时针转到断续进给位置时（见图2-5-50b），连续进给油路1′→12关闭，断续进给油路11→12接通。另外，油路1′→13仍然接通，故互通阀L和砂轮架手摇机构液压缸Ⅳ仍保持连续进给时的位置不变。

砂轮架的断续进给在工作台每次换向时进行。如图2-5-46所示，当工作台右行到终点位置换向时，先导阀E被工作台上撞块拨至左端位置，在控制压力油作用下，断续进给阀F向左移动（具体油路见前述工作台换向过程）。当它移动至接通油路1′→11时，一定量的压力油经选择阀G进入砂轮架液压缸Ⅱ左腔，砂轮架开始进给（其通路情况与连续进给时相同），一直到阀F左移至遮住油路11时，进给运动停止，一次进给便完成。工作台在左端终点位置换向时，油路1′→11又接通一次，砂轮架又进给一次，各油路通闭情况与前述类似。调节单向节流阀N和N′以及选择阀G，改变断续进给阀F移动速度和选择阀G-Ⅲ断面上节流口的开口大小，便可改变砂轮架每次进给量的大小。进给方向的变换与连续进给时相同。

5. M7120A型卧轴矩台平面磨床床身的装配

床身是磨床的主要零件，磨床主要的零部件都要安装在床身上，如果床身及其导轨精度不好，就会直接影响各零部件安装后的相对位置精度和运动精度。因此在磨床总装和维修过程中，必须首先校正床身，使其安装水平，并测量导轨的精度，如图 2-5-51 所示。

首先床身应置于垫铁上（垫铁应置于坚固的水泥地面或专用的修理平台上），对垫铁的要求是刚度大，调节方便，并能自锁。常用的垫铁有方形垫铁和千斤顶式垫铁两种。方形垫铁接触面积大，刚度大，使用和调节方便，但调节量较小，多用于专用修理平台。千斤顶式垫铁体积小，调节量大，但接触面积小，刚度较小，使用较少。

测量导轨精度时，先将水平仪分别放在床身纵向平导轨和横向平导轨中间，粗调床身，使其安装水平，要求纵向平导轨精度为 0.04 mm/m，横向平导轨精度为 0.02 mm/m。

调整时应注意选定好三个主垫铁并加以调整，其他垫铁作辅助支承，要求每个垫铁受力均匀。

床身安装、校平后要对床身导轨进行精度校核和刮研修整，使其达到安装精度要求后方可进行下一步的零部件安装。床身导轨刮研修整工艺见表 2-5-7。

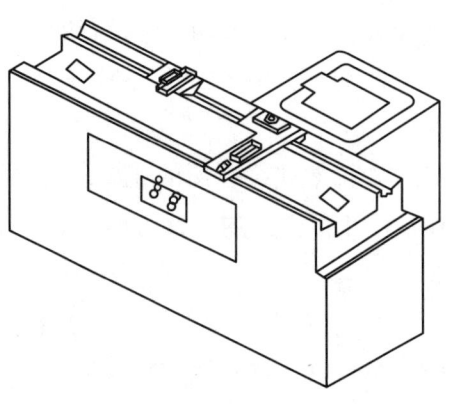

图 2-5-51　床身导轨安装校平

表 2-5-7　床身导轨刮研修整工艺

序号	工序名称	技术要求		需要工具、检具名称及规格	工艺说明
		要求项目	允差		
1	床身 V 形导轨 1 的刮研	（1）导轨 1 在垂直平面内的直线度 （2）导轨 1 在水平面内的直线度 （3）刮削接触点数 （4）表面粗糙度	（1）1 000 mm 长：0.01 mm 全长：0.02 mm （只允许中间凹） （2）1 000 mm 长：0.01 mm 全长：0.02 mm （3）接触点数 ≥ 16 点 /（25 mm×25 mm） （4）$Ra1.6\,\mu m$	（1）1500 mm V 形直尺 （2）0.02 mm/格框式水平仪 （3）200 mm V 形水平仪座 （4）百分表、磁性表座	（1）用 V 形平尺拖研刮削至要求 （2）将水平仪放在 V 形水平仪座上，按 V 形座长度逐段测量，画出垂直平面内导轨的直线度曲线，再按曲线刮研其直线度 （3）水平面内的直线度，一般用光学平直仪测量，也可以用 V 形直尺精度及拖研工艺来保证，即 V 形直尺与导轨拖接长度不能超过 V 形直尺总长的 1/3 （4）检查 V 形导轨与床身后平面的平行度

续表

序号	工序名称	技术要求		需要工具、检具名称及规格	工艺说明
		要求项目	允差		
2	床身平导轨2的刮研	（1）平导轨2对V形导轨1的平行度 （2）平导轨在垂直平面内的直线度 （3）刮削接触点数 （4）表面粗糙度	（1）1 000 mm长：0.01 mm 全长：0.02 mm （2）1 000 mm长：0.01 mm 全长：0.02 mm（只允许中间凹） （3）接触点数≥16点/（25 mm×25 mm） （4）Ra1.6 μm	（1）1500 mm平形直尺 （2）200 mm测量桥板 （3）0.02 mm/格框式水平仪	（1）用平尺拖研刮削平导轨2至要求 （2）按图2-5-51放水平仪，以桥形板长度移动，逐段测量，水平仪在全长上读数的最大代数差即是导轨2对导轨1的平行度误差 （3）其水平面的直线度也可用水平仪按上述测量方法测出
3	床身后平面的刮研	（1）床身后平面与床身导轨的平行度 （2）床身后平面接触点数	（1）纵向1000 mm：0.10 mm 横向1 000 mm：0.10 mm （2）接触点数≥10点/（25 mm×25 mm）	（1）400 mm×400 mm平板 （2）200 mm测量桥板 （3）0.02 mm/格框式水平仪	（1）床身导轨刮研修整后，应再刮床身后平面，复检接触点数及与导轨的平行度 （2）用平板拖研刮削床身后平面至要求 （3）检查床身后平面对导轨的平行度，在纵向和横向分别测量，两水平仪的读数即为平行度误差

学习单元 4　精密机械设备整机装配

　　磨床各部件检查完毕，即开始总装及调试工作。总装就是将各个零件、组件、部件按工艺路线装配成一台完整的机床，其中包括液压和电器的装配及整台机床的调整等。磨床的精度、使用寿命及运转的轻便、灵活，均与总装及调整工作有关，因此在总装时，应根据各自的具体情况，力求把装配工作做好。

磨床总装前必须熟悉磨床精度标准。精度标准由两部分组成，其一为几何精度，其二为工作精度。几何精度标准用于保证各部件之间的有机联系、相对位置的正确性及运动的准确性。达到几何精度要求，会使磨床在磨削工件的过程中精确地完成要求的各种运动。工作精度则用于保证工件加工精度和表面粗糙度。

根据磨床的型号、规格，在整机装配前，必须做好工具和量具以及起重设备的准备工作，以免临时忙乱，影响总装工作的进度。

磨床总装一般根据"自下而上"的原则进行，即先从基础部件床身开始，然后装上工作台、头架和尾架、砂轮架（或平面磨床立柱）等。

总装完成后，应仔细检查磨床各处有无遗漏的小工具、多余的小零件等，以免试车时发生事故。下面以 M1432A 型万能外圆磨床为例，介绍其主要的总装工序及调整和检验方法。

一、总装顺序

如图 2-5-52 所示为 M1432A 型万能外圆磨床结构，由于生产批量和技术条件的不同，各制造厂对该磨床的总装顺序也不一样。下面介绍一种常用的总装顺序（各零部件均检验合格的情况下）。

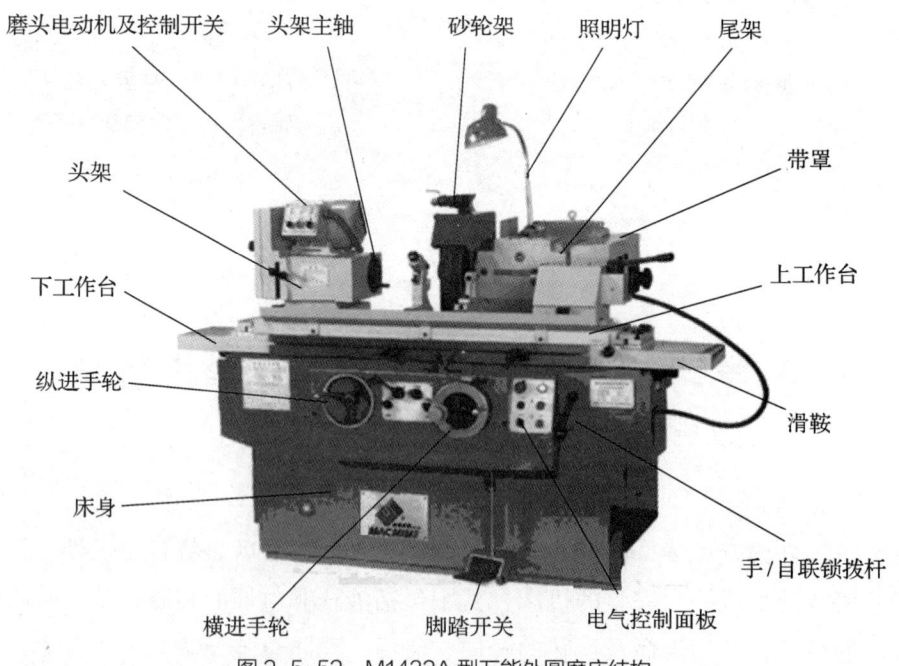

图 2-5-52　M1432A 型万能外圆磨床结构

1. 安装并调整磨床床身，使床身在纵横方向均达到水平。
2. 装配砂轮架滑鞍座与滑鞍。
3. 装配进给机构、手摇机构和液压操纵箱。
4. 装配液压泵电动机和液压泵。
5. 装配液压系统各油管与活塞油缸。
6. 装配机床下工作台。
7. 装配机床上工作台。
8. 装配机床头架底座。
9. 装配机床头架及尾架。
10. 装配砂轮架和内圆磨具。
11. 安装砂轮架上的电动机、电器及线路。
12. 安装各种防护罩。
13. 接通线路，进行调试验收。

二、各部件装配要点

1. 安装和调整床身

床身安装要求在纵横两个方向都达到水平，纵向允差为 0.02 mm/1 000 mm，横向允差为 0.01 mm/1 000 mm，如图 2-5-53 所示。图 2-5-53a 表示在床身的底面放置调整垫铁。图 2-5-53b 表示在床身导轨的中间位置放置水平仪。调整垫铁，观察水平仪，直到床身水平。

2. 装配滑鞍座与滑鞍

在机床维修中，为了减少床身刮研后的装配变形，一般是先装配进给机构、手摇机构及操纵箱，再进行滑鞍座、滑鞍与床身的刮研和装配（即将总装顺序中的 2 和 3 交换）。这种方法也可在总装中应用，此处是按前述的总装顺序介绍的。

（1）装配滑鞍座。如图 2-5-54 所示，使滑鞍座的底平面 3 与床身表面 2 贴合，用紧固螺钉预紧后进行调整和检测。

图 2-5-54a 所示为检测滑鞍座导轨对床身导轨在水平面内的垂直度，允差为 0.02 mm/250 mm。具体方法是：在滑鞍座 V 形导轨 4 内放垂直检具，将百分表固定在 V 形测量座上，把测量座放在床身 V 形导轨内，使百分表测头触及垂直检具的大端面；滑移 V

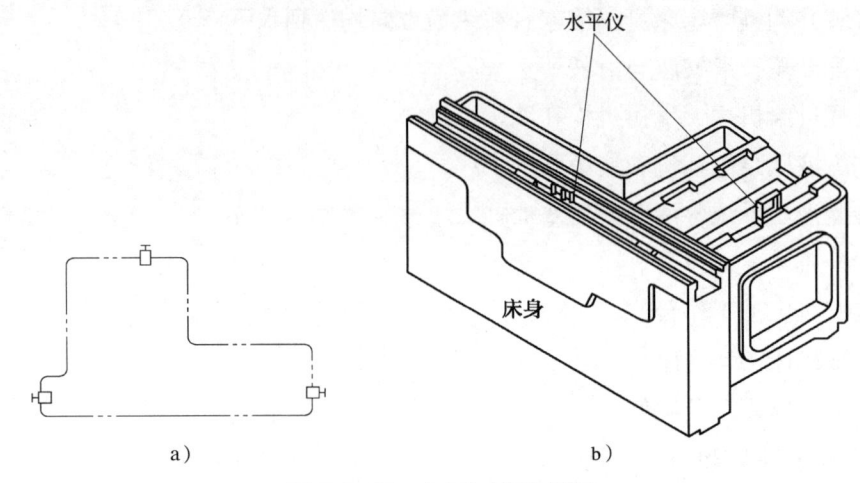

图 2-5-53 床身的安装和调平
a）底面放置调整垫铁　b）用水平仪检测床身水平

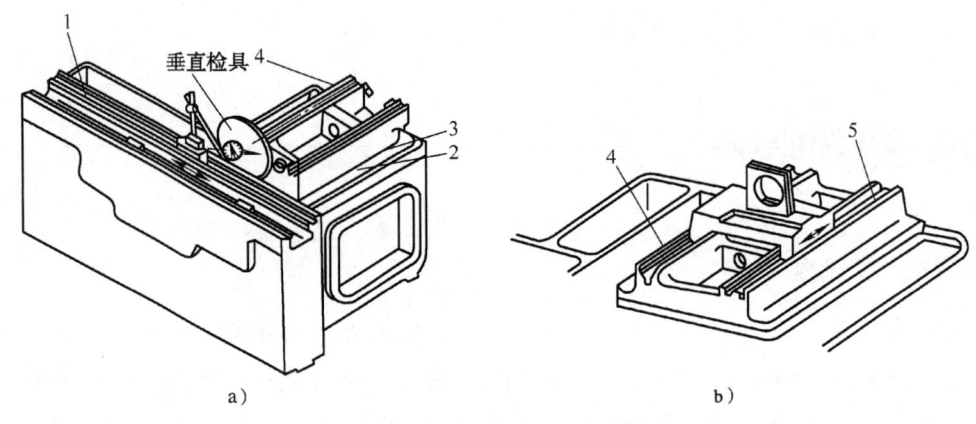

图 2-5-54 滑鞍座装配与检验
a）检测滑鞍座导轨对床身导轨在水平面内的垂直度　b）检测滑鞍座导轨的水平度
1—床身 V 形导轨　2—床身表面　3—滑鞍座底平面　4—滑鞍座 V 形导轨　5—滑鞍座平导轨

形测量座，表针在 250 mm 长度测量范围内的读数差就是其垂直度。当垂直度超差时，可借助固定螺钉和过孔间隙，用木锤轻敲滑鞍座来调整。

图 2-5-54b 所示为检测滑鞍座装配后导轨面是否水平（或导轨 4、5 的水平度），用桥形板和水平仪检测，允差是 0.02 mm/1 000 mm。这项精度要求是靠滑鞍座和床身的对研精度来保证的，如果超差，就需要检测每个单件的刮研精度，若有不合格件必须予以修理。

当测量调整合格后，将各紧固螺钉拧紧，经复测没有问题，再配铰定位销孔，装定位销。

（2）装配滑鞍。滑鞍总装的关键是保证自身的加工和刮研精度，在中小批量生产中，一般是对床身、工作台、滑鞍座和滑鞍采用装配对研的方法来保证装配精度的。若用这种方法装配，应按照图 2-5-55 所示方法检测其纵向、横向的水平度。

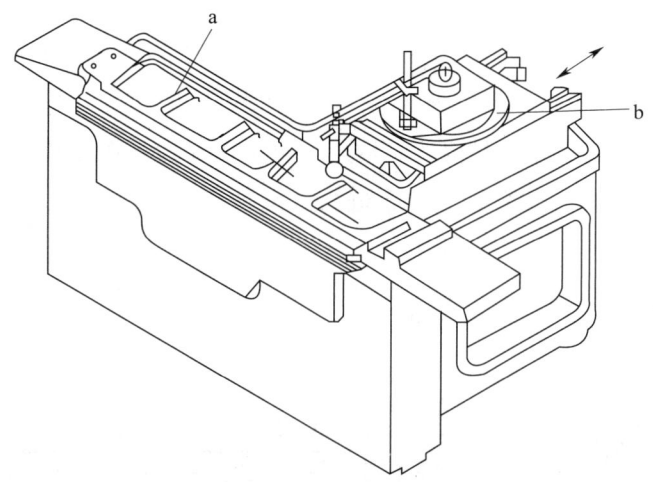

图 2-5-55　检测滑鞍的水平度

将平尺放在滑鞍表面 b 上，百分表固定在工作台表面，表的测头分别触及纵向及横向安放时的平尺表面（或直接测表面 b）。测量纵向时移动工作台，测量横向时移动滑鞍，就能检测出表面 b 的平行度。在表面 b 的全面积上，纵向允差为 0.01 mm，横向允差为 0.02 mm。

装配刮研中，滑鞍移动对工作台面的垂直度检测如图 2-5-56a 所示。

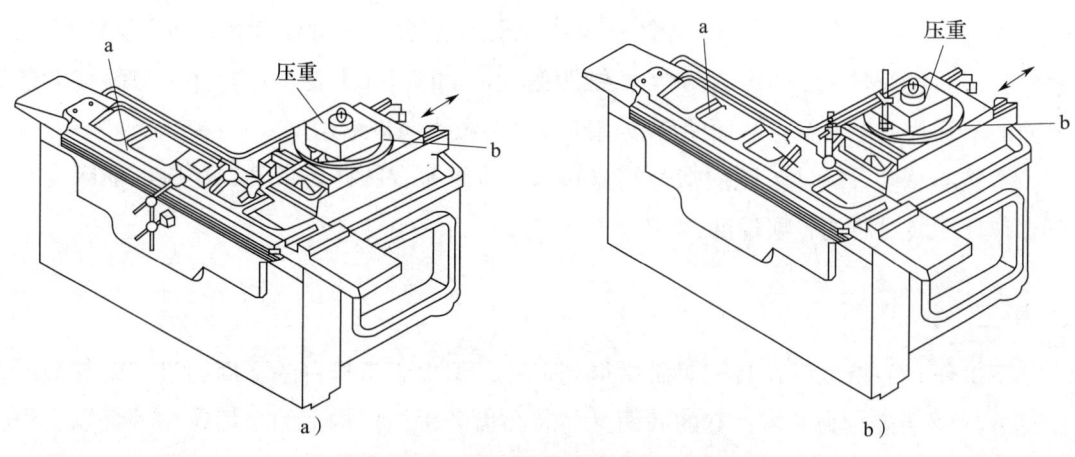

图 2-5-56　检测滑鞍移动对工作台的精度
a）垂直度检测　b）平行度检测

在下工作台面 a 上放直角尺或框式水平仪，移动工作台，用百分表将框式水平仪纵向面找至零位。在滑鞍表面 b 上放压重并固定磁性表座，使百分表的测头触及直角尺或水平仪的横向面,移动滑鞍进行检测。精度要求是在滑鞍全行程上允差为 0.01 mm。

装配刮研中,还应保证滑鞍对下工作台表面 a 纵向和横向移动的平行度,检测方法如图 2-5-56b 所示。

在滑鞍表面 b 上放压重,并固定磁性表座,使百分表测头触及下工作台表面 a,移动滑鞍测横向平行度,移动工作台测纵向平行度,在纵向和横向全行程上允差为 0.02 mm。

完成装配刮研并达到各项精度后,取下滑鞍及工作台,按总装顺序进行装配。

滑鞍与横向进给机构的总装应配合进行。滑鞍连同其传动装置装在滑鞍座上,如图 2-5-57 所示。

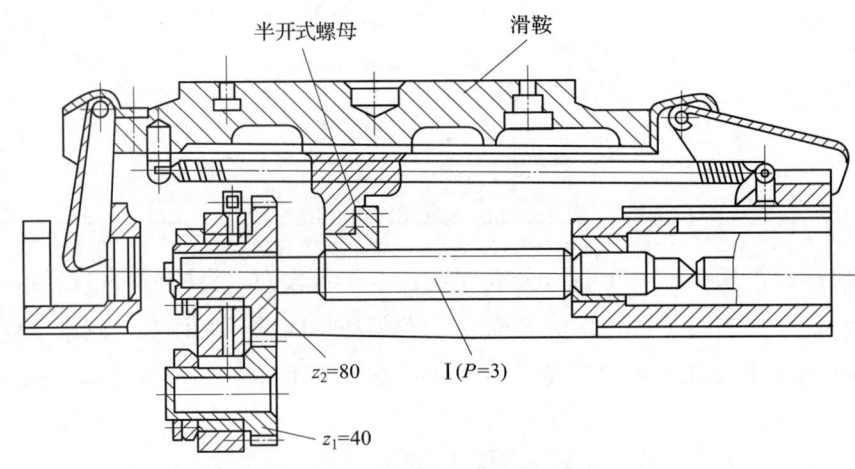

图 2-5-57 滑鞍的装配

如图 2-5-57 所示,轴与齿轮(z_1=40)的孔相配合,用键作为传动连接。当转动手轮时,通过齿轮(z_1=40、z_2=80)使螺距为 3 mm 的丝杠 I 转动,丝杠 I 与装在滑鞍下面的半开式螺母啮合,从而使滑鞍连同砂轮架做横向进给运动。

滑鞍的总装,除使齿轮的啮合间隙和啮合位置符合图样要求外,还应保证床身及下工作台配装对研的各项精度。

3. 下工作台的装配

下工作台的精度已在装配对研中得到保证,但由于工作台的下面通过支架与液压缸活塞杆两端接合为一体,它的底面又与装在齿条手摇机构上的小齿轮相啮合以实现纵向手摇运动,因此装配后必须复查其配装刮研的各项精度。

下工作台的总装应与手摇机构及液压缸配合进行,装配后应保证液压缸的活塞杆不产生弯曲且工作自如,还要使手摇机构的小齿轮与齿条啮合正确。手摇机构的装配如图 2-5-58 所示。

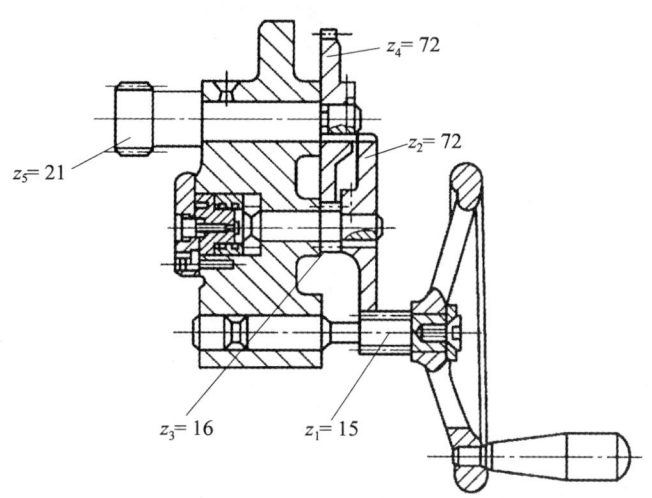

图 2-5-58 手摇机构的装配

手摇机构装在床身前壁左方。将手轮向里推，可实现工作台手摇纵向移动，即转动手轮，通过 $z_1=15$ 齿轮、$z_2=72$ 齿轮、$z_3=16$ 齿轮和 $z_4=72$ 齿轮，使 $z_5=21$ 小齿轮转动，这个小齿轮与固定在工作台底面的齿条啮合，从而带动工作台纵向运动；若将手轮向外拉，则 $z_1=15$ 与 $z_2=72$ 两个齿轮脱开，此时可利用液压缸的活塞杆来实现工作台纵向运动。

保证小齿轮和齿条正确啮合的关键是使齿条与工作台的下接合面符合精度要求。

图 2-5-59 所示为工作台的横剖视图，齿条接合面 1 由立面和平面组成。刮研中用图示方法检测它对 V 形导轨面 2 的平行度，使其在全长上误差不大于 0.01 mm。

工作台底面两端有液压缸支架装配面，通过刮研使这两个装配面对导轨面的纵向和横向平行度误差不大于 0.01 mm。这样，在总装中就可直接调整液压缸的两个支架，以达到液压缸与工作台的装配精度。

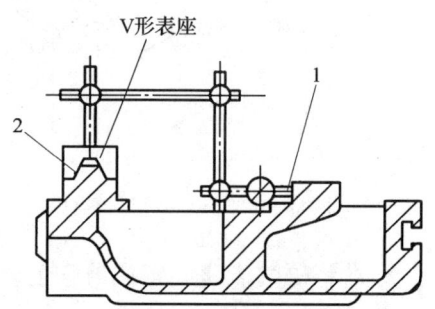

图 2-5-59 工作台横剖视图
1- 齿条接合面　2-V 形导轨面

4. 上工作台的装配

将上工作台部件（包括转轴和调整装置）装配在下工作台上，按图 2-5-60 所示方法检测上表面对纵向和横向移动的平行度。

（1）将磁性表座固定在床身前面，表的测头触及上工作台导轨的前侧面，转动手摇机构，使床身纵向移动，将导轨前侧面与纵向移动方向调成平行（利用调整装置），然后将两头的紧固压板压牢。

（2）在滑鞍上面固定磁性表座，使百分表的测头触及上工作台表面。转动手摇机构手轮，检测工作台表面对滑鞍纵向移动的平行度，在全行程上允差为 0.02 mm。转动横进机构手轮，检测工作台表面对滑鞍横向移动的平行度，在工作台表面全宽上允差为 0.01 mm。

若达不到要求，应检查工作台自身的加工精度，找出原因，进行修复。

5. 头架部分的装配

头架部分包括头架底座和头架。

（1）头架底座的总装。如图 2-5-61 所示，将头架底座安装在上工作台上面后，应保证其上平面对工作台表面及滑鞍移动的平行度，在其上平面全长上允差为 0.005 mm。检测方法比较简单，在工作台表面安放滑动表座，百分表的测头触及头架底座表面，推移表座，可测出头架底座上平面对工作台表面的平行度。

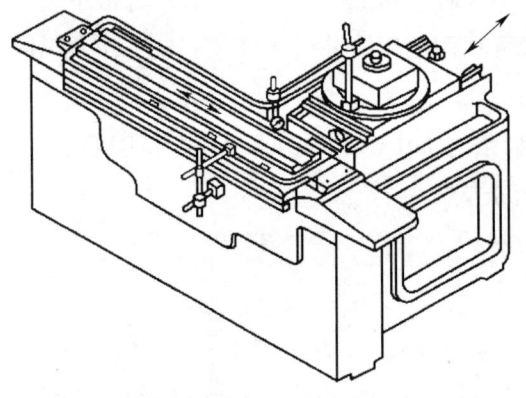

图 2-5-60　工作台表面的检测

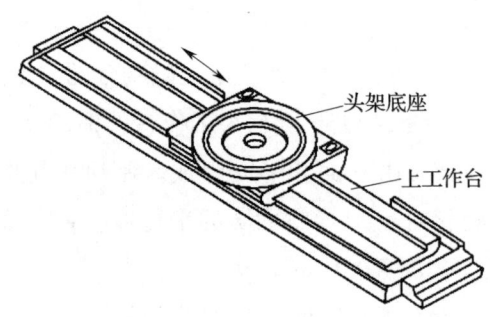

图 2-5-61　头架底座的装配与检测

若将磁性表座固定在滑鞍上，使百分表测头触及头架底座上平面，再摇横进手轮使滑鞍移动，就能检测头架底座上平面对滑鞍移动的平行度。如果精度达不到要求，可修刮底座的上平面。

（2）头架的总装。装配前应检查各零件的加工精度，特别是必须保证头架体的对研精度合格。头架部件如图 2-5-62 所示。

为了保证主轴的装配精度，应注意主轴后轴承的装配。主轴后轴承是两个 D 级精度的 46107 成对安装角接触球轴承，装前可用预加负荷凭手感来控制内外隔圈厚度差的方法，调整滚动轴承内外滚道与滚动体之间的预紧力。

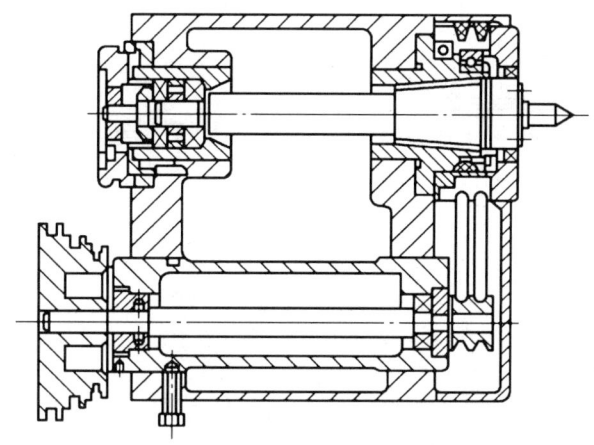

图 2-5-62　头架部件

头架装配后检查主轴孔的径向圆跳动量和轴向窜动量，方法如图 2-5-63 所示。如图 2-5-63a 所示，主轴锥孔中装入莫氏 3 号检验棒，外伸长为 150 mm，转动主轴，用百分表检测检验棒外径，就能测出主轴锥孔的径向圆跳动量。精度要求是：近主轴处允差为 0.007 mm，离主轴 150 mm 处允差为 0.011 mm。

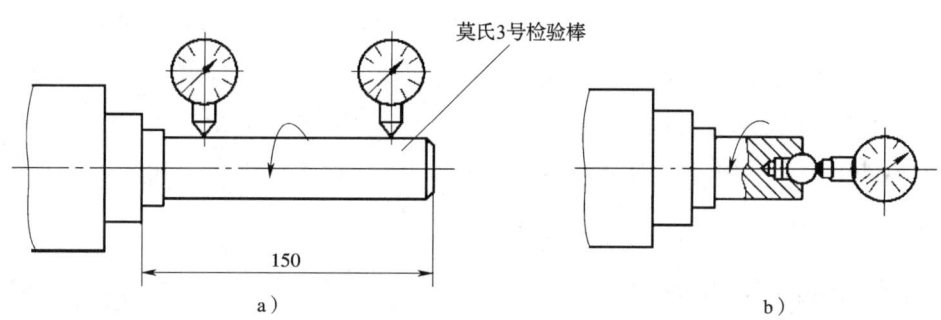

图 2-5-63　主轴装配精度的检测
a）检测径向圆跳动量　b）检测轴向窜动量

如图 2-5-63b 所示，主轴锥孔中装莫氏 3 号检验棒，检验棒的顶尖孔内涂少许黄油并放上钢球，使百分表测头触及钢球表面，转动主轴，百分表上的读数差即是主轴的轴向窜动量，该项精度允差为 0.01 mm。

头架部装合格后，进入总装。将头架装在头架底座上，检测主轴锥孔中心线对导轨的等高度及回转头架对导轨的等高度，如图 2-5-64 所示。

如图 2-5-64a 所示，主轴锥孔中安装莫氏 2 号检验棒，按图示检测上母线偏差，只允许向上偏，允差为 0.01 mm/150 mm。

若将磁性表座固定于床身上，百分表的测头触及检验棒的侧母线，移动工作台，通过调整头架（转位），达到精度 0.01 mm/150 mm，但仅允许偏向砂轮架。

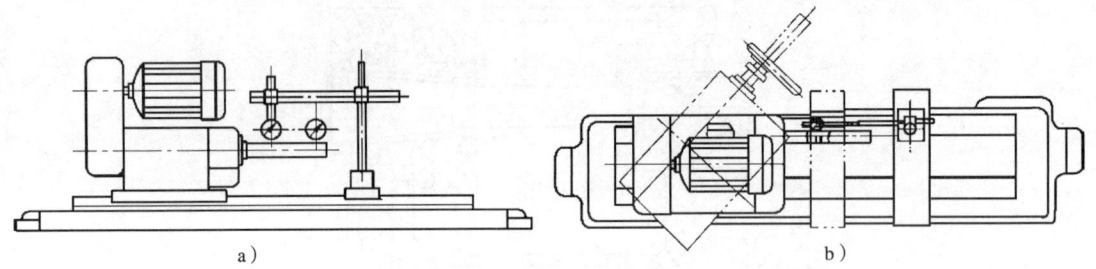

图 2-5-64 头架总装后的检测
a) 检测主轴锥孔上母线偏差 b) 检测主轴锥孔中心线在回转时的等高度

如图 2-5-64b 所示，检测主轴锥孔中心线在回转时的等高度，要求头架回转 45°，在 100 mm 长度上检测检验棒的上母线，允差为 0.015 mm。

上述检测若达不到要求，可修复头架底座和头架接合面。确认合格后，再装配头架电动机。

6. 尾架的总装

尾架套筒锥孔中心线对工作台移动的平行度，是在尾架的刮研和部装中应保证的项目。为保证总装精度，在加工和检测中，必须兼顾头架中心线和尾架中心线对工作台移动的平行度。同时，要避免尾架锥孔中心线低于头架主轴锥孔中心线，否则会造成头架底座总装后的返工。

将尾架装在上工作台上面，采用图 2-5-65 所示方法检测头架和尾架中心线对工作台移动的平行度。

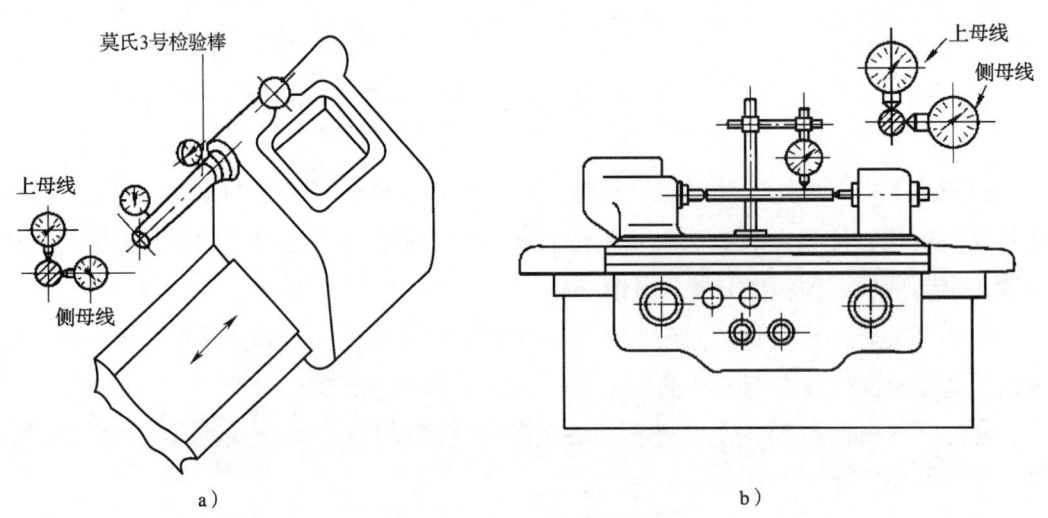

图 2-5-65 头架和尾架装配后的检测
a) 检测尾架中心线对工作台移动的平行度 b) 检测头架和尾架锥孔中心线对工作台移动的平行度

图 2-5-65a 所示为尾架中心线对工作台移动平行度的检测。把莫氏 3 号检验棒装入尾架套筒锥孔内，百分表固定在滑鞍上，表的测头分别触及检验棒的上母线和侧母线，移动工作台，百分表的读数差值就是尾架套筒锥孔中心线对工作台移动的平行度。精度要求是：上母线允差为 0.01 mm/150 mm，且仅允许外伸端向上偏；侧母线仅允许向砂轮架方向偏，允差值同上母线。

图 2-5-65b 所示为头架和尾架锥孔中心线对工作台移动平行度的检测。将莫氏 3 号顶尖分别装入头架和尾架的锥孔内，两顶尖间顶一圆柱检测棒，百分表固定在滑鞍上，表的测头触及检验棒的上母线和侧母线，移动工作台，百分表的读数值就是头架主轴锥孔中心线和尾架套筒锥孔中心线对工作台移动（或床身导轨）的平行度。精度要求是：上母线允差为 0.02 mm/300 mm，且仅允许尾架高；侧母线允差为 0.01 mm/300 mm，且仅允许尾架的尾部偏向操作者一侧。

上述两项精度如果超差，可修刮尾架与导轨接合的底面或侧面。

7. 砂轮架和内圆磨头装配

砂轮架在总装中，应保证其主轴中心线对头架主轴中心线的等高度，允许的偏差是 0.02 mm，不合格时可修磨调整垫板。

内圆磨头安装如其他部件，安装过程略。

M1432A 型万能外圆磨床的整机装配完成后，还要进行机床精度测试与验收。

模块 3 设备检验与调试

- 课程 3-1　装配质量检验
- 课程 3-2　设备调试

课程设置

课程	学习单元	课堂学时
3-1 装配质量检验	（1）机床导轨精度检验	6
	（2）激光干涉仪的使用	2
	（3）磨床整机精度检验	8
3-2 设备调试	（1）机械设备负荷试验中常见故障的分析与排除	8
	（2）导轨和工作台的调试	10
	（3）精密机械设备精度超差的原因分析	16
	（4）精密机械设备精度调试	16

课程 3-1　装配质量检验

学习内容

学习单元	课程内容	培训建议	课堂学时
（1）机床导轨精度检验	1）合像水平仪的原理和使用方法 2）使用合像水平仪检验导轨直线度 3）光学平直仪的原理和使用方法 4）使用光学平直仪检验导轨直线度	（1）方法：讲授法、演示法、案例教学法 （2）重点、难点：合像水平仪、光学平直仪的使用方法	6

续表

学习单元	课程内容	培训建议	课堂学时
（2）激光干涉仪的使用	1）激光干涉仪的结构特点和测量原理 2）激光干涉仪的使用	（1）方法：讲授法、演示法、案例教学法 （2）重点、难点：激光干涉仪的使用方法	2
（3）磨床整机精度检验	1）外圆磨床装配质量检验 2）内圆磨床装配质量检验 3）平面磨床装配质量检验	（1）方法：讲授法、演示法、案例教学法 （2）重点、难点：整机装配精度检验方法	8

学习单元 1　机床导轨精度检验

一、合像水平仪的原理和使用方法

1. 合像水平仪的结构原理

合像水平仪的外观如图 3-1-1 所示，其结构和工作原理如图 3-1-2 所示。与普通水平仪相比，合像水平仪具有测量读数范围大的优点。当被测工件的平面度误差较大或因放置的倾斜度较大而又难于调整时，若使用框式水平仪就会因其水准气泡已偏移到极限而无法测量；而合像水平仪因水平位置可以重新调整，所以能比较方便地进行测量，而且精度较高。合像水平仪一般常用来校正基准件的安装水平，测量各种机床或各类设备的导轨、基准平面的直线度误差和平面度误差，或零部件间相对位置的倾斜度误差和垂直度误差。

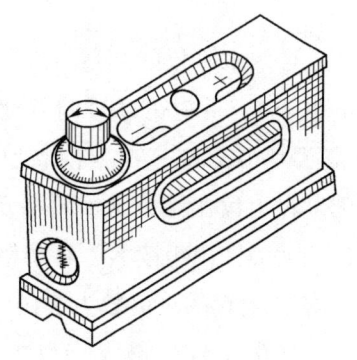

图 3-1-1　合像水平仪外观

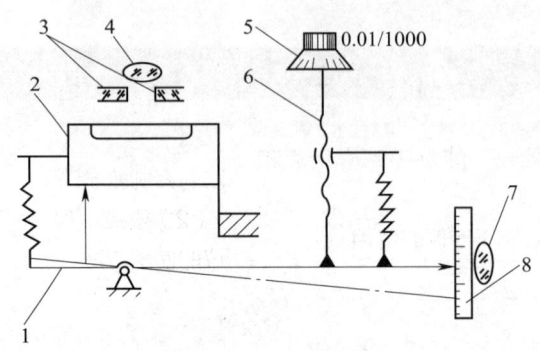

图 3-1-2 合像水平仪结构和工作原理
1- 指针杠杆 2- 水准器 3- 棱镜 4- 目镜 5- 调节旋钮
6- 测微螺杆 7- 放大镜 8- 指针标尺

合像水平仪由指针杠杆 1、水准器 2、棱镜 3、目镜 4、调节旋钮 5、测微螺杆 6、放大镜 7、指针标尺 8 等组成。

合像水平仪的水准器 2 安装在指针杠杆 1 上，转动调节旋钮 5 可以调整其水平位置。气泡两端圆弧通过光学零件反射到目镜 4，形成左右两个半像。当水平仪处于水平位置时，A、B 两部分像重合，如图 3-1-3a 所示；若水平仪不在水平位置，A、B 两部分像就不重合，气泡圆弧端部之间有差值 Δ，如图 3-1-3b 所示。

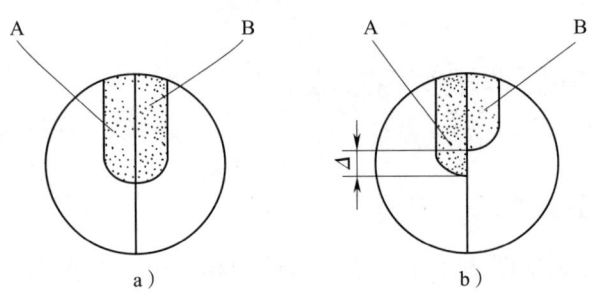

图 3-1-3 水准器气泡图

合像水平仪的调整与测试过程是，整个水平仪不在水平位置（A、B 两半圆弧气泡不重合），此时可通过调节旋钮 5（旋钮上沿圆周刻有 100 等分小格），转动测微螺杆（螺距为 0.5 mm）6，经指针杠杆 1 进行调整，使 A、B 两半圆弧气泡重合。在旋钮的刻度盘上读出细读数，每格示值为 0.01 mm/1 000 mm；在指针标尺的刻线位置上，通过放大镜读出粗读数，每小格示值为 0.5 mm/1 000 mm。如指针偏转 2 格，旋钮上读出 16 格，则它的总读数为 1.16 mm/1 000 mm。

光学量仪的最大特点是测量范围广，测量精度高。由于水准器位置可以调整，而且视像采用了光学放大，并以双像重合来提高对准精度，可使水准器玻璃管的曲率半径减小,于是测量时气泡达到稳定的时间短,通用性好。当被测量的导轨直线度误差很大,或工件位置倾斜角度较大且无法调整(指用框式水平仪)时,此时用合像水平仪就可解决。但需要注意的是,温度对气泡的影响较大,如果在使用时直接对准气泡呼吸或用工作灯照射,将会使气泡长度发生变化,从而影响测量的精确度。所以使用时,一是要消除仪器和被测工件之间的温差,二是要与热源隔开。

2. 合像水平仪的使用方法

(1)测量时将水平仪稳置在被测件表面上(两者均需擦拭干净),等气泡影像完全符合后可进行读数。读数时毫米值从刻度板读得,忽米值从刻度盘读得,两部分之和即为读数。读数的正负由圆刻度盘的旋向决定(在圆刻度盘上已有"+""-"标记)。

例如,横刻度游标位置在 0 以下的 0~1 之间,圆刻度盘的刻线对准 5。这时从横刻度读得毫米值为 0,从圆刻度盘读得忽米值为 5。由于是向"+"向旋得的,因此读数为 0+0.05=0.05 mm/m,即被测工件在旋钮端高 0.05 mm/m。

又如,横刻度游标位置在 0 以上的 1~2 之间,圆刻度盘的刻线对准 20。这时从横刻度读得毫米值为 1,从圆刻度盘读得忽米值为 80(因此时圆刻度盘旋转方向与数字排列方向相反,因此实际忽米值为 100-20=80)。由于是向"-"向旋得的,因此读数为 -(1+0.80)= -1.80 mm/m,即被测工件在旋钮端低 1.80 mm/m。

(2)水平仪上的标示值是以 1 m 为基长的倾斜值,如需测量长度为 L 的实际倾斜值,则可通过下式进行计算:实际倾斜值 = 刻度示值 × L × 读数值(以忽米为单位的读数值)。

例如,刻度示值为 0.01 mm/m,L=166 mm,读数值为 5。则实际倾斜值 = 0.01/1 000 × 166 × 5=0.008 3(mm)。

又如,刻度示值是 0.01 mm/m,L=166 mm,读数值为 -180。则实际倾斜值 = 0.01/1 000 × 166 ×(-180)≈ -0.299(mm)。

在检定或使用中如发现水平仪的示值超差且成线性变化时,则应重新调整杠杆比。如发现水平仪的零位超差,则应重新调整刻度或水准座支承螺钉。这两项工作应由计量检定部门进行。

(3)合像水平仪使用时,在测量之前将测量面擦干净,将水平仪刻度调整到 5 mm 位置,旋钮刻度调整至"0"位。测量时先将调整旋钮那一侧放到前面,看水平仪上面的两个气泡,气泡旁边有"+""-",气泡偏"+",就将旋钮向"+"方向调整,调整到中间的两个半圆的气泡合成一个完整的气泡的时候,进行读数并记录。将旋钮的读数恢复至"0",然后将调整旋钮那一侧放到后面,同样操作,得出数据并记录。

二、使用合像水平仪检验导轨直线度

在机械制造和装配过程中,工件直线度误差的检测是不可少的。对于一般精度的零件来说,可用刀口形直尺、平尺、平板等模拟理想直线,将被测直线与理想直线进行比较,比较时理想直线与实际直线的位置应符合最小条件。

在精度要求比较高的情况下,就得用精密的光学量仪来检测工件的直线度误差,合像水平仪间接测量法在实际操作中得到广泛应用。也可用测微准直望远镜来建立光线基准,则为光线基准法。另外还有实物基准法等。

间接测量法是用合像水平仪,以水平线或模拟的理想直线,分段测出被测线段的斜率变化,再换算成高度误差。换算时可用图解或计算的方法来得出被测线段的直线度误差。

在用合像水平仪测量直线度误差时,需在合像水平仪或自准直仪的反射镜下放一双脚垫板,以使量仪有一个稳固的安装面(见图3-1-4),这样保证被测表面能在规定的分段长度上进行测量,同时垫板底面的两端与被测表面能得到良好接触。测量时,水平仪或反射镜随同垫板从一端到另一端逐段依次测量,取得各段量仪的示值读数。

对于垫板支承面之间的距离l(见图3-1-4),其长度要求不能太短,太短会导致测量次数多,造成不必要的累积误差;但也不能太长,太长不能反映局部误差。并且要注意的是,在垫板移动过程中,后段的前支承必须与前段的后支承相重合,否则因各段不相连而反映不出误差所在。图3-1-5a所示的连接是正确的,图3-1-5b所示的连接是不允许的。

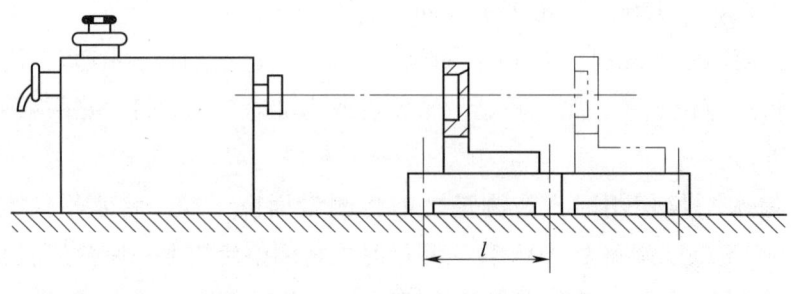

图3-1-4 量仪的安放

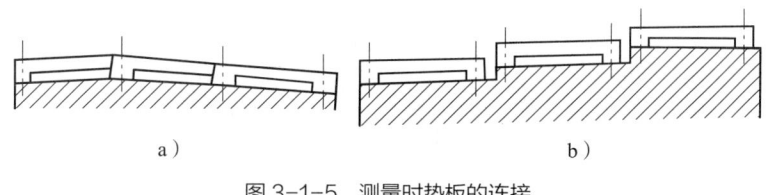

图 3-1-5 测量时垫板的连接
a）正确　b）错误

1. 图解法

图解法是依据量仪在被测表面各分段上得出的测量数值，在坐标纸上，以横坐标表示被测表面的长度方向数值，纵坐标表示被测表面的测量结果（分段读数），绘出被测表面的误差曲线，并按直线度定义的最小区域法或按精度规定的端点连接法，来确定被测表面的直线度误差值和误差形状。

【案例】用图解法确定被测表面的直线度误差和误差形状

用刻度值为 0.01 mm/1 000 mm 的合像水平仪，测量三条长 L=1 200 mm 导轨的直线度误差，测量分段长 l=200 mm，测量读数见表 3-1-1，相应地绘出如图 3-1-6 所示各导轨的直线度误差曲线。

表 3-1-1　导轨直线度测量时的水平仪读数

导轨编号	水平仪测量位置及示值读数（格）						直线度误差值 Δ（mm）	误差形状
	1	2	3	4	5	6		
Ⅰ	+4	+6	0	−2	0	−3.2	0.017	凸
Ⅱ	−4	−2	+2	+4	0	+2.4	0.014	凹
Ⅲ	+3	+6	−3	−1	−3	+4	$\Delta_1+\Delta_2$=0.02	波折

图 3-1-6 所示的导轨直线度误差，是以端点连线法来确定的，其值是以误差曲线与端点连线之间的最大纵坐标值计算。并规定：误差曲线在端点连线之上时，形状为凸；误差曲线在端点连线以下时，形状为凹；若有凸有凹，称为波折。

根据直线度误差确定的原则，以最小区域法来确定误差时，在误差曲线上作两条包络平行线 L_1 和 L_2，分别称上包容线和下包容线。这两条平行线中有一条与误差曲线上的最高点（或最低点）相切，另一条与两个最低点（或最高点）相切，且最高点（或最低点）在误差曲线的方向上应位于两个最低点（或最高点）之间，则此包容误差曲线的两个平行直线之间的距离为最小，这个距离 Δ 即为被测表面的直线度误差。如图 3-1-6a 所示，Ⅰ导轨的直线度误差为 0.017 mm，形状为凸形；如图 3-1-6b 所示，Ⅱ导轨的直线度误差为 0.014 mm，形状为凹形；如图 3-1-6c 所示，Ⅲ导轨的直线度误差为 0.02 mm，形状为波折形。

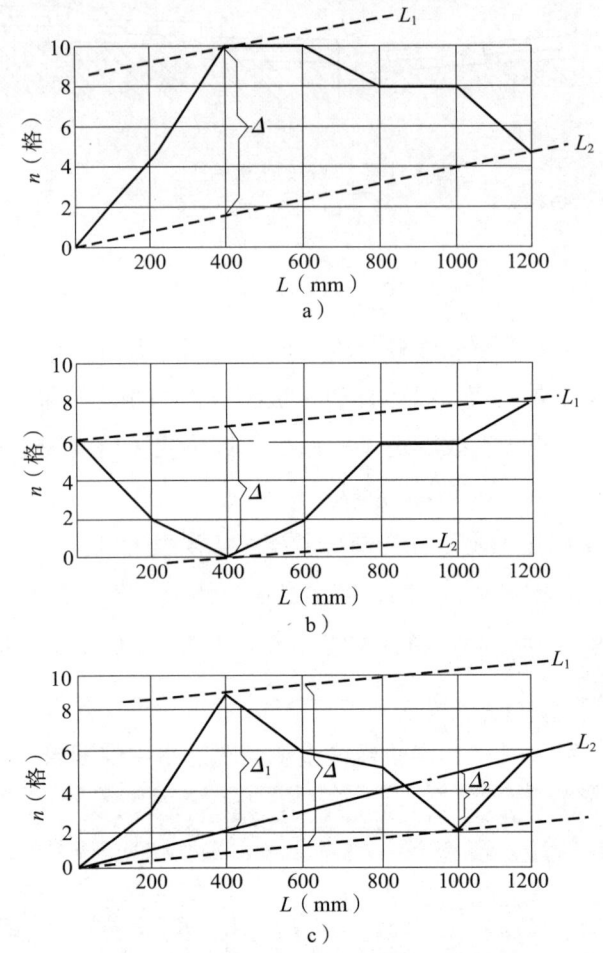

图 3-1-6 用端点连线法作直线度误差曲线图
a）Ⅰ导轨的误差曲线 b）Ⅱ导轨的误差曲线 c）Ⅲ导轨的误差曲线

2. 计算法

按上述例子可以用列表计算的方法来求得直线度误差。计算法的实质是将各段读数的坐标位置进行变换，使两端点最终能与横坐标轴重合（或平行）。此时，导轨直线度误差 Δ 值就等于其中最大纵坐标值与最小纵坐标值的代数差的绝对值。计算步骤如下：

（1）记录各段测量示值的读数。

（2）计算出各段读数代数和的平均值 $\bar{n}$。

（3）求出相对值。每一测量位置上的相对值，等于该位置的读数与平均值 $\bar{n}$ 的代数差。

（4）变换成各段测点的坐标值，则为累积值。每一测量位置的累积值，等于该位置的相对值与该位置前所有相对值的代数和。

（5）求误差。按上述例子，对图3-1-6c所示Ⅲ导轨进行计算和分析。计算步骤为：

1）写出分段测量示值读数（共六个测量点），分别为：

+3　　+6　　−3　　−1　　−3　　+4

2）计算平均读数：

$$\bar{n} = \frac{+3+6-3-1-3+4}{6} = +1$$

3）求相对值。相对值为：

+2　　+5　　−4　　−2　　−4　　+3

4）变换坐标，求累积值。

相对值　　　+2　　　+5　　　−4　　　−2　　　−4　　　+3
累积值　　0　　+2　　　+7　　　+3　　　+1　　　−3　　　0

导轨分段　0~200　200~400　400~600　600~800　800~1 000　1 000~1 200

5）计算误差：

$$\Delta = ncl$$

$$\Delta = 10 \times \frac{0.01}{1\,000} \times 200 = 0.02 \text{（mm）}$$

式中　n——合像水平仪读数，按上述方法求得的累积值$n=+7-(-3)=10$格；

c——合像水平仪刻度值0.01 mm/1 000 mm；

l——合像水平仪垫板长度，$l=200$ mm。

三、光学平直仪的原理和使用方法

1. 光学平直仪的工作原理

如图3-1-7a所示，由光源1（S）、焦面2、物镜3、反射镜4（M）组成简单的光学系统——平行光管。当光源S照亮了位于物镜焦面上O点的像，经物镜后成为平行光束折射出去，碰到安放在垂直于光轴的反射镜M时，则平行光束反射回来，通过物镜仍在原来位置成一实像，这种现象称"光学自准直"。利用"自准直"原理制造的测量仪器，称自准直光学量仪。

自准直仪器的测量原理是这样的，当反射镜倾斜α角时（见图3-1-7b），则按反射定律，将在距O点为t的O'点成像，被测量的倾斜误差可通过t反映出来。t与α角的关系为：

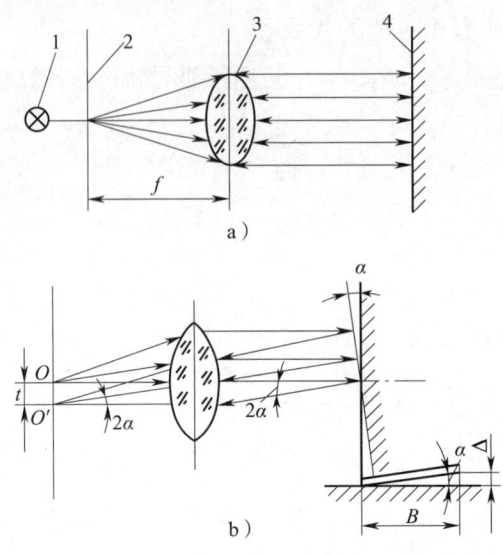

图 3-1-7 光学自准直原理
1- 光源　2- 焦面　3- 物镜　4- 反射镜

$$t = f \cdot \tan 2\alpha \approx f \cdot 2\alpha$$

式中　t——O 与 O' 间的距离，也称实像与虚像间的距离，mm；
　　　f——物镜焦距，mm；
　　　2α——反射角，(°)。

而倾斜角 α 与被测量尺寸 Δ 的关系为：

$$\Delta = B \tan\alpha \approx B\alpha$$

式中　Δ——被测量物体表面凸出的高度，mm；
　　　B——被测量物体的长度（此处视作与反射镜垫板长度等同），mm。

得出：

$$\Delta = \frac{tB}{2f}$$

光学平直仪是由平直仪本体（包括望远镜和目镜等）和反射镜组成。图 3-1-8 所示为光学平直仪外形，图 3-1-9 所示为光学平直仪工作原理图。

光源 7 射出光束，经十字线分划板 8 形成十字像，经过棱镜 4、平镜 3、平镜 9 和物镜 2 后，形成平行光束射到反光镜 1 上，随即又从反光镜 1 反射到物镜 2 上，经平镜 9、平镜 3 和棱镜 4 成像于分划板 5 上。如果导轨的直线度误差为 Δ_1，而使反光镜偏转 α 角，那么返回到分划板的十字像就不重合，而且相差一个 Δ_2 的距离。调节测微手轮，使目镜 6 中视物基准线与十字对正，测微手轮的调整量就是 Δ_2 的大小。如果导轨的直线度误差 Δ_1 为零，即反光镜的平面与物镜的光轴垂直，那么返回到分划板的十字像即重合，测得的误差 Δ_2 也就为零。

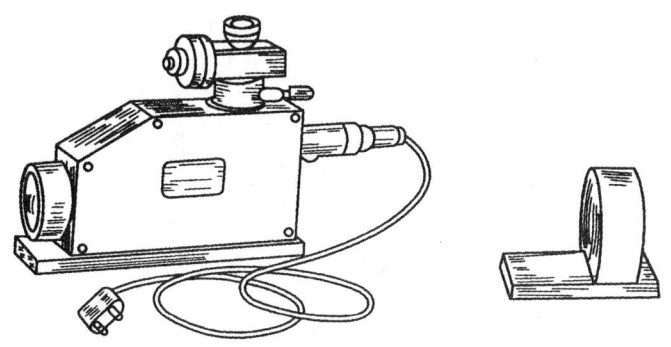

图 3-1-8 光学平直仪外形

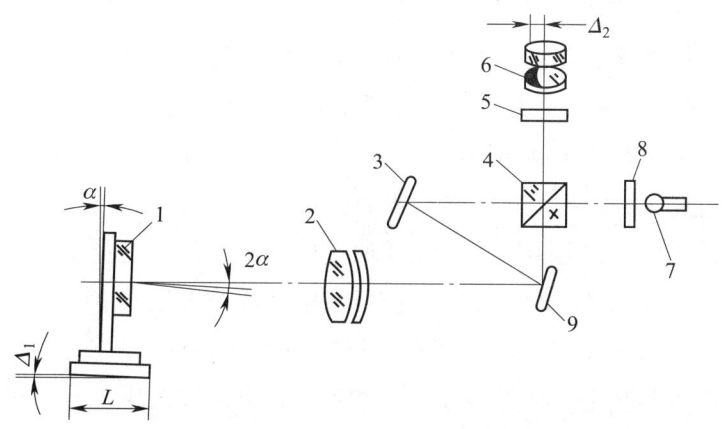

图 3-1-9 光学平直仪工作原理图
1-反光镜 2-物镜 3、9-平镜 4-棱镜 5-分划板
6-目镜 7-光源 8-十字线分划板 10-垫板

光学平直仪测微手轮的刻度值有两种：一种以角度值（″）表示，即测微手轮的一圈是 60 格，每格刻度值为 1″；另一种以线值表示，即测微手轮的一圈是 100 格，每格刻度值为 0.005 mm/1 000 mm。

光学平直仪是一种精密光学测角仪器，通过转动目镜可同时测出工件水平方向和与水平垂直的方向的直线性，还可测出滑板运动的直线性，用标准角度块进行比较还可进行角度测量。光学平直仪可以应用于对较大尺寸、高精度工件和机床导轨的测量和调整，尤其适用于各种导轨的测量，具有测量精度高、操作简便的优点。

2. 光学平直仪的使用方法

图 3-1-10 所示为用光学平直仪测量 V 形导轨的直线度误差。

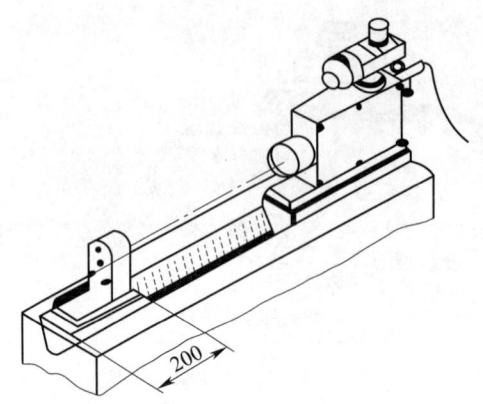

图 3-1-10　用光学平直仪测量 V 形导轨的直线度误差

测量时，先将光学平直仪本体和平面反射镜分别置于被测导轨两端，并垫上 V 形垫块，然后移动平面反射镜垫板，使其靠近平直仪本体。通过目镜观察，摆动反射镜，使反射回来的亮十字线位于视场中心之后，将反射镜移至导轨的另一端，再次观察十字线是否仍在视场中，否则要重新调整平直仪本体和反射镜。调好后，用橡皮泥将它们固定在垫板上，以免在测量时发生位移而造成测量误差。接着便可以进行测量和读数。读初始位置数时，转动测微鼓轮，使目镜中准线处于亮十字线中间，记下鼓轮刻度值。然后逐段（根据长度分段）读数，每隔一个反射镜垫板长度移动一次反射镜，从目镜中观察准线与亮十字线是否重合，如不重合可调节鼓轮使准线对准，记下鼓轮读数。如此直至测定导轨全长。这里需要注意的是，为避免因仪器移动而产生附加误差，可从反方向再测量一次，记下读数。其原始数据可取正、反方向测得数值的平均值。

国产的光学平直仪型号有 HYQ03、ZY2、Z70-1 等，其主要技术数据大致相同。测微鼓轮示值读数每格为 0.005 mm/1 000 mm，测量精度为 ±0.5 mm，最大工作距离为 5~6 m。

四、使用光学平直仪检验导轨直线度

光学平直仪的目镜可以转动，既能测量导轨在垂直平面内的直线度误差，又能测量导轨在水平面内的直线度误差，如图 3-1-11 所示。测量在垂直平面内的直线度误差时，调整目镜上的微动手轮，使之与望远镜平行。测量在水平面内的直线度误差时，可将目镜按顺时针方向旋转 90°，使微动手轮与望远镜垂直。

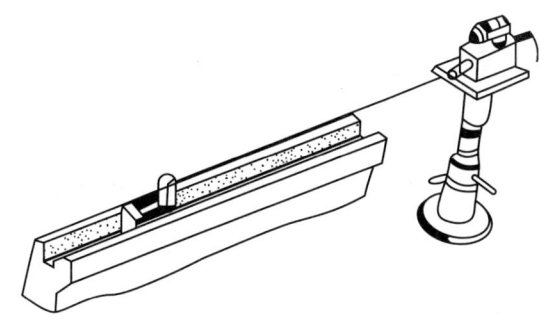

图 3-1-11　用光学平直仪检测导轨的直线度

设用刻度值为 0.005 mm/1 000 mm 的光学平直仪（测量跨板长度 200 mm）检查 2 000 mm 的导轨，则测量过程如下。

1. 调整仪器位置

先将仪器的反光镜放在导轨两端初测，调整光学平直仪和反光镜位置，观察平直仪目镜，使从反光镜反射回来的十字像在两处都位于目镜的视场范围内。

2. 逐段检查并读数

从导轨一端开始，逐段移动装有反光镜的测量跨板，并进行检测。每隔 200 mm 测量一次，则可获得十个读数值，假设依次为 28、31、31、34、36、39、39、39、41、42。

3. 数据处理

将所有读数相加，然后求出平均值为：$\Delta_{平}$=（28+31+31+34+36+39+39+39+41+42）/10=360/10=36。在原每一读数上减去一个平均值得：-8，-5，-5，-2，0，3，3，3，5，6。求逐项累积值得：-8，-13，-18，-20，-20，-17，-14，-11，-6，0。

4. 求导轨直线度误差

最大累积值为导轨的最大读数误差。从上面数据可以看出，最大读数误差为 20 格，则导轨直线度误差为：

$$\Delta = ncl = 20 \times (0.005/1\ 000) \times 200 = 0.02\ (\text{mm})$$

学习单元 2　激光干涉仪的使用

一、激光干涉仪的结构特点和测量原理

1. 激光干涉仪的结构特点

由于激光具有良好的方向性、单色性和能量集中、相干性强等优点，因而用激光作光源，以激光稳定的波长作基准，利用光波干涉计数原理对大尺寸进行精密测量，已经得到了广泛的应用。激光干涉仪具有快速、高准确度测量的优点，是校准数字机床、坐标测量机及其他定位装置精度及线性指标最常用的标准仪器。激光干涉仪有单频和双频两种。

2. 激光干涉仪的测量原理

（1）单频激光干涉仪。单频激光干涉仪的测量原理为干涉计数法，即将同一激光器发出的激光光波经分光镜分成两束频率相同的参考光波和测量光波，这两束相干光波分别被固定的参考镜和同一工作台上的测量镜反射，两束光波在分光面重新汇合而产生干涉，测量镜随工作台每移动一个半波长，干涉场的信号变化一个周期，相应的被测长度对应于一定的信号变化次数，通过光电转换和电路处理，求得相应被测长度值。因此，被测长度 L 是以干涉条纹的数目 K 来计量的，即 $L=K\lambda/2$，这是光波干涉测长的基本公式。此公式可以用光波的多普勒效应来解释。

当光波接收装置相对光源做相对运动时，单位时间内接收装置所接收的光波数（即频率 f）与光源实际发出的光波数（即频率 f_0）随着光源与光波接收装置之间相对速度 v 的不同而改变，这种现象称为光波的多普勒效应。多普勒效应是声、光、电中普遍存在的现象。

设光源固定不动，接收装置以速度 v 趋向于光源，即接收装置迎着光波的传播方向移动，则相当于光波以 $(c+v)$ 的速度射向接收装置，c 为光波的传播速度。因此，单位时间内到达接收装置的光波数（即频率 f）为：

$$f = (c+v)/\lambda = (c+v)/(cT)$$
$$f_0 = 1/T$$
$$f = f_0(1+v/c)$$

公式说明，接收装置接收到的光波频率等于光源发出的光波频率的（$1+v/c$）倍。当接收装置以目标的速度远离光源时，运动速度 v 规定为负值，公式仍然成立。

激光干涉仪测量原理如图 3-1-12 所示。

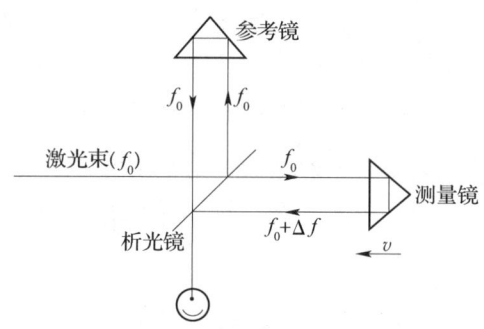

图 3-1-12　激光干涉仪测量原理

激光束被分光镜分成两路后，一路从固定不动的参考镜返回，另一路从可动的测量镜返回。当测量镜以速度 v 移动时（不一定是恒速），光波接收装置收到由测量镜返回的光束，由于多普勒效应，其光波频率将发生变化，即：

$$f = f_0 + \Delta f = f_0(1+2v/c)$$

所以：

$$\Delta f = f - f_0 = (2v/c)f_0$$

将激光波长 $\lambda = c/f$ 代入上式得：

$$\Delta f = 2v/\lambda$$

频率为 f_0 的参考信号与频率为（$f_0+\Delta f$）的测量信号叠加后，发生"拍"的现象（即光波干涉），Δf 就是它的拍频（即单位时间内的干涉次数）。当测量镜静止不动时，拍频为零，干涉场上光强无变化；反之则有亮暗的起伏。设在时间 t 内干涉场上发光强度亮暗变化的次数为 K，则：

$$K = \int_0^t \Delta f \mathrm{d}t = \int_0^t (2v/\lambda) \mathrm{d}t = (2/\lambda) \int_0^t v \mathrm{d}t$$

$\int_0^t v \mathrm{d}t$ 就是在时间 t 内测量镜移动的距离，即被测长度 L，故有：

$$L = K\lambda/2$$

为了减少激光光源的热辐射、振动等有害因素对其他部分的影响和满足大尺寸测量的需要，单频激光干涉仪设计采用分开式结构，做成几个分开的独立部件，其光学系统如图 3-1-13 所示。

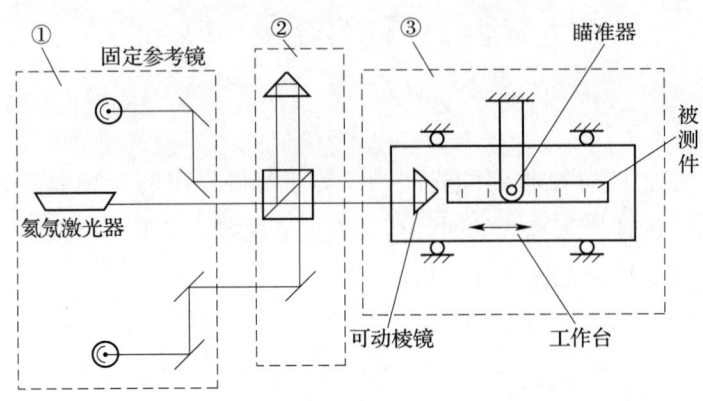

图 3-1-13 单频激光干涉仪的光学系统

1）图 3-1-13 中，①为激光发射和信号接收转换部分，由激光器、光电转换和光路转折元件组成。它除了作干涉光源之外，还对干涉信号进行接收和转换，然后以电信号输出。

2）图 3-1-13 中，②为干涉系统，由分光镜、固定的直角参考棱镜和光路转折元件组成。

3）图 3-1-13 中，③为反射靶及瞄准系统，包括作为反射靶的可动棱镜和工作台的瞄准装置等。

单频激光干涉仪在测量大尺寸工件时，由于环境温度对被测件尺寸测量误差造成较大影响，故对环境温度有严格的要求。造成单频激光干涉仪测量误差的原因在于它是一种直流测量系统，必然具有直流光平和电平零漂的弊端。激光干涉仪可动反光镜移动时，光电接收器会输出信号，如果信号超过了计数器的触发电平就会被记录下来，而如果激光束强度发生变化，就有可能使光电信号低于计数器的触发电平而使计数器停止计数，使激光器强度或干涉信号强度变化的主要原因是空气湍流、机床油雾、切屑对光束的影响等，结果光束发生偏移或波面扭曲。这种无规则的变化较难通过触发电平的自动调整来补偿，因而限制了单频激光干涉仪的应用范围，只有设法用交流测量系统代替直流测量系统，才能从根本上克服单频激光干涉仪的这一弱点。

（2）双频激光干涉仪。双频激光干涉仪正好克服了单频激光干涉仪存在的弱点，它是在单频激光干涉仪的基础上发展起来的一种外差式干涉仪。和单频激光干涉仪一样，双频激光干涉仪也是一种以波长作为标准对被测长度进行度量的仪器。所不同的是，一方面当可动棱镜不动时，前者的干涉信号是介于最亮和最暗之间的某个直流光平，而后者的干涉信号是一个频率约为 1.5 MHz 的交流信号；另一方面，当可动棱镜移动时，前者的干涉信号是在最亮和最暗之间缓慢变化的信号，而后者的干涉信号是使原有的交流信号频率增加或减少了 Δf，结果依然是一个交流信号。因而对于双频激光干涉仪来说，可用放大倍数较大的交流放大器对干涉信号进行放大，这样，即使光强衰减90%，依然可以得到合适的电信号。由于这一特点，双频激光干涉仪可以在恒温、恒湿、防振的计量室内检验量块、量杆、刻尺和坐标测量机等的精度，也可以在普通车间内为大型机床的刻度进行标定；既可以对几十米的大量程进行精密测量，也可以对手表零件等微小运动进行精密测量；既可以对几何精度如长度、角度、直线度、平行度、平面度、垂直度等进行测量，也可以用于特殊场合，如半导体光刻技术的微定位和计算机存储器上记录槽间距的测量等。双频激光干涉仪的优越性主要有以下几点。

1）精度高。双频激光干涉仪是以波长作为标准对被测长度进行度量的仪器。即使不做细分也可达到微米量级，细分后更可达到纳米量级。

2）应用范围广。双频激光干涉仪除了可用于长度的精密测量外，还可测量角度、直线度、平面度、振动距离及速度等，还可以分光进行多路测量。

3）环境适应性强。即使光强衰减90%，仍然可以得到有效的干涉信号。由于这一特点，双频激光干涉仪既可在恒温、恒湿、防振的计量室内检验量块、量杆、刻尺、微分校准器和坐标测量机的精度，也可以在普通的车间内为大型机床的刻度进行标定。

双频激光干涉仪是将同一激光器发出的光波分成频率不同的两束光波产生干涉而进行测量的，其光学系统如图3-1-14所示。

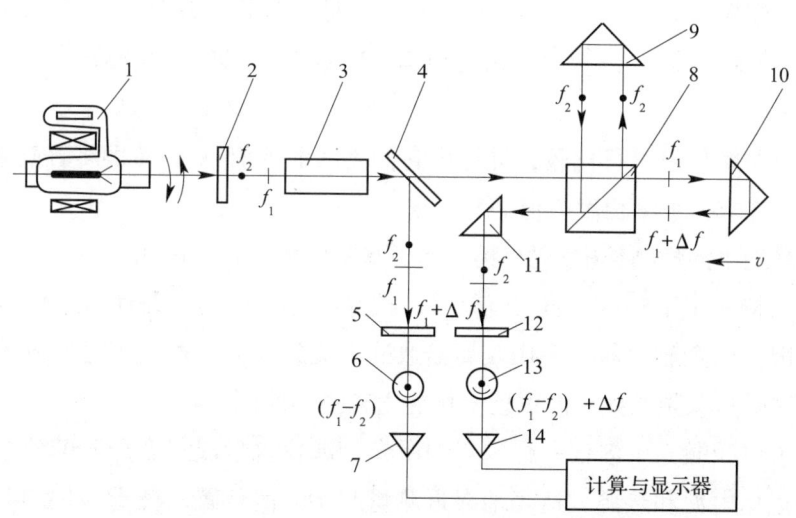

图3-1-14 双频激光干涉仪的光学系统

1- 双频氦氖激光器 2- $\lambda/4$ 波片 3- 光束扩展器 4- 析光镜 5、12- 检偏器 6、13- 光电管
7、14- 前置放大器 8- 偏振析光棱镜 9- 参考镜 10- 测量镜 11- 反射棱镜

双频氦氖激光器 1 是在小功率全内腔的氦氖气体激光管上加上 0.03 T 的轴向磁场，由于磁场的作用，能发出一束含有两个不同频率的左右旋圆偏振光，这两部分谱线（f_1、f_2）分布在氖原子谱线 f_0 的两边，并且对称，如图 3-1-15 所示，这种现象称为塞曼效应。此时有 $f_2-f_0=f_0-f_1=550$ MHz，即 $f_2-f_1=1\,100$ MHz。这样大的频率差是不能形成光波干涉的。但由于频率牵引效应，

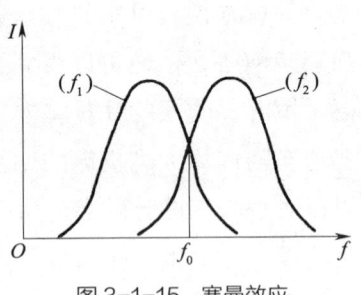

图 3-1-15 塞曼效应

能使两谱线的频率向中心频率 f_0 靠拢，使 f_1、f_2 不能偏离中心频率 f_0 太大，故实际的 f_2-f_1 为 1.5 MHz 左右。

双频激光束通过 λ/4 波片 2 后成为两束互相垂直的线偏振光（设 f_1 平行于纸面，f_2 垂直于纸面），经光束扩展器 3 扩束后，双频激光束被析光镜 4 分为两部分。一小部分作为参考光束反射到 45°放置的检偏器 5，根据马吕斯定律，这两个互相垂直的线偏振光在 45°方向上的投影，形成新的线偏振光并产生"拍"。这个"拍"的频率就等于激光器所发出的两个光频的差值，即 $f_2-f_1=1.5$ MHz。该信号由光电管 6 接收，进入前置放大器 7，最后被送至计算机。另一部分（大部分）光束透过析光镜 4 沿原方向射向偏振析光棱镜 8，f_1 和 f_2 被偏振析光棱镜 8 分成互相垂直的线偏振光，f_2 反射至参考镜 9，f_1 透过偏振析光棱镜 8 到测量镜 10。这时，如果测量棱镜以速度 v 运动，则根据多普勒效应，返回光束的频率便有了变化，即变成（$f_1+\Delta f$）。该光束返回后重新通过偏振析光棱镜 8 并与 f_2 的返回光束汇合，然后被直角棱镜 11 反射到 45°放置的检偏器 12 上产生"拍"。拍频信号由光电管 13 接收，再进入前置放大器 14，最后也被送至计算机。

计算机对两路信号进行比较，计算出它们之间的差值 $\pm\Delta f$（即多普勒效应），于是便可按照公式求得被测长度 L 值。

在双频激光干涉仪测长中，"双频"起了调制作用。它在被测物体相对于干涉仪静止时，仍然保持一个 1.5 MHz 的交流信号，被测物体的运动只是使这个信号的频率增加或减少，因而前置放大器可采用较高倍数的交流放大器，避免了直流放大器的零点漂移问题。这就是双频激光干涉仪抗干扰能力较强的原因。

另外，与单频激光干涉仪一样，双频激光干涉仪也做成三个分开的独立部件，使干涉仪部件远离电源和热源，适当地靠近测量起始点的位置，使干涉仪的双臂在零位时光程接近相等，这样可以避免所谓"闲区"的误差。

遥置式干涉仪还便于更换干涉仪的组件，以扩大应用的范围，如测角度和直线度等。

双频激光干涉仪最大测量长度为 60 m，最小分辨率为 0.08 μm，最大位移速度为 300 mm/s，其测量精度为（5×10^{-7}）L（L 为被测长度）。

二、激光干涉仪的使用

1. 激光干涉仪对数控车床位置精度的检验

激光干涉仪不仅用于精密测长，还可用作大型机床的精密定位，以及大型数控机床的感应同步器（也是一种长度标准器件）的接长和精密机床位置精度的检验等。下面是利用激光干涉仪检测数控车床位置精度的过程。

（1）位置精度。数控车床位置精度主要包括下列三项检验项目。

1）重复定位精度 R。

2）反向差值 B。

3）定位精度 A。

（2）激光干涉仪的安装方法。如图 3-1-16 所示，在机床不动部位固定激光干涉仪，使其光束通过主平面，且平行于回转刀架的运动方向。在回转刀架上固定反射镜，调整反射镜，使激光干涉仪能接收到反射镜的反射光束。图 3-1-16a、b 分别为 Z 轴和 X 轴位置精度的检验。

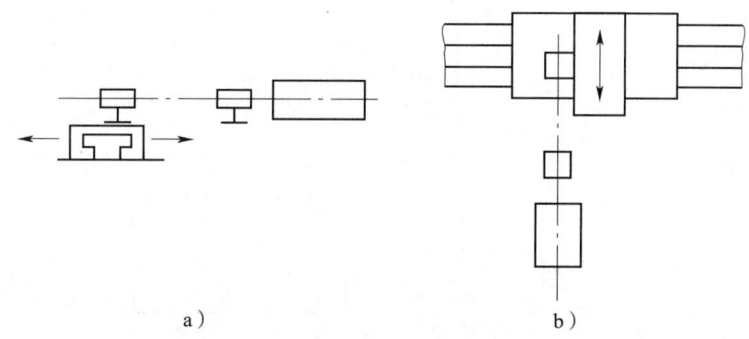

a) b)

图 3-1-16 数控车床位置精度的检验

（3）检验方法。工作行程内选取十个目标位置。按数控程序，分别对每个目标位置从正、负两个方向趋近，以线性循环方式连续检测五次，测出每个位置偏差，即实际位置与目标位置的差值。

（4）计算方法。按国家标准规定的方法，计算出正、负方向的平均位置偏差（$\bar{x}_j\uparrow$、$\bar{x}_j\downarrow$）和标准偏差（$s_j\uparrow$、$s_j\downarrow$）。

重复定位精度 R 以 $6s_j\uparrow$、$6s_j\downarrow$ 中的最大值计，即 $R=6s_{j\max}$。

反向差值 B 以 $(\bar{x}_j\uparrow-\bar{x}_j\downarrow)$ 中的最大绝对值计，即 $B=|B_j|_{\max}$。

定位精度 A 以 $(\bar{x}_j\uparrow+3s_j\uparrow)$、$(\bar{x}_j\downarrow+3s_j\downarrow)$ 中的最大值与 $(\bar{x}_j\uparrow-3s_j\uparrow)$、$(\bar{x}_j\downarrow-3s_j\downarrow)$ 中的最小值之差值计，即 $A=(\bar{x}_j+3s_j)_{\max}-(\bar{x}_j-3s_j)_{\min}$。

2. 激光干涉仪测角

激光测角的原理与小角度干涉仪类似，都是采用三角正弦原理。如图 3-1-17 所示，双频激光器发出的相互垂直的线偏振光 v_1 和 v_2 进入偏振分光棱镜组 1 后被分离成相距为 R 的两个平行光束，分别射向角锥棱镜组 2 的角锥棱镜 A 和 B，平移一段距离后沿原方向返回，在分光棱镜组上重新汇合，经过检偏器 3 和 3′ 在光电接收器 4 和 4′ 形成差频信号。当角锥棱镜组 2 移动过程中发生转动时，角锥棱镜 A 和 B 反射回来的光的多普勒频移 Δv_{D1} 和 Δv_{D2} 不再相同，由此可通过下式得到被测的转角。

$$\theta=\arcsin\frac{\Delta L}{R}=\arcsin\frac{\lambda\int_0^t(\Delta v_{D1}-\Delta v_{D2})\mathrm{d}t}{2R}$$

双频激光干涉仪的测角分辨率为 $0.1''$，测量范围可达 $\pm 1\,000''$。

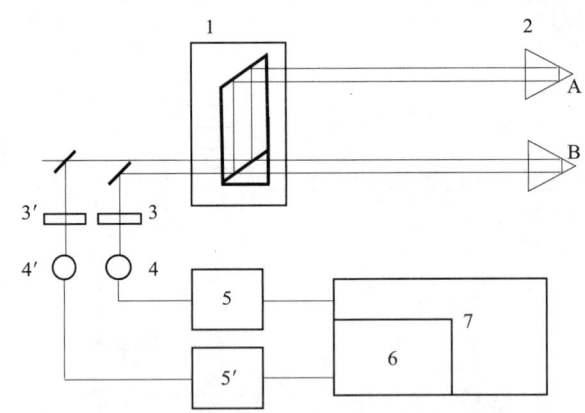

图 3-1-17　双频激光干涉仪测量角度原理图
1- 偏振分光棱镜组　2- 角锥棱镜组　3、3′- 检偏器　4、4′- 光电接收器
5、5′- 放大器　6- 倍频和计数卡　7- 计算机

3. 激光干涉仪测气体折射率

激光测气体折射率也是利用双频激光干涉技术，其光路如图 3-1-18 所示。从激光器发出的正交线偏振光 v_1 和 v_2 在分光镜的前后表面上分成两束，每束均包含有 v_1 和 v_2

两种频率。其中一束在真空室4中通过，另一束在真空室外通过，两者相互平行，经角锥棱镜6返回。两次在真空室中通过的光在1/4波片上经过两次，相当于通过一次1/2波片，线偏振光的偏振面转过90°。真空室内外的两束光在分光镜上重新汇合后，又在偏振分光棱镜1上分光。同方向的光振动被分到一个光电接收器上形成拍频信号。得到的两路拍频信号的频率分别为$(v_1-v_2)+\Delta v_n$和$(v_1-v_2)-\Delta v_n$，Δv_n为抽气造成的多普勒频移。

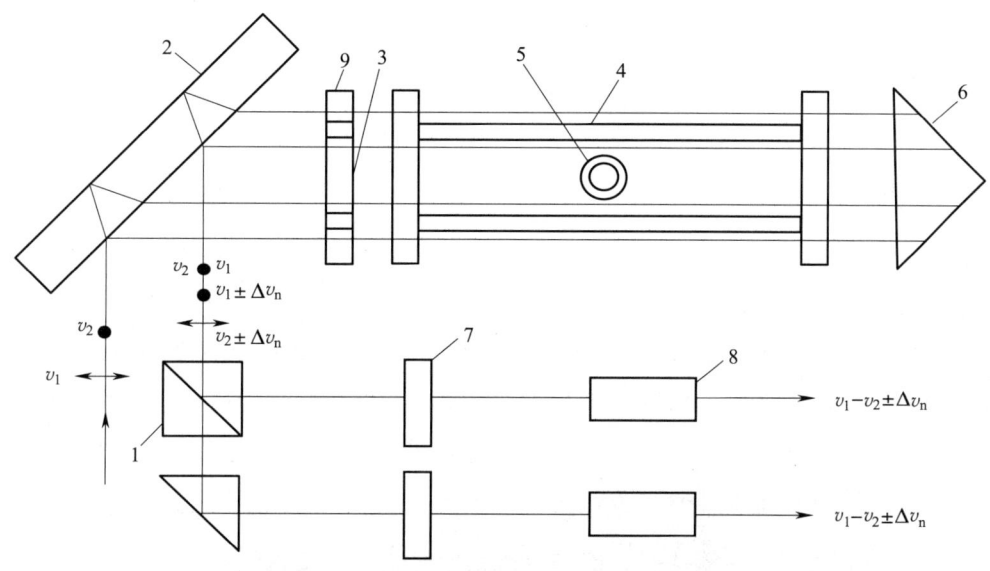

图3-1-18 双频激光干涉仪测量气体折射率
1-偏振分光棱镜 2-分光器 3-1/4波片 4-真空室
5-抽气口 6-角锥棱镜 7-检偏器 8-光电接收器 9-补偿环

测量过程开始时，真空室内外充以同样的气体，随着抽气过程，真空室内的气体越来越少，最后变成折射率为1的真空状态。测量结果就是气体折射率造成的两路光程差。根据已知的真空室长度，不难计算出测量过程开始时的气体折射率n_m。设真空室长度为L，激光在真空中的波长为λ_0，则被测气体折射率可以用记录下来的累计条纹数N表示为：

$$n_m = \frac{\lambda_0}{2L} N - 1$$

实际上，上述方法可以用来对折射率变化进行监测，并可以进一步转化为气体温度、压力、湿度，乃至气体中某些成分变化的精密监测。

学习单元 3　磨床整机精度检验

一、外圆磨床装配质量检验

1. 预调精度检验

万能外圆磨床的预调精度包括安装水平、床身纵向导轨的直线度、床身纵向导轨在垂直平面内的平行度、床身横向导轨在垂直平面内的直线度、床身横向导轨在垂直平面内的平行度、下工作台面对床身纵向和横向导轨的平行度共六个项目，检验方法见表 3-1-2。外圆磨床预调精度用于磨床大修中，导轨经修刮后达到相关的精度要求。导轨直线度用自准直仪或水平仪检验。导轨在垂直平面内的平行度实际上是两导轨间的扭曲度，测量时注意水平仪的安放位置。

表 3-1-2　磨床预调精度检验项目及方法

简图	检验项目	允差（mm）	检验方法
	安装水平 a. 纵向 b. 横向	0.04/1 000	在导轨或专用检具上放置水平仪，进行纵向、横向安装水平调整
	床身纵向导轨的直线度 　a. 在垂直平面内 　b. 在水平平面内	0.02/1 000 在任意 250 测量长度上为 0.005	在导轨专用检具上放自准直仪的反射镜，移动检具读数并作运动曲线，误差以读数最大代数差计算
	床身纵向导轨在垂直平面内的平行度	测量长度 ≤ 500 为 0.02/1 000；测量长度 > 500 为 0.04/1 000	在导轨专用检具上与检具移动方向垂直旋转水平仪，误差以读数最大代数差计算

续表

简图	检验项目	允差（mm）	检验方法
	床身横向导轨在垂直平面内的直线度	0.03/1 000	移动检具测量，误差以读数最大代数差计算
	床身横向导轨在垂直平面内的平行度		与检具移动方向垂直放置水平仪，移动检具测量，误差以读数的最大代数差计算
	下工作台面对床身纵向和横向导轨的平行度	a. 0.04 b. 在1 000内为0.015	a. 移动检具测量 b. 移动下工作台测量

2. 几何精度检验

（1）磨床直线运动精度的检验。磨床直线运动精度的检验方法见表3-1-3。直线运动精度是检验磨床运动部件相对某些部件的位置精度，如平行度、垂直度等，共有七项。

表3-1-3 磨床直线运动精度检验项目及方法

简图	检验项目	允差（mm）	检验方法
	头架、尾座移置导轨对工作台移动的平行度	0.01/1 000每增加1 000长度，公差加大0.01	固定百分表，使其测头触及头架、尾座移置导轨的各表面，移动工作台依次测量。误差以读数的最大代数差计算
	头架主轴轴线对工作台移动的平行度	0.01/300	在头架主轴锥孔中插入检验棒，固定百分表，移动工作台，相隔180°检验两次，a、b点误差分别计算。误差以百分表两次读数代数差的一半计算

续表

简图	检验项目	允差（mm）	检验方法
	尾座套筒锥孔轴线对工作台移动的平行度	0.015/300 检验棒一端只许向砂轮和向上偏	尾座固定在最大磨削长度0.8倍的位置上，检验棒相隔180°插两次，分别检验a、b点误差值。误差以百分表两次读数代数和的一半计算
	头架、尾座顶尖中心连线对工作台移动的平行度	0.02 只许尾座高	在两顶尖间顶一长度为最大磨削长度0.8倍的检验棒，固定百分表，移动工作台检验。a、b点误差分别计算
	砂轮架主轴轴线对工作台移动的平行度	0.03/300 检验套筒一端只许向上偏	在主轴端装检验套筒，固定百分表于工作台上，移动工作台检验。主轴转180°检验两次，误差以两次读数代数和的一半计算。a、b点误差分别计算
	砂轮架移动对工作台移动的垂直度	0.01/100 0.015/100 行程>200，公差为0.02	在工作台上放一直角尺，调整直角尺，使一边与工作台移动方向平行。在砂轮架上固定百分表，移动砂轮架，在全程上检验。误差以读数的最大代数差值计算
	内圆磨具支架轴线对工作台移动的平行度	0.015/100	在支架孔中插入检验套筒，在工作台上固定百分表，移动工作台，检验套筒在180°方向插两次，a、b点误差分别计算。误差以两次读数代数和的一半计算

（2）磨床主轴回转精度的检验。磨床主轴回转精度有三项，即头架主轴端部的跳动、头架主轴锥孔轴线的径向圆跳动、砂轮架主轴端部的跳动。检验方法如下。

1）头架主轴端部的跳动。如图 3-1-19 所示，用百分表检验。

①主轴定位轴颈的径向圆跳动公差为 0.005 mm（a 处）。

②主轴的轴向窜动公差为 0.005 mm（b 处）。测量主轴轴向窜动误差时，检具加力 F=50 N。

③主轴定位轴肩的端面圆跳动公差为 0.01 mm（c 处）。

2）头架主轴锥孔轴线的径向圆跳动。如图 3-1-20 所示，在检验时使用量棒。

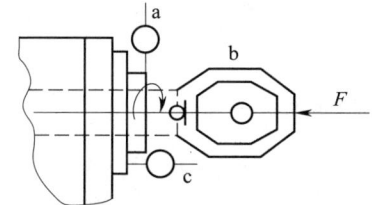
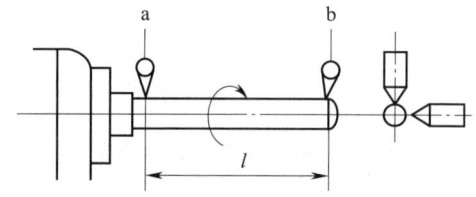

图 3-1-19 检验头架主轴端部的跳动误差　　图 3-1-20 检验头架主轴锥孔轴线的径向圆跳动误差

①近主轴端部（a 处）公差为 0.005 mm。

②距主轴端部 300 mm（b 处）公差为 0.015 mm。

③重新插入量棒，依次检验四次。a、b 处的百分表读数分别计算。误差以四次读数的平均值计算。

3）砂轮架主轴端部的跳动。如图 3-1-21 所示，检具加轴向力 F=50 N。

①主轴定心锥面的径向圆跳动公差为 0.005 mm（a 处）。

②主轴的轴向窜动公差为 0.008 mm（b 处）。

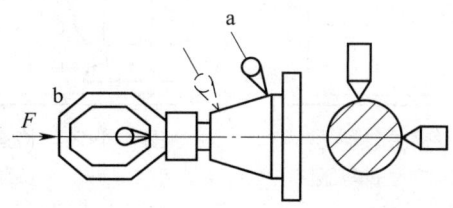

图 3-1-21 检验砂轮架主轴端部的跳动误差

（3）磨床部件之间等距精度的检验。磨床部件之间等距精度有三项，即头架回转时主轴轴线的等距度、砂轮架主轴轴线对头架主轴轴线的等距度、内圆磨具支架孔轴线对头架主轴轴线的等距度。检验方法如下。

1）头架回转时主轴轴线的等距度。如图 3-1-22 所示，在头架主轴锥孔中插入专用检具,在砂轮架上固定百分表,使测头触及检具表面,记录读数;然后使头架回转 45°,移动工作台和砂轮架,使测头再次触及检具的原测点。误差以两次读数的代数差计算,公差为 0.03 mm。

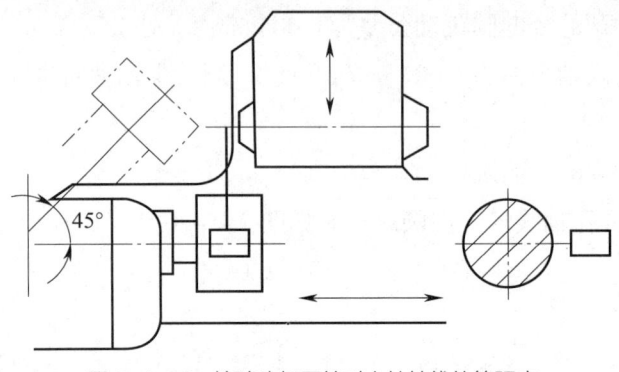

图 3-1-22　检验头架回转时主轴轴线的等距度

2)砂轮架主轴轴线对头架主轴轴线的等距度。如图 3-1-23 所示,在砂轮架主轴定心圆锥上装上检验套筒,百分表放在桥板上,移动百分表,误差以百分表读数的代数差计算,公差为 0.03 mm。

3)内圆磨具支架孔轴线对头架主轴轴线的等距度。如图 3-1-24 所示,在内圆磨具支架孔中装入检验套筒,在头架主轴锥孔中插入一直径与检验套筒相等的量棒。在工作台上放一桥板,百分表放在桥板上,移动百分表,误差以百分表读数的代数差计算,公差为 0.02 mm。

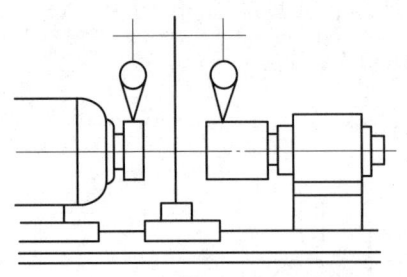 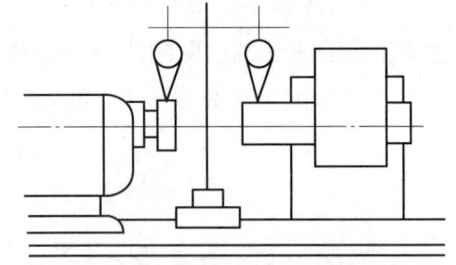

图 3-1-23　检验砂轮架主轴轴线对
头架主轴轴线的等距度

图 3-1-24　检验内圆磨具支架孔轴线对
头架主轴轴线的等距度

(4)砂轮架快速引进重复定位精度的检验。砂轮架快速引进重复定位精度是几何精度检验的最后一个项目。如图 3-1-25 所示,在工作台上固定百分表,使其测头接触砂轮架壳体,测头应与砂轮架主轴轴线在同一水平面内。将砂轮架快速引进,连续进行六次检验,误差以百分表读数的最大误差值计算。磨床最大磨削直径小于 320 mm 时,公差为 0.002 mm;磨削直径为 320~500 mm 时,公差为 0.003 mm;磨削直径大于 500 mm 时,公差为 0.004 mm。

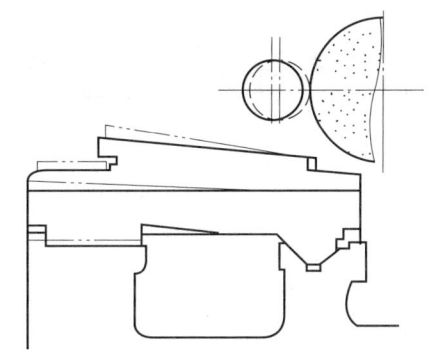

图 3-1-25 检验砂轮架快速引进重复定位精度

3. 磨床工作精度检验

磨床工作精度是各种因素对加工精度影响的综合反映。表 3-1-4 所列为对精密外圆磨床工作精度的检验：用两顶尖装夹磨削试件，圆柱度公差为 0.003 mm，圆度公差为 0.001 mm；用卡盘装夹磨削工件外圆，圆度公差为 0.001 5 mm；用卡盘装夹磨削工件内孔，圆度公差为 0.002 mm。

表 3-1-4 外圆磨床工作精度的检验

简图和试件尺寸	检验性质	切削条件	项目	公差（mm）
（φ32，320 试件图）	用顶尖装夹磨削外圆试件的精度	不用中心架，不淬硬钢	圆柱度	0.003
（砂轮修整时的位置、切入法磨削工件、纵向法磨削工件图）			圆度	0.001

续表

简图和试件尺寸	检验性质	切削条件	项目	公差（mm）
φ50, 25	用卡盘装夹磨削外圆试件的精度	钢，不淬硬	圆度	0.0015
φ35, 50	用卡盘装夹磨削内圆试件的精度			0.002
φ25, 35	切入式磨削试件	连续精磨钢，不淬硬	直径尺寸分散	试件余量 0.2。以 20 个试件中误差的最大值和最小值之差计算，定程磨削公差为 0.02

二、内圆磨床装配质量检验

使用本节相关参数时参照 GB/T 17421.1—1998《机床检验通则 第 1 部分：在无负荷或精加工条件下机床的几何精度》，尤其是精度检验前的安装、主轴及其他部件的空运转升温、检验方法和检验工具的精度。

检验机床精度前，首先要调整好机床的安装水平，纵向和横向均不应超过 0.04 mm/1 000 mm。检验工作精度时，试件的检验应在精磨后进行。当实测长度与本文规定长度不同时，应根据标准规定按能够测量长度进行折算。折算结果小于 0.001 mm 时，仍按 0.001 mm 计算。内圆磨床装配质量检验中，几何精度检验方法和要求见表 3-1-5，工作精度检验方法和要求见表 3-1-6。

表 3-1-5 几何精度检验方法和要求

序号	简图	检验项目	允差（mm）	
G0		调平： a. 纵向 b. 横向	0.04/1 000	
G1		工作台移动在水平面内的直线度	行程长度	
			≤ 500	> 500
			0.004	0.006
G2		床头箱主轴回转精度： a. 主轴定心面的径向圆跳动 b. 主轴的轴向窜动 c. 主轴轴肩支承面的端面圆跳动	a. 0.005 b. 0.005 c. 0.01	
G3		床头箱主轴锥孔轴线的径向圆跳动： a. 近主轴端部 b. 距主轴端部 L 处	a. 0.005 b. 长度 L	
			150	300
			0.01	0.015
G4		床头箱主轴轴线对工作台移动的平行度： a. 在垂直平面内 b. 在水平面内	a. 在 300 测量长度上为 0.02 b. 在 300 测量长度上为 0.01 （检验棒自由端只许上偏）	
G5		砂轮主轴轴线的径向圆跳动： a. 近主轴端部 b. 距主轴端部 L 处	a. 0.01 b. 长度 L	
			100	200
			0.015	0.02

续表

序号	简图	检验项目	允差（mm）
G6		磨架孔轴线对工作台移动在垂直平面内的平行度	在300测量长度上为0.015
G7		磨架孔轴线对床头箱主轴轴线的重合度	0.02
G8		床头箱回转对磨架（或床头箱）横向移动的平行度	0.01 $L=100$
G9		磨架（或床头箱）引进重复定位精度	0.002

续表

序号	简图	检验项目	允差（mm）
G10		端磨砂轮主轴回转精度： a. 主轴定心面的跳动 b. 主轴的轴向窜动 c. 主轴轴肩支承面的端面圆跳动	a. 0.01 b. 0.005 c. 0.01
G11		端磨砂轮主轴轴肩支承面对床头箱主轴轴线的垂直度	0.02/300
G12		端磨架孔轴线对工作台移动的平行度： a. 在垂直平面内 b. 在水平面内	a. 在300测量长度上为0.02 b. 在300测量长度上为0.01
G13		端磨架横向移动（或摆动）对床头箱主轴轴线的垂直度	0.01/300 （$\alpha \geq 90°$）

表 3-1-6　工作精度检验方法和要求

序号	简图和试件尺寸			检验性质	切削条件	检验项目	允差（mm）		
P1	机床最大磨削孔径 D	L	d	试件装在卡盘上，磨削试件内孔	不用中心架，在试件全长上磨削	a. 圆度 b. 圆柱度	a. 试件直径 d		
							≤100	>100	
							0.003	0.005	
	≤40	15	25				b. 试件长度 L		
	>40～80	30	50				试件长度 L	25	0.003
	>80～160	60	100					50	
	>160～320	100	150					100	0.005
	>320～500	160	200					150	0.008
	材料：45钢，不淬硬							200	
P2	$d_1 \leq \frac{2}{3}D$　$l \approx \frac{1}{3}d_2$ 材料：45钢，不淬硬			试件装在卡盘上，磨削试件端面	磨削时，床头箱主轴轴线应与导轨平行	平面度	在300直径上为0.01（平或凹）		

三、平面磨床装配质量检验

机床的装配质量检验包括机床各部件的安装精度检验和试车验收，是整机性能的检验。以下主要对 M7120A 型平面磨床的检验项目和检验方法作简单说明，其操作步骤见表 3-1-7。如发现问题，应参照相关标准进行调整和故障排除。

表 3-1-7　M7120A 型平面磨床精度检验标准

序号	检验项目	图示	检验方法	允差（mm）
1	工作台面平面度	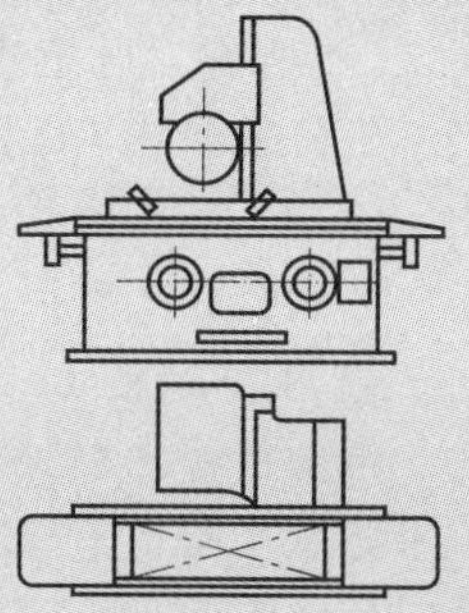	在工作台面上，按图示规定方向放两等高量块，量块上放一检验平尺，再用量块和塞尺检验工作台面与平尺检验面之间的间隙。间隙的最大差值即为平面度误差	1 000：0.015（不允许凸）
2	工作台纵向移动时的倾斜度	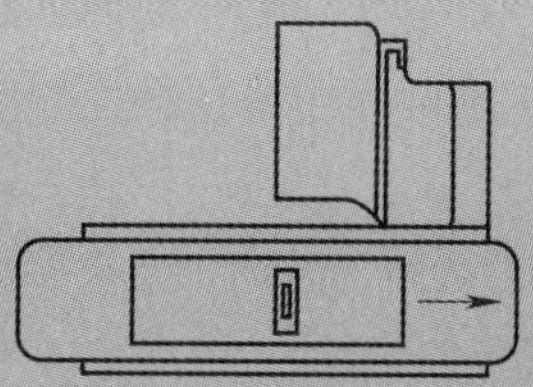	在工作台中央，与工作台移动方向垂直放一水平仪，纵向移动工作台检验，每隔 250 mm 记录一次水平仪的读数，在工作台全部行程上至少记录三个读数，读数中的最大代数差值即为倾斜度误差值	1 000：0.02
3	工作台面对工作台纵向移动的平行度	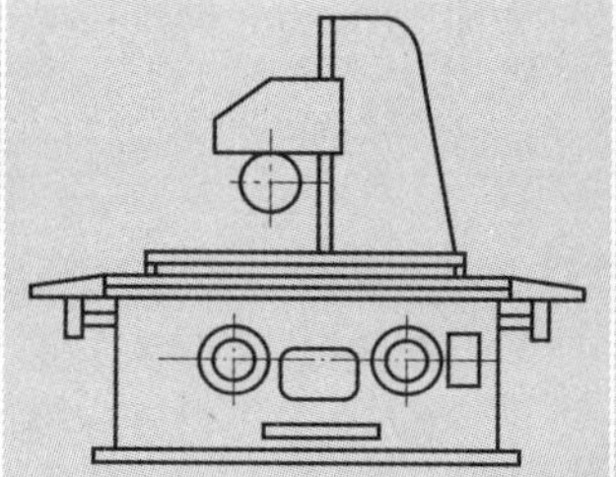	在工作台面上，与工作台纵向移动方向平行放两等高量块，在量块上放一检验平尺，将千分表固定在床身上，测头与平尺检验面接触，纵向移动工作台，在全部行程上检验，千分表读数的最大差值就是该项误差值	1 000：0.01
4	工作台面相对磨头横向移动的平行度	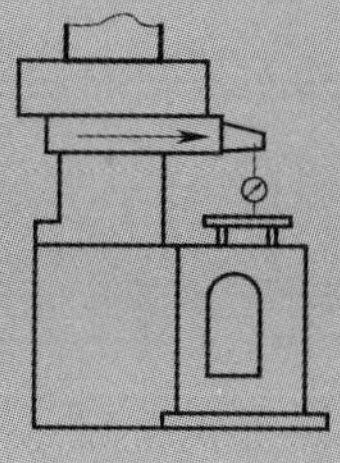	在工作台面上，与磨头横向移动方向平行放两等高量块，量块上放一检验平尺，将千分表固定在磨头上，测头与平尺检验面接触，横向移动磨头，在全部行程上检验，千分表读数的最大差值就是该项误差值	在工作台全宽上为 0.005

续表

序号	检验项目	图示	检验方法	允差（mm）
5	工作台纵向移动对工作台中央T形槽的平行度	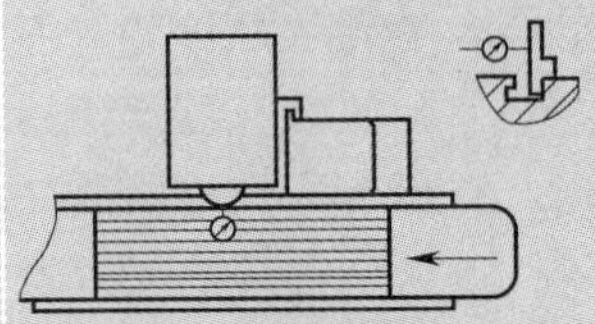	将千分表固定在床身上，千分表测头与T形槽侧面接触（或与紧靠在中央T形槽侧面的专用方铁面接触），纵向移动工作台，在全部行程上检验。两侧面分别检验，千分表读数的最大差值即为该项误差值	在工作台全长上为0.01
6	磨头横向移动相对工作台中央T形槽的垂直度	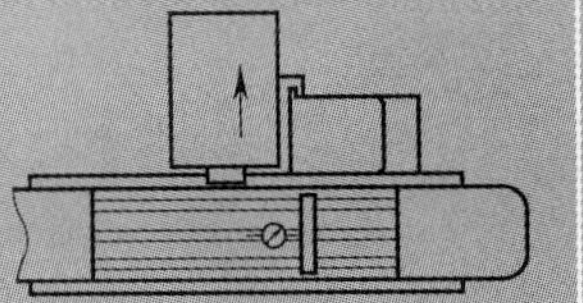	在工作台面上卧放一个专用直角检验尺，使直角检验尺一检验面紧靠在T形槽的侧面上，将千分表固定在磨头上，测头触及直角检验尺的另一检验面，横向移动磨头，在全部行程上检验。分别检验T形槽的两侧面，千分表读数的最大差值即为该项误差值	在工作台全宽上为0.013
7	磨头主轴的轴向窜动	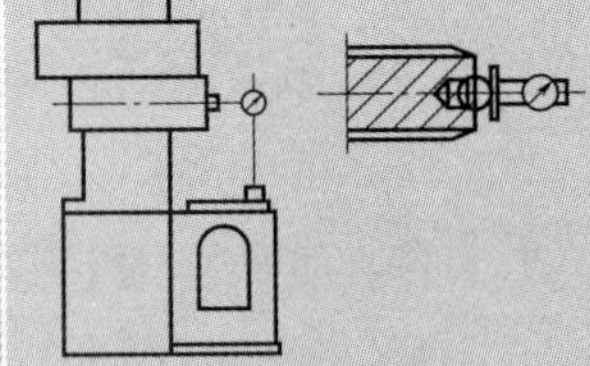	将千分表固定在床身上，使千分表测头与磨头主轴轴端顶尖孔中的钢球（测量前放入）表面接触。旋转主轴检验，千分表读数的最大差值即为该项误差值	0.01
8	磨头主轴砂轮定心锥面的径向跳动	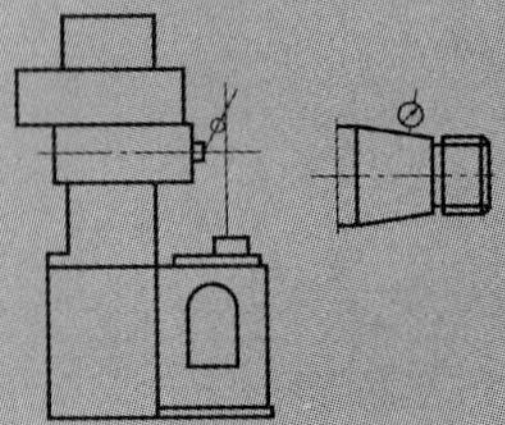	将千分表固定在床身上，测头按图示方向与主轴锥面接触。旋转主轴检验，千分表读数的最大差值即为该项误差值	0.01

续表

序号	检验项目	图示	检验方法	允差（mm）
9	磨头主轴中心线相对工作台面的平行度	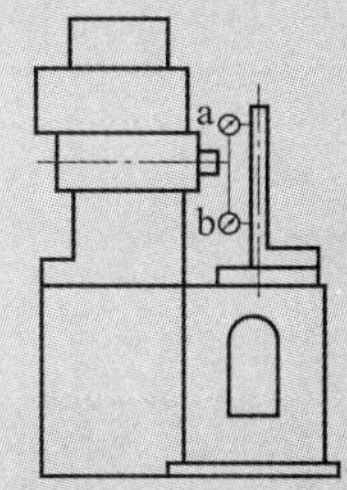	在工作台面中央，与工作台纵向移动方向垂直放一个直角检验尺，在主轴上固定一直角形表杆，将千分表固定在表杆上，使千分表测头与直角检验尺的检验面接触。旋转主轴180°，在a、b两点上检验，千分表读数的最大差值即为该项误差值	200:0.01
10	磨头主轴中心线对工作台中央T形槽的垂直度	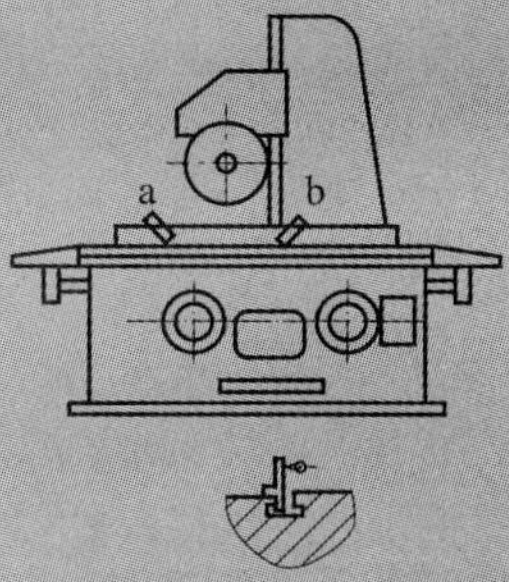	在磨头主轴上固定一直角形表杆，将千分表固定在表杆上，使千分表测头与T形槽侧面（或紧靠于T形槽侧面的专用直角检验尺的检验面）接触，旋转主轴180°，在a、b两点上检验，分别对两侧面检验，千分表读数的最大差值即为该项误差值	200:0.015
11	磨头垂直移动相对工作台面的垂直度	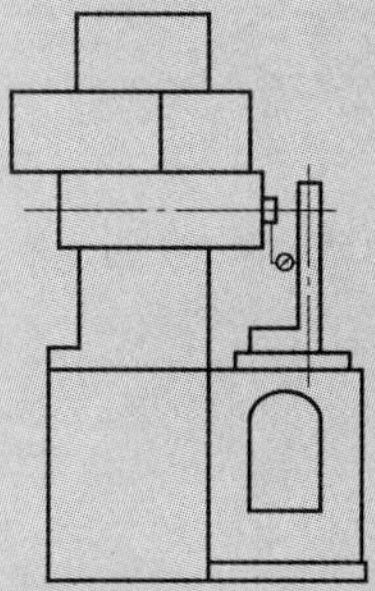	在工作台面上，与工作台纵向移动方向垂直放一直角检验尺，将千分表固定在磨头上，千分表测头与检验面接触，垂直移动磨头进行检验，千分表读数的最大差值即为该项误差值	200:0.01
12	试件表面精磨后对基面的平行度（工作精度检验）	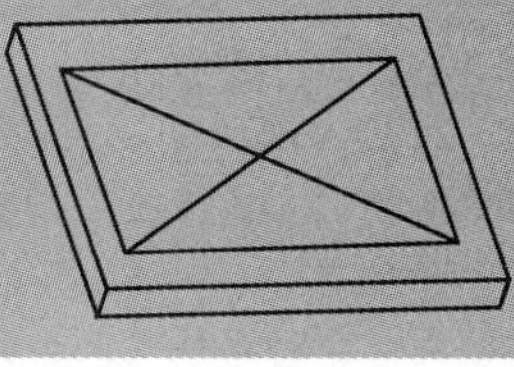	按图示分别在各方向检验，记录各点读数，求出最大的读数差即为该项误差	300:0.005 表面粗糙度 Ra0.4μm

课程 3-2　设备调试

学习内容

学习单元	课程内容	培训建议	培训课时
（1）机械设备负荷试验中常见故障的分析与排除	1）影响设备安装精度的因素 2）设备安装精度控制方法 3）负荷试验中部件或系统装配质量问题分析与排除	（1）方法：讲授法、演示法、案例教学法 （2）重点、难点：设备找正常规测量与检查方法	8
（2）导轨和工作台的调试	1）精度超差调整方法 2）机床导轨调试 3）机床工作台调试	（1）方法：讲授法、演示法、案例教学法 （2）重点、难点：机床导轨的调试	10
（3）精密机械设备精度超差的原因分析	1）精密机械设备常见几何精度超差的原因分析 2）外圆磨床精度超差的原因分析 3）内圆磨床精度超差的原因分析 4）平面磨床精度超差的原因分析 5）万能外圆磨床精度超差的原因分析	（1）方法：讲授法、演示法、案例教学法、练习法 （2）重点、难点：精密机械几何精度超差的原因	16
（4）精密机械设备精度调试	1）外圆磨床精度调试 2）内圆磨床精度调试 3）平面磨床精度调试 4）万能外圆磨床精度调试	（1）方法：讲授法、演示法、案例教学法、练习法 （2）重点、难点：设备精度调试	16

学习单元 1　机械设备负荷试验中常见故障的分析与排除

一、影响设备安装精度的因素

1. 基础的施工质量（精度）

包括基础的外形几何尺寸、位置，不同平面的标高，上平面的平整度和与水平面的平行度偏差，基础的强度、刚度、沉降量、倾斜度及抗振性能等。

2. 垫铁、地脚螺栓的安装质量（精度）

包括垫铁本身的质量、垫铁的接触质量、地脚螺栓与水平面的垂直度、二次灌浆质量、垫铁的压紧程度及地脚螺栓的紧固力矩等。

3. 设备测量基准的选择

设备测量基准的选择直接关系到整台设备安装找正、找平的最后质量。安装时测量基准通常选在设备底座、机身、壳体、机座、床身、台板、基础板等的加工面上。

4. 散装设备的装配精度

包括各运动部件之间的相对运动精度，以及配合表面之间的配合精度和接触质量，这些装配精度将直接影响设备的运行质量。

5. 测量装置的精度

测量装置的精度必须与被测量装置的精度要求相适应，否则达不到质量要求。

6. 设备内应力的影响

设备在制造和安装过程中所产生的内应力将使设备产生变形而影响设备的安装精

度。因此，在设备制造和安装过程中应采取防止设备产生内应力的技术措施。

7. 温度变化的影响

温度变化对设备基础和设备本身的影响很大（包括基础、设备和测量装置），尤其是大型、精密设备。

8. 操作产生的误差

操作误差是不可避免的，问题的关键是将操作误差控制在允许的范围内。

二、设备安装精度控制方法

1. 设备安装前的准备工作

（1）设备开箱与检查。在成箱设备运抵安装现场后，需要进行开箱验收工作。开箱前应查明设备名称、数量和型号，防止开错箱。按照惯例，需方和供方代表应同时在场共同进行设备开箱与检查。检查的目的主要有以下三点。

1）设备是否有破损。
2）零部件、附件的数量（或质量）是否欠缺。
3）办理接收移交确认手续。

（2）设备定位。设备在车间的安装位置是指设备的排列、标高，以及平面、立体间的相互距离。设备定位应符合设计平面布置图与安装施工图的规定。

设备定位的基本原则是以满足生产工艺的纵、横中心线或墙体的边缘线为基准线，即按照设计图放线定位。特别要注意中心线的准确性和设备安装标高的合理性，即该车间设备的基准起始点（线）。设备安装标高方面，第一项工作就是正确确定车间整体设备的基准起始点——正负零（±0.00）的位置。

（3）设备基础与基础检验

1）设备基础的作用

①承受设备及其附件设施的全部重量，并将连同基础自重在内的所有重量均匀地传递到土壤实土层上。

②承受与消除机器因动力作用所产生的振动。

机器固定在基础上，基础的底面又支承在地基上。地基分为天然的和人工的两种。人工地基又有压实地基、垫层地基（粗砂、碎石、片石）和桩基（木桩、钢筋混凝土桩）三种。根据土壤资料，如果采用天然地基，经计算不能承受上部全部荷重，即压力大于天然地基许可值时，则需采用人工地基进行加固。

2）构筑设备基础的材料。通常构筑设备基础的材料主要为砖、毛石和混凝土三大类。按材料和受力特点，基础可分为刚性基础和柔性基础两大类。

①刚性基础。包括砖基础、毛石基础、混凝土基础和毛石混凝土基础四种。

②柔性基础。是在基础受拉区内的混凝土中配置钢筋（因弯矩产生的拉应力全部由钢筋承担），故称为钢筋混凝土基础。

砖基础通常应用于静载荷之处，如蓄水罐、料仓等。目前在工业生产现场，一般都采用钢筋混凝土基础。各种标号的混凝土要按一定的成分比配成。一般实际应用中，水泥∶沙子∶碎石 =1∶3∶5；重要之处，水泥∶沙子∶碎石 =1∶2∶3。严格、合理的配合比计算需查阅土建专业资料。各类设备基础采用的混凝土标号见表 3-2-1。

表 3-2-1　各类设备基础采用的混凝土标号

设备类型	基础种类	混凝土标号	举例
一般设备	混凝土基础	C7.5 ~ C10	机床类，运输机及负荷较小、均匀运转的设备类
重型和不均匀转动、具有冲击负荷的设备	钢筋混凝土基础	C11 ~ C20	重型切削机床类，内燃机、压缩机、轧钢机械、破碎机、球磨机、中型透平机组等
特重型、重要的、有较大冲击负荷的设备	钢筋混凝土基础	C15 ~ C25	大功率的水泵、风机，高精度切削机床类，锻锤、剪切机、大型轧钢机械及冶金机械类等

3）设备基础的技术要求

①构筑设备基础时，必须建立严格的现场技术监理、监督制度以保证质量。对重要设备的基础，应由厂方进行跟踪式基础沉降观测，做出详细记录。

②除较大的设备基础外，浇灌混凝土基础时，要求一次性不间断地完成。混凝土的各项配料要求用搅拌机搅拌均匀。若由人工搅拌，其顺序为：先将水泥和沙子进行均匀搅拌并铺平，然后一面加水一面加入碎石，搅拌均匀。在平均气温低于 5 ℃，最低气温低于 –3 ℃时，应按冬季施工要求采取措施。

③浇灌混凝土基础时应分层摊平和普遍捣实。二次灌浆层的预留厚度一般为 50 ~ 130 mm，该处的设备基础表面应清除浮浆、錾成麻面，并不得有油污，以保证二次灌浆的质量。相关设备安装验收合格后，方允许浇灌二次混凝土。

预留地脚螺栓孔、设备底座与基础之间的二次灌浆,应符合钢筋混凝土工程施工及验收规范的规定。地脚螺栓预留孔内不允许有油污。

④混凝土初凝后,需指派专人负责混凝土的基础养生(养护)。在养护期内,水分过多会引起混凝土膨胀而产生裂纹,水分不足会降低标号强度。洒水期一般为4~6天。冬季可采用蒸汽养生,并在基础上覆盖草帘,但加热前混凝土初温不得低于5 ℃,升、降温速度每小时不得大于10 ℃,恒温温度不得超过70 ℃。混凝土基础由浇灌完毕到设备在其上就位一般不应少于8天。为了避免基础不均匀而影响设备运转精度,可对其进行预加压试验,用为设备1.5倍质量的钢坯或废钢在基础上放置3~4天即可。

⑤混凝土基础由浇灌完毕到设备在其上安装、拧紧地脚螺栓螺母,一般需要经过28天。如果工期紧急,设备需要提前工作,那么应该在浇灌混凝土基础时采取必要的措施。对预留孔地脚螺栓,需在螺栓孔中的二次混凝土强度达到或超过周边混凝土基础强度时拧紧地脚螺栓螺母。

4)设备基础检验。设备基础检验工作也称为基础研线。其主要内容是混凝土基础的强度检测、基础尺寸与位置质量核准和基础的处理。基础完工后,土建施工单位应提交中间交工技术资料,对基础进行自验收,然后共同验收。未经验收的基础不得进行设备安装。

设备就位安装时,一般应待混凝土达到设计强度70%以上才可安装。但设备水平调整时,拧紧地脚螺栓必须待混凝土达到设计强度90%以上才可进行。设备就位前,应按设计和设备实况核对地脚螺栓的位置与尺寸、螺纹有无损坏及与螺母配合松紧程度等。设备基础尺寸与位置质量要求见表3-2-2。

表3-2-2 设备基础尺寸与位置质量要求

项目		允许偏差(mm)	项目		允许偏差(mm)
基础坐标位置(纵、横中心线)		±20	竖向偏差(垂直偏差)	每米	5
				全长	20
基础各不同平面的标高		0 -20	预埋地脚螺栓标高(顶端)		+20 0
基础上平面的水平度	每米	5	中心距(在根部和顶部两处测量)		±2
	全长	10			

5）基础问题的处理。基础问题表现为易产生标高不符合要求及地脚螺栓位置埋偏。

①基础标高不符合要求。过高时可用錾子錾低，过低时可将原基础表面錾麻面之后再补灌原标号混凝土。

②基础中心偏差。在基础中心偏差很大时，可借助改变地脚螺栓的位置来补救。

③地脚螺栓偏差。当偏差较小时，可把螺栓矫正到正确的位置；偏差较大时（大螺栓），可采用到一定深度后割断，补加钢板焊牢的特殊方法补救。

（4）拧紧地脚螺栓的注意事项

1）螺母下应加垫圈。拧上螺母之前应用机油润滑地脚螺栓的丝扣，预防日后锈蚀。

2）拧紧地脚螺栓螺母应从设备的中间部分开始，然后往两端交错对角进行。严禁紧完一边再紧另一边的做法。紧完螺母后需再复查一次设备水平。

3）对承受较剧烈振动的设备，如冲压设备，其地脚螺栓应用双螺母锁紧。

4）拧紧地脚螺栓的螺母后，螺栓露出螺母的长度宜为 1.5~3 倍螺距。

5）地脚螺栓螺母的紧固程度，一般可用锤子敲击螺母，根据响声和反弹力凭经验检查。

（5）环氧砂浆锚固地脚螺栓。当遇到工期异常紧张的改扩建工程基础地脚螺栓施工，或遇到事故性地脚螺栓抢修时，按上述正常的土建施工方法不能满足工期要求，这时就需要采用特殊的方法来解决工期问题。在需"栽丝"数量较少时（一般在 8 个以下），现场通常采用的是环氧砂浆锚固地脚螺栓方法。该法简便、快捷，效果可靠，能够显著地缩短抢修时间，提高设备作业率。应用该方法的前提条件是设备原基础混凝土抗压强度不小于 10 MPa，地脚螺栓环境使用温度为 −40~70 ℃。

1）制作地脚螺栓。一般采用光面直杆螺栓，埋设深度为 $(11~15)d$（d 为螺栓直径）；重要部分螺栓的埋入端部可做增加锚固作用处理，如加焊丁字圆钢段或端部镦粗等。

2）原基础钻孔。钻孔直径根据螺栓直径的大小而定，见表 3-2-3。

表 3-2-3　基础钻孔直径数值　　　　　　　　　　mm

螺栓直径	钻孔直径	环氧砂浆平均壁厚	螺栓直径	钻孔直径	环氧砂浆平均壁厚
16~24	24~34	4~5	48~64	64~84	8~10
30~42	42~58	6~8			

3）清理基础。浇注环氧砂浆前，需要清除孔中的粉尘、积水及杂物，孔壁应干燥、无油污，地脚螺栓表面也应清理干净、露出新痕。

4）调制环氧砂浆。调制环氧砂浆的材料和配比见表3-2-4。

表3-2-4　调制环氧砂浆材料和配比参考值

材料名称	规格	用量（按质量计，%）
环氧树脂	6101（E-4）	100
磷苯二甲酸二丁酯	工业用	17
乙二胺	无水（含胺量98%以上）	8
粗砂	自然级配，粒径不大于1.0 mm，含水量不大于0.2%，含泥量不大于2%	20

5）地脚螺栓插入前预热到60 ℃，螺栓固定后应视气温情况采取蓄热法或加热法进行养护。在气温低于15 ℃时，孔壁与环氧砂浆的温度应保持在40 ℃左右。浇注后的环氧砂浆具体养护时间见表3-2-5。

表3-2-5　浇注后的环氧砂浆养护时间参考值

平均气温（℃）	养护时间（天）		平均气温（℃）	养护时间（天）	
	采用无水乙二胺时	采用有水乙二胺时		采用无水乙二胺时	采用有水乙二胺时
15	4	6	25	2	4
20	3	5	>30	1	3

（6）垫铁位置

1）垫铁的作用。在设备底座下安放垫铁，借助调整垫铁厚度，使设备安装达到所要求的标高和水平度，并使设备的全部重量及工作负荷通过垫铁均匀地传递到基础上。

2）垫铁的种类、规格和适用范围

① 矩形垫铁。又名平垫铁，应用广泛。

② 斜垫铁。单独成对使用时，用于不承受主要负荷（基本上由灌浆层承受）的场合。通常都与平垫铁配合使用，起到微调作用，用于承受振动的机器和精密的机器。斜垫铁安装完毕后，在垫板间用点焊方法固定。如图3-2-1所示为平垫铁和斜垫铁。平、斜垫铁的规格见表3-2-6和表3-2-7。

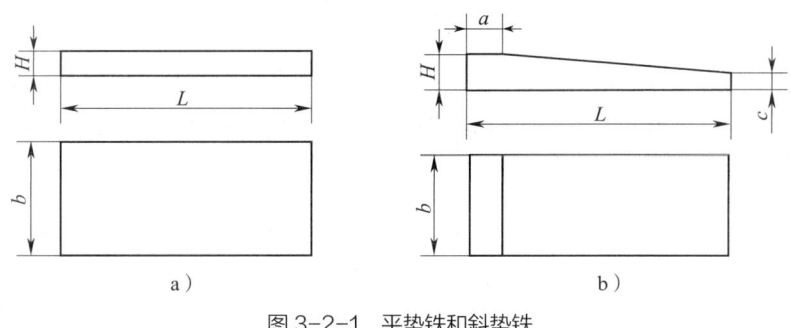

图 3-2-1 平垫铁和斜垫铁
a）平垫铁　b）斜垫铁

表 3-2-6　平、斜垫铁规格参考值　　　　　　　　　　　　　　　　mm

序号	平垫铁			斜垫铁				
	代号	L	b	代号	L	b	c	a
1	平1	90	60	斜1	100	50	4	6
2	平2	110	70	斜2	120	60	5	6
3	平3	125	85	斜3	140	70	6	10

表 3-2-7　重型机械应用的平垫铁规格参考值

地脚螺栓直径	平垫铁的长与宽（mm）	厚度（mm）	垫铁材料
M18～M35	100×60	15、10、5	钢板、锻钢
M35～M50	150×100	25、20	
M50～M60	200×100	25、20、15、10	
M60～M70	250×100		

a. 厚度 H 可按需要而定。斜垫铁斜度为 1/20～1/10，应与同号平垫铁配合使用。

b. 一般表面粗糙度 Ra 值：上下平（斜）面 Ra12.5～25 μm；四周边不加工。

c. 如有特殊要求，可采用其他规格和精度的垫铁。

③开口垫铁。在金属结构上边安装设备或当设备底脚的面积很小时使用。

④钩头成对斜垫铁。有些设备（如磨床等）不需要设置地脚螺栓，直接安装在地坪上，此时可用钩头成对垫铁，由垫铁承受主要负荷。在底座与垫铁之间放置防振填料。

⑤L形垫铁。在以上几种垫铁不能放置时，可用L形垫铁，如图3-2-2所示。如剪切机，因设备底脚与垫板接触面很小，采用L形垫铁为佳。

⑥ 螺栓调整垫铁。适用于机床类设备安装,如图3-2-3所示。只需拧动调整螺栓,即可灵敏、有效地调节机床高低,提高了工作效率。螺纹部分和调整块滑动面间应涂耐水性较好的润滑脂。垫座应用混凝土灌牢,但不要灌入活动部分(浇灌混凝土时可临时应用钢板围挡)。

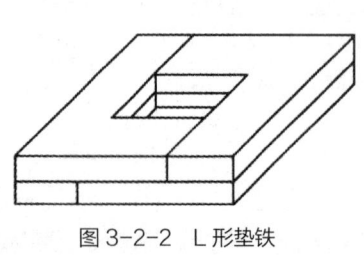

图 3-2-2　L 形垫铁

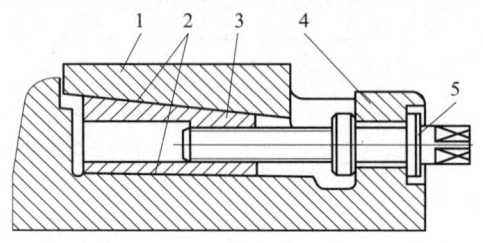

图 3-2-3　螺栓调整垫铁

1- 升降块　2- 调整块滑动面　3- 调整块
4- 垫座　5- 调整螺栓

3)放置垫铁的注意事项

①设备下面的一般垫铁组之间允许的最大距离(间隔)是 500 ~ 900 mm。

②垫铁组应露出设备底座外缘 10 ~ 50 mm。

③垫铁与地脚螺栓的边缘可保持 50 ~ 150 mm 距离。

④垫铁组合高度一般控制在 60 ~ 100 mm 范围,要考虑稳定性和二次灌浆层高度。平垫铁组中,最厚的垫铁应放在下面,最薄的垫铁应放在中间。

⑤在放置垫铁的混凝土基础局部位置上,需要事先手工铲平("錾毛"),要求垫铁与基础之间原则上大部分接触,手按垫铁板时不能有明显翘动。

⑥安装妥当之后,各垫铁间应相互点焊牢固。

2. 设备找正、找平工作

(1)设备找正、找平工作的目的

1)保持设备稳定及重心的平衡,从而避免设备变形和减小运转中的振动。

2)避免运转零部件不必要的磨损和功率消耗,保证设备的正常润滑。

3)保证工件的加工精度及工作质量,保证设备达到设计规定的精度标准。

(2)设备找正、找平工作的内容

1)设备找正、找平之前需完成前期准备工作,即挂设中心线工作。设备在基础上就位后,就可根据图样要求在现场挂设中心线。中心线就是标准线,用来确定设备纵横水平方向的方位,从而确定设备的正确位置。具体挂线需注意以下内容。

①可采用 25 号 ~ 20 号(丝径 0.5 ~ 0.8 mm)的整根钢丝。两交叉的纵横中心线,

长线在下,短线在上,间隔距离不小于 300 mm,避免相互接触。

②挂线架两端所挂线坠质量,为钢丝拉断力的 50%~80%。例如,采用丝径 0.5 mm 的钢丝,则线坠质量约为 20 kg。

③线坠的锥尖要对准基础表面上的中心点,可在同一根中心线上吊挂两个线坠,以达到"三点一线",方便对准查验。

④除两端支点外,沿线全长不许触及任何物体。通常钢丝两端距离小于 16 m。

⑤水平方向拉钢丝检测需考虑挠度的影响,钢丝在自重作用下的下垂度可按以下公式计算。

$$f = 500qX(L-X)/P$$

式中　f——检测点的挠度,mm;
　　　q——单位长度的钢丝质量,kg/m;
　　　X——检测点至一端支点的距离,m;
　　　L——钢丝两端支点间的距离,m;
　　　P——钢丝水平拉紧力,N。

⑥拉线测量法是设备安装时基础找平、同轴度测量和起重机械(天车、龙门吊)桥架上拱度检测等常用的一种测量方法。该法简单、操作方便、比较准确,但在计算分析时需要扣除由钢丝自重造成的下垂量。拉线测量法由近似公式进行计算可完全满足安装精度要求,误差小于 0.000 1 m。钢丝任意点的下垂量可由以下公式近似确定。

$$f_i = (q/8)T(L_k^2 - 4X^2)$$

式中　f_i——钢丝任意点的下垂量,mm;
　　　q——钢丝单位长度的质量,kg/m;
　　　T——重锤的质量,kg;
　　　L_k——钢丝两端支点间的距离,m;
　　　X——点 i 距跨中点的距离,m。

2)设备找正、找平除准备阶段外,主要工作有以下两点。

①将设备安全地安装到基础上,并正确调整中心线(水平位置)、标高(垂直位置)及水平性、平行性、垂直性。

②完成各项细致的调整工作。大量后续工作待完成,尤其是各运转部位需要细致地调整并达标。主要包括:

a. 间隙值检测、确认。如齿轮啮合侧间隙值、轴承端面预留间隙量等是否达标。

b. 密封件的装配(密封失败的主要原因往往是装配工艺不好)。须保证合适的装配松紧程度，当压紧不足时易引起泄漏，而压紧过大则引起发热、加速磨损。密封盖的锁紧程度应均匀。

（3）设备找正。中心线挂设完毕，即可进行设备找正。每台设备必须找出中心点，才能确定其正确的位置，这是找正的依据。设备的标高测定面和找正、找平的测量点应选择在精确的、未经磨损的主要加工面上。测量工具的精确度应相当于或高于设备的安装精度等级。设备找正采用的常规测量与检查方法见表 3-2-8。

表 3-2-8 设备找正采用的常规测量与检查方法

检测方法	检测项目	检测精度	备注
在被测件内设置钢丝，用内径千分尺结合导电接触信号法测量距离	尺寸较大的套筒类零件的同轴度、直线度、平行度等	0.02 mm	应考虑钢丝的下垂度
在被测件内设置钢丝，用钢直尺测量距离	尺寸较大零件的同轴度、直线度、平行度	1.0 mm	应考虑钢丝的下垂度
架设水准仪，用普通标尺测量数值	不同设备或较大设备的标高偏差、水平度等	1.0 mm	标尺上刻度采取措施（细化）后，被测量最小误差可达 0.3 mm
吊线锤，用钢直尺测量距离	零部件的垂直度	1.0 mm	要求线锤无摆动现象
吊钢丝线锤，用内径千分尺结合导电接触信号法测量距离或用放大镜观察	重要设备的垂直度	0.05 mm	要求线锤无摆动现象
被测件旁设置钢丝，用摇臂旋转测量法检测	零部件的垂直度、平行度等	0.03 mm/m	用内径千分尺检测
用激光准直仪测量	同轴度、直线度、平行度、水平度等	距离不大于 20 m 时为 0.05 mm，距离在 20~40 m 时为 0.1 mm	
用有刻度的液体连通器测量	平行度	1.0 mm	

1）挂边线法。因圆形机件不易找出中心点，而且都是转动的，中心挂线找正不易准确，故一般都采用挂边线与轴圆相切的方法。例如，车间内成组辊道的找正即用此法。

2）瓦口法。通常遇到的是机器箱体上轴承底座相邻半圆孔处寻找中心线。可在半圆瓦口上装夹一块已钉上小铁皮的木板,再用圆规在铁皮上划找中心。当遇到的是纵向排列的成组轴承底座半圆孔时,可用内径千分尺来检测已悬挂其上的钢丝线的正确位置。

3)圆孔法。可根据要寻找中心线两侧已加工好的圆孔来确定。例如,辊式矫直机在找中心时就可利用两个销子圆孔,在圆孔里卡上圆木及铁片,再划找中心。

4)侧加工面法。一般减速器在寻找自身纵中心线时常用该方法。可依据箱体上两侧已有的闷盖、透盖的加工面来分出中心找正。

5)样板找正法。遇到技术要求较严格的设备,可采用事先制作钢结构样板的方法来确定其中心,这样既可保证安装质量,又可缩短工期。例如,轧钢机的轧座安装时就可应用样板找正法。

(4)设备标高面的选择和度量。在厂房内固定安装的各种机械设备,依据功能不同所占据的位置高度,就是设备的标高。标高决定机器垂直方向设计位置的正确性。施工图中设备所在的标高均有注明,工程施工开始和结束时必须照此要求标准检测与验收。机械加工面标高值减去基准点标高所得的值,就是机械加工面到基准点的距离。

测量、确定设备的标高,通常是在设备上选定一个精确加工面或工作面作为依据,即选定标高的基面。如轧钢车间主减速机上盖与底座合箱口处的剖分面就可作为基面。具体测定时,在基面上,先将水平尺(框式水平仪)在多个方向调整至水平,然后用内径千分尺或专用测杆测得平尺与基准点间的距离,即可求得标高。

1)确定设备标高时需注意的事项

①在拧紧设备地脚螺栓前,应先使标高高出设计标高 1 mm 左右,这样拧紧地脚螺栓后其标高值将会接近要求数值。

②在调整设备标高的同时,应兼顾其水平度,二者须同时进行调整。

③标高的基面一定要选择精密的主要加工面。

2)寻找、调整设备标高的几种情况

①加工平面找标高(如上所述)。

②曲面找标高。在图样中找出与曲面下部(上部)相切的水平面的标高,测量时用平尺引出。因平尺不能与曲面完全接触,存在着间隙,可用塞尺来测量这个空隙。

③在轴顶度量标高。这是最常用的方法。施工图中通常给出的是轴中心标高,在计算实际标高时,不要忘记加上轴的半径值。具体测量通常有以下两种方式。

a.应用水准仪测量。将标尺放置在某个基准点,测读数值 A,再移动标尺将其直接放置在要测的轴顶，测读数值 B，两数值相减则得到轴顶的标高（$A-B=$标高值）。

b. 当某个基准点距离要测的轴很近时，在轴顶上先将水平尺（框式水平仪）调整至水平状态，再用内径千分尺测量出该基准点至平尺底平面的实际尺寸，即为轴顶的标高值。

④用水准仪测量找标高。这是最简单的方法。需注意在要测的设备上能否放置标尺，附近的设备、建筑、构筑物是否妨碍测量视线。

（5）水平性、平行性、垂直性的检验

1）安装检验的几种基本方法。机器的水平性是指机器的一个平面在一条水平直线上，或几个平面在同一个水平面上。它是机器获得精度的重要因素之一。机器的平行性是指各机件平面或中心线间的相互平行。机器的垂直性是指机器的关键基准面（或中心线）之间的角度与理论直角（90°）的误差程度。如平行刃剪切机机架内滑轨面与其下刀片间必须保证规定的垂直性（垂直度）。

①机器平面的水平性检验，一般可将平尺放置在被测平面上，用水平尺检查。若平面较长时，可采用如下方法：

a. 一般平面小于 3 m 时，可以将平面分为若干段，分段检测其偏差。

b. 平面小于 6 m 时，采用附设垫块法，如图 3-2-4 所示。把几个厚度不同的标准垫块放置在被测平面上，将平尺放在垫块上并用水平尺找平，然后用塞尺或内径千分尺测量其间隙，即测量平尺底面与机器被测平面之间的间隙值。按直线方向移动平尺，即可完成检测工作。

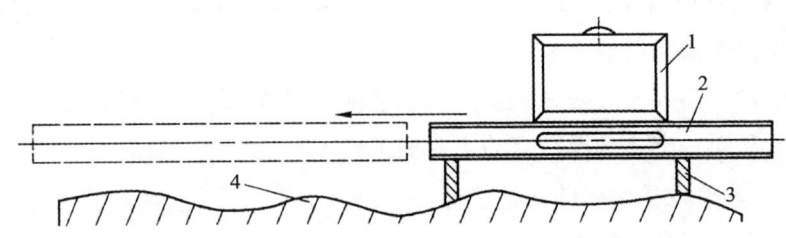

图 3-2-4 用平尺和水平尺检验水平性
1-水平尺　2-平尺　3-垫铁　4-被测平面

②如果要检查的平面长度很大（大于 5 m），可选用水准仪测量。

③两个平面共同水平性检验。机器两平面水平性检验方法如图 3-2-5 所示。间距较小时，应用水平尺（框式水平仪）和平尺进行检验；间距较大时，应用水柱水平器进行检验。

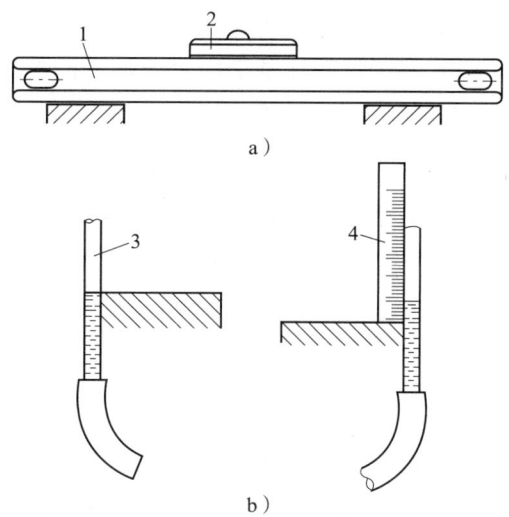

图 3-2-5 机器两平面水平性检验方法
1- 平尺 2- 水平尺 3- 普通水柱水平器 4- 钢直尺

④ 平行性的检验

a. 距离较小时可用千分表或游标高度卡尺检验，如图 3-2-6 所示。

b. 若平面的范围较大，如基础底座，则需用平尺进行检验。

c. 机器中轴与平面的平行性，可应用千分表检验，如图 3-2-7 所示。

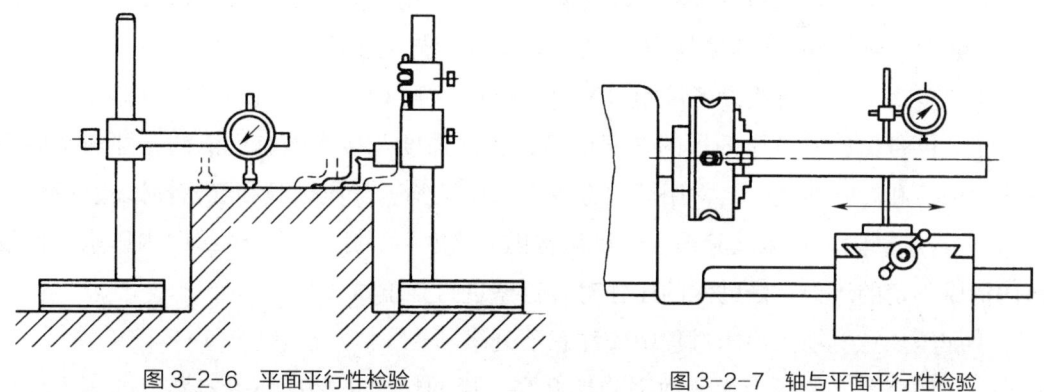

图 3-2-6 平面平行性检验　　图 3-2-7 轴与平面平行性检验

⑤垂直性的检验（机件间相互关系）。机件间的垂直性检验可用千分表和直角尺检测，也可用水平尺（框式水平仪）检测。

2）基准面和找平方法

①加工平面为基准面。这是最常用的方法，纵横方位找平都在此平面上。如减速器底座的找平，即可在合箱口处底座的剖分面上应用框式水平仪来找平。

②加工立面为基准面。有些设备仅找水平面的水平是不够的，立面的垂直度也应

找好。轧钢主机列中人字齿轮座箱体的 U 形窗口面，机加工车间龙门刨床的立柱面都是主要的找平依据。应用框式水平仪靠在基准面上来找平检验。

③轴承座找平方法。轴承座可在瓦口底部用框式水平仪来找平；若轴已放上，则可在轴承外套上找平。当检验轴承座的横向水平时，可在瓦口水平面上放置两块经过加工的钢垫块，之后在其上安放平尺和框式水平仪找平。

④机床异形导轨找平。有些机床的导轨断面呈 V 形或 U 形，对其找平就需要借助辅助物如精加工的圆钢和特制的垫块等进行。通用量具应用直角尺、平尺和框式水平仪。

⑤样板法找平。有些设备其加工面是倾斜的，没有放置水平仪的位置。遇此情况，可特制一个精确的样板卡在其加工面上，再放置框式水平仪，进行多个方向上的找平。

⑥旋转找平法。有些设备的回转轴处于直立状态，轴端部的工作圆盘表面常有变形，不适于作找平基准面。例如，轧钢车间加热炉出口处的钢锭转头机回转轴轴端部托盘，机加工车间的立式车床花盘回转轴均属此类。这时就需要通过检验回转轴的垂直性来间接找平，使花盘及工作物在旋转时能保持水平状态。具体方法如"加工立面为基准面"中所述，但需要把回转轴旋转多个位置检测。

3）找平注意事项

①找平所用的仪器如平尺、框式水平仪和水准仪等，必须经检验合格。

②框式水平仪在使用时，应正反各测一次，以纠正水平仪本身的误差。

③在滚动轴承外套上检测水平度时，轴承外套与瓦座不得有夹帮现象。

④初步找平时，有些设备可用水准仪先核查一下大致位置，以提高工作效率。

（6）设备试压。试压的目的在于检验设备的强度及接头处有无泄漏，即通常所说的强度试验和严密性试验。常用试验方法有水压试验、气压试验和气密性试验三种。

1）水压试验。水压试验是在受试设备内充满水后，用试压泵继续向内压水，使设备内形成一定的压力，借助水的压强对容器壁进行强度试验。

①加压注意事项。加压过程中应注意下列事项。

a. 如果容器上的压力表读数平稳地升高，说明情况正常；如果容器上的压力表指针跳动，说明容器里面仍有空气，须排净；如果容器上的压力表指针不转动，甚至反转，说明阀门或接头处泄漏，须停止加压，修好后重新加压。

b. 加压时，应使压力缓慢、均匀升高，速率小于 0.12 MPa/min。

c. 加压过程中发现设备大量漏水，应泄压后进行修理；如漏水不多，可继续缓慢加压（同时注意漏水量是否增加），以彻底查出全部缺陷一并检修。

d. 当加压达到试验压力时，将试压泵停止并关闭容器进水阀门，在试验压力下保持 5 min（此时不做详细检查）。之后稍开启容器进水阀门及试压泵溢流阀门，使压力降低至工作压力再进行检查。检查时，使用 1~1.5 kg 的木锤，沿各接缝的两侧轻轻敲打查看，如无泄漏、变形且容器的压力表示值维持不变，则表示水压试验合格。

②强度试验压力要求。水压强度试验压力见表 3-2-9。

表 3-2-9　水压强度试验压力　　　　　MPa

工作压力 p	试验压力 p_s	工作压力 p	试验压力 p_s
$p \leqslant 0.07$	$p_s = p+0.1$	$p=0.6~1.2$	$p_s = p+0.3$
$0.07 < p < 0.6$	$p_s = 1.5p$，且 p_s 不小于 0.2	$p > 1.2$	$p_s = 1.25p$

2）气压试验。气压试验是用压缩空气打入承压设备内，进行设备的强度试验。它比水压试验灵敏、快捷，但危险性较大，故气压试验必须在具有可靠的安全措施下进行，且必须认真检查承压设备的质量，比如承压设备的焊缝要经过 100% 的探伤检查等。

①气压试验可在下列三种情况下使用。

a. 承压设备的设计和结构不便于充满液体。

b. 承压设备的支承和结构不能承受充满液体后的负荷。

c. 承压设备内部放水后不容易干燥，而生产使用中又不允许有水分。

②进行气压试验要注意以下事项。

a. 试验压力应缓慢上升，当达到规定试验压力的 50% 之后，压力应以每挡 10% 左右的速率，逐渐增加到试验压力，然后降至工作压力，保持较长的时间，以便进行检测。

b. 将肥皂水涂在接缝处检查泄漏，小型容器可浸入水中进行查漏。

3）气密性试验。在可能的情况下，气密性试验尽量与强度试验一并进行；但如果试验介质不同，则只能分别进行。

用气体做气密性试验时，检验方法是检查气体在每小时（一般观察 1~4 h）内的泄漏量（或泄漏率）是否符合规定。气体泄漏量（或泄漏率）用压力表测量，同时计入由于温度变化而引起的气压变化值。

当气温无变化时：

$$\Delta_p = p_1 - p_2$$

当气温变化时：

$$\Delta_p = p_1 - p_2 (T_1/T_2)$$

式中　Δ_p——泄漏压力降，MPa；

　　　p_1——起始的表压，MPa；

　　　p_2——终了的表压，MPa；

T_1——起始时试验介质的绝对温度，K；

T_2——终了时试验介质的绝对温度，K。

气密性试验压力一般都采用设备的工作压力。对于密封性要求较高的设备，规定以 1.05 倍工作压力进行试验。

（7）提高设备安装精度的方法。提高设备安装精度，应从人、机、料、法、环等方面着手，尤其要强调人的作用，应选派具有相应技术水平的人员从事相应的工作，采用适当、先进的施工工艺，配备完好、适当的施工机械和适当精度的测量器具，在适宜的环境下操作，才能提高安装质量，保证安装精度。

设备安装精度的控制方法有下列几点。

1）尽量排除和避免影响安装精度的因素。

2）根据设备的设计精度和结构特点，选择适当、合理的装配和调整方法。如采用改变补偿件的位置或选择装入一个或一组合适的固定补偿件的方法进行调整，抵消过大的安装累积误差。

3）选择合理的检测方法，检测仪器的精度等级应与被检测设备的精度要求相适应。

4）必要时选用修配法。修配法是对补偿件进行补充加工，抵消过大的安装累积误差。这种方法在调整法解决不了问题时才采用。

5）合理确定偏差及其方向。设备安装时允许有一定的偏差，如果安装精度在允许范围之内，则设备安装为合格。但有些偏差有方向性，这在设备技术文件中一般有规定。当设备技术文件中无规定时，可按下列原则进行：

①有利于抵消设备附属件安装后重量的影响。

②有利于抵消设备运转时产生的作用力的影响。

③有利于抵消零部件磨损的影响。

④有利于抵消摩擦面间油膜的影响。

设备精度偏差方向的确定是一项复杂的、技术性极强的工作，对于一种偏差方向，往往要考虑多种因素，应以主要因素来确定安装精度的偏差方向。

三、负荷试验中部件或系统装配质量问题分析与排除

负荷试验是机械或其部件装配和维修之后，加上额定负荷所进行的试验，是考核机械设备性能指标的重要操作。负荷试验是机器试运行的主要任务，它是保证机器能长期在额定工作状况下正常运转的基础。负荷试验应在空运行合格后进行，运行时应注

意负载的特点和有关规定，否则会产生超负载的各种故障。其试验方法与空运行类似。

1. 机床的负荷试验

负荷试验是检验机床在负荷状态下运转时的工作性能及可靠性，即加工能力、承载能力及其运转状态，包括速度变化、机床振动、噪声、润滑、密封等。

（1）机床主传动系统的扭矩试验。试验时，在小于或等于机床计算转速范围内选一适当转速，逐渐改变进给量或背吃刀量，使机床达到规定扭矩，检验机床传动系统各元件和变速机构是否可靠以及机床是否平稳、运动是否准确。

（2）机床切削抗力试验。试验时，选用适当的刀具几何参数，在小于或等于机床计算转速范围内选一适当转速，逐渐改变进给量或背吃刀量，使机床达到规定的切削抗力，检验各运动机构、传动机构是否灵活、可靠，过载保护装置是否可靠。

（3）机床传动系统达到最大功率的试验。选择适当的加工方式、试件（包括材料和尺寸）、刀具（包括刀具材料和几何参数）、切削速度、进给量，逐步改变背吃刀量，使机床达到最大功率（一般为电动机的额定功率），检验机床结构的稳定性、金属切除率以及电气等系统是否可靠。

（4）有效功率试验。一些机床除进行最大功率试验外，由于工艺条件限制而不能使用机床全部功率，还要进行有限功率试验和极限切削宽度试验。根据机床的类型，选择适当的加工方法、试件、刀具、切削速度、进给量进行试验，检验机床的稳定性。

2. 磨床试车验收

（1）设备安装完成后，进行试车验收前的准备工作。

（2）试车前，应对设备及其附属装置进行全面检查，清理安装现场的杂物，符合要求后方可进行试车。

（3）试车步骤为：先手动盘车，再无负荷试车，最后负荷试车；先从各部件开始，由部件至组件，由组件至单台（套）设备。在上一步骤未合格前，不得进行下一步骤。手动盘车应无卡阻和摩擦现象。

（4）润滑系统调试应符合下列要求：

1）每个润滑部位应先涂注润滑油脂。

2）油压继电器等安全联锁装置的动作应灵敏可靠。

3）润滑系统应畅通，油压、油量和油温均应保持在规定的范围内，无不正常现象。

4）减速机、轴承座内的润滑油位应在规定范围内；润滑脂润滑的轴承，应注满轴承空间的 2/3。

（5）运转中，各轴承部位不得有不正常的噪声，滑动轴承的温度一般不应超过 60 ℃，滚动轴承的温度一般不应超过 70 ℃。

（6）运转中，往复运动的部件在整个行程上（特别在改变方向时）不得有异常振动、阻滞、走偏等不正常现象。

（7）运转中，各传动机构的状况应符合下列要求：

1）传动带不得打滑，平带不得跑偏。

2）离合器的动作应灵敏可靠，不应过分发热；对于摩擦片式离合器，必须防止油、水进入。

3）齿轮传动不得有不正常的噪声和磨损。

4）各紧固螺栓不得有松动现象。

（8）运转中，操纵、联锁、制动、限位等装置的动作应灵敏、正确和可靠，操纵开关标志牌所示应与实际相符，制动和限位装置在制动或限位时不得产生过分的振动。

（9）运转中，每个安全或防护装置的作用应确实可靠；对调速器和安全阀等应进行试验和调整，使之能在规定范围内正确、灵敏和可靠地工作。

（10）设备试车的时间规定。负荷试车时间为 2 h。试车前都要经一次启动立即停止的试验，并检查转子与机壳等确无摩擦和不正常声响后，方可继续运转。

（11）电动机安装结束，现场清扫整理完毕，进行电动机试车，应符合下列要求：

1）电动机试车前，盘动电动机转子应转动灵活，无卡碰现象。

2）电动机引出线应相位正确，固定牢固，连接紧密。

3）电动机的保护、控制、测量、信号、励磁等回路调试完毕，动作正常。

4）电刷与滑环的接触应良好。

5）电动机的接地线应良好。

（12）电动机在试运行中应进行下列检查：

1）电动机的旋转方向应符合要求，无杂声。

2）检查电动机温度，不应有过热现象。

3）滑动轴承温升不应超过 45%，滚动轴承温升不应超过 60%。

（13）自动开关安装完毕应符合下列要求：

1）操作手柄的开、合位置应正确。

2）触头在闭合、断开过程中，可动部分与灭弧室的零件不应有卡阻现象。

3）触头接触面应平整，合闸后接触应紧密。

4）试车后，触头表面如有灼痕，应进行修整。

（14）接触器安装完毕应符合下列要求：

1）电磁铁的铁芯表面应无锈斑及油垢，触头的接触面应平整、清洁。

2）接触器的活动部件动作应灵活，无卡阻；衔铁吸合后应无异常响声，断电后应迅速脱开。

（15）更换负荷线、控制线时，应符合下列规定：

1）敷设的导线应便于检查、更换。

2）穿在管内的绝缘导线的额定电压应不低于 500 V。

3）敷设的导线应平直，无松弛现象，导线在转弯处不应有急弯和损伤。

4）多股铝芯线和截面积超过 2.5 mm^2 的多股铜芯线的终端，应焊接或接端子后，再与电气器具的端子连接。

（16）试运转结束后，应立即做好下列工作：

1）断开电源和其他动力来源。

2）消除压力和负荷（包括放水、放气等）。

3）检查和复紧各紧固部分。

4）装好试运转前预留未装的和试运转中拆下的部件和附属装置。

5）整理试运转的各项记录。

（17）如试车发现问题，要待整改完毕后再进行试车。

3. 磨床装配质量问题分析

机床型号为 JUNKER（Jupiter500）的无心磨床结构如图 3-2-8 所示。无心磨床也称自定心磨床，由砂轮、导轮及托板与工件三点接触实现自动定心。工件磨削的质量与这几部分的结构和调整都有着非常紧密的关系。

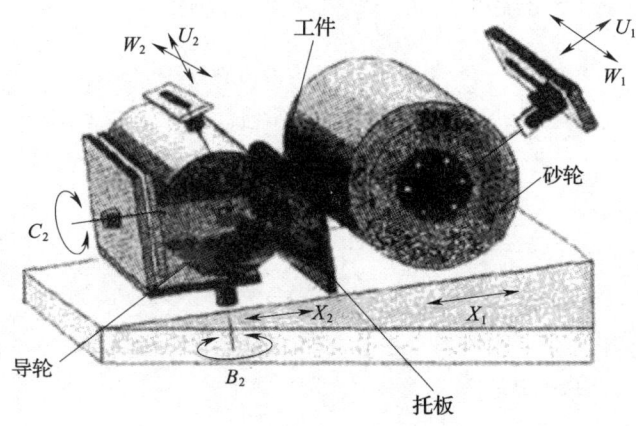

图 3-2-8　无心磨床结构图

首先,机床制造的静态几何精度是基础,是磨削高质量工件的根本保证,这主要和机床结构有关,主要包括导轨精度、进给丝杠精度和主轴精度。导轨精度包括导轨间隙和直线度。丝杠精度误差主要来源于丝杠的制造误差以及丝杠和螺母的间隙。丝杠和螺母的间隙如果是螺母松动造成的,可以将螺母收紧;如果是滚珠和丝杠磨损造成的,就无法通过调整消除间隙,只有更换滚珠丝杠副。通常磨床的丝杠精度为三级或者二级。主轴的精度包括砂轮主轴精度和导轮主轴精度,以及两主轴的平行度,两主轴与两砂轮修整器 W_1、W_2 两轴的平行度。以砂轮主轴为基准,可通过调整 C_2 和 B_2 轴来达到平行。主轴精度可通过轴承预紧和更换轴承来实现。无心磨床常见磨削缺陷如下。

(1)凸轮轴轴颈有锥度。这种情况主要是砂轮主轴和导轮主轴不平行造成的,可通过调整 C_2 和 B_2 轴来实现,机床标尺直观可见,根据工件测量的结果来调整,然后进行锁定。

(2)工件表面质量差。主要表现为棋盘纹路、表面粗糙度差,这种情况通常是由机床振动造成的。首先,确保机床安装时各紧固部位必须紧固到位,尤其是机床地脚螺栓必须锁紧;其次,检查砂轮动平衡装置是否可靠、设置是否合理,必要时修整砂轮和导轮并重新进行动平衡。

(3)工件表面成不规则的多边形形状。工件在磨削时的稳定性非常关键,而无心磨床的稳定性主要是通过在磨削时工件受力平衡来保证,如图 3-2-9 所示。工件的稳定性主要取决于工件在导轮、砂轮、托架之间的高度 H。H 的值取决于(D_p+D_0)和(D_b+D_0)的值,具体情况可根据实际进行微调。除了工件高度,砂轮也是一个主要的原因,砂轮的退出时间在初磨和精磨中是有区别的。在初磨中,砂轮在工件毛坯磨削成圆时退出;而在精磨时,砂轮接触到工件后即可退出,具体磨削效果可根据实际情况来微调。另外托架各挡的高度是否一致也需要进行确认。

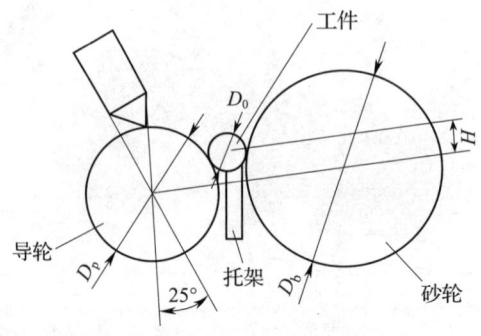

图 3-2-9 工件磨削示意图

（4）工件表面成椭圆。工件表面成椭圆的原因很多，如果椭圆在每挡中都出现的话，通常有一个规律，就是椭圆度在同一个相位角，这主要是砂轮进给不连续造成的。砂轮进给不连续主要来源于两个方面，一是进给丝杠磨损有间隙，二是导轨润滑不良。如果椭圆出现在部分挡位，且不固定，需要检查砂轮和导轮的表面是否修整完好以及是否粘有杂物。工件不定期出现圆度超差的现象，不确定在哪一个挡位，通过检查砂轮和导轮，发现上面有铁屑压入砂轮或导轮中，由于有高点，磨削时就会出现上述现象。将铁屑清理干净再投入磨削，该现象消失。

（5）工件表面有波纹痕迹。工件表面的波纹痕迹是由砂轮或导轮脱粒造成的，这时要检查确认砂轮和导轮选择是否合适或是否已经失效。一般需要考虑砂轮或导轮的粒度、硬度及黏结剂，同时和工件的磨削速度也有关，工件速度相对砂轮圆周速度的比例关系越大，砂轮应越硬。为保证工件磨削表面质量，磨削液的过滤精度非常关键，通常过滤精度控制在 $5 \sim 10\ \mu m$。

学习单元2　导轨和工作台的调试

一、精度超差调整方法

1. 精度调整的程序

精度调整的基本程序与机械设备装配和维修过程中校正的程序基本相同，基本步骤如下。

（1）按装配时选定的基准件确定合理、便于测量的校正基准面。
（2）先校正机身、壳体、机座等基准件在纵向、横向的水平和垂直位置。
（3）采用合理的测量方法，找出装配中的实际位置偏差。
（4）分析设备精度超差的原因，选择调整和补偿方法，决定调整偏差及其方向。
（5）决定调整环节及其调整方法，并根据测得的偏差进行调整。
（6）复核调整后的几何精度，达到要求后定位紧固。

2. 精度调整的基本方法

精度调整的基本方法与机械设备装配完成后的校正方法基本相同，基本方法如下。

（1）调整法

1）自动调整法。即利用液压、气动、弹簧、弹性胀圈、重锤等，随时补偿零件间的间隙或变形引起的偏差。

2）用调整件调整，如垫片、垫圈、定位环、斜面、锥面、螺纹、偏心件等；改变装配位置，进行误差抵消（如精密轴承的定向装配）等。

（2）修配法。在尺寸链的组成环中选定一环，预留修配量作为修配件，如车床的尾座一般作为主轴箱等高位置精度的修配件，可在调整修配时进行修刮。当机器设备总装后，加工及装配后的综合误差可利用自身机构进行精加工，以达到精度要求，如机床中的自镗、自磨、自刨等；也可将误差集中在一个零件上进行综合加工以便消除。

（3）补偿法。合理确定刮削精度偏差及其方向，对影响设备精度的变化因素进行补偿，是设备精度调整的重要方法之一。

1）补偿温度变化的影响。如万能外圆磨床的头架运转后产生的热量使其主轴中心向上偏移，因此刮削时应控制头架主轴中心比内圆磨具中心略低一些，以补偿温度变化对两者中心等高精度的影响。

2）补偿局部负荷的影响。工件装配后局部承受较大的负荷，该处的精度会产生变化，因此刮削时可采用配重法进行补偿，配重的大小和位置应与安装的部件一致。

3）补偿磨损的影响。有些工件由于局部磨损会丧失精度，刮削时应控制刮面研点的分布或偏差的数值和方向，如机床床身导轨在垂直面内的直线度，往往只许中部凸起。

二、机床导轨调试

导轨是进给系统的主要环节，是机床的基本结构要素之一。导轨的作用是用来支承和引导运动部件沿着直线或圆周方向准确运动。与支承部件连成一体固定不动的导轨称为支承导轨，与运动部件连成一体的导轨称为运动导轨。机床上的运动部件都是沿着床身、立柱、横梁等部件上的导轨运动，其加工精度、使用寿命、承载能力很大程度上取决于机床导轨的精度和性能。精密机床对于导轨在以下几方面有着更高的要求：高速进给时不振动，低速进给时不爬行；有高的灵敏度；能在重载下长期连续工作；耐磨性好，精度保持性好。因此，导轨的性能对进给系统的影响是不容忽视的。

1. 导轨的类型和要求

（1）导轨的类型。按运动部件的运动轨迹分为直线运动导轨和圆周运动导轨。按导轨接合面的摩擦特性分为滑动导轨、滚动导轨和静压导轨。

滑动导轨分为：普通滑动导轨——金属与金属相摩擦，摩擦因数大，一般用在普通机床上；塑料滑动导轨——塑料与金属相摩擦，导轨的滑动性好，在数控机床上广泛采用。

静压导轨根据介质的不同又可分为液压导轨和气压导轨。

（2）导轨的一般要求

1）高的导向精度。导向精度是指机床的运动部件沿着直线导轨移动的直线性或沿着圆导轨运动的圆周性，以及与有关基面之间相互位置的准确性。各种机床对于导轨本身的精度都有具体的规定或标准，以保证该导轨的导向精度。精度保持性是指导轨能否长期保持其原始精度。此外，还与导轨的结构形式以及支承件材料的稳定性有关。

2）良好的耐磨性。这是因为精度丧失的主要原因是导轨的磨损。

3）足够的刚度。机床各运动部件所受的外力，最后都由导轨面来承受，若导轨受力以后变形过大，不仅破坏了导向精度，而且恶化了其工作条件。导轨的刚度主要取决于导轨类型、结构形式和尺寸大小、导轨与床身的连接方式、导轨材料和表面加工质量等。数控机床常用加大导轨截面尺寸或在主导轨外添加辅助导轨等措施来提高刚度。

4）良好的摩擦特性。导轨的摩擦因数要小，而且动、静摩擦因数应比较接近，以减小摩擦阻力和导轨热变形，使运动平稳。对于数控机床，特别要求运动部件在导轨上低速移动时无爬行现象。

2. 导轨部件的调整

（1）滚动导轨预紧方法。预紧可以提高导轨的刚度，但预紧力应选择适当，否则会使牵引力显著增加。图3-2-10所示为滚动导轨的过盈量与牵引力的关系。滚动导轨的预紧方法见表3-2-10。

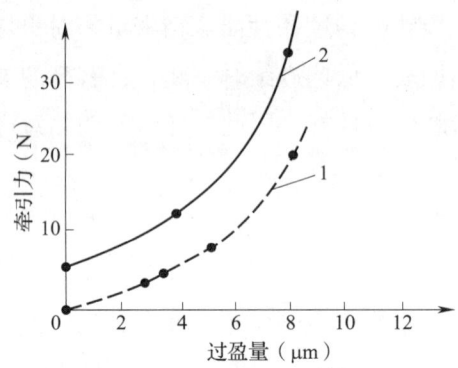

图 3-2-10 滚动导轨的过盈量与牵引力的关系
1- 矩形滚珠导轨 2- 滚珠导轨

表 3-2-10 滚动导轨的预紧方法

预紧方法	图示	说明
采用过盈配合		如图所示,在装配导轨时,根据滚动件的实际尺寸测量出相应的尺寸 A,然后刮研压板与滑板接合面,或加一垫片,改变垫片的厚度,由此保证包容尺寸 $A-\delta$(δ 为过盈量)。过盈量的大小可以通过实际测量确定
采用调整元件实现预紧	1、2- 导轨体 3- 侧面螺钉	如图所示,拧紧侧面螺钉 3,即可调整导轨体 1 及 2 的位置,实现预加负载。预紧也可用斜镶条进行调整。采用这种方法,导轨上的过盈量沿全长分布比较均匀

（2）滑动导轨间隙的调整方法。常用的有压板调整间隙法、镶条调整间隙法和压板镶条调整间隙法。

1）压板调整间隙。图 3-2-11 所示为矩形导轨上常用的几种压板装置。压板用螺钉固定在动导轨上,常用钳工配合刮研及选用平镶条、调整垫片等,使导轨面与支承面之间的间隙均匀,达到规定的接触点数。对图 3-2-11a 所示压板结构,如间隙过大,应修磨或刮研 B 面；间隙过小或压板与导轨压得太紧,则可刮研或修磨 A 面。

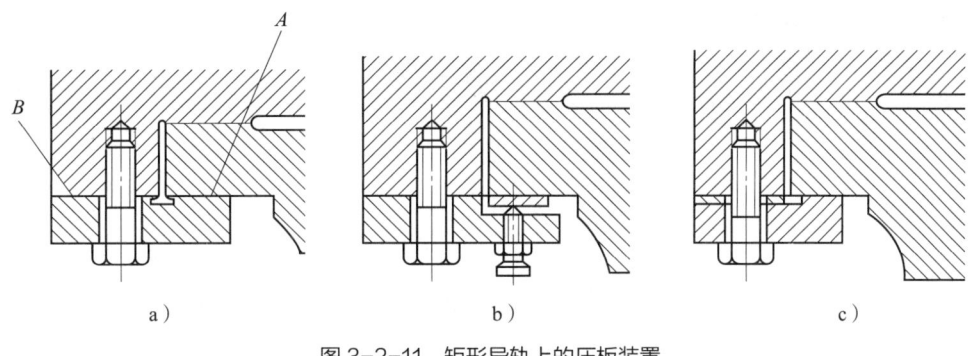

图 3-2-11 矩形导轨上的压板装置
a）修磨刮研式　b）镶条式　c）垫片式

2）镶条调整间隙。图 3-2-12a 所示为一种全长厚度相等、横截面为平行四边形（用于燕尾形导轨）或矩形的平镶条，通过侧面的螺钉调节和螺母锁紧，以其横向位移来调整间隙。由于收紧力不均匀，故在螺钉的着力点有挠曲。图 3-2-12b 所示为一种全长厚度变化的斜镶条及三种用于斜镶条的调节螺钉，以斜镶条的纵向位移来调整间隙。斜镶条在全长上支承，其斜度为 1∶40 或 1∶100，由于楔形的增压作用会产生过大的横向压力，因此调整时应细心。

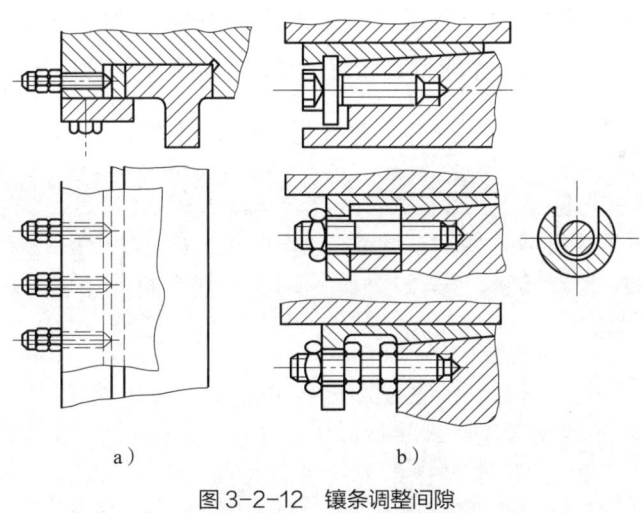

图 3-2-12 镶条调整间隙
a）等厚度镶条　b）斜镶条

3）压板镶条调节间隙。如图 3-2-13 所示，T 形压板用螺钉固定在运动部件上，运动部件内侧和 T 形压板之间放置斜镶条，镶条不是在纵向有斜度，而是在高度上做成倾斜。调整时，借助压板上几个推拉螺钉使镶条上下移动，从而调整间隙。三角形导轨的上滑动面能自动补偿，下滑动面的间隙调整和矩形导轨的下压板调整底面间隙的方法相同；圆形导轨的间隙不能调整。

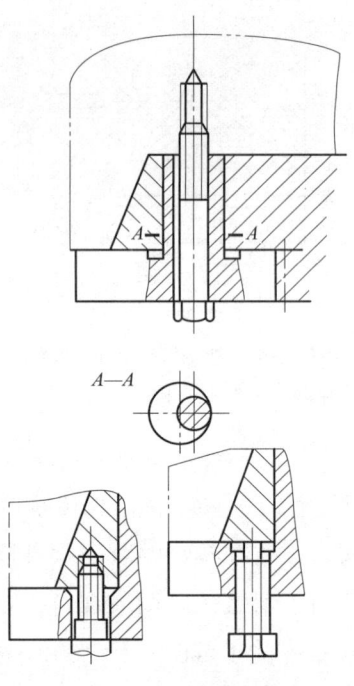

图 3-2-13 压板镶条调整间隙

（3）静压导轨的调试方法。静压导轨是由许多油腔组成的，属于超静定系统，因此，静压导轨要经过认真调试才能得到较好的效果。静压导轨的调试方法见表 3-2-11。

表 3-2-11 静压导轨的调试方法

调试项目	说明
浮起量（油膜厚度）调试	（1）导轨浮起的条件。调整静压导轨时首先要建立纯液体摩擦，使导轨能够浮起来。从机床的液压系统引入液压油后，应当满足以下条件：$$\Sigma P_1 \times A \times C_p = W$$ 式中　W——负载，N； 　　　P_1——受负载后油腔的压力，Pa； 　　　A——单个油腔的面积，m^2； 　　　C_p——承受面积系数。 工作台的台面开始上浮。此时可在工作台的四个角安装百分表，调整节流阀，并利用百分表检测、控制导轨各角端的浮起量，使之相等 （2）开式静压导轨调试。调试开式静压导轨浮起量时，如果压力升到一定值后工作台仍不浮起，应检查节流阀是否堵塞，以及由节流阀到各油腔的管道是否有死弯及堵塞现象，或各油腔是否有大量漏油的现象 （3）闭式静压导轨调试。调试闭式静压导轨浮起量时，应注意到由于主副导轨各油腔差别很大，有的要上抬，有的要下拉，而使工作台产生受力不均匀的现象，这种现象随着压力升高会变得越发严重。在初步调试时要观察各个油腔的回油情况，找出工作不正常的地方

续表

调试项目	说明
油膜刚度调试	静压导轨调整油膜刚度是调试的关键阶段，调试结果决定静压导轨工作性能的好坏。导轨一般都较长，在全长范围内各段加工精度总有差异，而静压导轨又是多支点的超静定系统，因此对于每一个油腔都要仔细认真地进行调整。调整时应注意以下几点： （1）工作台各点的浮起量应相等，并控制好最佳原始浮起量 A（油膜厚度）。 （2）各油腔均需建立起压力，并应使各油腔中的压力 p_1 与进油压力 p_s 之比接近于最佳值。 （3）在工作台全部行程范围内，不得使有油腔中的压力为零或等于进油压力 p_s。

三、机床工作台调试

龙门刨床是机床中较典型的直线导轨长床身设备，主要用于加工大型零件上各种直线性表面或组合表面。龙门刨床按其结构特点可分为单臂龙门刨床和双臂龙门刨床。龙门刨床一般组成部件有床身、工作台、左右立柱、固定架梁、横梁、进刀箱、两个侧刨刀架和两个垂直刨刀架，此外还有操纵装置、控制装置、电气设备和液压及润滑系统等，如图 3-2-14 所示。

1. 龙门刨床安装流程

龙门刨床由于其质量较大、尺寸较大，不便于整体搬运，因而基本上都是解体分部件装箱运送到安装地点，再进行就位、组装和调试。在安装调试过程中，找正、找平的关键零部件是龙门刨床的床身、立柱、工作台、横梁和变速箱等，而且这些零部件安装时必须做到装一件检查测量一件。对于在安装技术文件及机床说明书中未要求拆卸的零部件尽量不要拆卸，以避免造成不必要的精度破坏。大型龙门刨床的安装流程一般可分为如下几步。

（1）基础标高及尺寸检测。
（2）初步找平，调整垫铁的标高。
（3）床身就位及安装。
（4）立柱和连接梁安装。
（5）横梁安装，升降机构及垂直刀架安装。
（6）侧刀架和平衡锤安装。
（7）主传动装置安装，润滑系统安装。

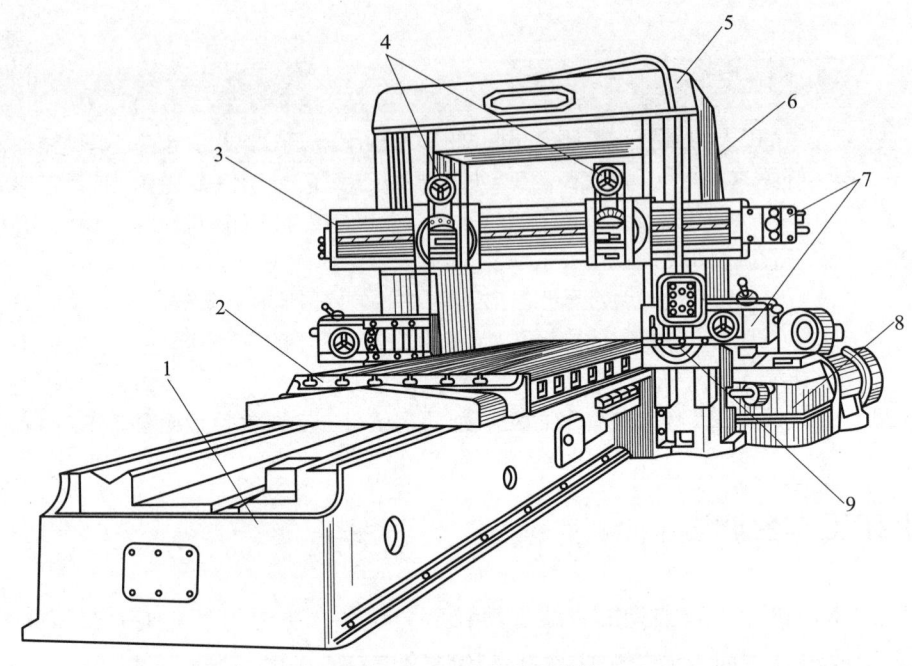

图 3-2-14 龙门刨床的结构
1-床身 2-工作台 3-横梁 4-垂直刨刀架 5-架梁 6-立柱
7-进给箱 8-变速箱 9-侧刨刀架

（8）电气设备安装及配线。

（9）工作台安装。

（10）试运转及安装精度检测。

2. 工作台安装与调试

安装工作台之前，必须首先对控制工作台运动的电气系统、液压系统及影响工作台润滑的润滑系统进行调试。调试的内容有以下几项。

（1）试验换向开关是否准确可靠。开动驱动系统，使多头蜗杆转动，然后用手拨动换向开关，观察多头蜗杆能否按规定准确地正反转，以保证工作台安装后能正确运行。

（2）试验机床的快速和慢速运动。

（3）试验油压和润滑系统工作是否正常。

全部试验运转合格后，方可进行工作台安装。

安装工作台时，应将床身及工作台下部的导轨面、齿条及蜗杆表面擦洗干净，严格防止污物影响配合精度或破坏配合面。吊装工作台的机具必须稳妥可靠，吊点、捆扎方法必须符合要求。工作台吊起后，要保持其基本水平；就位时要缓慢平稳，注意齿条与多头蜗杆啮合准确,在工作台移向蜗杆时不得发生冲击,以免碰伤齿面。齿条端部啮合应有 3~4 个齿,齿数啮合不足时不准开动机床。啮合间隙可用涂色法和压铅法检查,不符合要求时应进行调整。

3. 试运转及精度检验

安装好工作台以后,进行机床试运转和精度检验,这是一项重要而细致的工作,必须有能熟练操作机床的人员参加。龙门刨床的试运转工作,可按下列顺序进行。

(1) 工作台运动。先进行"步进""步退""前进""后退""停止"等各按钮的点动和分项试验,然后开动工作台连续往复运动,在第一个往复运动过程中,应特别注意行程换向开关和挡块的配合作用,严格防止动作失灵使工作台冲出床身导轨发生事故。通过往复运行几次后,调整工作台的运行速度,使其分别处于"低速""中速"和"高速"状态下空载运行。

(2) 刀架及进刀箱运动。先用手柄及手轮操作各刀架运动,观察各个方向运动是否灵活,然后开"快速移动",最后开"自动进刀",观察各刀架在各种进刀量时进刀的准确性。

(3) 横梁升降及夹紧。应注意横梁在升降开始前,夹紧机构先行自动松开;横梁升降完成后,夹紧机构则又自动锁紧。横梁在升降过程中应平稳。

(4) 在上述试验过程中,应随时检查润滑系统工作是否正常,润滑油量是否充足、清洁,并注意机床运转时不应有噪声,工作台换向时不应有冲击。

机床试运转合格后,交由使用单位精刨工作台面,刨削深度不应超过 1 mm;然后对机床的精度进行全面检查,检查内容有工作台在垂直平面内移动的直线度和工作台移动的倾斜度,工作台在水平面内移动的直线度。

学习单元 3 精密机械设备精度超差的原因分析

一、精密机械设备常见几何精度超差的原因分析

机械设备的几何精度是保证工件加工精度最基本的条件。几何精度是指机械设备

基准部件的几何形状精度、尺寸精度以及空间位置精度等所组成的精度,是在机床不切削的情况下进行检测的静态精度。精密磨床几何精度主要检测项目有砂轮主轴的回转精度、床身导轨的直线度、工作台的平面度、工作台移动方向与砂轮轴线的平行度、头架和尾座的中心连线对工作台移动的平行度等。

1. 精密机械设备几何精度超差的主要原因

(1) 零部件的制造误差。如机床导轨的直线度误差。

(2) 装配位置的累积误差。如各部件装配后,使得原有零件的加工误差累积后影响了装配后的位置精度。

(3) 装配中的校正环节出现偏差而影响设备的几何精度。如用激光检测时,由于环境温度变化等因素,使激光束变形、漂移或不稳定,降低了测量精度。

(4) 总装后的变化因素影响几何精度。如温度、负荷、磨损等对设备几何精度的影响。

2. 影响磨床几何精度的原因

(1) 砂轮主轴的回转精度。砂轮主轴的回转精度指砂轮主轴前端的径向圆跳动和轴向窜动。砂轮主轴带动砂轮高速旋转以完成磨削的主运动,其回转精度直接影响工件的加工精度及表面质量。例如,当砂轮主轴径向圆跳动超差时,工件表面会出现直波形振痕;当轴向窜动大时,工件表面会出现螺纹形痕迹;若两者均超差,还会使磨削作用力不均匀,引起工件圆度与端面圆跳动超差。

一般外圆磨床、平面磨床砂轮主轴的径向、轴向跳动公差为 $0.005 \sim 0.01$ mm,高精度磨床的公差应小于 0.005 mm。

(2) 头架主轴的回转精度。头架主轴用于带动工件做圆周进给运动。在内、外圆磨床上,头架主轴的回转运动误差会使工件表面不圆或端面不平;在螺纹磨床上会使被磨削螺纹产生螺距误差。

(3) 导轨精度。导轨精度是指导轨在空载和切削时所具有的导向精度。导向精度是指运动部件沿导轨运动时的直线度以及其他运动与基面之间的相互位置的准确性。运动部件的轨迹误差必定引起工件的尺寸误差和几何误差,其中包括以下几个方面。

1) 工作台在垂直平面内移动的直线度误差。图 3-2-15 所示为工作台移动的直线度误差对加工精度的影响,在内、外圆磨床上表现为工件中心高度发生变化,引起工件直径变化,影响其素线的直线度。但是由于工件的位移量 h 是在砂轮的切线方向(见图 3-2-15a),由此引起的直径变化并不大,因此对加工精度影响不明显。但是,在平面磨床上磨削平面时,这项误差使工件在法线方向产生位移(见图 3-2-15b),工作台的误差 h 将直接反映在工件上(使磨削出的平面产生平面度或位置度误差)。

2)工作台在水平面内移动的直线度误差。如图 3-2-15c 所示,对于内、外圆磨削来说,产生的位移 h 在砂轮的法线方向上直接影响工件的加工精度。用砂轮端面磨削工件垂直面时,直线度误差也直接反映到工件表面上,影响位置精度。

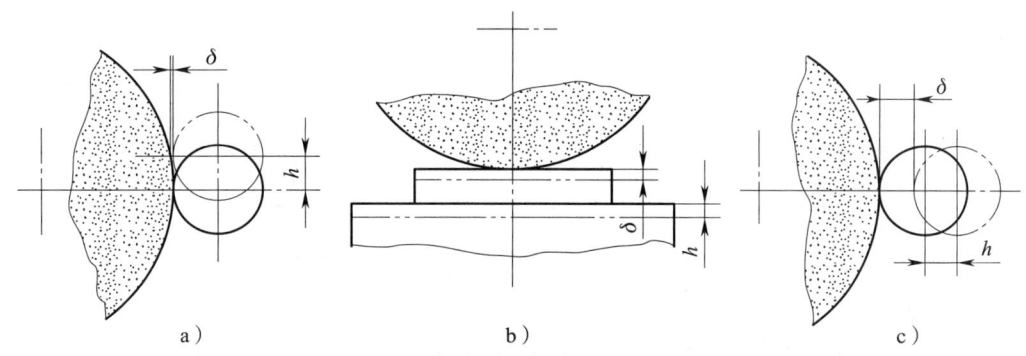

图 3-2-15 工作台移动的直线度误差对加工精度的影响
a)工件在砂轮切线方向产生位移(内、外圆磨) b)工件在砂轮法线方向产生位移(平面磨)
c)工件在砂轮法线方向产生位移(内、外圆磨)

3)导轨的平行度误差。如果导轨的平行度超差,工作台移动时将发生倾斜,无论内、外圆磨削或平面磨削,都会使工件产生相对于砂轮沿接近法线方向的位移,对加工精度影响较大。图 3-2-16 所示为工作台移动时发生倾斜对外圆磨削的影响。

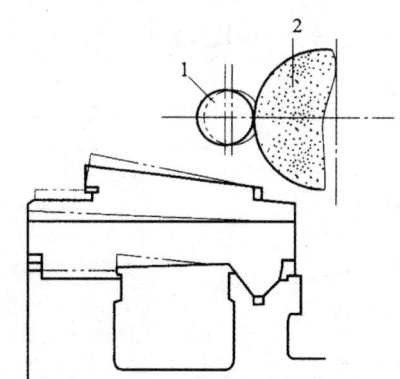

图 3-2-16 工作台移动时发生倾斜对外圆磨削的影响
1—工件 2—砂轮

上述三项误差对修整后砂轮的圆周工作面影响很大。如果工作台移动只有水平面内的直线度误差,则修整后的砂轮为圆锥体;如果只有垂直面内的直线度误差,则修整后的砂轮是双曲线形。磨床上的砂轮架导轨在水平面内存在的直线度误差对加工表面的影响如图 3-2-17 所示。当砂轮架前后移动时，砂轮主轴中心线方向将产生偏斜，如图 3-2-17a 所示。若采用切入法磨削时，则工件产生锥度，如图 3-2-17b 所示。修整后的砂轮移动到磨削位置时，砂轮的工作表面与工作台移动方向不平行，使砂轮单边接触工件，从而出现螺旋形痕迹，如图 3-2-17c 所示。砂轮的修整位置与磨削位置应尽量接近，这样就能大大减小导轨直线度误差对工件加工精度的影响。

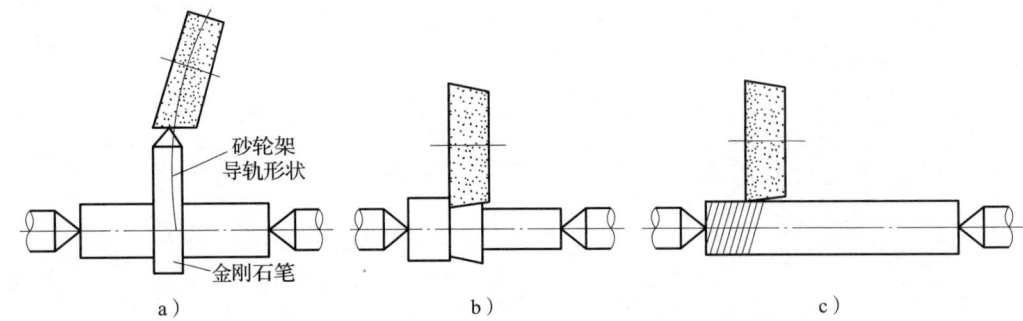

图 3-2-17　工作台移动时砂轮主轴中心线发生倾斜对外圆磨削的影响
a）砂轮修整时的位置　b）切入法磨削工件　c）纵向法磨削工件

（4）工件之间的相互位置精度

1）砂轮主轴中心线与工件中心线不等高。在外圆磨床上，砂轮主轴和内圆磨具的中心线与工件轴线不等高对加工精度的影响如图 3-2-18 所示。磨削圆锥面时将使工件产生形状误差。

磨削外圆锥时，锥体素线形成中凹的双曲线形，如图 3-2-18a 所示；磨削内圆锥时，锥体素线形成中凸的双曲线形，如图 3-2-18b 所示。考虑头架的热变形影响，工件的中心线可略低于砂轮主轴的中心线。

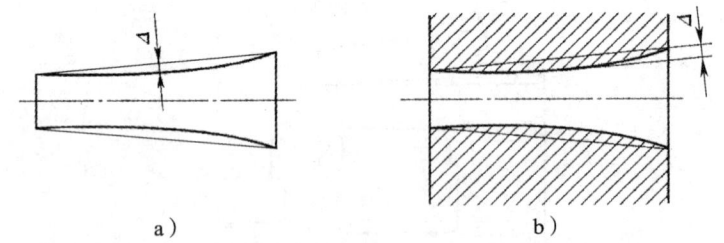

图 3-2-18　砂轮主轴和内圆磨具的中心线与工件轴线不等高对加工精度的影响
a）磨削外圆时　b）磨削内圆时

2）砂轮主轴中心线对工作台移动方向的平行度误差。此误差对加工精度的影响如图 3-2-19 所示，这一误差会影响工件端面磨削后的平面度，对大端面影响更大。例如，主轴中心线低头或翘头，都会使工件端面成凸面，如图 3-2-19 a、b 所示；砂轮主轴向后偏，工件端面成凹面，如图 3-2-19c 所示；砂轮主轴向前偏，工件端面成凸面，如图 3-2-19d 所示。

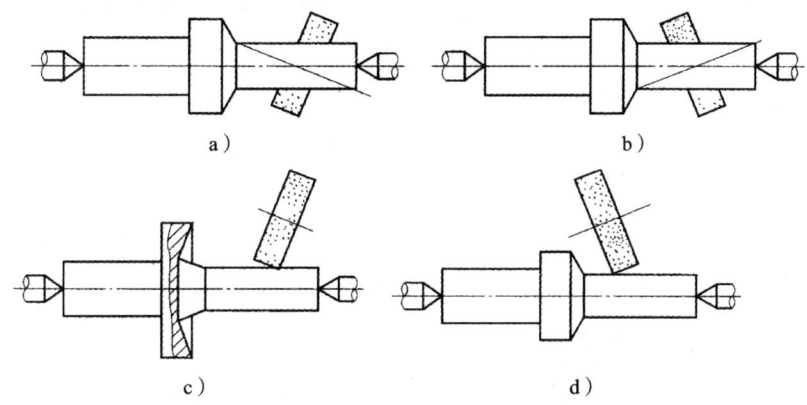

图 3-2-19 砂轮主轴中心线对工作台移动方向的平行度误差对加工精度的影响
a) 主轴轴线低头 b) 主轴轴线翘头 c) 主轴向后偏 d) 主轴向前偏

3) 头架和尾座的中心连线对工作台移动方向在垂直平面内的平行度误差。此误差对加工精度的影响如图 3-2-20 所示，这一误差使装夹在两顶尖间的工件倾斜一个角度 α。磨外圆时工件将产生两头大、中间小的细腰形，如图 3-2-20 a 所示；磨端面时工件将形成凸面，如图 3-2-20 b 所示。倾斜角 α 越大，产生的误差越大。

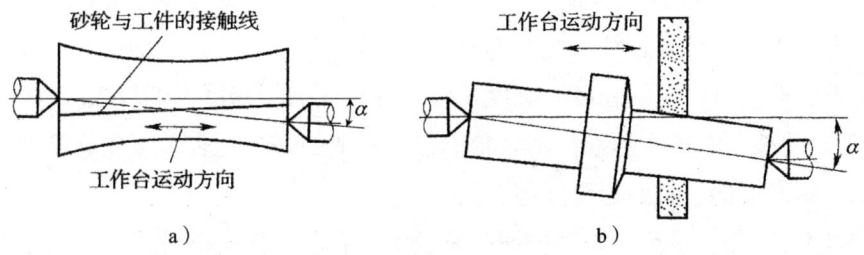

图 3-2-20 头架和尾座的中心连线对工作台移动方向在垂直平面内的平行度误差对加工精度的影响
a) 磨外圆时 b) 磨端面时

此外，由图 3-2-21 所示砂轮主轴热变形示意图可知，机床的热变形使工件加工精度受到影响，导致螺纹磨床的螺距误差和齿轮磨床的齿距误差等，这些都应引起高度注意。

3. 影响磨削加工表面粗糙度的原因

磨削时，磨削速度很高，砂轮表面有无

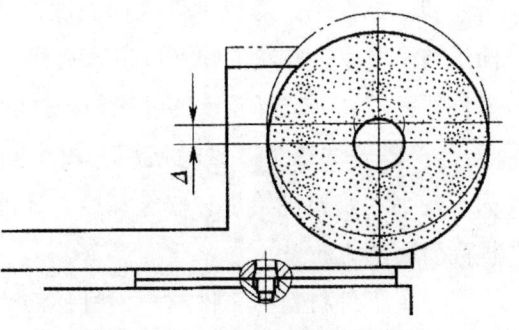

图 3-2-21 砂轮主轴热变形示意图

数颗磨粒,每颗磨粒相当于一个刀刃。磨粒大多为负前角,单位切削力比较大,故切削温度很高,磨削点附近的瞬时温度可高达 800~1 000 ℃,这样高的温度常引起被磨削表面烧伤,使工件变形和产生裂纹。同时,由于磨粒大多数为负前角,且磨削厚度很小,所以,加工时大多数磨粒只在工件表面挤压而过,工件材料受到多次挤压,反复出现塑性变形。磨削时的高温更加剧表面塑性变形,造成表面粗糙度值增大。

影响磨削表面粗糙度的因素很多,主要有砂轮的线速度、工件的线速度、纵向进给量、横向进给量、砂轮的性质及工件材料等。

(1)砂轮的线速度。随着砂轮线速度的增加,在同一时间里参与切削的磨粒数也增加,每颗磨粒切去的金属厚度减小,残留面积也减小,而且高速磨削可减小材料的塑性变形,使表面粗糙度值降低。

(2)工件的线速度。在其他磨削条件不变的情况下,随着工件线速度的降低,每颗磨粒每次接触工件时切削厚度减小,残留面积也小,因而表面粗糙度值降低。但工件线速度过低时,工件与砂轮接触的时间长,传到工件上的热量增多,甚至会造成工件表面金属微熔,反而使表面粗糙度值增加,而且还增加了表面烧伤的可能性。因此,通常取工件线速度等于砂轮线速度的 1/60。

(3)进给量。采用纵磨法磨削时,随纵向进给量的增加,表面粗糙度值也增加;采用横向磨削时,增加横向进给量会增大表面粗糙度值。

光磨即无进给量磨削,是提高磨削表面质量的重要手段之一。光磨次数多,表面粗糙度值低。砂轮的粒度越细,光磨的效果就越好。

(4)砂轮性质。砂轮的粒度、硬度及修整等对表面粗糙度影响较大。

1)砂轮的粒度。粒度越细,则砂轮单位面积上的磨粒越多,每颗磨粒切去的金属厚度越小,刻痕也细,表面粗糙度值就低。

2)砂轮的硬度。砂轮太软,则磨粒易脱落,有利于保持砂轮锋利,但很难保证砂轮表面微刃的等高性。砂轮如果太硬,磨钝了的磨粒不易脱落,会加剧与工件表面的挤压和摩擦作用,造成工件表面温度升高,塑性变形加大,并且还容易使工件产生表面烧伤。所以,砂轮的硬度以适宜为好,主要根据工件的材料和硬度进行选择。通常,工件硬度较高,选择较软的砂轮;工件硬度较低,选择较硬的砂轮。

3)砂轮的修整。砂轮使用一段时间后就必须进行修整,以获得锋利和等高的微刃。较小的修整进给量和修整深度,还能大大增加砂轮切削刃的个数。这些均有利于提高表面加工质量。

(5)工件材料。工件材料的性质对表面粗糙度影响较大,太硬、太软、太韧的材料都不容易磨光。材料太硬时,磨粒很快钝化,从而失去切削能力;材料太软时砂轮很容易被堵塞；韧性太大且导热性差的材料容易使磨粒早期崩落。这些都不利于获得低的表面粗糙度值。

此外，切削液的选择与净化、磨床的性能、操作人员的技能水平等对磨削表面粗糙度均有不同程度的影响，也是不可忽视的因素。

二、外圆磨床精度超差的原因分析

外圆磨床主要用来加工回转体零件的外圆或内孔（配备内圆磨具时），反映其加工精度的主要项目有圆度、圆柱度、表面粗糙度。影响外圆磨床加工精度的因素很多，主要有机床的几何精度（静态精度）和机床的动态精度（包括头架、磨头主轴的刚度，床身导轨的刚度，机床的热变形稳定性，工作台的低速爬行性能等）。对于机床装配来说，掌握哪些精度对加工精度影响显著，哪些影响不显著，有利于掌握装配工艺重点，保证机床装配质量和效率。

1. 机床几何精度对工件尺寸精度的影响

（1）床身导轨精度对加工精度的影响。床身导轨精度包括导轨本身在水平面、垂直面内的直线度，还包括两导轨的平行度，这几项精度对加工精度的影响主要表现在对零件尺寸精度的影响。

1）床身导轨在垂直面内的直线度误差对工件尺寸精度的影响。床身导轨在垂直面内的直线度误差对工件直径的影响如图 3-2-22 所示，也可以用下列误差公式近似表示：

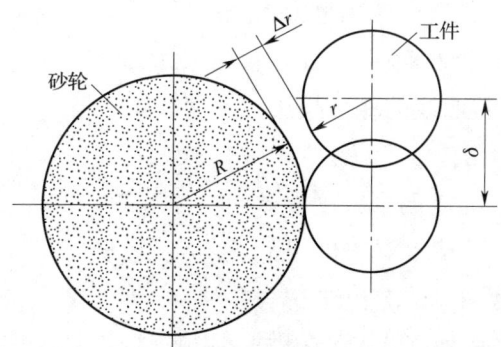

图 3-2-22 床身导轨在垂直面内的直线度误差对工件直径的影响

$$\Delta r = \delta^2 / [2(R+r)]$$

式中　Δr ——工件磨削直径的变化量，mm；

δ——工件中心与砂轮中心的高度差，mm；

R——砂轮半径，mm；

r——工件的公称半径，mm。

由于 δ 很小，而 R 和 r 一般很大，所以 Δr 是很小的。例如，$\delta=0.04$ mm，$R=200$ mm，$r=50$ mm 时，$\Delta r \approx 3 \times 10^{-6}$ mm。由此可见，床身导轨在垂直面内的直线度误差对工件尺寸的直接影响很小。但当这一误差太大时，将使头、尾架主轴发生倾斜，从而改变顶尖距，对加工精度有较大影响。因此，需要将此项精度控制在适当范围内。

2）床身导轨在水平面内的直线度误差对工件尺寸精度的影响。这项精度主要是针对 V 形导轨而言的，当床身导轨存在这项误差时，将使头、尾架的中心连线在水平面内偏转一个角度（见图 3-2-23），这个偏转量可用下式表示：

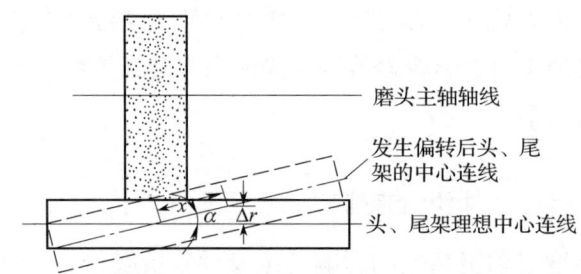

图 3-2-23 床身 V 形导轨在水平面内的直线度对工件尺寸精度的影响

$$\Delta r = x \sin\alpha$$

式中　Δr——工件轴线某一点相对于磨头主轴轴线的偏移量，mm；

　　　x——工件轴线某一点与砂轮中心截面的距离，mm；

　　　α——因导轨直线度误差引起的工件轴线相对于磨头主轴轴线的偏转角。

其结果是工件外圆在局部范围内呈锥体形，在全长范围内则是一个曲面体，该曲面体的母线是床身导轨误差曲线的相似投影，因此，这是一项影响较大的误差因素。

3）两导轨在垂直平面内的平行度误差对加工精度的影响。这项精度对工件尺寸精度的影响如图 3-2-24 所示。若以 V 形导轨作基准导轨，假设平导轨在水平面内有一个倾斜量，将导致工作台在横向偏转 α 角，则此项误差对工件尺寸精度的影响可用以下误差公式表示：

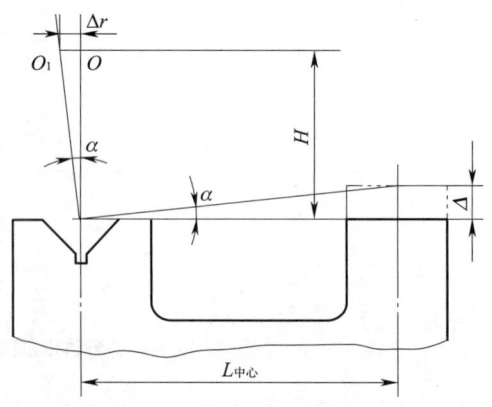

图 3-2-24 床身导轨在垂直平面内的平行度对工件尺寸精度的影响

$$\Delta r = H\tan\alpha = H \times \frac{\Delta}{L_{中心}}$$

式中 Δr——工件直径变化量，mm；

α——导轨平行度误差（角度值）；

Δ——导轨平行度误差（线性值），mm；

H——头、尾架顶尖中心高，mm；

$L_{中心}$——V形导轨和平导轨中心截面间的距离，mm。

这是一项线性误差，且 $H/L_{中心}$ 的值较大，因而是一项显著性误差因素。

（2）床身导轨精度对砂轮修整的影响。床身导轨的直线度及平行度误差将影响砂轮的修整，其影响效果与对工件尺寸精度的影响效果类似。当在水平面、垂直面内均有直线度或平行度误差时，可以证明，修整出的砂轮切削面是一个双曲面，母线是一条双曲线，其方程为：

$$y^2 - \left(\tan^2\alpha + \frac{\tan^2\beta}{\cos^2\alpha}\right)x^2 - Dx\tan\alpha - \frac{D^2}{4} = 0$$

式中 D——砂轮直径；

α、β——导轨的误差（角度值）。

用这样的砂轮磨削外圆，将产生形状误差并影响表面粗糙度。图3-2-25所示为床身导轨精度对砂轮修整的影响。

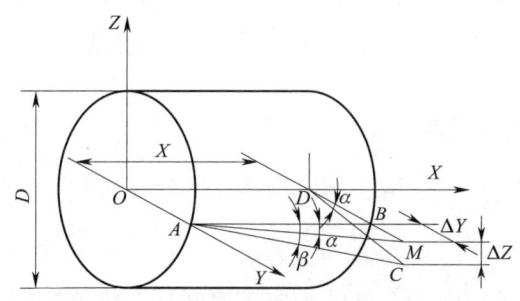

图3-2-25 床身导轨精度对砂轮修整的影响

（3）磨头、头架、尾架位置精度对加工精度的影响

1）磨头、头架、尾架的等高度对工件尺寸精度的影响。磨头、头架、尾架的等高度误差将使头架、尾架中心连线与砂轮主轴轴线在空间发生偏移，此时，磨出的工件表面将是一个双曲面。

2）头架、尾架中心连线对磨头主轴轴线在水平面内的平行度误差对工件尺寸精度的影响。当产生该项误差时，磨出的工件外形将是一个锥体，即砂轮成角度磨削，表面有螺旋形磨纹。

3）磨头移动对床身导轨的垂直度误差对加工精度的影响。这项误差的最终影响结果是使主轴轴线与头架、尾架中心连线发生偏移。在磨轴肩端面时，将造成轴肩端面与工件轴线的垂直度误差；磨外圆时，将影响表面粗糙度，产生螺旋形磨纹。

2. 机床动态刚度对加工精度的影响

这里所说的机床动态刚度，主要指磨头主轴部件的动态刚度、头架主轴的刚度及床身、拖板导轨（带滚珠框）的刚度。当前两项刚度降低时，将在切削加工时使主轴发生挠性变形或让刀；后两项刚度降低时，将影响机床的几何精度，从而影响加工精度。

3. 机床进给精度对加工精度的影响

这里的进给精度主要是指工作台的低速爬行性能及磨头的进给精度。当这方面的精度降低时，将主要影响砂轮修整面的精度，从而影响零件的表面粗糙度。

4. 机床热变形对加工精度的影响

由于磨床中存在较多的热源，主要有电动机、油箱、液压泵以及切削热、主轴运转过程的发热等。而磨床的加工精度要比一般机床高，因此，这些热源对机床热变形的影响成为一个不容忽视的误差影响因素。这些热源的存在，将导致机床各部位产生温差，从而导致机床导轨、主轴、轴承及磨削表面等的热变形，影响加工精度。

5. 机床精度对加工精度的影响汇总

根据以上分析，列出了外圆磨床精度对加工精度的影响，见表3-2-12，供装配修理时参考。

表 3-2-12 外圆磨床精度对加工精度的影响

序号	机床精度项目	误差来源	对加工精度影响			
			圆度	圆柱度	轴肩对工件轴线的垂直度	表面粗糙度
1	机床导轨在垂直面内的垂直度	（1）导轨加工精度 （2）导轨安装精度 （3）导轨热变形	+	++	+	+

续表

序号	机床精度项目	误差来源	对加工精度影响			
			圆度	圆柱度	轴肩对工件轴线的垂直度	表面粗糙度
2	机床导轨在水平面内的直线度（对V形导轨而言）	（1）导轨加工精度 （2）导轨热变形		+++	++	+
3	机床导轨在垂直平面内的平行度	（1）导轨加工精度 （2）导轨安装精度 （3）导轨热变形		+++	++	+
4	头架主轴的轴向窜动	（1）装配误差（轴承间隙） （2）轴承精度 （3）主轴加工精度			++	++
5	头架主轴轴线的径向跳动	（1）主轴加工精度 （2）主轴装配精度 （3）头架前后体孔同轴度	++	++		++
6	头架主轴轴线相对工作台移动的平行度	（1）头架、尾座移置导轨对工作台移动的平行度 （2）床身导轨误差 （3）工作台漂移	+	++		
7	头架、尾座顶尖中心连线对工作台移动的平行度	（1）头架、尾座的等高度 （2）工作台移置导轨对工作台移动的平行度 （3）床身导轨精度		+++	++	+
8	磨头主轴的轴向窜动	（1）装配误差 （2）主轴加工误差（定位轴肩面与主轴轴线的垂直度误差）			++	++
9	主轴定心锥面的径向跳动	（1）装配误差 （2）主轴加工误差	+++			+++
10	磨头主轴轴线对工作台移动的平行度	（1）装配误差 （2）垫板导轨对床身导轨的平行度		+++	++	+

续表

序号	机床精度项目	误差来源	对加工精度影响			
			圆度	圆柱度	轴肩对工件轴线的垂直度	表面粗糙度
11	磨头移动对工作台移动的垂直度	（1）装配误差 （2）垫板导轨对床身导轨的垂直度		++	+++	
12	机床热变形	（1）机床热源 （2）机床外热源	++	++	++	
13	机床振动	（1）运动件不平衡 （2）机床部件刚度低 （3）头架、尾座、磨头主轴刚度低	++			+++

注：相应栏中"+"越多，表示影响越大。

三、内圆磨床精度超差的原因分析

1. 内圆磨床概述

内圆磨床是主要用于磨削圆柱形和圆锥形内表面的磨床，适用于加工工件的圆柱形、圆锥形或其他形状素线展成的内孔表面及其端面。内圆磨床的特点有以下几方面。

（1）机床的进给及补偿由两个互不干涉的传动机构执行。进给系统具有定程磨削功能，采用手动或液动两种进给方式。后退距离可按需要调整，减少辅助时间。

（2）工作台启动手把设有安全联锁装置，确保装卸和测量工件时的安全性。

（3）机床砂轮轴最高转速为 24 000 r/min，以提高磨削小孔的质量。

（4）机床设有快调机构，因此退出砂轮进行测量或修整后不必重新手动对刀。

（5）工作台快退设有中停装置。

（6）根据需要机床可设有端面磨削装置，能保证工件内孔与端面的垂直度。

2. 影响内圆磨床精度的因素

（1）内孔表面粗糙和拉毛。在内圆磨削中，经常见到被磨削表面粗糙、磨削痕迹较深，有时还在孔壁出现拉毛等现象。这是由于砂轮磨杆（接长轴）偏调，磨头轴承间隙过大，引起砂轮在磨削过程中出现晃动，致使修整砂轮时无法修圆、平整，造成工件表面粗糙及拉毛现象。

（2）内孔呈椭圆形。内圆磨削中的变形可分为两种：一种是经过磨削后，工件没有从磨床上卸下就已经产生变形；另一种是工件由磨床上卸下后变形。前者是由于磨床主轴轴承间隙过大，轴承与主轴表面结合不好，两挡轴承回转中心不在同一轴线上而造成的。此外，还得考虑工件装夹是否合理（对外形不规则利用花盘加工的工件，应注意其平衡性）。此类变形一般为对称性变形。

（3）内孔产生锥形。这种缺陷如图 3-2-26 所示，主要是磨床头架轴线与工作台纵向进给方向不平行或砂轮轴线在垂直面内与工作台进给方向不平行而引起的，这时需要对磨床进行调整或维修。批量磨削中，若中途发现孔出现锥度，不要盲目调整磨床，因为砂轮磨钝或磨削堵塞，都可能造成工件孔壁厚相差过大，同时也会出现热膨胀不一致而导致内孔呈锥形。所以，应查明原因后再采取措施。

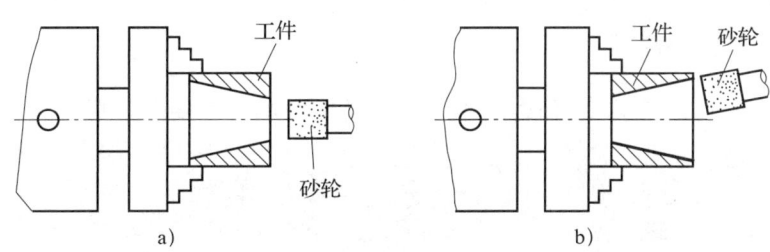

图 3-2-26　内孔产生锥形
a) 孔左大右小　b) 孔左小右大

（4）内孔出现喇叭形。被磨削内孔产生两头大、中间小的缺陷，一般来说，除了调节工作台面行程回向的距离准确性外，大多是由于磨杆（接长轴）细、刚度低，磨削过程中，在磨削力的作用下，促使磨杆让刀（弹性）而形成的喇叭形，在小深孔的磨削时更会出现这种缺陷。为了消除这种缺陷，可采用高速钢或硬质合金磨杆代替一般钢材磨杆，以便增大刚度，提高加工质量。

如果是内孔两端出现喇叭口，一般是砂轮在孔两端停留时间长或砂轮长度超出孔口长度太多而引起的。

（5）内圆磨床磨头出现易发热、旋转不灵活甚至卡住现象。出现这类问题主要是由于杂质与小砂粒进入注油孔内或进入轴承内。因为磨头本身的润滑系统要求每班加两次润滑油，如注油器具的脏物或磨头上加油口周围的砂粒随油直接进入轴承，最容易造成轴承发热、磨头旋转不灵活。

四、平面磨床精度超差的原因分析

平面磨床加工精度超差，总的来说有以下三方面的因素：一是机床的几何精度，包括机床各导轨面本身的形状精度及相互位置精度，磨头体主轴的形状精度及位置精度；二是机床的进给精度，主要指磨头体横向、纵向进给的准确性及均匀性；三是机床的定位精度，主要包括磨头体在横向和纵向的定位可靠性。

卧轴矩台平面磨床精度与加工精度关系的分析，考虑到实际加工中最普遍的情形，机床精度超差对工件各项精度的影响见表 3-2-13。加工精度的影响因素是多方面的，这里仅说明其中的主要因素。

由表 3-2-13 可以看出，磨头主轴与工作台面的相对位置精度对工件的平行度影响最大，床身导轨的平行度、机床安装水平对工件的平面度影响最大，磨头的主轴跳动对工件的表面粗糙度影响最大。此外，机床的振动、安装水平，以及环境温度对加工精度都有较大的影响。

表 3-2-13　卧轴矩台平面磨床精度对加工精度的影响分析

误差来源	误差项目	影响工件精度项目			
		表面粗糙度	平行度	垂直度	平面度
几何精度	工作台的平面度		+	+	+
	工作台纵向移动时的倾斜度		++		+
	磨头横向移动对工作台的平行度		+++		+
	磨头主轴的轴向窜动	++		++	+
	磨头主轴定心锥面的径向跳动	+++			
	砂轮轴中心线对工作台的平行度		++	++	
	磨头垂直移动对工作台面的垂直度			+++	
	床身导轨的平行度				+++
进给精度	台面速度不均匀	++			
	磨头进给不均匀		++		+
定位精度	磨头体垂直定位精度	++			
	磨头体横向定位精度	++		+	
	工作台T形槽相对于磨头主轴横向移动的垂直度		+	+	+

续表

误差来源	误差项目	影响工件精度项目			
		表面粗糙度	平行度	垂直度	平面度
其他	机床安装水平		++	++	++
	机床振动	++			
	机床热变形		++	++	++
	冷却液不清洁	++			
	砂轮磨钝	++			

注：相应栏中"+"越多，表示影响越大。

五、万能外圆磨床精度超差的原因分析

1. 万能外圆磨床概述

M1432A 型万能外圆磨床主要用于磨削内外圆柱面、内外圆锥面、阶梯轴肩以及端面和简单的成形回转体表面等。它属于普通精度级机床，磨削加工精度可达 IT7~IT6 级，表面粗糙度 Ra 值为 1.25~0.08 μm。这种磨床万能性强，但磨削效率不高，自动化程度较低，适用于工具车间、维修车间和单件小批量生产。

2. 万能外圆磨床的精度超差因素

（1）圆度超差的原因

1）磨床头架主轴轴承产生磨损，磨削时使主轴径向跳动超差。可调整轴承游隙或换新轴承。

2）尾架套筒磨损使配合间隙增大，磨削时在磨削力的作用下使顶尖位移，工件回转时造成不理想的圆形。可修复或更换尾架套筒。

（2）圆柱度超差的原因

1）头架主轴中心与尾架套筒中心不等高或套筒中心在水平面内偏斜，由于尾架经常沿上工作台表面移动造成磨损所致。可修复或更换尾架座，使其与头架主轴中心线等高和同轴。

2）纵向导轨的不均匀磨损，造成工作台直线度超差。可修复导轨面，重新校正导轨精度。

（3）磨削时工件表面出现有规律的直波纹

1）砂轮主轴与轴承、砂轮法兰盘相配合的轴径磨损，使径向圆跳动和全跳动超差。可修复或更换主轴。

2）砂轮主轴轴承磨损使配合间隙增大，当砂轮回转不平衡时，将使磨削产生振动。可调整或更换轴承。

3）砂轮主轴电动机轴承磨损后，磨削时电动机产生振动。可更换轴承。

（4）磨削时工件表面产生有规律的螺旋波纹

1）工作台低速爬行。可排出进入液压系统中的空气，疏通滤油器，保证液压系统的油压，以及修整导轨表面，减小摩擦。

2）砂轮主轴的轴向窜动。可调整轴承的轴向游隙或更换轴承。

3）砂轮主轴轴线与工作台导轨不平行。可修复导轨使其达到精度要求。

（5）磨削时工件表面产生无规律性波纹或振痕

1）所选砂轮硬度、粒度不当。可选择适当的砂轮。

2）砂轮修整不正确、不及时。应及时、正确地修整砂轮。

3）工件装夹不正确。顶尖与顶尖孔接触不良。可正确装夹工件，磨削工件前先研磨中心孔。

4）切削液中混有磨粒和切屑。可清洗滤油器，改善过滤效果。

5）切削液浑浊。去除切削液中的杂质。

学习单元4 精密机械设备精度调试

为了控制精密机械的制造质量，保证工件能够达到所需要的加工精度和表面粗糙度，在机械设备装配、安装和修理后，要按照机床的精度标准进行合理的检验与调试，使其达到国家规定的精度标准。本单元主要介绍磨床调试安全操作规程及常用磨床安装调试规范。

磨床调试安全操作规程如下。

（1）操作者必须熟悉本机床的性能、结构。

（2）按机床润滑要求，在各处加注规定的润滑油（脂）。

（3）床身油箱内，按油标指示高度加满油液。

（4）检查各润滑油路装置是否正常，油路是否畅通。

（5）手动检查机床全部机构的动作情况，保证没有不正常现象。

（6）严格检查砂轮及其运转情况，发现不平稳时要及时调整，如有裂纹及破损应立即更换。

（7）将操纵手柄置于关闭位置，特别是将磨头快速进给的操纵手柄置于退出位置，调节速度手柄应放在最低速位置。

（8）启动液压泵电动机，注意运转方向是否正确。

（9）开动砂轮时，应将液压传动开关手柄放在"停止"位置。

（10）液压系统中的管接头不得有泄漏现象。

（11）紧固工作台的换向撞块，以防止各运动部件在动作范围内相碰。

（12）操作时应先开动砂轮，后打开总液压控制阀，将砂轮座快速液压手柄缓慢移至当前位置，待砂轮座前移稳定后约离工件 5 mm 时，再转动主轴，用手动进给逐渐使砂轮与工件接触发出火花后，再开始工作。

（13）装卸和测量工件时，必须将砂轮退离工件并停车。

（14）发现机床运转不正常和润滑不良时，应立即停止使用并检查。

（15）调试完毕，应将各手柄放在非工作位置，切断电源，清理机床，保持清洁。

一、外圆磨床精度调试

1. 床身纵向导轨的直线度检验与调整

床身纵向导轨的直线度检验如图 3-2-27 所示。

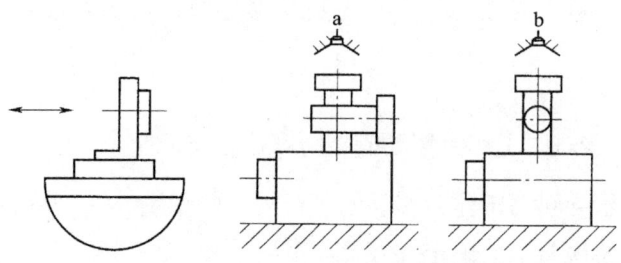

图 3-2-27　床身纵向导轨的直线度检验

（1）检验方法及误差值的确定

1）在垂直平面内

①将光学平直仪的反射镜放置在床身纵向导轨的专用检具上，平行光管放在床身

外面。

②移动检具，每隔一个检具长度记录一次读数，并画出导轨的误差曲线。

③误差曲线对其两端点连线间坐标值的最大代数差值即为全长误差。

④相邻两点相对误差曲线两端点连线坐标差的最大值即为局部误差。

2）在水平面内，将光学平直仪平行光管的目镜回转90°，按上述方法检验。

（2）超差调整。对比两条曲线的阴影区，修刮垂直和水平两个方向有余量的部分导轨面，修刮到水平、垂直两个方向的导轨直线度误差均有所减小后，再用上述检验方法测量一次导轨的直线度误差，依据测量结果综合分析后确定修刮部位。这就是逐渐趋近要求精度的修复方法。

2. 床身纵向导轨在垂直平面内的平行度检验与调整

床身纵向导轨在垂直平面内的平行度检验如图 3-2-28 所示。

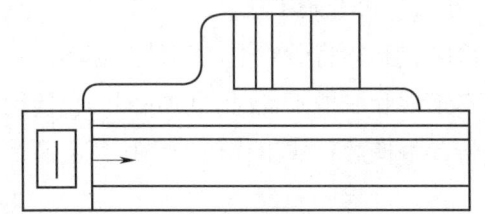

图 3-2-28　床身纵向导轨在垂直平面内的平行度检验

（1）检验方法及误差值的确定

1）在床身纵向导轨的专用检具上与检具移动方向垂直放置水平仪，移动检具进行检验。

2）水平仪读数的最大代数差值即为检验误差。

（2）超差调整。修刮导轨至要求。先刮 V 形导轨，达到要求后再刮研平导轨至与 V 形导轨平行。

3. 头架、尾架移置导轨对工作台移动的平行度检验与调整

头架、尾架移置导轨对工作台移动的平行度检验如图 3-2-29 所示。

（1）检验方法及误差值的确定

1）固定磁性表架，使百分表的测头触及头架、尾架移置导轨的各表面。

2）移动工作台依次进行检验。

3）百分表在任意 300 mm 上读数的最大代数差值即为局部误差，百分表在全长上读数的最大代数差值即为全长误差。

（2）超差调整。修刮下工作台的顶面；如仍然超差，则修刮上工作台的顶面至要求。

4. 头架主轴端部的圆跳动检验与调整

头架主轴端部的圆跳动检验如图 3-2-30 所示。

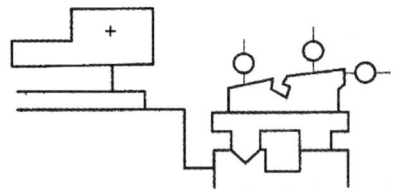

图 3-2-29　头架、尾架移置导轨对工作台移动的平行度检验

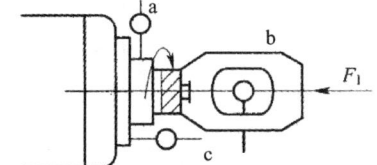

图 3-2-30　主轴定位轴颈的径向圆跳动、主轴轴向窜动、主轴定位轴肩的轴向圆跳动检验

（1）主轴定位轴颈的径向圆跳动

1）检验方法及误差值的确定

①固定百分表，使其测头触及主轴定位轴颈表面。

②转动主轴进行检验，百分表读数的最大差值即为主轴定位轴颈的径向圆跳动误差。

2）超差调整。对主轴前后四个轴承内外圈的振摆进行测量，并将测出的最高点做好标记，然后采用定向装配法装配轴承至要求。

（2）主轴的轴向窜动

1）检验方法及误差值的确定

①将专用检验棒插入主轴锥孔中。

②固定百分表，使其测头触及专用检验棒的端面中心处。

③转动主轴进行检验，百分表读数的最大差值即为主轴的轴向窜动误差。

2）超差调整。调整后轴承盖或调整圈的厚度至要求。

（3）主轴定位轴肩的轴向圆跳动

1）检验方法及误差值的确定

① 固定百分表，使其测头触及主轴定位轴肩支承面靠近边缘处。

② 转动主轴进行检验，百分表读数的最大差值即为主轴定位轴肩的轴向圆跳动误差。

2）超差调整。对主轴前后四个轴承内外圈的振摆进行测量，并将测出的最高点做好标记，然后采用定向装配法装配轴承至要求。

5. 头架主轴锥孔轴线的径向圆跳动检验与调整

头架主轴锥孔轴线的径向圆跳动检验如图 3-2-31 所示。

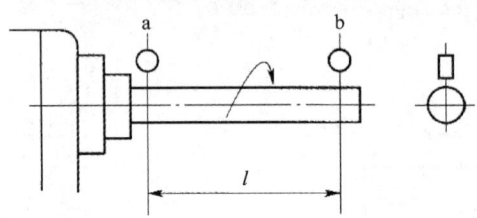

图 3-2-31　头架主轴锥孔轴线的径向圆跳动检验

（1）检验方法及误差值的确定

1）在头架主轴锥孔中插入检验棒。

2）固定百分表，使其测头触及靠近主轴端部的检验棒表面。

3）转动主轴进行检验，记下百分表读数的最大差值。

4）使百分表测头触及距离主轴 a 处的检验棒表面。

5）转动主轴进行检验，记下百分表读数的最大差值。

6）拔出检验棒，相对主轴锥孔转 90°，重新插入检验棒，如上所述进行检验，重复进行四次，百分表四次读数的平均值即为头架主轴锥孔轴线的径向圆跳动误差。

（2）超差调整。重新修磨头架主轴锥孔至要求。

6. 头架主轴轴线对工作台移动的平行度检验与调整

头架主轴轴线对工作台移动的平行度检验如图 3-2-32 所示。

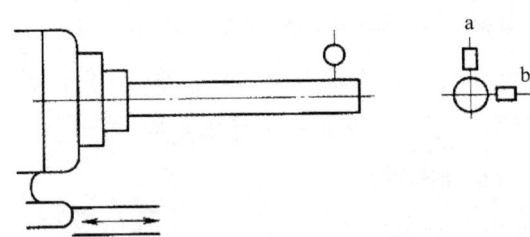

图 3-2-32　头架主轴轴线对工作台移动的平行度检验

（1）检验方法及误差值的确定

1）在头架主轴锥孔中插入检验棒。

2）固定百分表，使其测头依次分别触及垂直平面内的检验棒表面和水平面内的检验棒表面。

3）移动工作台，分别进行检验，并分别记下百分表读数的最大差值。拔出检验棒，相对主轴锥孔转 180° 重新插入锥孔中，再检验一次。

4）百分表两次读数代数和的一半即为头架主轴轴线对工作台移动的平行度误差（在垂直平面和水平面内要分别计算）。

（2）超差调整。修刮头架底面或底盘上平面至要求。

7. 头架回转时主轴轴线的同轴度检验与调整

头架回转时主轴轴线的同轴度检验如图 3-2-33 所示。

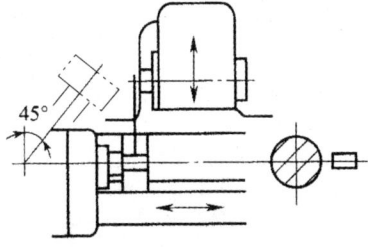

图 3-2-33　头架回转时主轴轴线的同轴度检验

（1）检验方法及误差值的确定

1）在头架主轴锥孔中插入专用检验棒。

2）将百分表固定在砂轮架上，使其测头触及检验棒表面，并记下读数。

3）使头架回转 45°，移动工作台和砂轮架，使百分表测头再次触及检验棒表面的原测点，并再次记下读数。

4）百分表两次读数的代数差即为头架回转时主轴轴线的同轴度误差。

（2）超差调整。修刮头架底座与上工作台的连接面至要求。

8. 尾架套筒锥孔轴线对工作台移动的平行度检验与调整

尾架套筒锥孔轴线对工作台移动的平行度检验如图 3-2-34 所示。

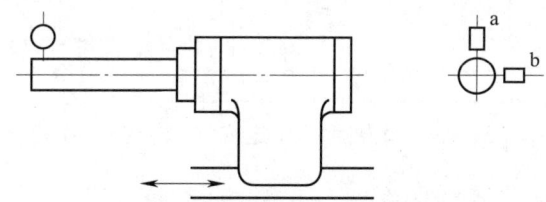

图 3-2-34　尾架套筒锥孔轴线对工作台移动的平行度检验

（1）检验方法及误差值的确定

1）将尾架紧固在距主轴顶尖 0.8 倍最大磨削长度处。

2）在尾架套筒锥孔中插入检验棒。

3）固定百分表，使其测头依次分别触及垂直平面内的检验棒表面和水平面内的检验棒表面。

4)移动工作台分别进行检验,并分别记下百分表读数的最大差值。

5)拔出检验棒,相对套筒锥孔转180°重新插入锥孔中,如上所述再检验一次。

6)百分表两次读数代数和的一半即为尾架套筒锥孔轴线对工作台移动的平行度误差(在垂直平面和水平面内要分别计算)。

(2)超差调整

1)在垂直平面内超差可修刮尾架体底平面至要求。

2)在水平面内超差可修刮尾架底面的侧平面至要求。

注:在垂直平面和水平面内同时超差时或一方超差时,应兼顾修刮尾架体底平面和底面的侧平面才能达到要求。

9. 头架、尾架顶尖中心连线对工作台移动的平行度检验与调整

头架、尾架顶尖中心连线对工作台移动的平行度检验如图 3-2-35 所示。

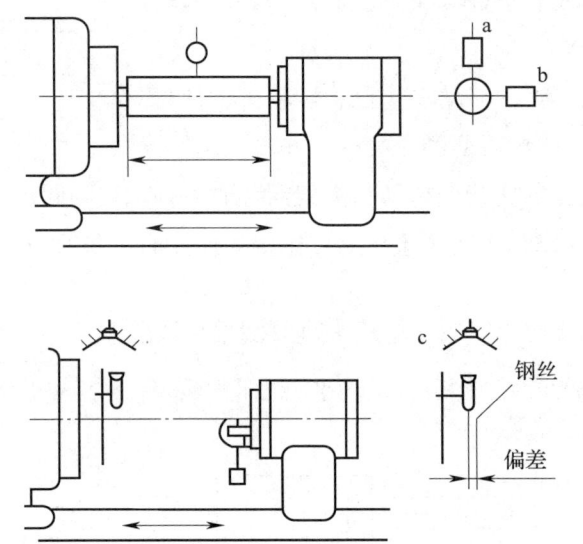

图 3-2-35 头架、尾架顶尖中心连线对工作台移动的平行度检验

(1)检验方法及误差值的确定

1)在头架、尾架顶尖间顶一个长度为最大磨削长度 0.8 倍的检验棒,但不大于 1 200 mm。

2)固定百分表,使其测头依次分别触及垂直平面内的检验棒表面和水平面内的检验棒表面。

3)移动工作台分别进行检验,百分表读数的最大代数差值即为头架、尾架顶尖中心连线在垂直平面和水平面内对工作台移动的平行度误差。

4）对磨削长度大于 1 500 mm 的机床，还应增加一个检验项目，即工作台移动在水平面内的直线度，其检验方法及误差值的确定如下。

①在头架、尾架间紧绷一根直径为 0.10 mm 的钢丝，钢丝的轴线与头架、尾架主轴轴线的连线同轴，并垂直固定显微镜。

②移动工作台进行检验，工作台每移动 280 mm 记录一次读数，画出误差曲线。

③误差曲线对其两端点连线间坐标值的最大代数差值即为工作台移动在水平面内的直线度误差。

（2）超差调整。修刮尾架底面和头架底盘的上平面至要求。

10. 砂轮架主轴端部的圆跳动检验与调整

砂轮架主轴端部的圆跳动检验如图 3-2-36 所示。

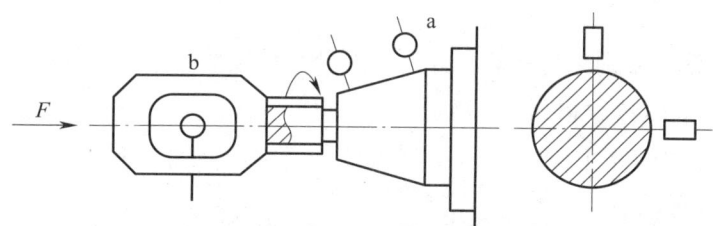

图 3-2-36　砂轮架主轴端部的圆跳动检验

（1）主轴定心锥面的径向圆跳动

1）检验方法及误差值的确定

① 固定百分表，使其测头依次分别垂直触及主轴锥面的两极限位置。

② 转动主轴进行检验，百分表读数的最大差值即为主轴定心锥面的径向圆跳动误差。

2）超差调整。拆开砂轮主轴副，检查并修复轴瓦或主轴颈，再按一定的步骤重新装配、调整至要求。

（2）主轴的轴向窜动

1）检验方法及误差值的确定

①固定百分表，使其测头垂直触及主轴中心孔内的钢球表面。

②转动主轴进行检验，百分表读数的最大差值即为主轴的轴向窜动误差。

2）超差调整。拆开砂轮主轴副，检查并修复轴瓦或主轴颈，再按一定的步骤重新装配、调整至要求。

11. 砂轮架主轴轴线对工作台移动的平行度检验与调整

砂轮架主轴轴线对工作台移动的平行度检验如图3-2-37所示。

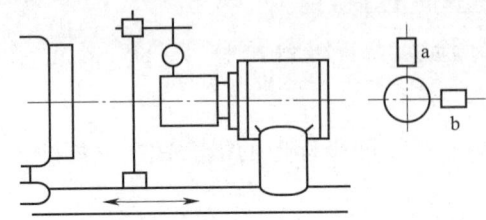

图3-2-37 砂轮架主轴轴线对工作台移动的平行度检验

（1）检验方法及误差值的确定

1）在砂轮架主轴定心锥面上装一个检验套筒。

2）固定百分表，使其测头依次分别触及垂直平面内的套筒表面和水平面内的套筒表面。

3）移动工作台分别进行检验，并记下百分表的读数。

4）将主轴转180°，再检验一次。

5）百分表两次读数代数和的一半即为砂轮架主轴轴线在垂直平面和水平面内对工作台移动的平行度误差。

（2）超差调整。修刮磨头底面至要求。

12. 砂轮架移动对工作台移动的垂直度检验与调整

砂轮架移动对工作台移动的垂直度检验如图3-2-38所示。

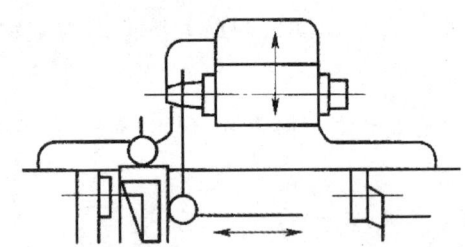

图3-2-38 砂轮架移动对工作台移动的垂直度检验

（1）检验方法及误差值的确定

1）在工作台的专用检具上放一个直角尺，调整直角尺使其一边与工作台移动方向平行。

2）将百分表固定在砂轮架上，使其测头触及直角尺的另一边。

3）移动砂轮架在全行程上进行检验，百分表读数的最大差值即为砂轮架移动对工作台移动的垂直度误差。

（2）超差调整。调整砂轮架下方的滑鞍座与床身的相对安装位置至要求。

13. 砂轮架主轴轴线与头架主轴轴线的同轴度检验与调整

砂轮架主轴轴线与头架主轴轴线的同轴度检验如图 3-2-39 所示。

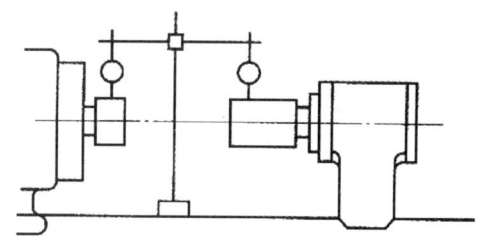

图 3-2-39　砂轮架主轴轴线与头架主轴轴线的同轴度检验

（1）检验方法及误差值的确定

1）在砂轮架主轴定心锥面上装一个检验套筒。

2）在头架主轴锥孔中插入一个与检验套筒直径相等的检验棒。

3）在工作台的桥板上放一个百分表，移动百分表，使其测头分别触及两个圆柱表面进行检验，百分表读数的代数差值即为砂轮架主轴轴线与头架主轴轴线的同轴度误差。

（2）超差调整

1）若头架主轴轴线高于砂轮架主轴轴线，则可在磨床上按超差值修磨上工作台的下底面（即与下工作台的连接面）。

2）若砂轮架主轴轴线高于头架主轴轴线，则可按超差值修磨砂轮架下方的滑鞍座与床身。

14. 内圆磨头支架孔轴线对工作台移动的平行度检验与调整

内圆磨头支架孔轴线对工作台移动的平行度检验如图 3-2-40 所示。

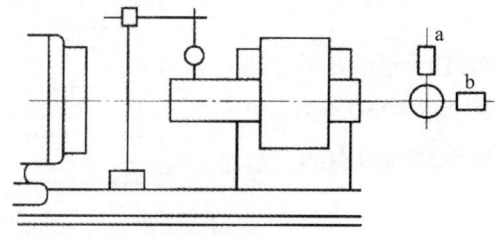

图 3-2-40　内圆磨头支架孔轴线对工作台移动的平行度检验

（1）检验方法及误差值的确定

1）在内圆磨头支架孔中插入检验棒。

2）将百分表固定在工作台上，使其测头依次分别触及垂直平面内的检验棒表面和水平面内的检验棒表面。

3）移动工作台分别进行检验，并分别记下百分表的读数。

4）将检验棒转180°，如上再检验一次。

5）百分表两次读数代数和的一半即为内圆磨头支架孔轴线对工作台移动的平行度误差（在垂直平面和水平面内分别计算）。

（2）超差调整。若垂直平面内超差，则可将内圆磨具支架座相对于砂轮头架的支座安装面偏转一个微小的角度；若水平面内超差，则修刮内圆磨具支架座的安装基面。

15. 内圆磨头支架孔轴线对头架主轴轴线的同轴度检验与调整

内圆磨头支架孔轴线对头架主轴轴线的同轴度检验如图3-2-41所示。

（1）检验方法及误差值的确定

1）在内圆磨头支架孔中装一个检验棒。

2）在头架主轴锥孔中插入一个直径相等的检验棒。

3）将百分表放在工作台的桥板上，移动百分表，使其测头分别触及两个检验棒的圆柱面进行检验，百分表读数的代数差值即为内圆磨头支架孔轴线对头架主轴轴线的同轴度误差。

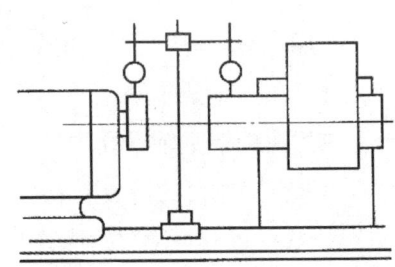

图3-2-41 内圆磨头支架孔轴线对头架主轴轴线的同轴度检验

（2）超差调整。松开用来紧固内圆磨具支架底座和支架壳体的螺钉，再将其两侧的螺钉拧下，同时取下两个垫圈，用旋具调节里面的球头螺钉，直到同轴度合格为止。

16. 砂轮架快速引进重复定位精度检验与调整

砂轮架快速引进重复定位精度检验如图3-2-42所示。

（1）检验方法及误差值的确定

1）固定百分表，使其测头触及砂轮架壳体，测头轴线应与砂轮架主轴轴线在同一水平面内。

2）将砂轮架快速引进，连续进行六次检

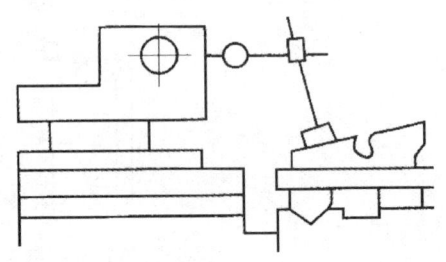

图3-2-42 砂轮架快速引进重复定位精度检验

验，百分表读数的最大差值即为砂轮架快速引进重复定位误差。

（2）超差调整

1）若快速引进机构装配精度不高，则应将快速引进机构拆下，重新检查、装配至要求。

2）若砂轮架导轨的直线度、平行度未达到要求，砂轮架导轨扭曲，则应重新检查导轨接触质量，将超差部分修复至要求。

3）若进给液压缸或进给丝杠轴线与砂轮架移动方向不平行，则应用检验棒重新找正支承孔（座）的位置，使其与导轨面平行。

二、内圆磨床精度调试

1. 内圆磨削工件内孔圆度超差的排除方法

检查头架轴承的实际间隙，调整轴承间隙到 0.008 mm 之内或更换轴承。

2. 内圆磨削工件内孔表面有鱼鳞形的排除方法

（1）认真修磨砂轮。

（2）修磨砂轮轴，使砂轮轴的径向圆跳动控制在 0.01 mm 以下。

3. 内圆磨削工件内圆表面有螺旋线的解决方法

用锋利的金刚石修圆砂轮，修整时应用小进给量，以防因砂轮轴刚度不足出现砂轮跳动，影响砂轮母线的平直性。

4. 内圆磨削工件内表面有多角形的排除方法

（1）检查卡盘的卡爪口是否有磨损，若有磨损，应该用铜皮垫在卡爪口上，然后再夹紧工件。

（2）检查、紧固头架主轴上的法兰座及卡盘。

（3）调整轴承间隙，磨损严重时应更换轴承。

5. 内圆磨床主轴"抱轴"的故障原因及排除方法

（1）主轴与轴承间隙过小。应严格按工艺要求对轴承间隙进行调整。

（2）主轴前后轴承不同轴。装配时要借用定心套，保证前后轴承的同轴度。

(3）主轴润滑油过少。应清洁润滑油及油箱，保证每六个月更换一次，使轴承有合适的输入油量，避免脏物嵌入轴瓦。

(4）主轴装配不符合要求。应重新装配并保证装配时各零件位置的正确性。

6. 内圆磨床床身导轨咬伤或拉毛的故障原因及排除方法

(1）脏物进入导轨面。应清洁润滑油，保持过滤器畅通。

(2）润滑油断绝。供给新鲜润滑油，并保证润滑稳定器工作正常。

(3）导轨油槽太短或位置不当。应开设合适的油槽，油孔基本上在磨头体相应位置，油槽不宜过短。

三、平面磨床精度调试

平面磨床在安装和修理后，往往需要对机床精度进行检查。通过采用试切法检查，根据试件的精度进行机床精度分析，并根据存在问题对机床进行调整，以达到机床所需要的精度要求。卧轴矩台平面磨床加工精度超差原因分析及调整方法见表3-2-14。M7120A型卧轴矩台平面磨床常见故障原因分析及调整方法见表3-2-15。

表3-2-14　卧轴矩台平面磨床加工精度超差原因分析及调整方法

加工精度超差项目	产生原因	调整方法
工件加工面平行度超差	（1）自磨工作台后，工作台精度超差 （2）工作台纵向移动的倾斜度超差 （3）磨头体主轴轴线相对于工作台面横向移动的平行度超差 （4）床身导轨在水平面内的直线度超差	（1）重磨工作台面至精度要求 （2）调整台面润滑油至适量 （3）校正拖板水平燕尾导轨的直线度及相对工作面的平行度 （4）调整机床的床身安装水平
工件加工面垂直度超差	（1）磨头体纵向移动时，主轴相对工作台面的垂直度超差 （2）磨头体主轴相对工作台横向移动时的平行度超差 （3）工作台T形槽相对于磨头主轴在垂直平面内的垂直度超差 （4）工作台面的平面度超差	（1）校正立柱导轨相对床身导轨的垂直度及本身的直线度，校正拖板十字导轨的垂直度 （2）校正拖板水平燕尾导轨的直线度及相对工作面的平行度 （3）重磨T形槽至精度要求 （4）重磨工作台面；若仍然超差，应重调床身的安装精度

续表

加工精度超差项目	产生原因	调整方法
加工表面的粗糙度超差、表面有振纹	（1）磨头主轴径向、轴向跳动超差 （2）工作台速度不均匀 （3）机床内部或外部有振源 （4）磨头有落刀现象 （5）砂轮未修整好或磨钝	（1）检查主轴平衡精度，调整轴承间隙至合适值，修整轴向止推轴承 （2）修复工作台导轨与床身导轨的接触点至均匀，液压缸筒珩磨，活塞配作 （3）消除台面换向冲击，齿条与齿轮啮合间隙不宜过小，排除机床附近振源 （4）消除磨头落刀现象，应调整拖板塞铁间隙至适当，消除升降丝杠副的间隙 （5）重新修整砂轮

表 3-2-15　M7120A 型卧轴矩台平面磨床常见故障原因分析及调整方法

序号	故障内容	原因分析	调整方法
1	磨头落刀，即垂直进给时进刀量时大时小或突然落刀，造成工件报废甚至设备和人身事故	（1）滚动螺母丝杠副装配不良或丝杠精度差 （2）拖板底压板、塞铁配合过紧或过松	（1）拆机检查螺母体上小轴锁紧是否良好，丝杠润滑是否畅通 （2）落刀严重，应检查丝杠精度，按要求进行修理或调整 （3）调整塞铁、压板的间隙至合适值 （4）大修时严格按照工艺装配和调整
2	加工表面粗糙度差，有明显振纹	（1）主轴轴承间隙大 （2）台面润滑油过多或过少 （3）砂轮静平衡不好 （4）砂轮修整过细或过粗 （5）进给量不合适 （6）机床振动	（1）若确认轴承间隙过大，应重新调整，前轴承间隙 0.008 mm，后轴承间隙 0.012 mm （2）调整导轨润滑油至适量，以工作台导轨面上有湿润的油但不滴下为宜 （3）调整好磨头体塞铁间隙，0.03 mm 的塞尺插入量不大于 20 mm （4）做好砂轮静平衡，必要时做二次静平衡，砂轮粗、细适中 （5）进给量不超过 0.02 mm，并分粗磨、精磨 （6）消除机床振源、台面冲击、工作台齿条啮合间隙过小等

续表

序号	故障内容	原因分析	调整方法
3	工作台达不到应有的速度	（1）进入台面液压缸的油量不足，可能是开停节流阀节流槽太浅 （2）台面液压缸间隙过大，液压系统有泄漏 （3）液压泵输出流量不足 （4）换向阀泄漏	（1）检查并排除系统管路各接头处的泄漏，操纵箱与操纵板接合面的泄漏 （2）检查液压泵流量 （3）重配液压缸活塞，保持间隙 $0.04\sim0.06$ mm （4）检查换向阀泄漏并排除，检查开停节流阀节流槽尺寸是否超差
4	台面换向冲击大	（1）操纵箱两侧盖板上的单向节流阀功能丧失或该阀没有调整好 （2）换向阀磨损，快跳结束过迟 （3）新做换向阀制动锥尺寸未修整好	（1）调整单向阀，如失效应更换 （2）按操纵箱修理及调试说明解决
5	主轴漏油	（1）进入主轴轴承的油液过多 （2）水银开关的浮子动作不灵活，使回油受阻 （3）封油圈及法兰盖与主轴间隙太大	（1）控制轴承的输入油量至适当值 （2）提高浮子动作灵活性，使回油通道畅通 （3）控制前后法兰盖及封油圈与主轴之间的间隙在 $0.06\sim0.08$ mm，四周均匀
6	主轴抱轴	（1）主轴与轴瓦间隙过小 （2）主轴前后轴承不同心 （3）主轴润滑油过少 （4）主轴润滑油中有脏物嵌入轴瓦 （5）主轴装配不符合要求	（1）严格按工艺要求调整轴承间隙 （2）保证前后轴承的同心度，装配时要借用定心套 （3）清洁润滑油及油箱，每六个月更换一次润滑油 （4）保证轴承有合适的输入油量 （5）保证装配时各零件位置的正确性
7	床身导轨咬伤或拉毛	（1）脏物进入导轨面 （2）润滑油供应不稳定 （3）导轨油槽太短或位置不当	（1）保证油液清洁 （2）保证润滑稳定器工作正常 （3）开设合适的油槽，油孔基本上在磨头体相应位置，油槽不宜过短

续表

序号	故障内容	原因分析	调整方法
8	磨头进给时有爬行	（1）磨头进给选择阀泄漏 （2）磨头塞铁过紧，磨头体导轨面接触差 （3）磨头油缸间隙有渗漏或缸体磨损变形	参照前述各部分的修理说明逐一排除
9	工件精度超差	参照表3-2-14	逐项检查，按前述各部分中叙述的方法排除，其中特别注意：保证磨头体燕尾导轨、拖板体导轨的精度，调整好塞铁、压板间隙；若有几何精度丧失，只能重新恢复；一定要保证机床的安装水平及可靠性，避免机床导轨变形

四、万能外圆磨床精度调试

万能外圆磨床在安装和维修后要对机床进行精度检测，同时根据存在的精度问题对机床各部件进行调整，以达到机床所需要的安装精度。万能外圆磨床磨削精度和表面质量缺陷产生原因及调整方法见表3-2-16。

表3-2-16 万能外圆磨床磨削精度和表面质量缺陷产生原因及调整方法

序号	缺陷内容	产生原因	调整方法
1	工件表面有螺旋线	主要由于砂轮的母线直线度较差，有凹凸现象，使磨削时砂轮和工件表面仅是部分接触，当工件几次往复运动后，就容易出现螺旋线 （1）砂轮修整不良 （2）修整砂轮时未用切削液 （3）砂轮的边角未倒角 （4）工作台纵向速度和工件转速过高 （5）横向进给量过大 （6）工作台导轨润滑油压力太高	（1）调整液压系统，使工作台低速移动时无爬行（20~40 mm/min），重新修整砂轮 （2）修整砂轮时，修整量不宜过大，须加切削液，防止金刚石热膨胀，影响砂轮母线的直线度 （3）用油石倒去砂轮边角 （4）适当降低工作台速度和工件转速，工件线速度一般为砂轮线速度的1/100~1/60，工作台速度一般应为0.5~3 m/min （5）根据砂轮的粒度和硬度合理选择进给量 （6）调整导轨润滑油至规定压力

续表

序号	缺陷内容	产生原因	调整方法
2	工件表面有鱼鳞形粗糙面	这种痕迹的出现，主要原因是砂轮表面切削刃不锋利，在磨削时发生"啃住"现象 （1）砂轮表面被堵塞，砂轮未修圆，砂轮修整得不够锋利 （2）砂轮修整器没有紧固牢或金刚石笔没有焊牢，在修整砂轮时引起跳动；金刚石笔柄伸出过长、刚度低，在修整砂轮时引起跳动	（1）金刚石笔的合理顶角为70°~80°，应用锋利的金刚石笔修整砂轮，粗修整进给量一般为单行程0.10 mm，进给次数以修圆修平为止；精修整时的进给量不应大于单行程0.01 mm，工作台速度可为20~30 mm/min，最后可无进给移动台面多次 （2）重新紧固砂轮修整器，或重新焊接金刚石笔。金刚石笔的柄不宜伸出过长，并应与砂轮倾斜10°左右，金刚石笔的峰尖低于砂轮中心1~2 mm
3	工件表面有突然拉毛痕迹	主要由于粗粒度砂轮磨粒脱落后夹在砂轮和工件之间引起 （1）粗磨时遗留下来的痕迹在精磨时未磨掉 （2）切削液中有粗粒度磨粒存在 （3）材料韧性太大 （4）粗粒度砂轮在刚修整好时磨粒易脱落 （5）砂轮太软 （6）砂轮未修整好，有凸起的磨粒	（1）适当放大精磨余量 （2）清除砂轮罩壳内的磨屑，过滤或更换切削液 （3）根据工件材料的特点，选择氧化铝砂轮 （4）降低工作台速度，尽量使砂轮修整得细一些，并以较低的纵向速度进行粗加工，或者改用粒度较细的砂轮 （5）一般情况是材料硬，砂轮软；材料软，砂轮硬。但材料过软，也应选用较软的砂轮 （6）重新修整砂轮

续表

序号	缺陷内容	产生原因	调整方法
4	工件表面有细拉毛痕迹	主要由于细粒度砂轮磨粒脱落造成 （1）砂轮太软 （2）砂轮磨粒韧性和工件材料韧性配合不当 （3）切削液有微小的磨粒存在	（1）选择合适硬度的砂轮 （2）根据工件材料韧性选配砂轮磨粒的韧性。例如：白色氧化铝韧性较普通氧化铝低，适合加工硬度较高的工件材料，一般用于精磨；硬而脆的工件材料用碳化硅砂轮 （3）更换切削液，在切削液的回流处加装一层60~80目的铜丝网进行过滤
5	工件表面有直波形（多角形）	磨头对于工件—顶尖系统相对的周期性振动，是工件产生多角形的主要原因。产生这种缺陷的具体原因是： （1）砂轮主轴间隙过大，使主轴在轴承中漂移量相应增加，砂轮主轴与轴承系统的刚度降低，使砂轮不平衡产生的振幅增大 （2）砂轮法兰盘锥孔与砂轮主轴配合接触不良，磨削时引起砂轮跳动 （3）砂轮平衡不好，使砂轮对工件的振幅增大 （4）砂轮架电动机振动；磨头电动机传动带太松，长短不一产生振动 （5）砂轮硬度太高或砂轮表面切削刃变钝，使砂轮与工件之间的摩擦增强，对工件周期性振动增大 （6）工件中心孔与顶尖接触不良	（1）在磨削前，让轴承空运转达到工作温度，调整主轴与轴承间隙至0.005~0.008 mm （2）砂轮法兰盘锥孔与砂轮主轴锥端涂色对研检查，接触面积应达80%以上，若未达到要求可用刮刀修刮锥孔 （3）砂轮要经过精细的静平衡 （4）更换电动机的滚动轴承（轴承精度在E级上以）；把带轮装在电动机的轴上，放在动平衡机上进行动平衡或在电动机上进行整机电气动平衡，不平衡引起的振幅应不大于0.003 mm。电动机与机床之间应用橡胶、木板或海绵隔振。V带应长短一致、厚薄均匀、拉力适当，以减小V带引起的振动 （5）根据工件材料合理选择砂轮 （6）重新钻、研工件中心孔，用涂色法检查两顶尖与工件中心孔接触是否良好。安装工件时要擦净顶尖和中心孔，然后注入洁净的润滑脂 （7）调整顶尖松紧，用手转动工件不能有忽快、忽慢的现象，并检查尾座套筒的配合间隙

续表

序号	缺陷内容	产生原因	调整方法
5	工件表面有直波形（多角形）	（7）工件顶得过紧引起工件回转不匀速，工件顶得过松使工件与顶尖系统刚度降低，引起磨削时振动增大 （8）工件转速过高 （9）横向进给量过大	（8）合理选用工件线速度，一般用较低的工件转速对减小多角形波度是有利的 （9）横向进给时要注意进给量的控制，尤其是最后一次，进给量宜极小，以便维持适当的磨削压力而达到所要求的表面粗糙度和精度
6	工件圆柱度超差	机床的安装水平发生变动或砂轮表面不锋利	重新调整床身导轨在水平面内和垂直平面内的直线度至要求，或重新修整砂轮
7	工件圆度超差	（1）工件中心孔不合格 （2）头架、尾架的顶尖与轴锥孔的配合接触不良，工作时引起晃动 （3）头架、尾架顶尖磨损 （4）工件两端中心孔轴线同轴度超差 （5）工件顶得过紧或过松 （6）切削液不足，容易使工件发生热变形 （7）磨细长的工件时中心架使用不当 （8）工件的中心孔太浅	（1）研磨工件中心孔至准确的角度，且使其圆度达到要求 （2）卸下顶尖，检查接触面上是否有毛刺，有则用刮刀修去 （3）修磨顶尖以校正顶尖角度。最好采用硬质合金顶尖 （4）重研工件中心孔 （5）重新调整尾架的位置 （6）加大切削液供给量 （7）调整中心托架 （8）重钻中心孔
8	内圆磨削工件表面有螺旋线	砂轮修整不良	金刚石笔必须锋利，修整砂轮的进给量宜小，以防砂轮接长轴的刚度不足引起砂轮弹跳，影响砂轮母线的直线度
9	内圆磨削工件表面有多角形	（1）头架轴承间隙过大或三爪卡盘与法兰座在头架主轴上有松动 （2）工件没有夹紧	（1）检查头架轴承间隙并调整至要求，重新紧固头架主轴上的法兰座及卡盘 （2）检查卡盘的卡爪口是否磨损，若磨损应用铜皮垫在卡爪口夹紧工件

续表

序号	缺陷内容	产生原因	调整方法
10	内圆磨削工件表面有鱼鳞形	（1）砂轮不锋利，表面被堵塞 （2）砂轮接长轴的径向圆跳动量太大 （3）内圆磨具轴承有间隙	（1）重新修整砂轮 （2）检查磨具主轴锥孔的径向圆跳动量，并修整至要求。砂轮接长轴莫氏2号锥度上的M10螺纹要松些，以防止锥度与螺纹不同轴而影响砂轮接长轴径向跳动的精度。如砂轮接长轴M10螺纹与锥面同轴度超差，在运转时很容易造成砂轮接长轴弯折。砂轮接长轴轴端允许径向圆跳动量为0.01 mm （3）轴承须经合理的预加载荷后进行装配
11	内圆磨削工件圆度超差	（1）头架轴承的间隙过大 （2）头架主轴轴颈的圆度超差	（1）重新调整轴承间隙至要求 （2）精磨修整头架主轴轴颈圆度至要求，按头架主轴修理工艺要求刮研轴承并合理调整主轴与轴承的间隙